Jetzt helfe ich mir selbst

Einbandgestaltung: Luis dos Santos

Bilder/Zeichnungen: Christoph Pandikow, Silke Pandikow, VW, Hella KGaA Hueck & Co, Bosch.

Text und redaktionelle Bearbeitung: Christoph Pandikow

Vielen Dank für die tatkräftige Unterstützung an: VW, dem Seat-Autohaus Kindler und Silke Pandikow

Alle Angaben und Ratschläge in diesem Ratgeber sind nach bestem Wissen und Gewissen erteilt. Eine Haftung der Autoren oder des Verlages und seiner Beauftragten für Personen-, Sach- und Vermögensschäden ist jedoch ausgeschlossen.
Dieser Band entspricht dem Kenntnisstand zum Zeitpunkt der Drucklegung. Abweichungen durch Weiterentwicklung der beschriebenen Fahrzeuge, geänderte Anweisungen der Fahrzeughersteller bzw. neue gesetzliche Bestimmungen sind möglich.

ISBN 978-3-613-03448-8

1. Auflage 2013

Lizenznehmer des Motorbuch Verlag,
Postfach 10 37 43, 70032 Stuttgart
Ein Unternehmen der Paul
Pietsch-Verlage GmbH & Co. KG

Sie finden uns im Internet unter:
www.motorbuch.de

Herstellung: Ipa, D-75417 Mühlacker-Mühlhausen
Druck und Bindung: Appel und Klinger
Druck und Medien GmbH,
96277 Schneckenlohe
Printed in Germany

VW Sharan und SEAT Alhambra

Benzin- und Dieselmotoren
2,0 l TDI - 1,4 l TSI - 1,8 l
und 2,0 l TSI

Inhalt

Einleitung

Das Modell

Grundlagen – Reparatur, Wartung

Pflege und Werterhalt

Fit durch den Winter

Fit durch den Sommer

Räder, Reifen und Radwechsel

Bremsanlage

Die Karosserie

Der Innenraum

Media und Komunikation

Elektrik

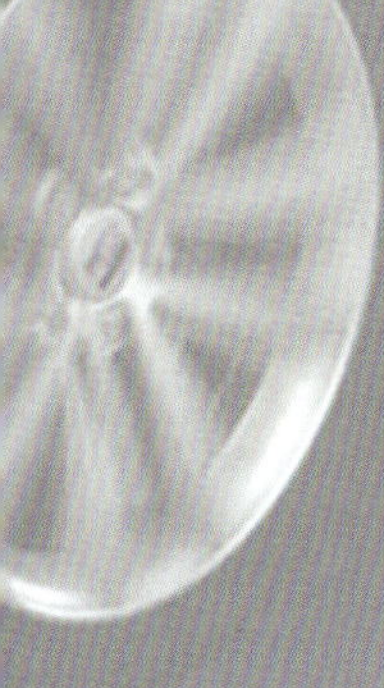

Antrieb: Motor und Öl, Kühlung und Getriebe

Technische Daten

Wartungsplan

Ein Ratgeber stellt sich vor

»An den neuen Autos kann ich doch nichts mehr selber machen«, ist ein Satz, den wir häufig hören, dem wir aber ebenso wenig zustimmen wie Sie. Denn wozu sollten Sie sonst dieses Buch in den Händen halten? Wahr ist, dass durch den vermehrten Anteil von Elektronik und vor allem die Vernetzung der Systeme im Fahrzeug mancher Fehler nicht so leicht zu orten ist. Wahr ist aber auch, dass moderne Autos durch den Einsatz der Elektronik wesentlich zuverlässiger, sicherer und umweltfreundlicher sind, als die simpel aufgebauten, aber auch wartungsintensiven Fahrzeuge früherer Tage. Es liegt uns also fern den Fortschritt zu verdammen, auch wenn er uns und Ihnen ab und zu einen Streich spielt.

Hilfe zur Selbsthilfe

Was Sie tun können, wenn das Auto den Dienst verweigert, oder besser noch: was Sie tun können damit es gar nicht erst so weit kommt, soll Gegenstand dieses Ratgebers sein. Und auch wenn Sie den Fehler vielleicht nicht selbst beheben können – wir zeigen Ihnen, wie Sie die Ursache präzise einkreisen können. Und zwar ohne Profi-Ausrüstung. So können Sie der Werkstatt wichtige Informationen liefern und kostbare Arbeitszeit für die Fehlersuche einsparen.

Tipps und Wissenswertes

Damit Ihnen niemand etwas vormachen kann, gewähren wir Einblick in die Autotechnik, erläutern Fachbegriffe und informieren Sie über Wissenswertes aus der Welt der Technik. Darüber hinaus erhalten Sie Tipps, die zum Teil bares Geld wert sind: So können Sie zum Beispiel die Lebensdauer Ihrer Scheibenwischer erheblich verlängern. Wie das geht, erfahren Sie im Kapitel »Fit durch den Winter«. Diesem Thema widmen wir übrigens ein ganzes Kapitel, da in der kalten Jahreszeit besonders viel zu beachten ist. Das fängt bei der Wahl der richtigen Bereifung an und endet mit einem Paar robuster Schuhe im Kofferraum noch lange nicht. Denn immer noch wagen sich zu viele Autofahrer mit Sommerreifen auf die Piste. Fest in dem Glauben »wird schon gut gehen«. Damit auch wirklich alles gut geht, sollten Sie dieses Buch von Anfang bis Ende durchlesen.

Sicherheit hat Vorrang

Wie durch den Winter, wollen wir Sie mit diesem Ratgeber natürlich auch durch die übrigen Jahreszeiten begleiten. Ihre Sicherheit und Zufriedenheit stehen dabei an erster Stelle. Wichtiger als das Reparieren von sicherheitsrelevanten Baugruppen erscheint uns in diesem Band das frühzeitige Erkennen eines Schadens. Genau dabei wollen wir Sie unterstützen. Ein Störungsbeistand ist daher fester Bestandteil eines jeden Kapitels. Zudem bieten wir Ihnen ein Diagnose-Schema, das ganz allgemein eventuelle Unzulänglichkeiten am Auto entlarvt. Und zwar bevor etwas schief geht. Auch bei einem anstehenden Termin zur Hauptuntersuchung kann diese Schnelldiagnose jede Menge Ärger und Geld sparen. Abgesehen davon haben wir regelmäßig wiederkehrende Überprüfungsarbeiten für Sie zusammengefasst. Diese dürfen Sie sich gerne kopieren und für sich abheften.

Reparaturen in der heimischen Garage

Sollten Sie bereits im Umgang mit Werkzeug geübt sein, werden wir Sie Schritt für Schritt durch die einzelnen Arbeitsgänge führen. Dabei beschränken wir uns in dieser Reihe auf leichte Wartungs-, Pflege- und Reparaturmaßnahmen, die Sie ohne weiteres in der heimischen Garage durchführen können. Welche Grundausstattung Sie dafür benötigen und wie das Ganze ideal in Ihre Garage passt, haben wir für Sie gleich am Anfang dieses Buches zusammengefasst. Gut ausgestattete Werkstätten, ob privat oder gewerblich betrieben, möchten wir auf den entsprechenden Band »Reparaturanleitung« des Bucheli-Verlages verweisen. Dort wird mit gewohnter Präzision das Zerlegen komplizierter Baugruppen wie Motor und Getriebe beschrieben.

Für mehr Spaß am Auto

Zum Schluss möchten wir Sie auf ein besonderes »Schmankerl« unseres Buches hinweisen: Zu jedem Kapitel bieten wir Ihnen einen Überblick zum Thema »besser machen«. Dort stellen wir Ihnen eine Auswahl von empfehlenswerten Zubehör- und Anbauteilen vor, die Sie in Eigenregie montieren können. Damit Sie in Zukunft noch mehr Freude an Ihrem Auto haben.

Damit Sie sich besser zurechtfinden

Wenn Sie etwas Bestimmtes in diesem Buch suchen, haben Sie verschiedene Möglichkeiten. Natürlich können Sie auf das vertraute Inhaltsverzeichnis zurückgreifen. Aber auch beim schnellen Durchblättern werden Sie sich leicht zurechtfinden. Den Hinweis, in welchem Kapitel Sie sich bewegen, finden Sie oben links. Dazu die Information, ob es sich in diesem Abschnitt um theoretisches Wissen, konkrete Arbeitsanleitungen oder Vorschläge zur Optimierung handelt. Rechts oben auf jeder Seite haben wir den Bereich dargestellt, der im jeweiligen Abschnitt behandelt wird. Damit können Sie das Buch auf der Suche nach bestimmten Inhalten auch durch die Finger laufen lassen, ohne zuerst im Inhaltsverzeichnis suchen zu müssen.

 INFORMATION

Bevor Teile ausgebaut oder etwas auseinandergenommen wird, ist es immer besser, die theoretischen Zusammenhänge zu kennen. Wenn Sie dieses Zeichen sehen, erklären wir die Funktion der Technik, ihre Bedeutung für das gesamte Auto und Ihren Alltag damit. Oder wir informieren Sie ganz einfach auch einmal über den historischen Hintergrund der Entwicklung. Dieser Abschnitt soll Sie also mit der Technik Ihres Autos vertraut machen. Mit dem nötigen theoretischen Wissen im Hinterkopf schraubt es sich viel leichter.

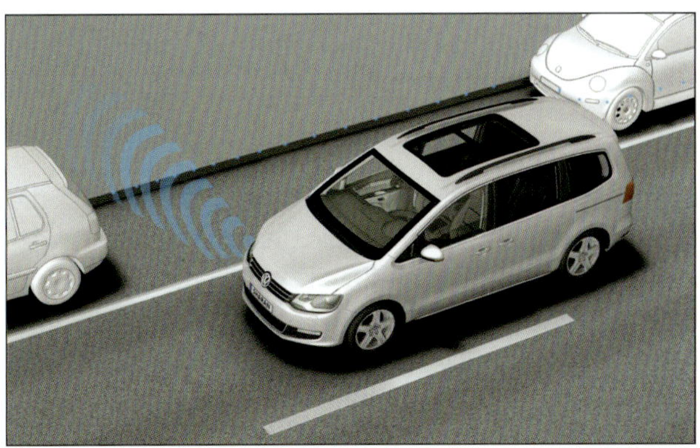

 ARBEITSSCHRITTE

So bald am Auto gearbeitet wird, werden Sie dieses Symbol sehen. Auf diesen Seiten erhalten Sie Schritt für Schritt Anleitungen zum Ein- und Ausbau von Teilen. Bei der Auswahl haben wir uns strikt daran gehalten, was in der heimischen Garage noch machbar ist und was nicht. Und damit Sie sehen, dass wir uns gerne die Finger für Sie schmutzig machen, haben wir uns bewusst gebrauchtes Werkzeug benutzt und uns nicht ständig die Hände gewaschen. Wir hoffen, dass die Fotos Ihnen dennoch Appetit auf das Schrauben machen.

 BESSER MACHEN

Nicht alle Fahrzeuge müssen serienmäßig bleiben. In der Praxis gleicht sogar kaum ein Auto dem anderen. Autos werden tiefer gelegt, Karosseriebauteile werden verändert oder die Innenausstattung individualisiert. Vielleicht benutzen Sie dieses Buch ja auch, um Ihr Auto gezielt zu verbessern.

Damit wir uns richtig verstehen: Dieses Buch ist keine Tuninganleitung, aber immerhin stellen wir Ihnen verschiedenste zusätzliche Teile vor und verraten Ihnen, worauf Sie beim Einkauf von Zubehörteilen achten sollten.

Rechte und Pflichten

Sie haben einen Wagen erworben und sind der Meinung, er ist kaputt oder funktioniert nicht so, wie er sollte? Bevor Sie sich unnötig aufregen, sollten Sie sich zuerst kundig machen, wie es um Ihre Rechte steht. Dann müssen Sie sicherstellen, dass Sie keinem Irrtum unterliegen und es sich hier tatsächlich um einen Mangel handelt

Was ist ein Mangel?

Vereinfachte Darstellung des § 434 BGB:
Eine Sache ist frei von Mängeln, wenn sie sich für die Verwendung eignet für die sie gemäß Kaufvertrag gedacht war, oder sie sich für die gewöhnliche Verwendung eignet oder die Beschaffenheit aufweist, die man üblicherweise erwarten kann. Das beinhaltet auch Eigenschaften, von denen der Käufer aufgrund von Aussagen, die in der Werbung oder von Mitarbeitern des Verkäufers gemacht wurden, ausgehen kann. Liegt also tatsächlich ein Mangel vor, wie z. B. eine deutlich geringere Höchstgeschwindigkeit als im Prospekt angegeben, sollten Sie sich auf das Gespräch mit dem Kundendiensttechniker vorbereiten und Ihr Recht einfordern. Damit Sie Ihr Anliegen präzise und fachlich richtig an den Mann bringen können, nachfolgend einige Begriffserklärungen und Zusammenhänge:

Gewährleistung, Sachmangelhaftung & Garantie

Garantie und Gewährleistung (Letzteres ist die so genannte Sachmangelhaftung) sind zwei völlig verschiedene und vor allem unabhängige Sachverhalte. Diese beiden Begriffe werden oft umgangssprachlich miteinander verwechselt. Um nicht missverstanden zu werden, sollten Sie diese Begriffe unbedingt voneinander trennen.

Die **Garantie** ist eine freiwillige und zusätzliche Leistung des Verkäufers oder Herstellers. Sie kann nach Belieben ausgestaltet oder befristet sein, und sie folgt aus einer eigenständigen Vereinbarung im Rahmen des Kaufvertrages bzw. in Verbindung mit dem Kaufvertrag. Die Garantie kann an bestimmte Voraussetzungen geknüpft sein, kann bestimmte Kosten ausschließen und auch die Leistungen einschränken. Dies könnte beispielsweise bedeuten, dass die Garantie nur greift, wenn Sie das Fahrzeug regelmäßig in der dem Händler angegliederten Werkstatt warten lassen und Sie nur die Materialkosten und nicht die Arbeitszeit bei einem Schaden erstattet bekommen. Also sollten Sie sich die Garantiebedingungen vor dem Kauf genau anschauen, um diese später nicht durch ein Falschverhalten zu verwirken. Auf Verlangen müssen Ihnen die Garantiebestimmungen, wenn sie Ihnen zugesprochen werden, auch in schriftlicher Form ausgehändigt werden.

Die **Gewährleistung** (Sachmangelhaftung) folgt aus den gesetzlichen Regelungen zum Kaufvertrag. Eine Gewährleistung ist in dem Augenblick gegeben, wenn ein rechtsgültiger Kaufvertrag geschlossen wird. Eine Ausnahme ist nur möglich, wenn die Gewährleistung wirksam ausgeschlossen ist. Ein vollständiger Ausschluss der Gewährleistung im Rahmen eines Kaufvertrags zwischen einem Unternehmer (z. B. Kfz-Händler) als Verkäufer und einer Privatperson als Käufer ist nicht möglich. Die Gewährleistung kann aber z. B. bei Abschluss eines Kaufvertrages zwischen Privatpersonen vollständig ausgeschlossen werden. Dies muss dann aber ausdrücklich und individuell im Kaufvertrag geregelt sein.

Mit dem **Gewährleistungsrechts-Änderungsgesetz** vom 01.01.2007 ergaben sich unter anderem folgende Neuerungen:

- Bei neuen Sachen beträgt die Frist grundsätzlich 2 Jahre ab Datum der Übergabe.
- Bei gebrauchten Sachen kann eine Frist von 1 Jahr vereinbart werden (nicht in Allgemeinen Geschäftsbedingungen!), wobei nur Kraftfahrzeuge, die älter als ein Jahr (ab Erstzulassung) sind, als gebrauchte Sachen gelten.
- Innerhalb der ersten sechs Monate hat bei einer Reklamation der Händler zu beweisen, dass die Sache zum Zeitpunkt der Übergabe dem Vertrag entsprach (also keinen Mangel hatte). Nach sechs Monaten hat der Kunde die Beweispflicht (bisher hatte ausschließlich der Kunde die Beweispflicht).

Diese beschriebenen Regelungen, die das Recht des Endkunden stärken, sind verständlicherweise bei den Händlern nicht so gut angekommen, und diese suchen nach Möglichkeiten, wie sie die Gewährleistung einschränken oder gar ausschließen können. In den letzten Jahren hat darum der Handel mit Bastlerfahrzeugen und Schrottfahrzeugen massiv zugenommen. In solchen Verträgen werden dann sämtliche Gewährleistungsansprüche ausgeschlossen, obwohl die Fahrzeuge teilweise mit frischer Plakette der Haupt- und Abgasuntersuchung versehen sind. Solche und ähnliche Vorgänge können die Gerichte allerdings recht gut einschätzen und entscheiden meistens zugunsten des Verbrauchers. Ebenso verhält es sich mit den Verkäufen, die »im Auftrag« stattfinden. Ein Händler, der in seinem Namen die aktuelle Hauptuntersuchen und weitere Instandsetzungsarbeiten durchgeführt hat, wird es vor Gericht schwer haben zu beweisen, dass er den Verkauf nur vermittelt hat. Er wird damit auch nicht die gesetzlichen Regelungen beschneiden können. Je klarer die Vereinbarung und je genauer die Fahrzeugbeschreibung, desto geringer ist das Haftungsrisiko. Wir raten Ihnen, einen Musterkaufvertrag für Gebrauchtfahrzeuge sowie einen Gebrauchtfahrzeuge-Zustandsprüfbericht zu verwenden. Damit lassen sich kostspielige Prozesse und unangenehme Streitigkeiten vermeiden.

Zusammenfassung:
Eine freiwillige Garantie besteht also zusätzlich zur gesetzlichen Gewährleistung (Sachmangelhaftung) und ist im Umfang der Leistungen, im Vergleich zur Gewährleistung meistens eingeschränkt. Allerdings greift sie oft auch noch für Mängel, die erst nach dem Kauf auftreten, was so nicht auf die gesetzliche Gewährleistung zutrifft.

Zum Reizthema Farbabweichung

Farbabweichung kann ein Sachmangel sein. Das Oberlandesgericht Köln hat zu diesem Thema eine wichtige Entscheidung getroffen: Danach gehört die Farbe eines Neufahrzeugs zu den Beschaffenheitsmerkmalen und stellt ein äußerliches Merkmal des Fahrzeugs dar, welches für den Käufer im Rahmen der Kaufentscheidung maßgeblich ist. Ergeben sich Abweichungen im Farbton des bestellten zu dem tatsächlich gelieferten Fahrzeug, so kann der Käufer hierauf grundsätzlich Gewährleistungsansprüche geltend machen. Durch das OLF Köln bestätigtes Urteil des LG Aachen vom 26.04.2005 (Az. 12 O 493/04).

Das Recht der Nachbesserung

Seit dem 01.01.2002 gibt die neue Rechtslage sowohl dem Käufer als auch dem Verkäufer einen Anspruch auf Beseitigung eines Mangels. Anstatt von Nachbesserung spricht jetzt das Gesetz von Nacherfüllung. Grundsätzlich hat der Händler das Recht bis zu drei Mal nachzuerfüllen. Hierbei hat der Verkäufer die zum Zwecke der Nacherfüllung erforderlichen Aufwendungen zu tragen, das sind Transport-, Wege-, Arbeits- und Materialkosten. Zu beachten ist in diesem Zusammenhang, dass der Verkäufer sein Recht einen Mangel nachzubessern behält, auch wenn Reparaturen bereits in einer fremden Werkstatt erfolglos waren. Der Verkäufer muss sich diese Nachbesserungsversuche nicht zurechnen lassen, er kann auf eine Nacherfüllung im eigenen Firmensitz bestehen. OLG Köln vom 14.02.2006 (Az. 20U 188/05).

Wandlung und Preisnachlass

Hat sich ein erheblicher Mangel nach drei Nacherfüllungsversuchen immer noch nicht beseitigen lassen oder fehlen zugesicherte Eigenschaften, haben Sie das Recht auf Wandlung oder Preisnachlass. Dies ist dann auch der Zeitpunkt, an dem Sie einen Rechtsanwalt zu Rate ziehen sollten. Sie werden sich auf jeden Fall eine Nutzungspauschale, die abhängig ist von der genutzten Laufleistung des Fahrzeugs, anrechnen lassen müssen. Eine Wandlung ist grundsätzlich nur dann möglich, wenn sich das Fahrzeug noch im Originalzustand befindet.

Der Kulanzantrag

Nach Ablauf der Gewährleistungszeit und gegebenenfalls der Garantiezeit bleibt Ihnen immer noch die Möglichkeit der Kulanzregelung beim Händler. Die Kulanz bezeichnet im Allgemeinen ein Entgegenkommen zwischen den Vertragspartnern nach Vertragsabschluss. Sie regelt den Ablauf der freiwilligen Reparatur- und Serviceleistungen nach Ablauf der gesetzlichen oder individualvertraglichen Gewährleistungspflicht.

Hinweis: Dieses Kapitel soll nur erste Hinweise geben und erlaubt daher keinen Anspruch auf Vollständigkeit. Obwohl es mit der größtmöglichen Sorgfalt erstellt wurde, kann eine Haftung für die inhaltliche Richtigkeit nicht übernommen werden.

Lernen Sie Ihr Auto kennen

Egal, ob Sie Ihren Van schon lange besitzen oder ihn eben erst erworben haben – nehmen Sie sich die Zeit und erkunden Sie Ihr Fahrzeug gründlich. Denn selbst wenn Sie die Bedienungsanleitung gelesen haben, wovon wir selbstverständlich ausgehen, kennen Sie bestimmt noch nicht alle Details Ihres Autos.

Die Fahrgestellnummer

Die Fahrgestellnummer enthält bereits etliche – in Zahlen- und Buchstabencodes verschlüsselte – Informationen zu Ihrem Van. Deren Bedeutung können Sie als »Do-it-Yourselfer« nun kennen lernen und auch entziffern. Die Fahrgestellnummer finden Sie an verschiedenen Stellen Ihres Vans angebracht: In den Unterlagen für den Service, im Sichtfenster der Frontscheibe, am Deckel im linken Staufach des Kofferraums und an der Spritzwand über dem Kühlmittelausgleichsbehälter.

Stelle	Bedeutung	Beispiele	Auswertung
1 2 3	Welthersteller-code	WVG = VW Pkw WV2 = VW Nutzfahrzeug	
4 5 6	Füllzeichen	ZZZ	ohne Bedeutung
7 8	Fahrzeugmodel	7P	
9	Füllzeichen	Z	
10	Modelljahr	B	2011
11	Produktions-standort E = Emden	D	W = Wolfsburg X = Poznan D = Bratislava
12	Laufende Nummer	000001	

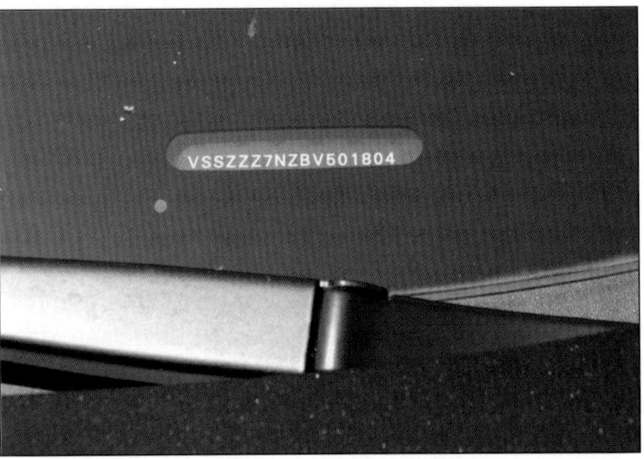

Die Fahrgestellnummer: Im Scheibenrahmen ist die Fahrgestellnummer in die Karosserie eingeschlagen.

Das Typenschild

Das Fahrzeugtypenschild kann im Motorraum am linken Federbeinturm gesehen werden.

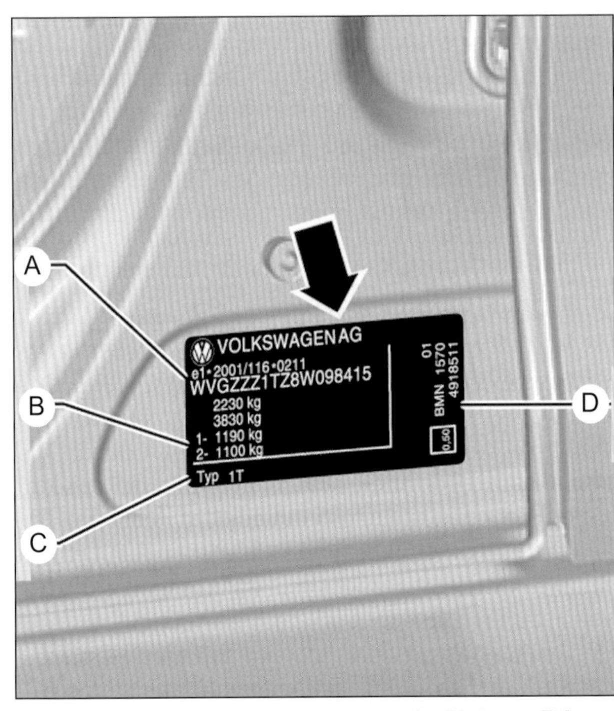

Angeklebt auf der B-Säule enthält die Plakette Fahrgestellnummer und Achslasten: A) Fahrzeugidentifizierungsnummer, B) variable Angaben wie z. B. Achslasten, zulässiges Gesamtgewicht, zulässiges Zuggewicht, C) Typ-Kennnummer, D) Motorkennbuchstabe.

Der Fahrzeugdatenträger

Der Fahrzeugdatenträger findet sich im Kofferraum auf dem Deckel des linken Staufaches. Dort sind alle wichtigen Daten zur Fahrzeugerkennung wie Modell, Motor, Getriebe, Lackfarbennummer und Innenausstattung aufgeführt. Ein solcher Fahrzeugdatenträger befindet sich auch immer auf der ersten Seite Ihres Serviceheftes.

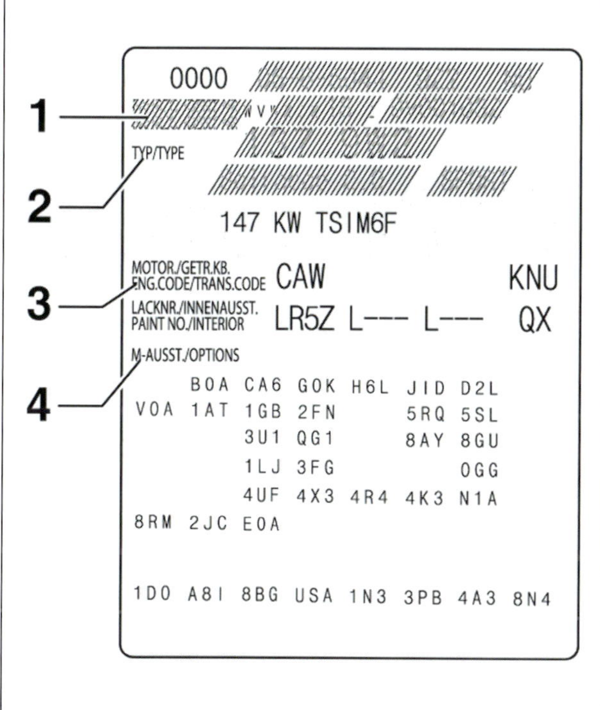

Der Aufkleber enthält folgende Fahrzeugdaten: 1 Fahrzeug-Identifizierungsnummer (Fahrgestellnummer), 2 Fahrzeugtyp, Motorleistung, Getriebe, 3 Motor- und Getriebekennbuchstaben, Lacknummer, Innenausstattung, 4 Mehrausstattungen, PR-Nummern.

Die Motorkennnummer

Die Motornummer ist an der Verbindungsstelle Motor/Getriebe und am Zahnriemenschutzdeckel zu finden. Auch das Getriebe trägt eine Identifikationsnummer. Alle diese Nummern sind beim Bestellen von Ersatzteilen oder Austauschteilen unbedingt anzugeben. Denn viele Teile eignen sich einfach nur für den Van der neuen Generation, obwohl sie durchaus Ähnlichkeiten mit Teilen anderer Fahrzeuge in der VW-Konzern-Baureihe haben.

Der Fahrzeugschein

Eine sehr ergiebige Informationsquelle ist der Fahrzeugschein. Neben der Fahrgestellnummer finden Sie weitere, für die Ersatzteilbeschaffung oder den Reparaturauftrag wichtige Angaben und Schlüsselnummern (Angaben in Klammern gelten für neue Zulassungsbescheinigungen:

- zu 2: Herstellercode (2.1)
- zu 3: Typ und Ausführung (2.2)
- zu 32: Datum der Erstzulassung (B)
- zu 4: Fahrgestellnummer (E)

Natürlich ist es nicht der richtige Begriff, aber »Zulassungsbescheinigung Teil 1« wird sich sicher nie im Volksmund durchsetzen. Auch die zwar europäisch einheitliche, aber für uns doch neue optische Ordnung löst bei der Suche nach den Informationen meist hilfloses Suchen aus. Deshalb haben wir die wichtigsten Informationen zum »schnell mal finden« kenntlich gemacht. HSN und TSN sind die Kürzel für den Herstellercode (früher »Ziffer 2«) und den Typcode (früher die ersten drei Ziffern der »Ziffer 3«) des Fahrzeugscheins. Diese beiden Nummern zusammen mit der Erstzulassung helfen bei der Teilebeschaffung im Zubehörmarkt.

Serviceheft, Beschreibungen und der Schlüssel: Alles Wichtige, um mit Ihrem VAN umgehen zu können.

Auch wenn diese Informationen bereits auf der Rückseite des Fahrzeugscheins vermerkt sind, hat man meist die Kennnummer vergessen, bis man im Fahrzeugschein auch nur in die Nähe der Information gekommen ist. Aus diesem Grund schlüsseln wir diese Informationen hier an dieser Stelle auf.

Fahrzeugschein:

1 HU/AU Termin,
2 Halter des Fahrzeuges,
3 Kennzeichen,
4 Hubraum,
5 Kennzahl
6 Typbezeichnung
7 Fahrgestellnummer,
8 Erstzulassung,
9 HSN,
10 TSN,
11 Leistung

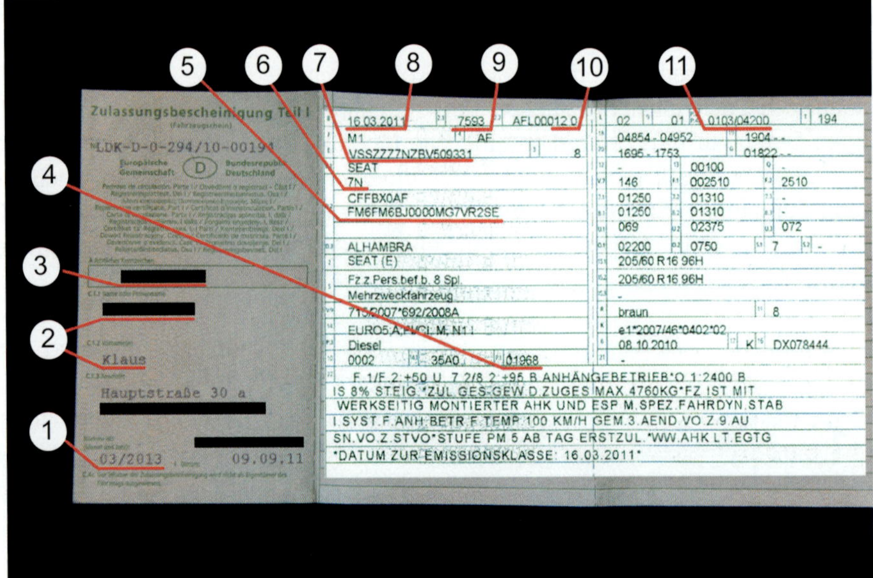

B Erstzulassung
D.1 Hersteller
D.2 Typ
D.3 Handelsbezeichnung
E Fahrgestellnummer
F.1 Zulässiges Gesamtgewicht
F.2 Zulässiges Gesamtgewicht in Deutschland
G Leergewicht
H Gültigkeitsdauer
I Ausstellungsdatum dieses Scheines
J Fahrzeugklasse (Pkw, Lkw)
K EG Typennummer
L Anzahl der Achsen
O.1 Anhängelast gebremst
O.2 Anhängelast ungebremst
P.1 Hubraum des Motors (in cm^3)
P.2 / P.4 Motorleistung (in kW)
P.3 Kraftstoffart
Q Leistungsgewicht (nur bei Motorrädern)
R Farbe des Fahrzeuges
S.1 Sitzplätze mit Fahrersitzplatz
S.2 Stehplätze
T Höchstgeschwindigkeit (in km/h)
U.1 Standgeräusch (in dB/A)
U.2 Drehzahl zum Standgeräusch
U.3 Fahrgeräusch (in dB/A)
V.7 CO2 Ausstoß (in g/km) kombinierter Wert
V.9 Schadstoffklasse
2 Kurzbezeichnung Hersteller

2.1 HSN Herstellerschlüsselnummer
2.2 Prüfziffer und TSN-Typschlüsselnummer
3 Prüfziffer für die Fahrgestellnummer
4 Art des Aufbaus (EG-Bezeichnung)
5 Bezeichnung der Fahrzeugklasse und des Aufbaus
6 Erstellungsdatum der EG-Typennummer
7.1 Zulässige Achslast Achse 1
7.2 Zulässige Achslast Achse 2
7.3 Zulässige Achslast Achse 3
8.1 Zulässige Achslast in Deutschland Achse 1
8.2 Zulässige Achslast in Deutschland Achse 2
8.3 Zulässige Achslast in Deutschland Achse 3
9 Anzahl der Achsen
10 Codenummer zur Kraftstoffart
11 Codenummer zur Fahrzeugfarbe
12 Rauminhalt des Tanks bei Tankfahrzeugen (in m^3)
13 Stützlast (in kg)
14 Bezeichnung der nationalen Emissionsklasse
14.1 Codenummer zu der Schadstoffklasse
15.1 Bereifung auf der Achse 1
15.2 Bereifung auf der Achse 2
15.3 Bereifung auf der Achse 3
16 Nummer der Zulassungsbescheinigung Teil 2 (Fahrzeugbrief)
17 Merkmal zur Betriebserlaubnis
18 Länge in mm
19 Breite in mm
20 Höhe in mm
21 Sonstige Vermerke
22 Bemerkungen und Ausnahmen

Generation drei

Nach mehr als 600.000 Sharan der ersten und zweiten Generationen hat nun der Nachfolger Fahrt aufgenommen. Der Sharan des Jahres 2010 ist ein komplett neu konzipiertes Auto. Die vier direkt einspritzenden Turbobenziner (TSI) und Turbodiesel (TDI) sind bis zu 21 Prozent sparsamer und leistungsstärker geworden, als die vergleichbaren Motoren des Vorgänger-Modells. Der Technologiefortschritt zeigt sich auch in Karosserie, Fahrwerk und der elektrischen Ausrüstung des Fahrzeuges. Vieles ist anders, manches neu und muss nun auch bei Reparatur und Wartung beachtet werden.

Ein großer Vorteil der Volkswagengruppe in Sachen Qualität und kontinuierlicher Entwicklung spiegelt sich sehr deutlich in den Markenbrüdern und -Schwestern unter dem Konzerndach Volkswagen wieder. Der neue Sharan/Alhambra ab dem Modelljahr 2010 ist ein vollständig neu konzipiertes Auto. Das spiegelt sich auch im Verhältnis der Abmessungen wieder. Mit 4,85 Metern ist das neue Modell um 22 Zentimeter länger geworden. Die Breite (Messpunkt an den vorderen Türgriffen) wuchs um 9,2 Zentimeter auf nun 1,9 Meter. Gleichzeitig ergibt sich eine um 1,2 Zentimeter niedrigere Höhe von jetzt 1,72 Metern.

Konstruktion und Design

Ein Van zeichnet sich nicht nur durch die Unterbringung einer größeren Familie aus, sondern erfüllt nach heutigen Maßstäben ein hohes Maß an Flexibilität und Komfort. Erstmals ist der Sharan oder auch Alhambra mit Schiebetüren im Fond ausgestattet. Sind diese elektrisch angetrieben, sorgt ein redundanter Einklemmschutz für Sicherheit beim Ein- und Aussteigen. Die Gestaltung des Sharan realisierten Walter de Silva (Konzern-Chefdesigner) und Klaus Bischoff (Marken-Chefdesigner). Sie entwarfen den Van auf der Matrix der neuen Volkswagen-Design-DNA. Das sympathische und funktionale Karosseriedesign wird durch klare, horizontale Linien geprägt.

Statische und dynamische Torsionssteifigkeit zeigen neue Bestwerte in diesem Fahrzeugsegment. Gleichzeitig wurde das Fahrzeuggewicht deutlich verringert. Der Sharan 1,4 TSI Blue Motion Technology wurde um 30 Kilogramm leichter als der entsprechende Vorgänger. Natürlich spielt die Aerodynamik bei der Entwicklung und der Realisierung neuer Fahrzeuge eine gewichtige Rolle. Der Sharan der neuesten

Der erfolgreiche Vorgänger in der Volkswagenpalette.

Unterschiede gering: das gleiche Modell für die SEAT-Kunden.

Anders: das neue Modell mit aktuellem Flottengesicht

Leicht abgewandelt: aus dem Konzernbaukasten.

Generation ist einer der aerodynamischsten Fahrzeuge seiner Klasse. Mit einem cw-Wert von 0,299 ergibt sich eine Verbesserung um 5 Prozent gegenüber dem bereits sehr guten Vorgänger. Bis zu 7 Sitzplätze und bis zu 2430 Liter Stauvolumen, bis zu 9 Airbags und 33 Ablagen, integrierte Kindersitze und riesiges Panorama-Dach zeichnen die Karosserie aus.

Das Start-Stopp-System und viele technische Neuerungen machen aus diesem Vertreter der Fahrzeugkategorie »VAN«, die eigentlich lediglich multifunktionelle Fahrzeuge beschreibt, einen großzügigen und sportlichen Pkw. Die europaweit beliebteste Motorversion verbraucht mit 140 PS nur 5,5 l/100 km (143 g/km CO2). Das ist der derzeitige Weltbestwert dieser Klasse.

Ausstattung und Bedeutung

Der neue VW Sharan bzw. der SEAT Alhambra wird auf allen Märkten in drei Ausstattungsversionen angeboten:

Trendline bezeichnet die Basisausstattungsversion. Der Begriff »Basisversion« stimmt beim Sharan Trendline zwar im Hinblick auf die Modellhierarchie, nicht aber in Bezug auf die Ausstattung. In Sachen passiver Sicherheit gehören 7 Airbags inklusive Knieairbag auf der Fahrerseite, Isofix-Kindersitz-Verankerungen plus Top-Tether in der zweiten und dritten Sitzreihe, das automatische Einschalten der Warnblinkanlage bei einer Vollbremsung und die elektrische Kindersicherung für die Fronttüren zur Standardausstattung. Ebenfalls serienmäßig ist die elektrische Parkbremse mit Berganfahrassistent. Im Bereich der aktiven Sicherheit sind das elektronische Stabilisierungsprogramm ESP (inklusive ABS, elektronischer Differenzialsperre EDS, Bremsassistent, Gespannstabilisierung, Gegenlenkunterstützung und Reifenkontrollanzeige) sowie rundum innen belüftete Bremsscheiben.

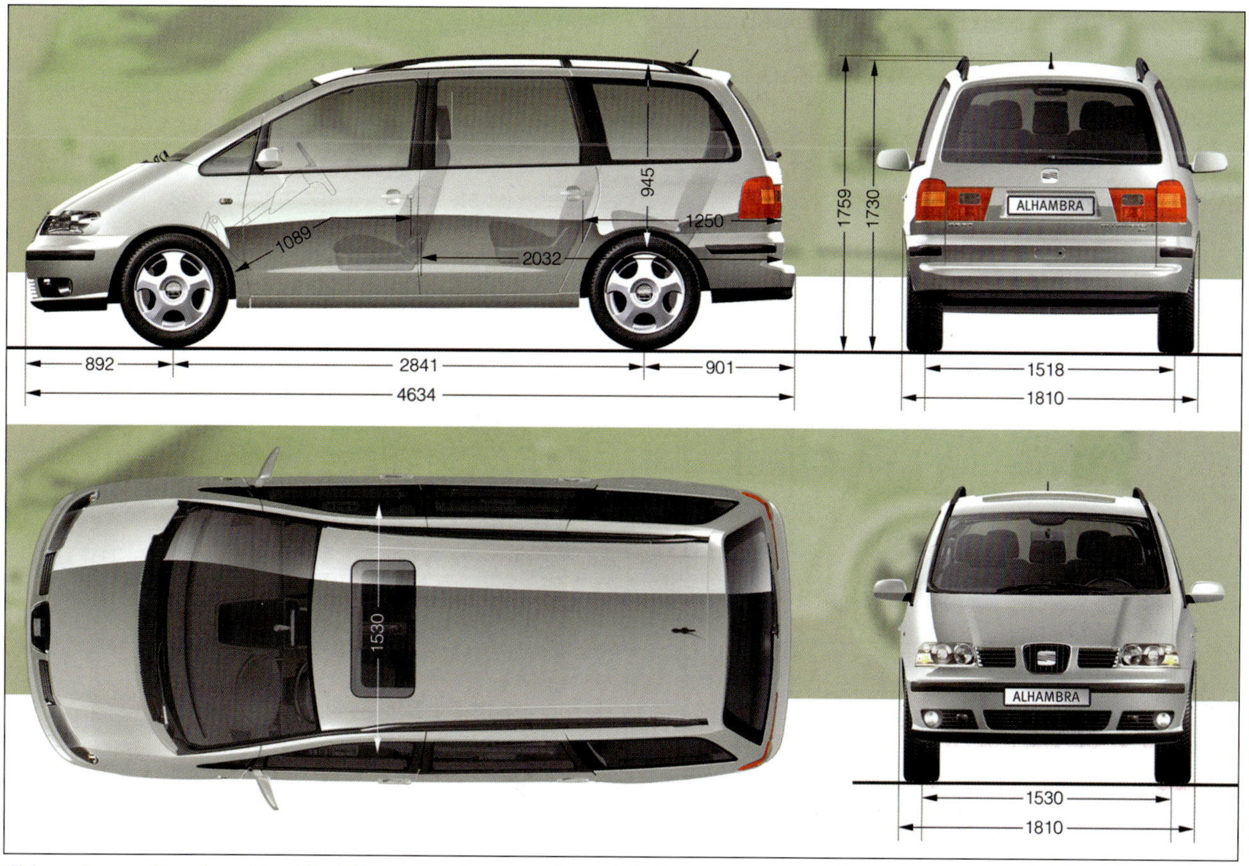

Erkennbar anders: Am alten Modell gut zu erkennen, dass sich Abmessungen und Design merklich verändert haben.

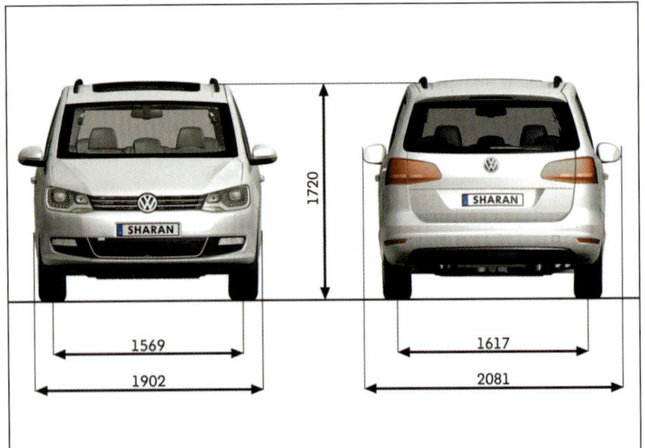

Außenabmessungen: Mit über 2,00 m Breite ist die Fahrspur in Baustellen oft nur auf rechts beschränkt.

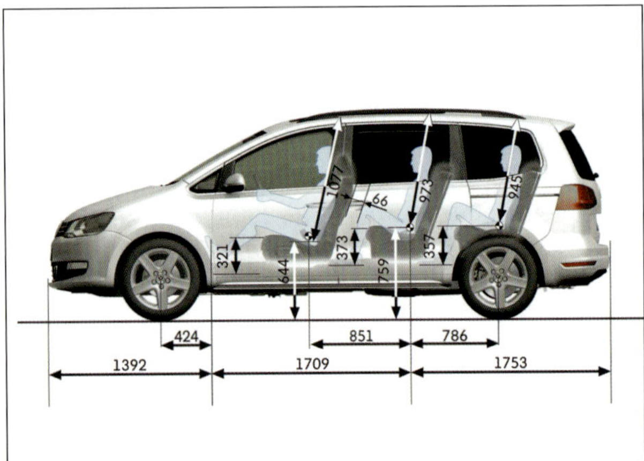

Platzverteilung: Abmessungen bis in die dritte Reihe.

Außen beinhaltet die Trendline-Ausstattung zwei Chromleisten im oberen Kühlerschutzgrill, elektrisch einstell- und beheizbare Außenspiegel mit integrierten LED-Blinkleuchten, 16-Zoll-Felgen mit 205er-Reifen, getönte Wärmeschutzverglasung und die Lackierung sämtlicher Anbauteile in Wagenfarbe. Innen ist der Sharan Trendline unter anderem mit ansprechenden Stoffsitzen, höheneinstellbarem Fahrersitz, Dekoreinlagen in »Chrom mat«, bis zu 33 Staufächern (!), einer höhen- und längseinstellbaren Armauflage (inklusive einem weiteren Staufach) sowie einem Ladeboden mit separaten, verschließbaren Fächern (5-Sitzer), Taschenhaken im Kofferraum sowie einer Gepäckraumabdeckung ausgestattet. Eine Zentralverriegelung mit Funkfernbedienung sowie eine elektromechanische und geschwindigkeitsabhängig geregelte Servolenkung und eine einstellbare Lenksäule gehören bereits hier zur Serienausstattung. Elektrische Fensterheber auch in den Schiebetüren und eine Klimaanlage inklusive kühlbarem Handschuhfach (Climatic) und das Radio-System RCD 210 mit vier Lautsprechern sind bereits serienmäßig an Bord.

Comfortline beschreibt die Austattungsvariante im mittleren Niveau. An 16-Zoll-Leichtmetallfelgen (Typ »Memphis«) mit 215er-Reifen, Chromeinfassung des unteren Kühlergrills und einem Chromrahmen der Seitenfenster sowie an der schwarzen Dachreling und einer ebenfalls in Wärmeschutzglas ausgeführten Frontscheibe ist sie leicht zu erkennen.

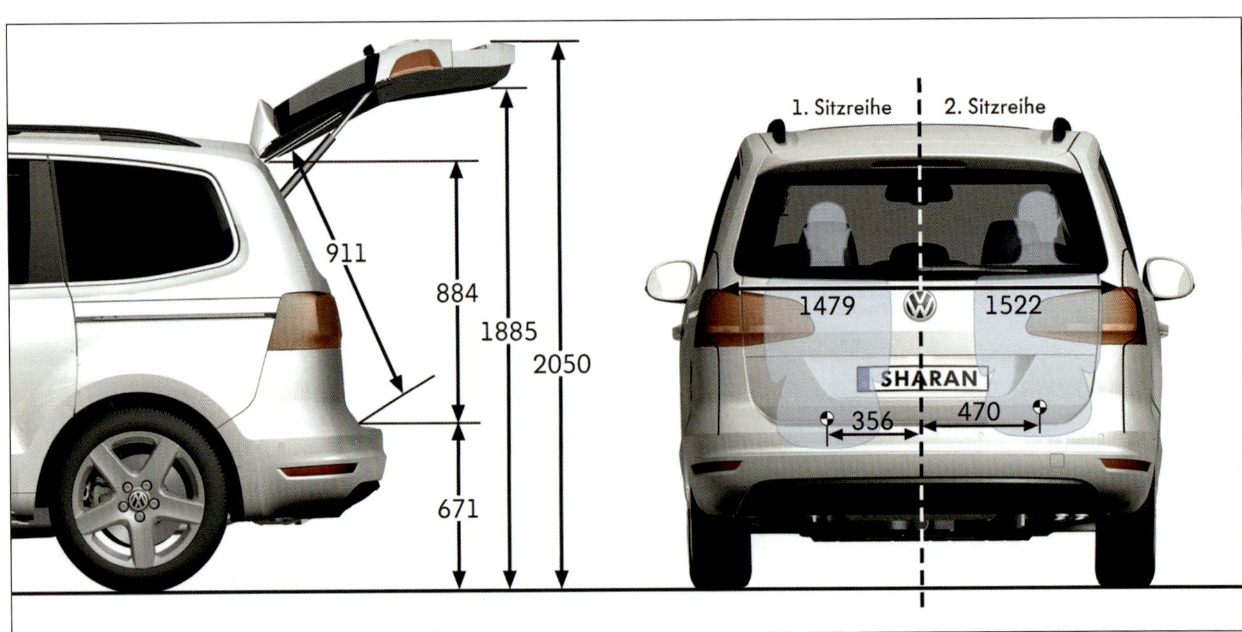

Wichtig: Abmessung zum Durch- und Einladen. Die Innenraumbreite wird für die ersten beiden Sitzreihen vorgestellt.

Neben einigen Details fallen die Vordersitze mit (elektrisch einstellbar für den Fahrersitz) Höhe, Lehne und 4-Wege-Lendenwirbelstützeverstellung, Taschen und Klapptischen an den Lehnen auf. Der Beifahrersitz kann zum Durchladen langer Gegenstände komplett umgeklappt werden und ist ebenfalls in der Höhe einstellbar. Auch finden Sie in dieser Variante eine Stau- und Ablagefächer mehr.
Ein Unterschied liegt im Verborgenen. Die Bordelektronik weist ab dieser Ausstattungsstufe einige Besonderheiten auf. Neben dem automatisch abblendende Innenspiegel, einem Regensensor, der automatischen Fahrlichtschaltung inklusive »Coming home«- und »Leaving home«-Funktion, kommen eine indirekte Kulissenbeleuchtung und Lese- und Innenleuchten mit Abschaltverzögerung und Dimmfunktion, beleuchtete Make-up-Spiegel in den Sonnenblenden sowie eine Geschwindigkeitsregelanlage (GRA) hinzu.

Highline stellt die exklusive Ausstattungsvariante dar. Features wie 17-Zoll-Leichtmetallräder (Typ »Sydney«) mit 225er-Reifen, beheizbare Scheibenwaschdüsen und eine verchromte Dachreling zeichnen die Highlinevarianten aus. Die Nebelscheinwerfer im Stoßfänger mit statischem Kurvenlicht kennzeichnen die Highlinevariante von vorn. Innen beinhaltet die Highline-Ausstattung Sport-Komfortsitze in Alcantara, Dekoreinlagen in »Titansilber«, beheizbare Vordersitze, Fußraumleuchten vorn und in der zweiten Sitzreihe, die Multifunktionsanzeige Plus (MFA+) sowie Lederlenkrad und Lederschaltknauf.

Sitze und Plätze

In der Normalkonfiguration ist das Fahrzeug in allen Ausstattungsvarianten 5-sitzig (zwei Sitze vorne und drei hinten). Die Einzelsitze der zweiten Sitzreihe werden mit dem neuen Sitzkonzept »Easy Fold« zur Nutzung der Variabilität nicht mehr ausgebaut, sondern mit einem Klappmechanismus einfach im Fahrzeugboden verstaut. Wie die Vordersitze sind zudem auch die Sitze der zweiten Sitzreihe längs und um 20 Grad in der Lehnenneigung einstellbar.

Modelle, Varianten und Motoren

Der Sharan/Alhambra wird als TDI und als TSI in den Leistungsstufen bis 170 PS in Deutschland serienmäßig als Blue Motion Technology-Version ausgeliefert. Unter anderem gehören zu diesem effizienten Technologiepaket rollwiderstandsarme Reifen und das Start-Stopp-System.

Start-Stopp-System:
Der Fahrer bremst den Sharan bis zum Stillstand ab, schaltet in den Leerlauf und nimmt den Fuß von der Kupplung (bei DSG reicht allein der Fuß auf der Bremse). Damit wird der Motor augenblicklich abgestellt. In der Multifunktionsanzeige erscheint nun der Hinweis »Start Stopp«. Sobald die Ampel wieder gelb wird, tritt der Fahrer die Kupplung durch (bei DSG einfach Bremse lösen), der Motor startet, der Hinweis »Start Stopp« erlischt, Gang einlegen und weiter geht es. Im Grunde muss der Fahrer keinen zusätzlichen Bedienungsschritt gegenüber einem herkömmlichen Auto ausführen, spart aber mittels »Start-Stopp-System« in der Stadt bis zu 0,2 Liter auf 100 Kilometern. Im Vergleich zu Fahrzeugen ohne »Start-Stopp-System« haben die Blue Motion Technology-Modelle ein zusätzliches Batteriedatenmodul (zur Erfassung des aktuellen Ladestatus), einen verstärkten Anlasser, einen DC/DC-Wandler (garantiert Spannungsstabilität des Bordnetzes) und eine besonders zyklenfeste Vlies-Batterie an Bord.

Rekuperation:
Die Rekuperation hilft, die beim Fahren eingesetzte Energie möglichst ideal zu nutzen. Während der Schub- und Bremsphasen des Sharan – also immer dann, wenn der Fahrer einfach vom Gas geht oder gezielt bremst – wird die Spannung der Lichtmaschine (Generator) angehoben und zum massiven Nachladen der Fahrzeug-Batterie genutzt. Dank dieser vom Wirkungsgrad des Motors abhängigen Generatorsteuerung und der so stets optimal geladenen Batterie kann die Spannung der Lichtmaschine (beim Beschleunigen oder dem konstanten Halten der gewünschten Geschwindigkeit) abgesenkt werden. Sogar das komplette Abschalten des Generators ist möglich. Und das entlastet den Motor und senkt so den Verbrauch. Zudem versorgt die stets optimal geladene Batterie das Bordnetz auch während der Stopp-Phasen des Motors (an der Ampel) mit ausreichend Energie. Um die Rekuperation zu nutzen, bedarf es einer speziellen Software für das Energiemanagement und einer parallel modifizierten Software des Motorsteuergerätes.

TDI-Motoren

Der neue Van wird mit zwei TDI-Motoren angeboten. Sie leisten 103 kW/140 PS und 125 kW /170 PS. Beide TDI sind mit einem SCR-Katalysator (SCR = selective catalytic reduction) ausgestattet, der speziell Stickoxyde (NOX) eliminiert und den Van auch als Turbodiesel zu einem der saubersten Vans der Welt macht.

TDI mit 103 kW/140 PS

Den Start in die Welt der neuen Common-Rail-Turbodiesel des Van markiert ein 1968 cm³ großer Vierventil-Vierzylinder mit einer Leistung von 103 kW/140 PS (bei 4200 U/ min). Bereits ab 1750 U/min entwickelt der auffallend leise und mit 16,5:1 verdichtete TDI ein Drehmomentmaximum von 320 Newtonmetern.

TDI mit 125 kW/170 PS

Der 125 kW/170 PS starke TDI des neuen Vans arbeitet ebenfalls mit einer Common-Rail-Einspritzung. Spätestens seit dem Einsatz im aktuellen Golf GTD gilt das enorme Leistungspotenzial dieses 2,0-Liter-Vierventil-Vierzylinders als nahezu legendär. Die Höchstleistung des TDI liegt bei 4200 U/min an. Zwischen 1750 und 2500 U/min entwickelt der Motor sein maximales Drehmoment von 350 Newtonmetern.

TSI-Motoren

Als einer der ersten Vans weltweit wird der Sharan ausschließlich mit aufgeladenen und direkt einspritzenden Motoren angeboten. Die Turbobenziner (TSI) leisten im Van 110 kW/150 PS und 147 kW /200 PS.

TSI mit 150 PS

Ein 1,4 Liter großer TSI-Motor mit einer Leistung von 110 kW /150 PS (bei 5800 U/min) ist die neue Grundmotorisierung des Van. Der Turbo- und Kompressor-aufgeladene Twincharger ist ausgesprochen sparsam (Durchschnittsverbrauch: 7,2 l/100 km Superbenzin mit 95 ROZ), emissionsarm (167 g/km CO2) und drehmomentstark (maximal 240 Newtonmeter zwischen 1750 und 4000 U/min).

TSI mit 200 PS

In der höchsten Leistungsstufe wird der Van von einem 147 kW/200 PS (zwischen 5100 und 6000 U/min) starken TSI angetrieben. Der gleiche Turbo-aufgeladene 2,0-Liter-Motor sorgt unter anderem im aktuellen Golf GTI für mächtig Schub, dort allerdings mit nochmals 10 PS mehr. Fest steht: Auch im Van bietet der große Vierzylinder-TSI ein Maximum an Kraft bei einem Minimum an Verbrauch. Auf 100 Kilometern sind es lediglich 8,1 Liter, die der bis zu 280 Newtonmeter (zwischen 1700 und 5000 U/min) starke Vierzylinder direkt einspritzt. Der 200-PS-TSI ist serienmäßig an ein 6-Gang-DSG gekoppelt.

TDI mit gewaltigem Antritt: turboaufgeladene Dieselmotoren mit Commonrail-Einspritzsystem bis zu 170 PS 350 Nm.

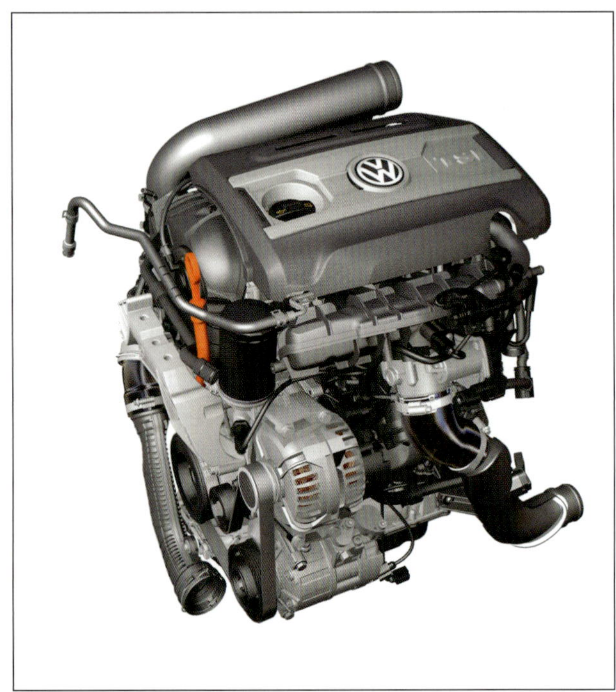

FSI mit Turbolader und Kompressor: Twincharger mit bis zu 200 PS und 240 Nm.

Elektronische Helferlein

Light Assist (Lichtassistent)
Neu konzipiert wurde die Scheinwerferfunktion »Light Assist«. Dieser Fernlichtassistent erkennt kamerabasiert vorhandene Lichtquellen in verschiedensten Verkehrssituationen und gibt dann eine Abblend- oder Aufblendanweisung. Entsprechend wird das Fernlicht ab Geschwindigkeiten von 60 km/h automatisch ein- und ausgeschaltet. Das System ist für die H7- und Bi-Xenon-Scheinwerfer erhältlich.

Dynamic Light Assist (dynamischer Lichtassistent)
Eine nochmals bessere Ausleuchtung der Fahrbahn und des Randstreifens ermöglicht der für die Bi-Xenon-Scheinwerfer mit integriertem Kurven- und Abblendlicht entwickelte »Dynamic Light Assist«. Dank einer hinter der Windschutzscheibe integrierten Kamera bleiben die Fernlichtmodule der Bi-Xenon-Scheinwerfer dauerhaft aktiv. Sie werden nur in den Bereichen abgeblendet, in denen das System eine mögliche Blendung anderer Verkehrsteilnehmer analysiert hat. Während der »Light Assist« direkt ab der Sharan/Alhambra-Markteinführung bestellt werden kann, folgt der »Dynamic Light Assist« zeitversetzt.

Park Assist
Die neue Generation des »Park Assist« erlaubt im Gegensatz zu Systemen der ersten Generation, die ausschließlich das Einparken längs zur Fahrbahn unterstützten, das assistierte Querparken im rechten Winkel zur Fahrbahn.

Aktiviert wird das System per Tastendruck in der Mittelkonsole. Per Blinker wählt der Fahrer die Seite, auf der geparkt werden soll. Ermittelt der Park Assist über seine 12 Ultraschallsensoren (4 vorn, 4 hinten, 2 rechts, 2 links / Reichweite 4,5 Meter) eine ausreichend große Parklücke, kann das assistierte Einparken starten. Der Fahrer legt den Rückwärtsgang ein und muss nur noch Gas geben und bremsen. Das Lenken übernimmt der Van. Visuelle Signale in der Multifunktionsanzeige und eine Dauertonverkürzung unterstützen den Fahrer. Erstmals kann das System auch aktiv in einem bestimmten Rahmen bremsen, auch wenn der Fahrer weiter für das Bremsen verantwortlich bleibt. Beim Längs- und Querparken sowie in Kurven reduziert das System die Geschwindigkeit dabei gegebenenfalls auf 7 km/h.

Einparken in einer Parkreihe: Zirkeln auf den Millimeter entfällt. Fahrzeuglänge plus 80 cm reichen beim Einparken.

Einparken in einer Baumallee: Kein für den Fahrer erkennbarer Unterschied für das Einparksystem.

Einparken in einer Kurve: Professionelles Einparken leicht gemacht.

Durch ruckartiges Bremsen wird der Fahrer darauf aufmerksam gemacht, wenn die Geschwindigkeit verringert werden muss. Generell ermöglicht der »Park Assist« nun auch das Längseinparken in besonders kleinen Lücken (Fahrzeuglänge plus 80 Zentimeter), in Kurven, auf Bordsteinen sowie zwischen Bäumen und anderen Hindernissen. Auch beim Ausparken kann der Raum knapp sein; bis zu einem minimalen Freiraum von 50 Zentimetern vor dem Fahrzeug unterstützt der neue Park Assist deshalb nun auch in dieser Situation.

Park Pilot:
Das einfachste der vier Systeme zum sicheren Rangieren ist der »Park Pilot«, eine Parkdistanzkontrolle im Front- und Heckbereich. Er arbeitet mit Ultraschallsensoren und informiert den Fahrer über ein akustisches Signal. Je nach Nähe zum Hindernis wechselt das Signal von einem Intervall-Ton (fern) stufenweise in einen Dauerton (nah).

OPS:
In der nächsten Komfortstufe wird der »Park Pilot« durch ein optisches Parksystem (OPS) ergänzt. Es ist automatisch an Bord, sobald der Van mit dem Radio-Navigationssystemen RNS 315 und RNS 510 plus Park Pilot ausgestattet ist.

Rear Assist:
In der dritten Version kann der Van mit dem Rückfahrkamerasystem »Rear Assist« bestellt werden. Gekoppelt ist dieses Feature ebenfalls an eines der Radio-Navigationssysteme (RNS 315, RNS 510); das Bild der Kamera wird auf deren videofähigen Touchscreen übertragen. Sobald der Rückwärtsgang eingelegt wird, erfasst die Kamera den Raum hinter dem Van. Auch hier kann OPS ergänzend hinzugeschaltet werden. Die Bilder der Kamera werden als Realbild direkt auf den Touchscreen übertragen. Hier wird zudem der eingeschlagene Weg anhand von Orientierungslinien angezeigt. Mit der Rückfahrkamera werden selbst kleinste Hindernisse nach hinten gut erkannt. »Rear Assist« vereinfacht das Ankoppeln von Anhängern. Ein eigener Prozessor spiegelt das Bild der Kamera, damit im Touchscreen des Vans links auch als links und rechts auch als rechts dargestellt wird (wie beim Blick in den Rückspiegel).

Einparken in einer Parkreihe: auch rückwärts mit Parkassistenten möglich.

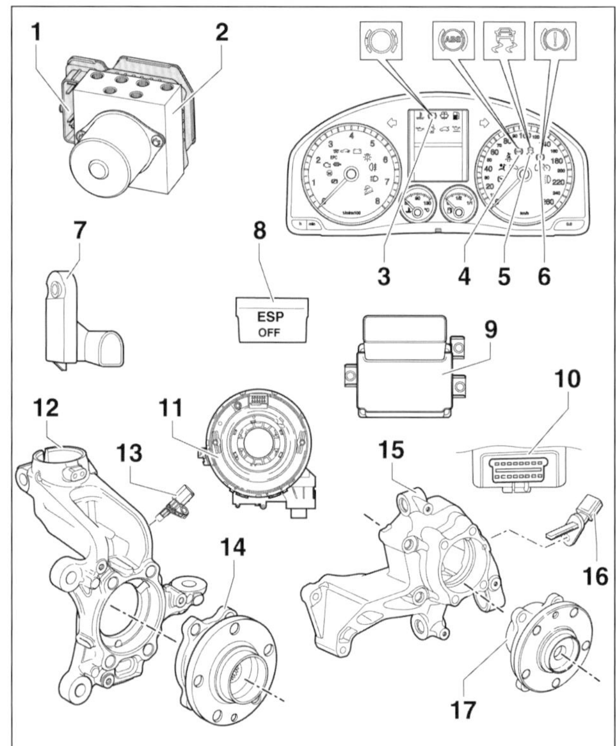

Bremssystem in der Übersicht: 1 Steuergerät für ABS, 2 Hydraulikeinheit für ABS, 3 Kontrollleuchte für Bremsbelag, 4 Kontrollleuchte für ABS, 5 Kontrollleuchte für ESP und ASR, 6 Kontrollleuchte für Bremsanlage, 7 Bremslichtschalter, 8 Taster für ASR und ESP, 9 Sensoreinheit für ESP und Steuergerät für elektromechanische Feststellbremse, 10 Diagnoseanschluss, 11 Lenkwinkelgeber, 12 Radlagergehäuse, 13 Radsensor, 14 Radnabe mit Radlager, 15 Radlagergehäuse, 16 Drehzahlfühler hinten rechts/links, 17 Radnabe mit Radlager.

Bremssystem

Rundum verzögert der neue Van über souverän dimensionierte und innen belüftete Scheibenbremsen; die vorderen haben einen Durchmesser von 314 Millimetern. Hinten greifen die Bremssättel auf Scheiben mit einem Durchmesser von 282 Millimetern zu. Die besonders beanspruchten vorderen Bremsen wurden komplett neu entwickelt und kommen so erstmals in einem Volkswagen zum Einsatz. Eine deutlich höhere thermische Belastbarkeit und kürzere Bremswege sind das Ergebnis. Wie auch der Passat und der Tiguan besitzt der neue Van eine elektronische Parkbremse.

Das **ESP** des Vans gehört zur neuesten Generation. Als Systemkomponente des ESP sorgt zudem die serienmäßige **Gespannstabilisierung** für Sicherheit, sobald große Lasten am Haken des Van hängen. Die Gespannstabilisierung kann Leben retten und ist unverzichtbar für ein modernes Zugfahrzeug.

Zusammenspiel der Systeme

Die Abgrenzungen der einzelnen Systeme verschwimmen. Zuerst einmal wirkt das gehäufte Auftreten der unterschiedlichsten Systeme auf jeden Fahrzeugbesitzer und auch auf die meisten freien Werkstätten erschreckend und erschlagend. Was hatte früher schon, soweit überhaupt vorhanden, ein Rückfahrhilfesystem mit dem Radio und der Lenkung zu tun? Warum sollten wir noch vor wenigen Jahren eine Anhängerkupplung »anmelden«? Es ist auch jetzt noch schwer zu verstehen, dass die Fahrzeugsicherheit betroffen sein kann, wenn Systeme nicht richtig zusammenarbeiten, wenn sie lediglich nicht sauber in die »Software« der Bordelektronik eingearbeitet werden. Sehr deutlich wird in dieser Fahrzeuggeneration der Unterschied zu den alten Bordnetzsystemen.

Einfach mal etwas anschließen entfällt heute vollständig. Fehler an kleinen Bauteilen wie beispielsweise einem Raddrehzahlsensor haben weit reichende Auswirkungen. Die Fehlersuche und die Reparatur müssen gewissenhaft durchgeführt werden. Informationen über Funktion und Aufbau jedes Systems und die Anweisungen zur Reparatur sind lebenswichtig. Beachten Sie also grundsätzlich, ob Sie nun selbst schrauben oder die Schraubarbeiten vergeben, dass für viele der Arbeiten im Reparaturbereich durchaus besondere Kenntnisse und auch besonderes Werkzeug erforderlich sein könnten.

Rad, Reifen und Fahrwerk

Rad-Reifen-Kombinationen

Die Grundversion (Trendline) ist mit Reifen der Dimension 205/60 R 16 auf Stahlfelgen im Format 6½Jx16 ausgestattet. Der Van Comfortline wird mit 215er-Reifen, ebenfalls 16 Zoll hoch, ausgeliefert. Als Felgen kommen in diesem Fall Leichtmetallräder (»Memphis« in 6½Jx16) zum Einsatz. Die Topversion der Baureihe, der Van Highline, verlässt das Volkswagen-Werk im portugiesischen Palmela auf Reifen der Größe 225/50 R 17, ebenfalls kombiniert mit Leichtmetallfelgen (»Sydney« in 7Jx17).

Mobilitätsreifen

Ein weiteres Paradebeispiel für Perfektion bis ins kleinste Detail ist der serienmäßige »Mobilitätsreifen« des deutschen Herstellers Continental. Mit der ContiSeal genannten Technik hat Continental ein System entwickelt, das trotz eingedrungener Nägel oder Schrauben die Weiterfahrt ermöglicht: Eine Schutzschicht auf der Innenseite der Reifenlauffläche dichtet die beim Eindringen der Fremdkörper entstehenden Löcher sofort ab und lässt so keine Luft entweichen. Die Versiegelung funktioniert bei nahezu allen Undichtigkeiten, die von Gegenständen bis zu 5 Millimetern Durchmesser hervorgerufen werden. Rund 85 Prozent aller Reifenpannen können so vermieden werden.

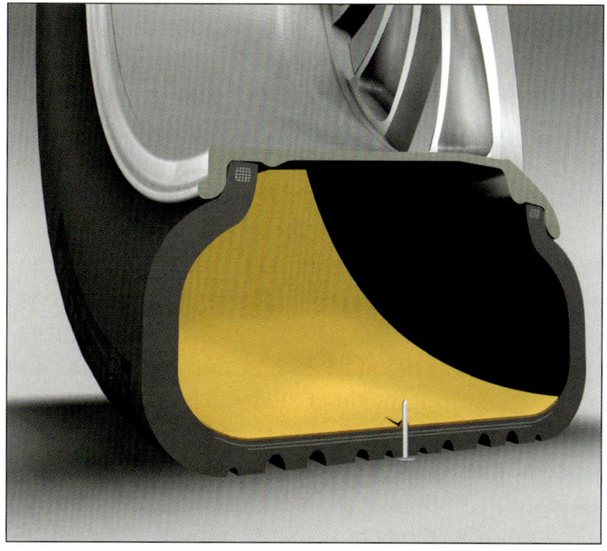

Continental Mobilitätsreifen: Löcher, bis zu 5 mm im Durchmesser, werden selbsttätig abgedichtet.

DCC

Für die Fahrwerksabstimmung gilt eigentlich: Ein Plus an wirklich spürbarer Sportlichkeit geht immer zu Lasten des Komforts; und umgekehrt verhält es sich genauso. Ideal wäre deshalb ein Fahrwerk, das sich permanent den Fahrbahnbedingungen und den jeweiligen Wünschen des Fahrers oder seiner Passagiere anpassen könnte. Der menschliche Körper reagiert beim Abfangen von fallenden Gegenständen sensibel auf Gewicht und Fallgeschwindigkeit. Entsprechend werden die Gegenkraft dosiert und der fallende Gegenstand aufgefangen. Technisch ist es heutzutage sogar in einem Großserienfahrzeug wie im Sharan/Alhambra realisierbar. Dazu allerdings ist eine elektrisch verstellbare Dämpfung erforderlich. Solch eine adaptive Fahrwerksregelung (DCC) kommt nun erstmals auch im Sharan/Alhambra zum Einsatz. Geregelt werden nicht nur die Dämpferkennung, sondern ebenso die Abstimmung der elektromechanischen Servolenkung. Die adaptive Fahrwerksregelung DCC stellt die Dämpfung permanent und radindividuell (bis zu tausendmal pro Sekunde) anhand der Signale der Aufbau- und Radwegsensoren auf die jeweilige Fahrbahn ein. Bei Beschleunigungs-, Brems- oder Lenkvorgängen wird die Dämpfung jedoch in Sekundenbruchteilen verhärtet, um die fahrdynamischen Erfordernisse optimal zu erfüllen und dabei Nick- und Wankbewegungen zu reduzieren. Hierzu wertet die Dämpferreglung die Signale der elektromechanischen Servolenkung, des Motors, des Getriebes, des Bremssystems sowie der Fahrerassistenzsysteme aus und stellt die daraus ermittelten Dämpfkräfte ein. Durch diese automatische Verstellung ermöglicht DCC ein besseres dynamisches Wankverhalten des Van (etwa bei schnellen Spurwechseln) und in fahrdynamisch weniger anspruchsvollen Situationen eine deutliche Steigerung des Komforts. Die adaptive Fahrwerksregelung DCC löst so den Zielkonflikt zwischen Fahrdynamik und Fahrkomfort. Damit der Fahrer das Systemverhalten individuell seinen Wünschen anpassen kann, bietet DCC neben dem »Normal«-Programm mit einer mittleren Grundeinstellung der Dämpfung (in dem alle Regelfunktionen ständig voll aktiv sind) zusätzlich die Modi »Sport« und »Comfort«. Aktiviert werden diese Modi über eine zusätzliche Taste in der Mittelkonsole. Der zuletzt gewählte Modus wird gespeichert und beim erneuten Starten des Van automatisch wieder aktiviert.

Zündschloss und Türöffnung

Keyless Access

Hinter »Keyless Access« verbirgt sich ein Schließ- und Startsystem, das ohne Tür- und Zündschloss auskommt. Mit dem Berühren eines der vorderen Türgriffe erkennt das System die Zugangsberechtigung anhand des Senders in der Jacken-, Hosen- oder Handtasche, entriegelt den Van (inklusive der in diesem Fall elektrischen Lenksäulenverriegelung), entschärft die Wegfahrsperre und die optionale Diebstahlwarnanlage und ermöglicht es jetzt, den Wagen via Start-Stopp-Taste in der Mittelkonsole zu starten. Verriegelt wird der Van von außen wieder über das Berühren einer der Türgriffe; hier allerdings an einer dafür speziell markierten Fläche. Alternativ kann der Van natürlich auch von innen oder via Fernbedienung ent- und verriegelt werden.

Funktionsablauf: Das Berühren des Türgriffs weckt den Van quasi auf. Über die Außenantennen (unter anderem je eine in den vorderen Türgriffen) wird jetzt ein nach außen gerichtetes induktives Feld abgestrahlt, über das die Elektronik in bis zu 1,5 Metern Entfernung vom Van einen gültigen ID-Geber, einen passenden Sender, sucht. Ist das der Fall, gibt die Antenne einen vom Sender ausgestrahlten Code an das zuständige Steuergerät im Van weiter. Das geschieht schneller als ein Lidschlag. Ist der Code okay, werden die Türen entriegelt. Drei weitere Antennen befinden sich im Fahrzeug, um auch hier den Sender respektive Schlüssel zu lokalisieren. Auch hier überprüfen weitere Antennen, ob sich der ID-Geber im Wagen befindet. Etwa zur Absicherung von Kindern kann der Van nicht gestartet werden, wenn sich der ID-Geber auch nur wenige Zentimeter außerhalb des Fahrzeugs befindet. Den Sender auf das Dach legen, einsteigen und losfahren ist also unmöglich.

Sicherheitssysteme im Sharan / Alhambra

Man spricht von aktiven und passiven Sicherheitselementen eines Fahrzeuges. Die Bedeutung dieser Begriffe ist meist aber gar nicht klar. Aktive Sicherheitseinrichtungen tragen zusammen mit den Elementen der passiven Sicherheit zum Schutz für die Fahrzeuginsassen bei.

Bauteile, die zur **aktiven Sicherheitsausrüstung** eines Fahrzeuges zählen, sind diejenigen, die einen Unfall verhindern können. Betrachten wir zuerst einige Bauteile, die der aktiven Sicherheit zugerechnet werden. Für ein besseres Verständnis gliedern wir diese in drei Gruppen.

Konstruktive Maßnahmen zur aktiven Sicherheit:
In dieser Gruppe werden die Bauteile eingeordnet, die durch die Gestaltung und Auslegung der Karosserie realisiert werden. Dazu zählen beispielsweise eine leichtgängige aber nicht rückmeldungsfreie Lenkung, die dem Fahrer den Fahrbahnkontakt vermitteln kann, eine ausgewogene und für möglichst alle Betriebszustände gelungene Abstimmung des Fahrwerks, wirkungsvolle Bremsen und durchzugsstarke Motoren.

Ergonomische Maßnahmen zur aktiven Sicherheit:
Unter diesen Aspekt fällt die Fahrzeugausrüstung, die die Fahrzeugbedienung erleichtert und ein »entspanntes« Fahren ermöglicht. Der Konzentrationserhalt des Fahrers ist ein wichtiger Gesichtspunkt für die Unfallvermeidung. Man kann sich leicht vorstellen, welchen Einfluss komplizierte Bedienelemente verursachen können, wenn man sich die Gesetzeslage hinsichtlich der Benutzung von Telefonen während der Fahrt anschaut. Jeder kleine Moment der Unaufmerksamkeit bedeutet einen potenziellen Moment in einen Unfall verwickelt zu werden. So gehören Fahrzeugausrüstungen wie gute Sitze, das Belüftungs- und Klimatisierungssystem, gute Rundumsicht und möglichst günstig angeordnete Schalter und Anzeigen dazu.

Maßnahmen zur Regelung für aktive Sicherheit:
In diese Gruppe werden die Bauteile eingegliedert, die auf der Elektronik basierende Eingriffe in elektronische oder hydraulische Regelsysteme vornehmen. Eingriffe werden beispielsweise in das Bremssystem vorgenommen. Das Anti-Blockier-System (ABS) verhindert, dass ein Rad überbremst wird, und ermöglicht so sehr kurze Bremswege mit sicherer Lenkbarkeit des Fahrzeuges auch während der Bremsung. Die Elektronische Bremskraftverteilung (EBV), die Elektronische Differenzialsperre (EDS) sowie das Elektronische Stabilisierungsprogramm (ESP) wirken auch auf die Bremse ein. So wird in der EDS-Funktion beispielsweise das durchdrehende Rad so weit gezielt abgebremst, dass der Antrieb auf das nicht drehende Rad möglich wird. EBV ermöglicht eine optimale Verteilung der größtmöglichen Bremskraft auf jedes einzelne Rad der Hinterachse. Auch in wechselnden Situationen wie unterschiedlichen Untergründen, Eis und Laub ist es – entgegen dem mechanischen Bremskraftregler – nun möglich jedes Rad entsprechend zu regeln. Durch das ESP wird durch gezielten Bremseinsatz das Ausbrechen des Fahrzeugs erfolgreich verhindert.
Die Antriebs-Schlupf-Regelung (ASR) trägt in Zusammenarbeit mit EDS und einer bedarfsgerechten Reduzierung des Motordrehmomentes einen wichtigen Teil für die Fahrt auf rutschigem Untergrund wie Schnee und Eis bei.

Die passiven Sicherheitselemente kommen dann zum Tragen, wenn der Unfall gerade passiert. Die Komponenten der passiven Sicherheit stellen alle konstruktiven Maßnahmen dar, die dazu dienen, die Fahrzeuginsassen vor Verletzungen zu schützen oder zumindest die Verletzungsgefahren zu verringern. Der Begriff »passive Sicherheit« bezieht sich auf das Kollisionsverhalten (Crashtests) und berücksichtigt über den Schutz der Insassen hinaus auch den Schutz anderer Verkehrsteilnehmer. Auch hier lassen sich Merkmale in ein Sortierungsraster bringen:

Insassenschutz
Unter dem Begriff Insassenschutz versteht man den Schutz des Fahrzeugführers und seiner Mitfahrer. Zu den wichtigsten Bauteilen gehören neben dem Gurtsystem die Airbags und eine »verformungssteife« Fahrgastzelle mit Knautschzonen in Front-, Heck- und Seiten-Bereich. Diese Komponenten sorgen für einen weitestgehend schützenden Abbau der Aufprallenergie und den sicheren Halt der unfallbeteiligten Fahrzeuginsassen.

Partnerschutz
Unfälle passieren eben nicht nur in einem Fahrzeug. Im Normalfall sind immer andere Verkehrsteilnehmer oder auch Verkehrspartner an einem Unfall beteiligt. Gerade bei Fußgängern, Radfahrern und natürlich auch den Bikern ist kein System vorhanden, das eventuelle Unfallfolgen verringern kann. Dieser Aspekt wird bei der Fahrzeugentwicklung heute auch mit einbezogen. Frontbereiche sollen immer auch so konstruiert sein, dass sie die Aufprallenergie aufnehmen oder verringern können, die bei einem Fußgängerunfall den Verkehrspartner erheblich verletzen könnte. Hierin findet sich dann auch der Grund für Kunststoffstoßfänger und Motorhauben ohne Flächenverstrebungen.

Natürlich ist es heute schon normal, sich über den Schutz von Insassen Gedanken zu machen. Schließlich fordert ja nicht nur der Gesetzgeber Maßnahmen, die Unfälle vermeiden oder zumindest die Folgen daraus abmildern sollen. Der Van ist mit einem Airbagsystem für Fahrer und Beifahrer sowie einem Sicherheitsgurtsystem ausgestattet. Das ISO-Fixsystem findet natürlich auch in diesem Van seine Anwendung. Die Befestigung ist für die beiden äußeren Sitze der 2. Sitzreihe vorgesehen.

Grundsätzlich ist es verboten Arbeiten an sicherheitsrelevanten Systemen durchzuführen, die entweder nicht durch den Hersteller freigegeben wurden oder besondere Kenntnisse erfordern. Airbag-Systeme sind Sprengmittel im Sinne des Gesetzgebers. Für den Umgang mit den sprengmittelhaltigen Bauteilen muss ein Sachkundenachweis vorliegen. Zur Auslösung einer Airbageinheit kann im ungünstigen Fall schon die elektrostatische Aufladung der Kleidung ausreichen.

Die Aufgabe liegt darin, die Insassen im Falle des Unfalls zu schützen und gezielt und verträglich ihre Bewegungsenergie abzubauen. Das Airbagsystem besteht in der Regel aus dem Fahrerairbag, dem Beifahrerairbag sowie den in den vorderen Sitzen verbauten Sidebags. Die Airbagsysteme sind in den Vans nur für Fahrer und Beifahrer verbaut. Diese Serienausrüstung kann natürlich auch nur dann funktionieren, wenn sie nicht durch nachträgliche Einbauten daran gehindert werden. Hinsichtlich des Airbagsystems bedeutet das schon, dass nicht geeignete Schonbezüge über den Sitzen einen Einfluss auf das Entfaltungsverhalten des Luftsacks haben können. Auch falsche Reinigungsmittel, die einen nicht kalkulierten Einfluss auf den Weichmacher in der Kunststoffabdeckung des Airbags haben, zeigen einen solchen Einfluss. Wer denkt schon daran, dass ein chemischer Reiniger für den Automobilbereich irgendeinen negativen Einfluss auf dieses System haben könnte. Meist ergibt auch die Befragung des Verkäufers wenig bis keine neuen Erkenntnisse über die Verwendbarkeit des Reinigers. Die Inhaltsstoffe werden schließlich meist nicht detailliert beschrieben.

EXPLOSIONSGEFAHR: Die Kräfte, die der Airbag bei der Zündung freisetzt, können Sie tödlich verletzen!!!

Investition in die Zukunft

Ohne das richtige Werkzeug geht nichts. Wenn Sie vorhaben, sich intensiv um Ihr Auto zu kümmern, müssen Sie sich zunächst Gedanken um das nötige Handwerkszeug machen. Was Sie dazu unbedingt brauchen und wie Sie alles in der heimischen Garage unterbringen können, wollen wir Ihnen in diesem Kapitel zeigen.

Egal, ob Sie nun häufig oder eher selten, aus purer Lust am Basteln oder um Geld zu sparen am Auto schrauben: Sie müssen dafür zuerst die richtigen Voraussetzungen schaffen. Leider ist das mit Kosten verbunden. Doch wenn Sie bedenken, was eine Arbeitsstunde in der Werkstatt kostet und dass hochwertiges Werkzeug fast ein Leben lang hält, rechnet sich die Investition früher oder später.

Was muss ich als Erstes anschaffen?

Beginnen Sie mit einem Ordnungssystem, bestehend aus einer stabilen Werkbank mit Unterschränken und einem abschließbaren Schrankaufsatz. Ohne ein Ordnungssystem und eine stabile Werkbank sollten Sie nicht beginnen, denn Ordnung und Sauberkeit sind beim Schrauben oberstes Gebot. Das Schöne daran: Das Ganze passt problemlos in eine normale Einzelgarage und bietet Ihnen auf Jahre die nötige Sicherheit. Bei einer Markenfirma wie Gedore kostet eine solche Kombination rund 4200 Euro ohne Inhalt. Der lässt sich mit der Zeit ergänzen. Lassen Sie sich doch von nun an zum Geburtstag oder zu Weihnachten hochwertiges Werkzeug schenken: Die Schränke werden sich schneller füllen, als Sie denken.

Woran erkenne ich gutes Werkzeug?

Gutes Werkzeug kann in der Regel nicht billig sein. Ein Ring-/Maulschlüssel kostet je nach Größe zwischen fünf und 15 Euro, sodass ein Satz mit den zehn gebräuchlichsten Größen schon auf rund 80 Euro kommt. Noch größer sind die Qualitäts- und Preisunterschiede bei den Steckschlüsselsätzen – oft auch Umschaltknarren mit Nüssen genannt.
Ein solider Kasten mit 19 Teilen und Verlängerungen kostet an die 200 Euro, hält dafür aber auch höchste Belastungen aus. Auch das Gewicht ist ein gutes Indiz: Je schwerer das Werkzeug ist, umso stabiler ist der Stahl. Nehmen Sie zum Vergleich ein paar Schlüssel in die Hand und achten Sie auf Maßhaltigkeit und die Oberfläche.

Was tun, wenn ich keine Garage habe?

Der ideale Ort zum Schrauben ist natürlich eine in sich abgeschlossene Garage – je größer umso besser. Aber auch wenn Sie lediglich über einen Stellplatz verfügen oder gar im Freien arbeiten müssen, gibt es eine Lösung: Ein Werkstattwagen (links im Bild) lässt sich nach getaner Arbeit leicht wegräumen. Zum Beispiel in den Keller. Nur allzu schwer beladen sollte er dann nicht sein. Achten Sie beim Kauf auf die Lagerung der Schubladen. Ein Werkstattwagen in Profi-Qualität kann ohne Inhalt um die 1000 Euro kosten.

Was kostet mich das alles?

Zunächst einmal viel Geld und bitte sparen Sie dabei nicht zu sehr. Ansonsten kostet es nämlich auch noch Ihre Gesundheit. Natürlich müssen Sie nicht auf Anhieb 8000 Euro ausgeben, so viel kostet nämlich die Ausrüstung in unserer voll ausgestatteten Garage im Bild links. Allerdings handelt es sich hier auch um einen kompletten Werkzeugsatz eines Markenherstellers in Profi-Qualität. Damit werden normalerweise Werkstätten ausgerüstet. Wir haben die Ausstattung zudem um einige pfiffige und günstige Hilfsmittel, zum Beispiel aus dem Programm von Conrad Elektronik ergänzt, auf die wir später noch genauer eingehen.

Lohnt sich das denn?

Wir meinen: Ja! Wie viel Geld Sie letztendlich ausgeben wollen, bleibt Ihnen überlassen. Beachten Sie dabei aber immer den Grundsatz: Weniger (dafür aber von hoher Qualität) ist mehr als viel (und viel kaputt). Rechnen Sie einfach über die nächsten 15 Jahre…

Die Grundausstattung

Gutes Werkzeug kann billig sein, ist es in der Regel aber nicht. Ein Satz Ring-/Maulschlüssel kostet schon rund 80 Euro. Noch größer sind die Qualitäts- und Preisunterschiede bei den Steckschlüsselsätzen – oft auch Knarrenkästen genannt. Das wichtigste Teil ist hierbei die Knarre selbst. Die Sperrklinken sollten austauschbar sein, gute Hersteller bieten dafür Ersatzteile und einen Service an. Besonders wichtig ist das bei einem Drehmomentschlüssel, der regelmäßig kalibriert werden sollte. Drehmomentschlüssel nach der Arbeit immer entspannen!
Sehr wichtig ist auch die Qualität von Schraubendrehern und Zangen. Damit werden hohe Kräfte übertragen, die das Werkzeug aushalten muss.

Schrauben ist gefährlich

GEFAHRENHINWEIS

Ob nun reines Hobby oder beruflich: Das Schrauben birgt gewisse Risiken. Vom kleinen Kratzer bis hin zum tödlichen Unfall ist schon alles vorgekommen. Beachten Sie daher stets folgende Grundregeln:

- Benutzen Sie nur hochwertiges Werkzeug!
- Schrauben Sie möglichst immer von sich weg!
- Sichern Sie angehobene Lasten lieber doppelt!
- Sorgen Sie für ausreichende Belüftung!
- Tragen Sie wann immer möglich Schutzkleidung!
- Das gilt ganz besonders für die Augen!
- Wenden Sie niemals Gewalt an, meist gibt es eine andere, elegantere Lösung für das Problem!
- Sorgen Sie dafür, dass immer jemand in der Nähe ist, der Ihnen in Notfällen helfen kann!

Dass Essen, Trinken und offenes Licht sowie Zigaretten am Arbeitsplatz nichts verloren haben, setzen wir als selbstverständlich voraus. Lagern Sie aber auch keine Flüssigkeiten in Trinkflaschen. Selbst an destilliertem Wasser kann ein Mensch sterben! Und zu guter Letzt: Legen Sie sich zur Sicherheit einen Verbandskasten und einen Feuerlöscher bereit.

Der Werkzeugwagen: Was sich in diesem Rollcontainer alles verbirgt, sehen Sie auf den Bildern rechts. Diese Luxusversion ist abschließbar und hat laufruhige Gummiräder.

Schraubendreher: Entscheidend sind der Griff und die Qualität der Spitze. Je drei Größen von Schlitz- und Kreuzschlitzschraubendrehern sollten für den Anfang genügen.

Ring-Maulschlüssel: Ein kompletter Satz dieser Kombinationsschlüssel von acht bis 22 Millimeter reicht in den meisten Fällen. Zusätzlich gibt es Spezialschlüssel.

Steckschlüssel: Auch Nüsse und Knarre genannt. Ein guter Kompromiss ist ein Satz mit dem Verbindungsmaß 3/8 Zoll. Niemals an der Umschaltknarre sparen!

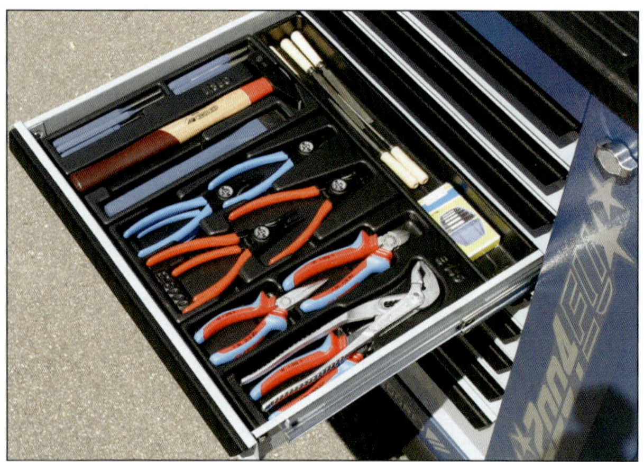

Zangen: Wichtig sind eine verstellbare Wasserpumpenzange, eine Flach- oder Spitzzange sowie eine Kombizange mit integriertem Seitenschneider.

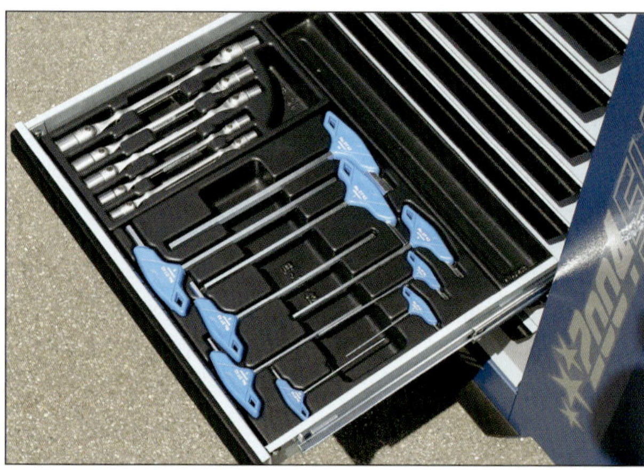

T-Griffe: Werden meist im Karosseriebereich eingesetzt. Das übertragbare Drehmoment ist nicht sehr hoch, dafür sind auch tief sitzende Schrauben gut zu ereichen.

Torx-Abteilung: Immer mehr Schraubverbindungen haben Torx- oder Vielzahnköpfe. In diesem Fach ist alles versammelt, was beim Arbeiten an Torx-Schrauben dienlich ist.

Spezialaufgaben: Selten benötigte Werkzeuge wie Bremsleitungsschlüssel, Messschieber oder auch die verschiedenen Spezialbits sollten ein extra Fach bekommen.

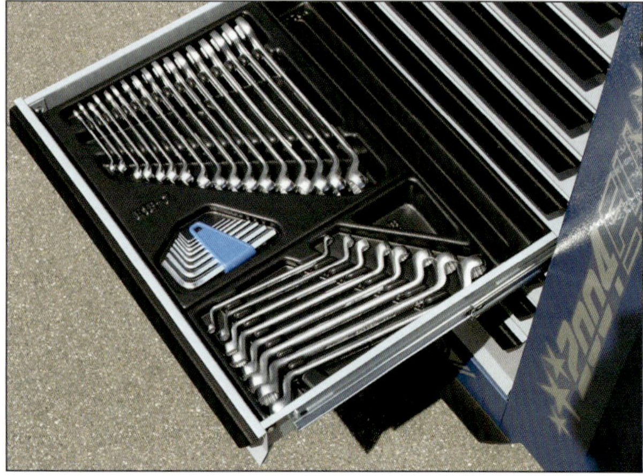

Gekröpfte Schlüssel: Manche Schrauben lassen sich überhaupt nur mit einem gekröpftem Schlüssel erreichen. Es gibt verschiedene Ausführungen, auch für Spezialfälle.

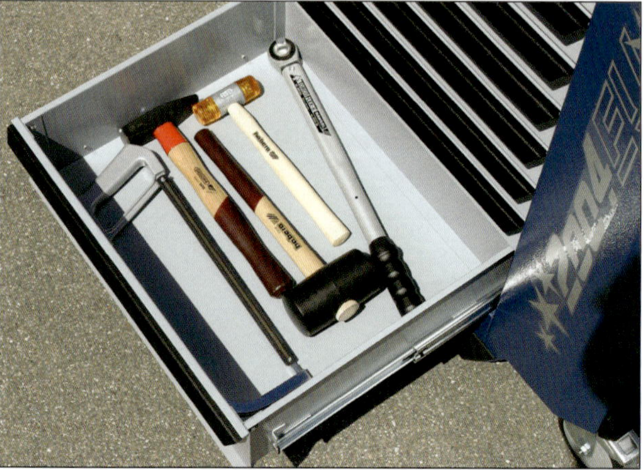

Hammer, Säge, Drehmoment: Die schweren Werzeuge sollten immer im untersten Schubfach ihren Platz finden. Meistens ist dieses Fach auch größer als die anderen.

Nützliches Zubehör

Wenn Sie genügend Platz haben, können Sie das gesamte Werkzeug auch in einer Werkbank-/Werkzeugschrank-Kombination unterbringen. Lassen Sie aber noch etwas Platz übrig, denn neben gutem Werkzeug beherbergt die Schraubergarage auch immer einige nützliche Helfer.

Sicherer Stand: Stabile Auffahrrampen sind für die meisten Arbeiten unter dem Auto völlig ausreichend. Zwar können Sie die Räder nicht abnehmen, dafür steht das Auto sicher.

Beste Bedingungen: Auf einem solchen Reifenbaum sind nicht benötigte Räder perfekt untergebracht. Zwischen den Rädern bleibt etwas Luft, das Gewicht trägt die Felge.

Des Schraubers Traum: Mit einem cleveren Werkstatt-System können Sie sich auch auf begrenztem Raum ein wahres Schrauberparadies schaffen. Tatsächlich steht diese Einzelgarage, was die Ausrüstung angeht, einer Profi-Werkstatt kaum nach. Alles was jetzt noch fehlt ist eine Hebebühne, doch diese braucht leider vier Meter Raumhöhe.

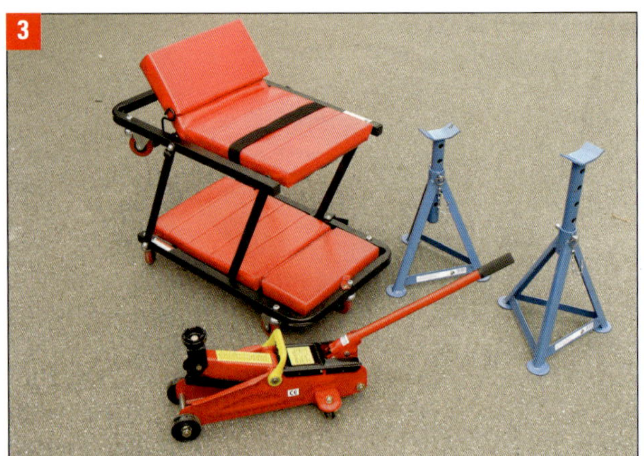

Helfer für unten: Unterstellböcke und ein hydraulischer Wagenheber sind ein Muss. Ein Rollbrett, das sich zum Hocker falten lässt, ist dagegen schon fast Luxus.

Werkstattapotheke: Auch ein kleines Sortiment von chemischen Produkten gehört zur Werkstatt. Unverzichtbar sind Teilereiniger und Sprühfett, aber auch die Kupferpaste werden wir noch brauchen.

Ampellösung: Damit wir die kostbare Werkbank nicht mit dem wertvollen Blech rammen, haben wir einen Abstandswarner montiert. Gefunden bei Conrad-Elektronik.

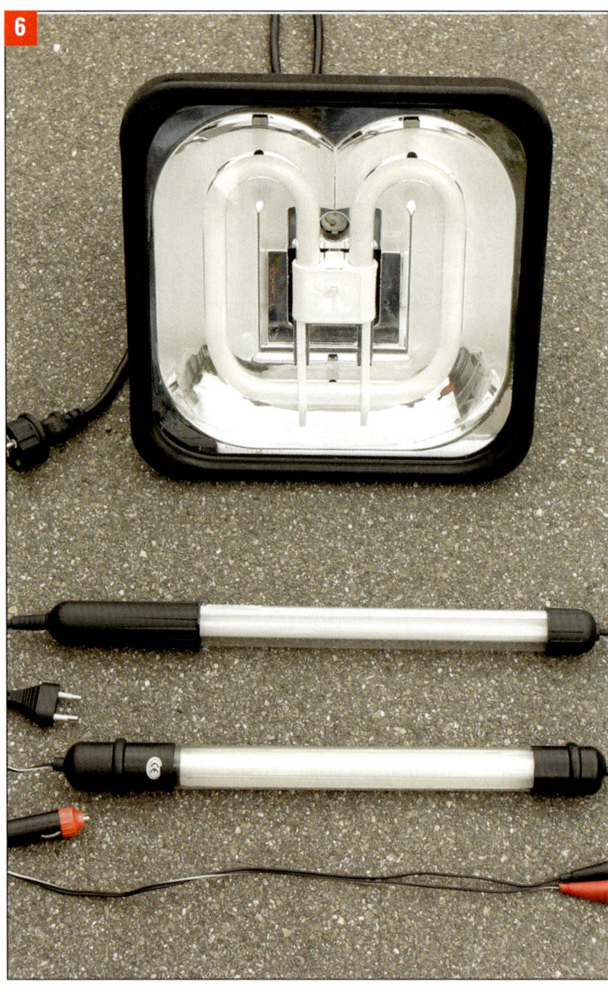

Es werde Licht: Wenn Sie nicht sehen, woran Sie schrauben, ist das Scheitern vorprogrammiert. Es gibt wirklich genug Möglichkeiten, für ordentliches Licht zu sorgen.

Ölige Helfer: Für den Ölwechsel empfehlen wir eine solche Wanne und ein Trichterset. Wer absaugen will, braucht eine Pumpe, die für Öl geeignet ist.

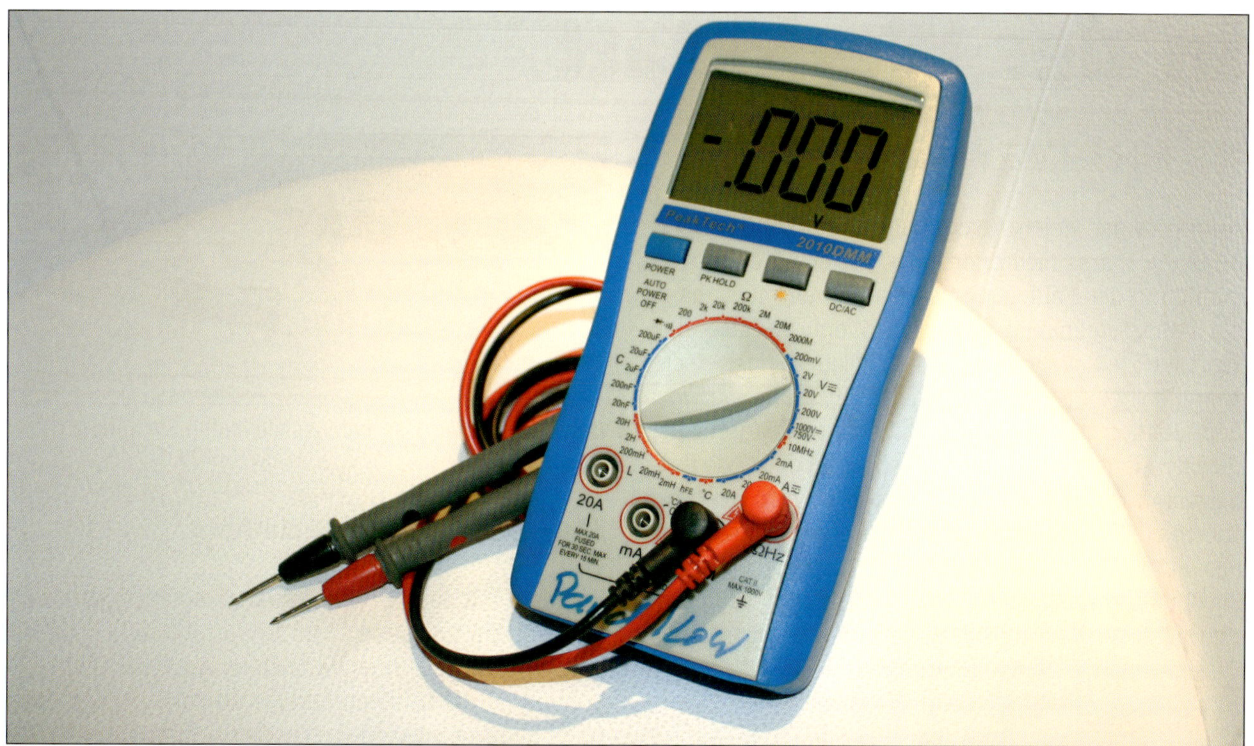

Multifunktionsmessgerät: Ohne Multimeter geht es heute leider nicht mehr. Ein einfaches Multimeter mit möglichst großem Display und brauchbaren Messspitzen kostet ab 40 Euro aufwärts. Es sollte möglichst keine automatische Bereichswahl (Auto-Range) haben. Für die Vergesslichen unter den Schraubern sorgt eine »Auto-Power-Off«-Schaltung für eine batterieschonende, automatische Abschaltung des Gerätes bei Nichtgebrauch.

Diagnose-Tool: Um den Fehlerspeicher auszulesen oder auch Prüffunktionen der Eigendiagnose ausführen zu können, reicht meist schon ein Diagnosetool, welche durchaus schon um 100 Euro in diversen Onlineversteigerungen angeboten werden. Wichtig hierbei ist, dass die entsprechende Software mitgeliefert wird

In der Werkstatt

Was braucht die Werkstatt?

Aufgrund der vielen Ausstattungsvarianten und verfügbaren Extras moderner Autos, ist eine genaue Bestimmung des Fahrzeugtyps nicht immer nur anhand der Fahrgestellnummer möglich. Wenn Sie also eine Werkstatt aufsuchen, die Ihren Wagen noch nicht kennt, sollten Sie alle Unterlagen mitnehmen (Serviceheft, Radiocode, ABEs und Zubehörunterlagen). Berücksichtigen Sie auch vorhandenes Zubehör wie Sonderfelgen mit Schloss. Bei Arbeiten an der Wegfahrsperre oder den Schließsystemen werden in der Regel alle Fahrzeugschlüssel benötigt. Ansonsten räumen Sie Ihr Auto aus und entfernen alle privaten Sachen und auch die Musik-CDs. So gibt es hinterher keine Diskussionen, ob Dinge fehlen oder nicht.

Diese Angaben braucht die Werkstatt:

- Schlüsselnummer (Hersteller)
- Schlüsselnummer (Typ)
- Zulassungsdatum
- Motorisierung
- Fahrgestellnummer

Das müssen Sie dabei haben:

- Fahrzeugschein
- Serviceheft
- Adapter oder Schlüssel für Felgenschlösser
- Radiocode
- alle Schlüssel (bei Arbeiten am Schließsystem)

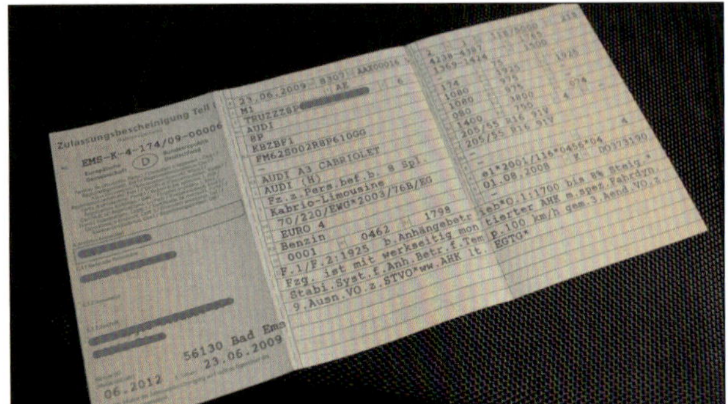

Der Fahrzeugschein: Hier findet die Werkstatt die wichtigsten Daten und auch die Fahrgestellnummer.

Das Typenschild: Das Typenschild finden Sie auf der linken B-Säule.

Eine klare Auftragserteilung

Um nicht mit einer Reparaturrechnung konfrontiert zu werden, die weit über dem Erwarteten liegt, sollten Sie der Werkstatt Ihres Vertrauens ein Kostenlimit angeben und darauf bestehen Sie zu kontaktieren, falls es zu unerwarteten Mehrarbeiten kommt. Erteilen Sie Ihren Arbeitsauftrag immer schriftlich, denn mündliche Absprachen sind nur schwer einklagbar und beweisbar. Die Kopie des schriftlichen Arbeitsauftrags in ihrer Tasche gibt Ihnen die Rechtssicherheit. Dank moderner EDV-Anlagen ist es auch oft kein Problem, auf die Schnelle einen schriftlichen Kostenvoranschlag zu erhalten. Dieser ist ebenfalls verbindlich und in der Regel noch detaillierter als der Arbeitsauftrag. Beachten Sie bitte: Der tatsächliche Rechnungsbetrag darf bis zu 10% über den geschätzten Kosten liegen, ohne dass es einer erneuten Zustimmung Ihrerseits bedarf. Eine termingerechte Fertigstellung einer Standardreparatur ist heutzutage üblich.
Oberste Voraussetzung für ein gutes Arbeitsergebnis in der Werkstatt und einen geringen Geldschwund in Ihrem Geldbeutel ist eine exakte Fehlerbeschreibung mit Angabe des gewünschten Ergebnisses.

Fehlerbeschreibung

Nehmen wir einmal an, Ihr Auto klappert hin und wieder und Sie möchten dieses in einer Werkstatt beseitigen lassen. Bei unserem jetzigen Beispiel spielt es keine Rolle, ob Sie selbst bezahlen oder andere Ansprüche stellen. Denn im Vordergrund steht erst einmal ein nicht funktionierendes Auto, das repariert werden soll, und dem Schaden ist es schließlich egal, wer die Rechnung bezahlt.

Damit also der Werkstattmeister nicht viele Stunden und Kilometer in Ihrem Auto zurücklegen muss, um ein Klappern zu lokalisieren, das eventuell gar nicht das ist, das Sie meinen, sollten Sie möglichst präzise Angaben machen. Der vorhandene Fehler muss reproduzierbar sein. Das heißt, Sie sollten genau beschreiben, wann der Wagen klappert.

Eine gute Hilfestellung bieten hier die W-Fragen:

Wann tritt das Problem immer auf? »Beim Befahren von Unebenheiten, wie zum Beispiel über die Brücke XY in eine bestimmte Richtung. Bei Temperaturen unter null Grad ist das Klappern am deutlichsten zu hören, die Motortemperatur spielt dabei keine Rolle.«

Wie kann man das Geräusch verstärken oder abschwächen?
»Die Geschwindigkeit, mit der man über die Brücke fährt ist egal, aber man darf kein Gas geben um das Klappern zu hören.«

Wo kommt das Geräusch her? »Es scheint von vorn rechts zu kommen, wenn ich meine Hand auf das Armaturenbrett lege, kann ich es sogar fühlen.«

Wieso sind Sie nicht schon früher damit gekommen?
»Weil das Klappern erst seit ein paar Wochen vorhanden ist.«

Wer hat zuletzt an dem Wagen Hand angelegt? »Sie haben hier den letzten Kundendienst gemacht, ich habe nur die Winterräder montiert.«

Was haben Sie schon dagegen unternommen? »Ich habe schon alle losen Gegenstände aus dem Wageninneren entfernt, aber es hat sich nichts geändert.«

Bei einer präzisen Fehlerbeschreibung können Sie sicher sein, dass der Mechaniker den Fehler schneller eingrenzen kann, und auch das Reparaturergebnis ist für alle Beteiligten einfach und schnell überprüfbar. Diese W-Fragen sind mit leichten Abwandlungen auf nahezu alle Mängel anwendbar. Möglicherweise finden Sie das Problem auch selbst, wenn Sie sich die richtigen Fragen stellen. Denn niemand kennt Ihren Wagen besser als Sie selbst. Oftmals sind es Kleinigkeiten, die Sie nebenher erwähnen, aber dem Mechaniker die richtige Richtung weisen.

Der Ton macht die Musik

Oft treten Probleme auf, wenn es um Leistungen der Gewährleistung oder Garantie geht. Auch wenn Sie sich im Recht fühlen und vielleicht auch Recht haben, beachten Sie bitte, dass Sie meistens nur mit einem Angestellten sprechen, und dessen Motivation entscheidet in der Regel über die Art und Dauer Ihrer Auftragsabwicklung. Damit Ihr Anliegen zur vollsten Zufriedenheit bearbeitet wird, sollten Sie die üblichen zwischenmenschlichen Verhaltensregeln einhalten, auch wenn Sie schon eine halbe Stunde in der Warteschlange stehen. Nicht jeder Zeitpunkt ist gleich gut für einen Werkstattbesuch, der Freitag vor einem langem Wochenende oder Ferienbeginn ist kein so guter Tag. Wir empfehlen Ihnen, sich vorher anzumelden und dem entsprechenden Mitarbeiter eine kurze Schilderung Ihres Anliegens zu geben, oft kann dieser schon im Vorfeld wichtige Informationen bereitstellen oder auf etwas hinweisen, das Sie nicht vergessen sollten mitzubringen.

Wenn es doch zu Differenzen kommt

Versuchen Sie, den Vorgang noch einmal mit dem Verantwortlichen sachlich durchzugehen, eventuell auch unter Beteiligung des Mechanikers oder Meisters. Dieses Gespräch sollte in einen separaten Raum stattfinden und nicht vor weiteren Kunden. Für das Unternehmen kann es sehr schädlich sein, wenn laute Streitereien vor der Kundschaft ausgetragen werden, entsprechend wird die Reaktion ausfallen. Nehmen Sie ruhig sachkundige Verstärkung mit, Ihr Gegenüber wird auch nicht alleine sein. Ein Zeuge kann später sehr wichtig sein. Sollte das nicht das gewünschte Ergebnis bringen, haben Sie noch die Möglichkeit ein Schlichtungsverfahren einzuleiten. Ein solches Verfahren, welches unter der Regie der jeweils zuständigen Handwerkskammer durchgeführt wird, stellt ein Angebot sowohl an das Mitgliedsunternehmen der Handwerkskammer als auch an dessen Auftraggeber dar, sich außergerichtlich zu einigen. Ziel eines Schlichtungsverfahrens ist, die Streitigkeiten zwischen dem Handwerker und dessen Auftraggeber schnell und unbürokratisch, möglichst durch eine gütliche Einigung, beizulegen. Sollte dies alles nicht funktionieren, können Sie immer noch den teilweise langwierigen und möglicherweise auch kostspieligen juristischen Weg einschlagen. So weit sollten Sie es aber nicht kommen lassen.

Schiedsstellen nutzen

Wenn sich Unstimmigkeiten wirklich nicht ausräumen lassen, helfen die Schiedsstellen der Kfz-Innung kostenlos weiter. Ihre Werkstatt muss dazu aber Mitglied der Innung sein, was Sie am entsprechenden Innungs-Schild erkennen. Als neutrale Institution soll die Schiedsstelle Streitigkeiten aus Werkstattaufträgen und Kaufverträgen über gebrauchte Kraftfahrzeuge ohne gerichtliche Auseinandersetzung beilegen helfen. Bereits vor Gericht anhängige Streitigkeiten werden nicht bearbeitet. Seit Jahren erfolgreiche Schiedsstellen geben folgende Tipps zur (schriftlichen) Anrufung:

- Zuerst klären, ob Werkstatt oder Händler Innungsmitglied ist, erkennbar am Schild.
- Im Telefongespräch den Fall kurz schildern und beurteilen lassen, ob er für ein Schiedsverfahren geeignet ist. Streitigkeiten über den Kaufpreis von Gebrauchtwagen sind vom Schlichtungsverfahren ausgeschlossen. Auf einem Fragebogen ist dann der Antrag konkret zu formulieren. Für allgemeine Rechnungsprüfung ist die Schiedsstelle nicht zuständig.
- Reparaturauftrag oder Kaufvertrag, Rechnungen, eventuell auch Notizen über Telefonate mit Datum und Uhrzeit sowie Zeugenaussagen sind dem Fragebogen beizufügen. Wie vor Gericht müssen die Ansprüche bewiesen werden.
- Zur Beweissicherung können auch ausgebaute Fahrzeugteile gehören. Deshalb eventuell schon beim Reparaturauftrag darauf hinweisen, dass ausgebaute Teile ausgehändigt werden sollen.

Hinweis:
Wenn Sie bei Fahrzeugabholung Grund zur Reklamation haben, kann die Werkstatt trotzdem auf Bezahlung in voller Höhe bestehen.

Auf der Rechnung (Arbeitslohn und Material müssen getrennt ausgewiesen sein!) notieren, dass die Zahlung unter Vorbehalt erfolgt!

Rechnungsfehler können Sie innerhalb von sechs Wochen reklamieren.

Die Kfz-Schiedsstellen

WISSENSWERTES

Zahn der Beschwerden wächst
Die Beschwerden von Werkstattkunden und Gebrauchtwagenkäufern bei den Schiedsstellen des Kraftfahrzeuggewerbes nehmen von Jahr zu Jahr zu. Das deutet aber nicht auf schlechtere Arbeit in den Kfz-Meisterbetrieben hin. Die Mehrzahl der Kundenaufträge wird nach wie vor beschwerdefrei ausgeführt. Die wachsende Beschwerdezahn resultiert aus der stärkeren Aufklärung der Kunden über ihre Rechte aufgrund von Sachmangelhaftungsrecht (Gewährleistung) und Garantie.

Gründe für Beschwerden
Rund 80 Prozent der Beanstandungen betreffen Werkstattleistungen und 20 Prozent den Gebrauchtwagenhandel. Die häufigsten Beschwerdegründe sind vermeintlich unsachgemäße Ausführung der Werkstattarbeiten, die Rechnungshöhe und technische Mängel.

Auf Innungsschild und Zusatzzeichen achten
Der Kunde sollte beim Werkstattbesuch oder Gebrauchtwagenkauf auf das Meisterschild der Kfz-Innung (Bild 12) und das Zusatzzeichen zum Meisterschild »Gebrauchtwagen mit Qualität und Sicherheit« achten. Nur dann kann im Streitfall die Schiedsstelle der Kfz-Innung tätig werden.
Die Kfz-Schiedsstellen schaffen es in den meisten Fällen, Meinungsverschiedenheiten zwischen Kunden und Kfz-Meisterbetrieben schnell, unbürokratisch und für den Verbraucher kostenlos zu beseitigen. Der Spruch der Schiedsstelle ist für den Kfz-Betrieb verbindlich. Dem Kunden steht in jedem Fall der Rechtsweg weiterhin offen.

Adressen im Internet
Die Kfz-Schiedsstellen setzen sich aus je einem Vertreter der regionan zuständigen Kraftfahrzeuginnung, eines Automobilclubs und einer technischen Überwachungsorganisation zusammen. Zudem führt stets ein zum Richteramt befähigter Jurist den Vorsitz. Informationen über das Schiedsstellenverfahren vermitteln die regional zuständigen Kraftfahrzeuginnungen. Die Adressen der bundesweit rund 130 Schiedsstellen sind im Internet zu finden. Nutzen Sie dazu die Adresse:
www.kfzschiedsstellen.de

VAN Waschtag

Sein eigenes Auto zu pflegen macht Spaß. Sie sichern damit nicht nur den Wert, sondern lernen Ihr Auto auch bis in den letzten Winkel kennen. Das ist die ideale Voraussetzung, wenn wir später beginnen wollen Teile zu demontieren.

Wagenpflege und Werterhalt

Ein Auto zu besitzen ist für die meisten Menschen weitaus mehr als nur eine bequeme Alternative zu Straßenbahn oder Fahrrad. So auch für Sie. Schließlich haben Sie sich bewusst für ein bestimmtes Modell entschieden, in Ihrer Lieblingsfarbe und mit genau den Ausstattungsmerkmalen, die Sie mögen. Der Lack funkelt in der Sonne, der Innenraum riecht angenehm. Da stellt sich zu Recht ein gewisser Besitzerstolz ein, zumal ein Auto auch eine hübsche Stange Geld kostet. Diesen Wert gilt es zu erhalten, denn vielleicht kommt der Tag, an dem Sie sich doch von Ihrem Schmuckstück trennen wollen oder müssen. Dann geht es um Bares, und wie so oft im Leben zählt hier der erste Eindruck. Und stellen Sie sich einfach vor, Sie müssten ein jahrelang vernachlässigtes Auto vor dem Verkauf in Form bringen. Eine Wahnsinns-Arbeit, nur für den Käufer! Also pflegen Sie Ihr Auto regelmäßig. Sie werden sehen, das macht sogar Spaß! Wie das am besten geht und was Sie dabei beachten müssen, erfahren Sie hier.

Waschanlage oder Handwäsche?

Eine der wichtigsten Fragen, die ebenso heiß wie häufig diskutiert wird. Und leider können auch wir keine eindeutige Antwort darauf geben. Einerseits ist die Maschinenwäsche natürlich die bequemste Variante und auch in Sachen Umwelt erste Wahl (siehe auch Kasten auf Seite 34), andererseits haben die Vertreter der Handwasch-Fraktion natürlich recht, wenn sie vor Kratzern und anderen Beschädigungen warnen. Denn natürlich gehen in Waschanlagen manchmal Außenspiegel zu Bruch oder die Bürsten hinterlassen auf dunklen Lacken leichte Kratzer. Das passiert allerdings nur bei schlecht gewarteten oder veralteten Anlagen, aber auch genauso, wenn der Schwamm bei der Handwäsche nicht sauber ist. Wie die meisten Fahrzeuge hat auch die Karosserie Ihres Van viele tückische Stellen. Dazu gehören zum Beispiel die Falze und Kanten an den Türinnenseiten oder auch am Kofferraum. Die Reinigung in der Waschanlage allein kann also zu unbefriedigenden Resultaten führen, und Sie müssen am Ende ein paar Stellen doch von Hand nachputzen.

Woran erkenne ich eine gute Waschanlage?

Zunächst einmal ist natürlich die neuere und weniger frequentierte Waschanlage die bessere Wahl. Moderne Anlagen steuern die Bürsten optisch und besitzen genügend Flexibilität, um auch mit den ungewöhnlichen Formaten moderner Autos zurecht zu kommen. Wenn Sie eine alte Anlage sehen, die noch mit Fühlern arbeitet, die über die Konturen der Karosserie schleifen, fahren Sie am besten gleich weiter. Auch gebogene oder ausgefranste Borsten sind kein gutes Zeichen. Dann wird diese Waschanlage sehr oft benutzt, ohne dass der Betreiber gerne Geld investiert. Die Folge ist eine Breitseite für den Lack, da die Borstenenden keine saubere Arbeit leisten können. Beobachten Sie einfach einen Waschgang eines anderen Kunden und achten Sie auch darauf, ob das Auto zu Beginn des Waschganges mit genügend Wasser benetzt wird. Denn auch hier wird manchmal gespart oder verstopfte Düsen werden erst gar nicht gereinigt.

Schadet häufiges Waschen dem Lack?

Heutige Lacke sind außerordentlich resistent gegen Umwelteinflüsse. Sie müssen selbst bei relativ frisch lackierten Teilen (zum Beispiel nach einer Unfallreparatur) keine Angst haben. Die größere Gefahr geht von Vogelkot, Insekten oder Pflanzensäften aus, die den Lack mit der Zeit angreifen. Also am besten gleich abwaschen!

Wichtige Hilfsmittel und Putzutensilien

Egal, ob Sie nur von Hand waschen oder Ihren Wagen zunächst durch eine Waschanlage jagen – Sie brauchen in jedem Fall noch ein paar Dinge, um Ihr Schmuckstück perfekt in Form zu bringen. Denn auch die beste Waschanlage lässt manchmal ein paar Stellen aus. Am besten entfernen Sie mit einer gründlichen Vorbehandlung hartnäckige Verunreinigungen und warten dann mit Schwamm und Leder bewaffnet am Ausgang der Waschanlage, um sofort nacharbeiten zu können.
Und natürlich sollten Sie sich bei dieser Gelegenheit auch gleich den Stellen widmen, die eine Waschanla-

ge niemals erreichen kann: Hierzu zählen beispielsweise die Innenseiten der Scheiben oder auch die Einstiegsleisten. Wir haben darum für Sie hier die wichtigsten Utensilien zusammengestellt, die Sie beim Waschgang unbedingt parat haben sollten.

⚠ Putzen gefährdet die Umwelt

GEFAHRENHINWEIS

Ausnahmsweise gilt dieser Gefahrenhinweis nicht Ihnen, sondern der Umwelt. Den Wagen vor der eigenen Hautür zu waschen ist längst nicht mehr überall erlaubt und das aus gutem Grund: Mit dem Abwasser können gefährliche Stoffe in das Grundwasser gelangen. So zum Beispiel Öl oder Chemikalien, die Sie zum Reinigen verwenden. Auch der Trinkwasserverbrauch ist nicht zu unterschätzen. In Waschanlagen werden diese Stoffe durch Abscheider aufgefangen und das Wasser mehrmals aufbereitet und erneut verwendet. Auch die verschmutzten Lappen sind im Grunde genommen Sondermüll, besonders wenn Sie damit dicke Ölkrusten beseitigt haben. Wir raten Ihnen deshalb, grundsätzlich einen ausgewiesenen Waschplatz aufzusuchen. Am besten einen, der überdacht ist, so müssen Sie auch nicht darauf achten, dass Ihnen die Sonne unter Umständen hässliche Wasserflecken in den Lack brennt. Und Sie sind unter Ihresgleichen: Autoliebhaber, die ihr Fahrzeug nicht nur als Fortbewegungsmittel sehen, sondern es mit Hingabe pflegen. Also ein guter Ort für Benzingespräche. Putzen gefährdet die Umwelt.

Das Grundrüstzeug: Unterschiedliche Pflegesubstanzen und vor allem die richtige Auswahl an Tüchern, Schwämmen und Bürsten sind zur gründlichen Reinigung unerlässlich.

Der große Schwamm: Ein weicher Schwamm ist bei der Handwäsche das wichtigste Putzutensil. Er eignet sich aber auch gut zur Vorreinigung oder dem Nachputzen.

Gegen Insektenreste: Besonders hartnäckig können Insektenreste auf den Streuscheiben der Scheinwerfer anhaften. Rücken Sie dem Fliegendreck mit einem Zellstoffpapier und etwas Schaumreiniger oder Insektenlösemittel zu Leibe.

Vorbehandlung

Vor einer gründlichen Reinigung sollten Sie Ihren Wagen auch einer gründlichen Vorbehandlung unterziehen. Widmen Sie sich akribisch den großen Flächen der Karosserie. Inspizieren Sie gleichzeitig die gesamte Karosserie auf Kratzer. Später gehen wir darauf ein, wie Sie Ihren Van vor Kleinschäden mit relativ geringem Aufwand und vor allen Dingen vertretbaren Kosten schützen können. Arbeiten Sie von oben nach unten, fangen Sie mit dem Dach an und verteilen Sie von dort den Waschschaum auf die restliche Karosserie. Hilfreich ist die Waschbürste, um alle Stellen am Dach zu erreichen, ohne auf Tuchfühlung mit der Fahrzeugflanke gehen zu müssen. Geben Sie aber Acht, dass die Dreckreste Ihres Vorgängers nicht mehr im Bürstenkopf hängen und so Ihre Lackoberfläche verkratzen. Besonders die Felgen müssen Sie sich gesondert vornehmen.

Grober Dreck an der Karosserie: Die starken Verschmutzungen lösen Sie zunächst mit der Waschbürste. Vorsicht: Kontrollieren Sie den Bürstenkopf, bevor Sie loslegen. Zurückgebliebener Sand und Staub könnten Ihren Lack verkratzen.

Bremsstaub an den Felgen: Der schwarze Abrieb an den Radzierblenden und Felgen sieht nicht nur hässlich aus, er greift auch das Material an. Daher immer gut einschäumen.

Kleiner Schwamm und Bürste: Die Feinarbeit an den Felgen erledigen Sie am besten mit einem kleinen Haushaltsschwamm und einer Bürste an einem fexiblen Drahtstiel.

Dampfstrahler marsch: Den Schaum mit dem Dampfstrahler von oben nach unten abwaschen. Dabei stets auf genügend Abstand, insbesondere von den Reifenflanken achten.

Vorsicht beim Dampfstrahlen

GEFAHRHINWEISE

Ein Dampfstrahler ist an sich eine tolle Erfindung: Heißes Wasser, das unter extrem hohen Druck aus einer Düse schießt, löst fast jede Schmutzkruste. Besonders gut natürlich dicke Ölkrusten an Motor und Getriebe. Hiervon raten wir aber dringend ab. Denn die im Motorraum verbauten Elektronikteile können durch die eindringende Feuchtigkeit erheblichen Schaden nehmen. Die Folge könnte ein kostspieliger Austausch des Motorsteuergerätes sein. Der Motorraum sollte daher nur mit geeigneten, so genannten Kaltreinigern und in Handarbeit, oder noch besser vom Profi gesäubert werden. Auch für den Kühler ist ein Dampfstrahler Gift. Denn der scharfe Strahl dringt mit großem Druck durch die feinen Lamellen und kann diese deformieren. Bleiben noch die Felgen. Tatsächlich kann der Dampfstrahler hier im Kampf mit Bremsstaub und anderen Verschmutzungen viel bewirken. Meistens reflektieren die Speichen den Strahl jedoch in die Richtung, in der Sie gerade stehen. Und wehe Sie kommen dem Reifen zu nah! Auch in der Seitenwand moderner Pneus kann der enorme Druck des Wasserstrahls Schaden anrichten. Also wenigstens 50 cm Abstand halten!

Heckdeckel innen: Kontrollieren Sie die Umlaufkante des Heckdeckels auf Restverschmutzungen. Reiben Sie die betreffenden Stellen gründlich, aber vorsichtig sauber.

Türkanten: Jede Tür einzeln öffnen und mit dem Tuch nachfahren. Genauso an den Einstiegsleisten und eventuell auch die Schwellerkanten behandeln.

Spiegelgehäuse und Glas: Restfeuchtigkeit an den Seitenspiegeln mit dem Tuch vorsichtig abwischen. Dabei das Gehäuse mit dem Lappen von hinten festhalten und abreiben.

Denn an den Rädern setzt sich aggressiver Bremsstaub fest und kann dort die Oberfläche angreifen. Reinigen Sie daher die Felgen mit der Bürste vor, um anschließend noch mit dem kleinen Haushaltsschwamm (Vorsicht im Umgang mit der Scheuerfläche) und einer Bürste nachzuarbeiten. Für Insektenreste an der Front empfiehlt sich ein Insektenreiniger zur Vorbehandlung. Zum Schluss waschen Sie den Wagen großzügig mit dem Dampfstrahler ab. Halten Sie dabei aber unbedingt genügend Abstand.

Große Flächen: Um die restlichen Wassertropfen zu entfernen ist das gute alte Leder immer noch unschlagbar. Aber Vorsicht: Niemals über noch schmutzige Stellen wischen!

Nachbehandlung der kritischen Stellen

Ein perfektes Finish macht den Unterschied. Also ist nach dem Waschgang nochmals Handarbeit angesagt. Nehmen Sie sich insbesondere der schwierigen Stellen an. Hierzu zählen wie bereits erwähnt die Einstiegsleisten, aber auch die Innenseiten und Aussparungen der Türen und des Heckdeckels. Fahren Sie auf gar keinen Fall sofort nach der Wäsche los, denn sonst war die Arbeit bis dahin vergebens. Die noch feuchten Stellen, zum Beispiel an der Unterkante der seitlichen Schweller, nehmen sofort wieder Straßenschmutz auf, der durch die Räder und den Fahrtwind aufgewirbelt wird.

Scheiben: Für den klaren Durchblick sorgt ein fusselfreies Tuch, mit dem die Scheiben innen und außen abgewischt werden. Ohne Reiniger geht auch das Leder: Nachbehandlung der kritischen Stellen.

WISSENSWERTES

Nanotechnologie

Als Forschungsfeld mit Zukunftspotential bietet die Nanotechnologie schon heute viele Anwendungen im und rund ums Fahrzeug. Beispiele sind blendungsfreie Tachoverglasungen oder auch Verbundglas, das Infrarotstrahlung absorbiert und so die Wärmeeinwirkung aufs Fahrzeuginnere reduziert. Der berühmteste Nanoeffekt ist aber der Lotusblüteneffekt, der selbstreinigende Oberflächen ermöglicht. Zur längerfristigen Versiegelung der Lackoberfläche bieten nun auch einige Pflegefachbetriebe diesen Lackschutz an. Was für den Oberflächenschutz

Nach dem Vorbild der Natur: Nanopartikel reduzieren die Benetzbarkeit und verhindern dadurch Schmutzanhaftungen an der Oberflächen.

durch Anstreichfarben an Häuserfassaden oder auch Dachziegeln gut funktioniert, birgt beim bewegten Fahrzeug noch gewisse Schwierigkeiten. Die Rauigkeit der mikroskopisch kleinen Strukturen, welche eine geringe Benetzbarkeit und damit auch ein hohes Maß an Selbstreinigung bewirken, könnten nämlich schnell durch Insekten verkrustet werden. Dennoch bieten immer mehr Pflegefachbetriebe Nanotechnologie als Langzeitschutz an. Im Unterschied zu einer Wachsversiegelung hält der Nanoschutz mitunter bis zu drei Jahre und das bei vergleichbaren Kosten. Wenige Fahrzeughersteller bieten mittlerweile auch den Nanoschutz ab Werk. Eine Nanoschicht im Klarlack sorgt für höhere Resistenz gegen mechanische Beanspruchung und Korrosion. Was in der Praxis eine höhere Kratzfestigkeit bedeutet. Die Forschung arbeitet derzeit an weiteren praktischen Anwendungen. Selbstreinigende Felgen oder auf Knopfdruck wechselnde Farbe sind so vielleicht schon bald mehr als nur eine Vision.

Polieren und Konservieren

Dem Lackkleid sollten Sie von Zeit zu Zeit eine Politur gönnen. Dadurch kann der Schmutz nicht so leicht anhaften und auch das Wasser perlt einfach ab. Das ist übrigens ein guter Indikator für den richtigen Zeitpunkt: Bildet das Wasser größere Pfützen auf der Karosserie, sollten Sie die Oberfläche neu versiegeln. Im Handel sind zahllose Produkte zu finden, vom leichten Mittel bis zum schleifenden Reiniger für stark verwitterte Lacke. Lesen Sie also die Beschreibung aufmerksam durch und verwenden Sie im Zweifelsfall stets das weniger aggressive Produkt. Etwas anders sieht es unter dem Van aus. Obwohl hier ab Werk ausreichend Korrosionsschutz vorhanden ist, sollten Sie bei Gelegenheit nochmals nacharbeiten. Die Falze und Hohlräume freuen sich über eine Extraportion Wachs, die das Eindringen von Feuchtigkeit und den daraus resultierenden Kantenrost um Jahre verzögert. Dazu muss allerdings der Unterboden zuerst von allen Verkleidungen befreit werden. Behalten Sie diese Spezialbehandlung also im Kopf, wenn Sie weiter hinten im Buch beginnen Teile des Unterbodens zu demontieren. Langfristigen Schutz kann auch die Versiegelung mit Wachs vom Fachmann bieten. Sie kostet summiert auf die Wirkdauer, etwa so viel wie die Wagenwäschen, die man sich dadurch ersparen kann, und hält bis zu einem ganzen Jahr. Neuerdings bieten manche Pflegefachbetriebe auch die Versiegelung mittels Nanotechnologie (siehe Kasten) an. Diese Art das Fahrzeugäußere zu versiegeln kostet zwar mehr, hält dafür aber auch mitunter bis zu drei Jahre.

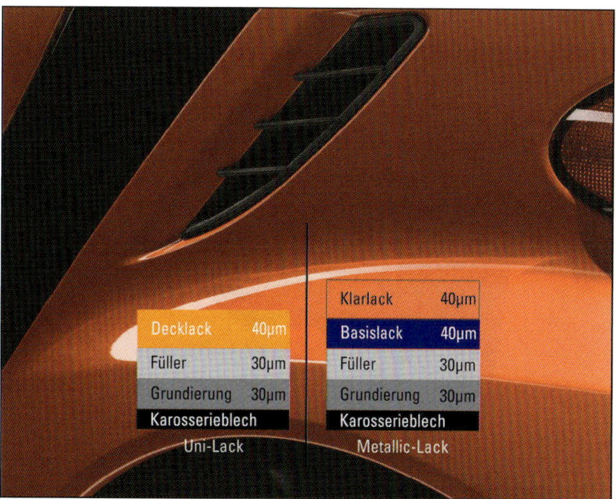

Lackschichten: Durch unterschiedlich dicke Schichten ist die Lackoberfläche aufgebaut und schützt das Blech darunter vor Korrosion.

Türschloss: Gelegentlich ein paar Spritzer Öl halten die Verriegelungsmechanik in Gang. Gelspray verteilt sich bis in den letzten Winkel und haftet länger als normales Öl.

Schließzylinder: Die Mechanik der Schließzylinder können Sie mit Sprayölen in Gang halten. Benutzen Sie bei der Anwendung ein Tuch, um überschüssiges Öl aufzufangen.

Türscharniere: Quitschende Scharniere sind nervig und außerdem der Beleg mangelnder Fürsorge. Beugen Sie durch regelmäßige Öl-Anwendung vor. Dabei auch gleich die Türfeststeller an den im Bild angezeigten Stellen schmieren.

Kleiner Schmierdienst

Überall, wo sich Teile der Karosserie relativ zueinander bewegen, entstehen Reibungskräfte, die nach und nach aber vor allen Dingen bei mangelnder Schmierung das Material der Kontaktflächen verschleißen. Türen, Schlösser und Scharniere müssen daher mit einem Spritzer Öl in Gang gehalten werden. Die Aufbringung der Schmiermittel macht Ihnen wenig Aufwand. Die meisten Spraydosen haben zum gezielten Einbringen einen Sprühkopf als längliches und flexibles Röhrchen. Dadurch ersparen Sie sich zumindest aufwändige Demontagen. Der langfristige Effekt dieser Arbeit ist aber dennoch nicht zu unterschätzen. Empfehlenswert sind so genannte Gelsprays. Sie haften aufgrund ihrer weniger flüchtigen Konsistenz besser und verteilen sich zugleich sehr weitläufig bis in den letzten Spalt. Außerdem haften diese Mittel länger als normales Öl an.

Pflege des Innenraumes

Natürlich gibt es unzählige Mittelchen für die Pflege unterschiedlichster Materialien. Und jede Woche kommt ein Neues hinzu. Wir können daher keine konkrete Produktempfehlung aussprechen, wollen Ihnen aber gerne erklären, welche Art von Produkt an welcher Stelle angebracht ist.

***Glas*:** Für die Reinigung der Scheiben gibt es normale Haushaltsmittel. Wichtig ist ein nicht fusselnder Lappen. Sie können aber auch Spiritus nehmen und mit Zeitungspapier nachreiben.

Aufwändige Geschichte: Die Reinigung des Innenraumes nimmt viel Zeit in Anspruch und braucht eine Menge unterschiedlicher Mittel. Auf den ersten Blick erkennen wir in diesem Cockpit verschiedene Materialien und Oberflächen. Fast jede braucht eine andere Behandlung. Hier natürlich nicht im Bild: die unangenehmen Gerüche. Aber auch dafür gibt es Lösungen: Eine Schale Essigwasser über Nacht in den Fahrzeuginnenraum gestellt wirkt Wunder.

Kunststoffoberflächen: Bewährt haben sich antistatische Mittel (Cockpitspray), die verhindern, dass Staub und Schmutz vom Kunststoff angezogen werden.

Knöpfe und Schalter: Etwas Cockpitspray auf einen Lappen sprühen und die Knöpfe gründlich säubern – schon setzt sich kein Speck mehr darauf ab.

Textilien: Schwierig zu reinigen, da sich der Schmutz in den Fasern festkrallt. Probieren Sie Polsterreiniger, aber zunächst an einer unauffälligen Stelle, um die Verträglichkeit zu testen.

Gläser aus Kunststoff: Hier ist größte Vorsicht angebracht. Zu scharfe Mittel oder schmutzige Lappen verursachen sehr schnell Kratzer oder blinde Stellen.

Lüftungsdüsen: Zum Entfernen von Staub empfiehlt sich ein handelsüblicher Malerpinsel mit langen Borsten, der sich auch für sonstige schwer zugängliche Stellen eignet.

Gummidichtungen: Diese müssen innen wie außen geschmeidig bleiben. Besonders wichtig ist das im Winter. Spezielle Gummiplegemittel geben dem elastischen Material zusätzlich den Glanz.

Wertsteigerung durch Aufbereitung

Vielleicht kommt irgendwann leider auch mal die Zeit und Sie müssen oder wollen sich von Ihrem Van trennen. Möchten Sie nun zur Wertsteigerung beitragen und einen höheren Erlös erzielen, gibt es vor dem Verkauf verschiedene Dinge zu beachten. Erstens sollten Sie Ihren Van dem Nachbesitzer in einem technisch einwandfreien Zustand überlassen. Der TÜV nimmt Wertgutachten vor und checkt das Fahrzeug auf etwaige Mängel. Verschiedene Prüfpunkte werden in einem detaillierten Bericht aufgelistet, dazu gehören Bremsen, Lenkung, Fahrwerk, Antrieb, Auspuffanlage, Elektrik und Beleuchtung, Karosserie und Lackierung sowie der Innenraum. Ein Gebrauchtwagenzertifikat sorgt zusätzlich für Vertrauen und dient als neutrale Verhandlungsbasis. Außerdem bleiben Sie und der Käufer vor bösen Überraschungen bewahrt, die unnötigen Ärger verursachen. Doch was kann man, außer dem technischen Check-up und der obligatorischen Wagenreinigung innen und außen, noch tun?

Komplettsanierung innen und außen

Eine Möglichkeit, den Wagenwert zu steigern, ist die professionelle Aufbereitung Ihres Fahrzeugs. Innenraum und Karosserie erhalten dabei eine Komplettsanierung, kleinere Mängel und Schönheitsfehler werden beseitigt oder zumindest retuschiert. Ihr Van steht anschließend im frischen Glanz da und macht so gleich auf den ersten Blick einen guten Eindruck. Ein Van, der vor allem als urbanes Fortbewegungsmittel dem harten Autoalltag ausgesetzt war, trägt wahrscheinlich auch dementsprechende Spuren davon. Kleine Kratzer oder Beulen außen, die Löcher der Handyhalterung im Armaturenträger oder des Rauchers Unachtsamkeit, die sich im Sitzpolster als Brandloch verewigt hat. Die vielfältigen Methoden der Kleinreparaturen helfen diese Schönheitsfehler bei relativ geringem Aufwand zu beseitigen. Aller Euphorie vorangestellt sollten Sie sich aber im Klaren sein, dass die Aufbereitung keinen Neuwagen hervorzaubert. Machen Sie sich daher mit den Leistungen Ihres Profiaufbereiters vertraut und besprechen Sie ausführlich den erwünschten Umfang Ihrer Fahrzeugrenovierung. Machen Sie ihn auf kritische Stellen aufmerksam. So fällt eine sorgfältige Einschätzung, wie das erreichbare Ergebnis aussehen könnte, leichter.

Auspolieren kleiner Kratzer

Kleinere Kratzer lassen sich oft mit wenig Aufwand und ohne besondere Hilfsmittel entfernen.
Wichtig hierbei ist, dass die Kratzer nur in der obersten Lackschicht vorhanden sind.
Zuerst einmal muss das Fahrzeug gründlich gewaschen werden. So wird sichergestellt, dass man beim Polieren nicht mit Schmutzpartikeln die nächsten Kratzer in den Lack einarbeitet. Für den nächsten Schritt darf das Blech der zu polierenden Stelle nicht heiß sein. Bei einem zum Beispiel durch die Sonne aufgeheizten Lack trocknet die Politur zu schnell ab und erschwert die Arbeit ungemein. Für das Auspolieren reicht ein etwas kräftigerer Lackreiniger aus. Er über-

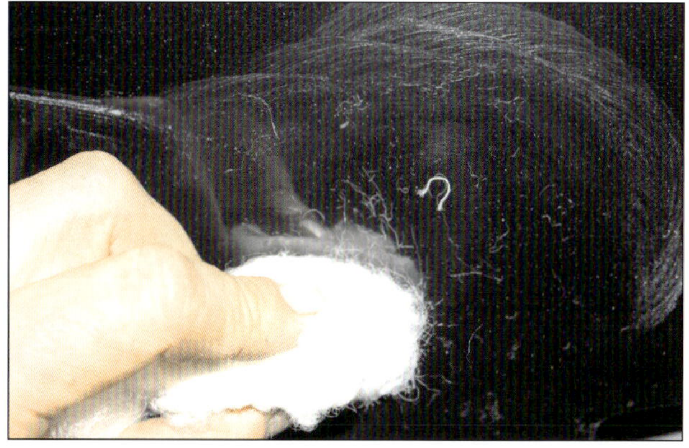

Auspolieren eines Kratzers: Auch wenn es nicht so aussieht, es wird geschliffen.

nimmt die Schleifarbeit. Der Trick liegt darin, die Lackdicke etwas abzuschleifen, um sie wieder in die gleiche Höhe zu bekommen wie den Kratzer. So fällt diese Stelle nicht mehr auf. Je nach Aggressivität des Lackreinigers, kann das sehr schnell gehen. Grundsätzlich sollte dann in einem zweiten Schritt die Umgebung des Kratzers leicht mitbehandelt werden. So wird vermieden, dass sich diese aufbereitete Stelle von dem umliegenden Lackbild abhebt.

Eine weitere Möglichkeit ist das Polieren mit Nassschleifpapier. Die Körnung sollte dann aber um 1500 liegen. Die Vorarbeit wird dann mit dem Schleifpapier und viel Wasser erledigt.
Es sollte aber trotzdem mit Lackreiniger nachgearbeitet werden. Im nächsten Schritt werden die Rückstände des Lackreinigers vollständig entfernt. Zum Abschluss wird die geschliffene Fläche mit einer Wachspolitur versiegelt und nach dem Abtrocknen der Wachsschicht gründlich mit einem weichen Lappen poliert.

Auspolieren eines Kratzers mit Schleifpapier: Sieht eigenartig aus, ist aber sehr effektiv. Wichtig ist die Handhaltung und etwas Erfahrung.

PRAXISTIPP

Aufbereitung vom Profi

Die Abwägung, ob es sich für die vorhandenen Kleinschäden an Ihrem Fahrzeug lohnt einen Profi zu engagieren oder nicht, wird dann relevant, wenn Sie sich von Ihrem Wagen trennen wollen oder müssen. Denn auch bei der Fahrzeugwartung und -pflege hat sich leider die »Geiz-ist-geil«-Mentalität in letzter Zeit bemerkbar gemacht. Trotz des gestiegenen Anteils älterer Fahrzeuge in Deutschland (das Durchschnittsalter des bundesweiten

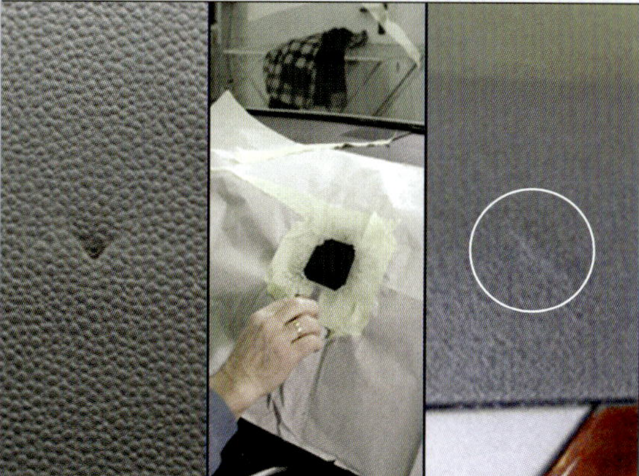

Befriedigendes Resultat: Ein Loch im Armaturenträger vor und nach der Reparatur.

Fahrzeugbestandes beträgt mittlerweile acht Jahre), scheinen sich immer weniger Besitzer um den Allgemeinzustand ihres Fahrzeugs Gedanken zu machen. Wartung und Kundendienst werden vernachlässigt, die Motivation sinkt, in das Fahrzeug und den fälligen Service Geld zu investieren. Die Folge sind sich anhäufende Kleinmängel, die in ihrer Summe das Gesamtbild und die Erscheinung eines Kfz schnell trüben. Dies ist eine Chance für Besitzer wie Sie, die pfleglich mit Ihrem Automobil umgehen. Sie können sich mit Ihrem ordentlich gepflegten Fahrzeug hervorheben und zusätzlich durch eine optische Generalüberholung den Wiederverkaufswert steigern. Praxistests haben gezeigt, dass professionell aufbereitete Fahrzeuge in aller Regel einen deutlich höheren Verkaufspreis erzielen als ohne vorherige Verschönerungsmaßnahmen. Die Schönheitskur kann so eine Wertsteigerung von bis zu 1000 Euro erzielen. Rechnet man die ca. 400 bis 500 Euro Aufwendungen ein, bleibt immer noch ein schöner Überschuss von mehreren hundert Euro.

Mehr als ärgerlich: Beulen und Kratzer

Die Karosserie des Vans ist sehr widerstandsfähig. Doch irgendwann ist es vielleicht doch passiert: Es fällt irgendein Gegenstand auf das Blech oder der Lack ist durch einen tiefen Kratzer verunziert. Im Prinzip bleibt Ihnen dann fast nichts anderes übrig, als die Fahrt zum Lackierer bzw. Karosseriebauer anzutreten. Reparaturversuche zu Hause sind bei allem Aufwand meistens nicht von dauerhaftem Erfolg. Daher wollen wir Ihnen hier bildhaft zeigen, wie der Profi einer Beule in einem Karosserieblech zu Leibe rückt.
Smartrepair ist hier das Zauberwort, das Dellen von geschickter Hand verwinden lässt, oftmals ohne lackieren zu müssen. Ist die Beule von innen nicht zugänglich, muss sie von außen Stück für Stück herausgezogen werden. Hierzu verwendet der Profi einen Zuganker, der an die betroffene Stelle aufgeklebt wird. Mit dieser Behelfsvorrichtung kann der Profi durch Ziehen die Einwölbung wieder herausbekommen. Danach wird der Anker wieder entfernt und die Stelle geglättet sowie anschließend lackiert.

Polieren der Fläche: Zum Abschluss muss nun Glanz entstehen.

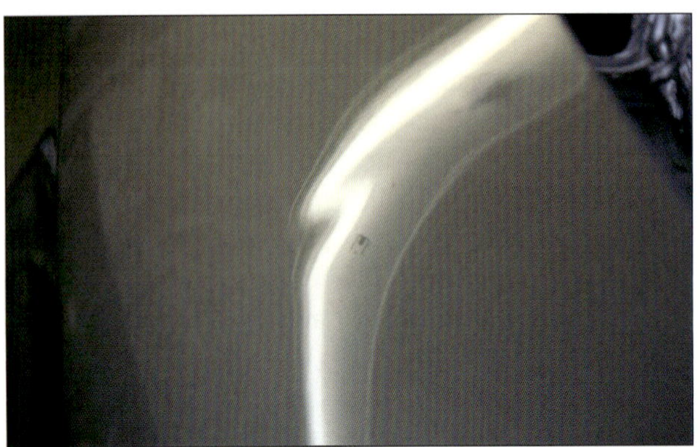

Punktabzug in der B-Note: Diese Delle kann nicht nur beim Leasing Abzug bedeuten.

Zugwerkzeug: So sieht ein Werkzeug für die hartnäckigeren Beulen aus. Die Anker werden aufgeklebt.

Schlagfertig: Der Randbereich der Beule wird leicht angeschlagen.

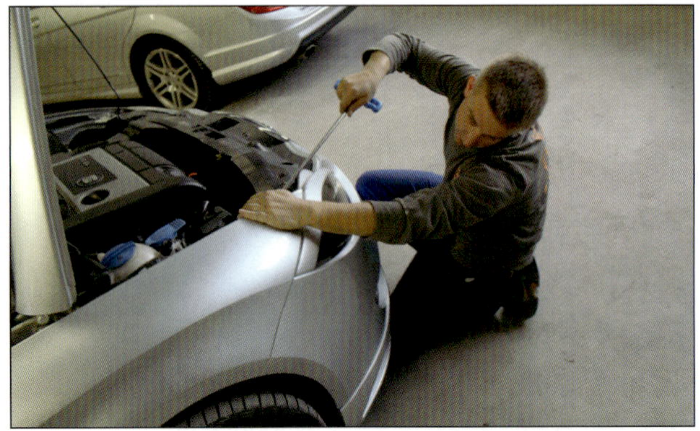

Augenmaß und Erfahrung sind sehr wichtig: Die Delle wird mit einem speziellen Werkzeug ausmassiert.

Fit durch den Winter

Auto fahren macht auch im Winter Spaß, vorausgesetzt, Sie haben den Wagen für die kalte Jahreszeit fit gemacht. Auch Sie selbst müssen sich natürlich auf den Winter und seine Tücken einstellen und sich rechtzeitig ein paar Gedanken machen.

Eine Frage der Traktion

Ob Allrad- oder Frontantrieb: Der Familienvan hat im Schnee grundsätzlich gute Karten. Die Antriebskraft wird schon vorne dank des Motorgewichtes in Traktion umgesetzt. Deshalb sind gute Winterreifen Pflicht. Auch von der Schneekettenpflicht auf manchen Passstraßen sind Sie trotz der überragenden Traktion nicht entbunden. Die Schneeketten sollten immer auf der Vorderachse montiert werden. Die in allen Modellen serienmäßig vorhandenen elektronischen Regelsysteme wie ABS, ASR und ESP helfen natürlich auch im Winter. Damit übertrifft der Van sogar die Selbstverpflichtung der europäischen Automobilindustrie (ACEA vom 1. Juli 2004), nach welcher alle Fahrzeuge unter 2,5 t zulässigem Gesamtgewicht serienmäßig zumindest mit ABS ausgestattet sein sollen. Beim Herausschaukeln aus Schneeverwehungen sollten diese Fahrhilfen kurzfristig abgeschaltet werden. Es kann in bestimmten Fällen passieren, dass die Fahrdynamikregelung in das Notprogramm fällt und die Warnlampe leuchtet. Zum Beispiel, wenn Sie die Vorderräder lange auf einer glatten Stelle durchdrehen lassen und dabei stark lenken, oder auch bei der Verwendung von Schneeketten aufgrund unterschiedlicher Abrollumfänge der Räder. Starten Sie in solchen Fällen den Motor neu um die Systeme zu reaktivieren.

Winterausrüstung mitnehmen

Damit Sie gut gerüstet sind, empfehlen wir Ihnen die folgenden Utensilien mitzuführen: A) eine fertige Mischung Frostschutz für die Scheibenwaschanlage; B) damit der Sprit nicht ausgehen kann, einen Reservekanister; C) eine warme Decke, falls Sie festsitzen und der Sprit doch ausgeht; D) eine kleine Schaufel für eine Tiefschneehavarie. Damit kann der Schnee vor den Rädern weggeschaufelt werden; E) eine Kopflampe, bei der Sie im Dunklen die Hände frei haben; F) ein Seil oder besser noch einen langen Schwerlast-Spanngurt. Damit können Sie andere Autofahrer aus dem Graben ziehen oder selbst geborgen werden. Mit Hilfe der Ratsche und einem Baum können Sie sich sogar selbst helfen; G) ein Starthilfekabel.

Startschwierigkeiten im Winter vermeiden

Der Motorstart wird unter winterlichen Bedingungen schnell mal zu einem Problemfall. Denn nicht nur das Motoröl wird bei niedrigen Temperaturen dickflüssiger, sondern auch die Batterie gibt bei Frost weniger Leistung ab. Zusammengenommen können dies im Winter K.o.-Kriterien für das Fortkommen sein.

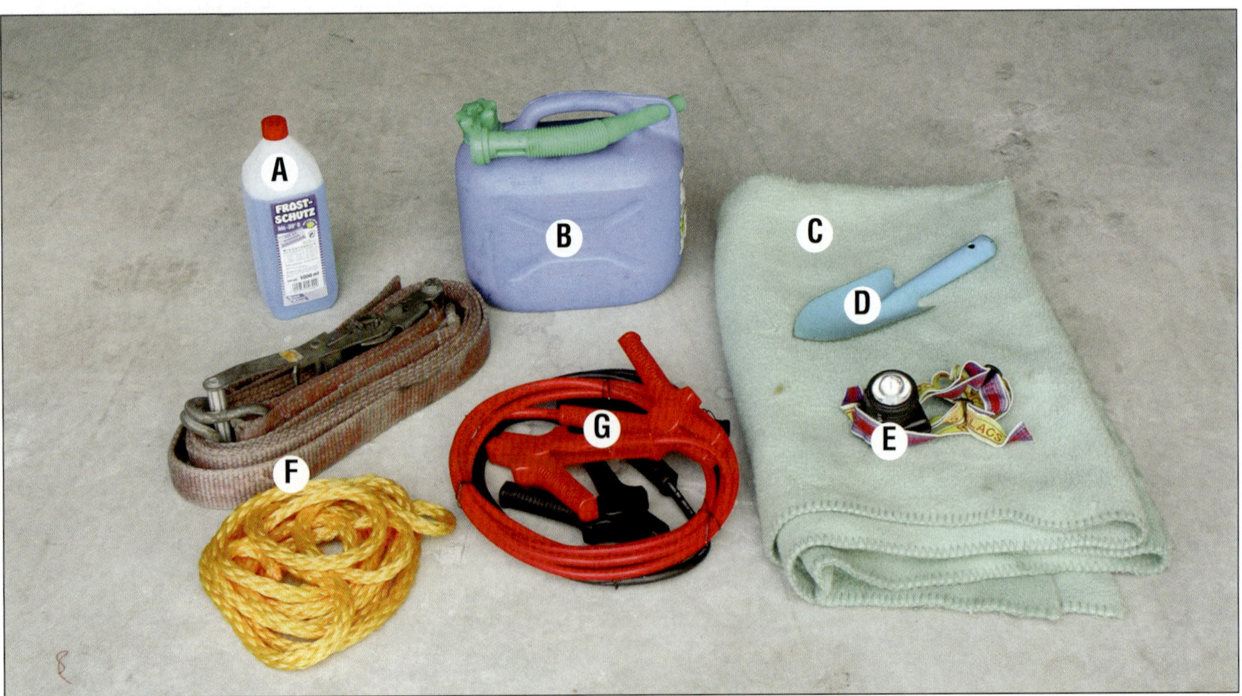

Winter-Grundausrüstung: (A) Frostschutz für die Scheibenwaschanlage, (B) Reservekanister, (C) Decke, (D) kleine Schaufel, (E) Kopflampe, (F) Abschleppseil oder Spanngurt, (G) Starthilfekabel.

Denn gerade jetzt braucht der (Anlasser) Motor mehr Leistung, um die erhöhten Reibwiderstände zu überwinden. Sie können es der Batterie aber so leicht wie möglich machen. Schalten Sie vor dem Start unnötige Verbraucher ab, hierzu zählen zum Beispiel die Lüftung oder das Radio. Das Licht sollte beim Startvorgang aus sein, ebenso die Innenraumbeleuchtung oder Sitzheizung. Wenn Sie dies beachten, wird die Batterie am wenigsten in Anspruch genommen und kann Startschwierigkeiten im Winter vermeiden.

Winterreifen

Grundvoraussetzung für sicheres Vorankommen bei Minusgraden sowie Eis und Schnee ist die richtige Bereifung Ihres Vans. Denn die vier Handtellerflächen aus Gummi zwischen Ihnen und der Fahrbahnoberfläche stellen nun mal das wichtigste Bindeglied zur Straße dar. Seit 2006 schreibt selbst die Straßenverkehrsordnung eine »geeignete Bereifung« (§2 Abs.3a) für den Winter vor. Wie diese aber auszusehen hat oder welche Spezifikationen sie erfüllen muss, ist nicht näher definiert. Ganzjahresreifen können für unkritische Wetterlagen mit milden Temperaturen ausreichend sein. Bei plötzlichem Kälte- und Schneeeinbruch sind sie aber schlichtweg ungeeignet. Weder die geübte Hand noch die Elektronik können dann bei unzureichender Bodenhaftung/Bereifung das Fahrzeug noch kontrollieren. Gehen Sie also auf Nummer sicher, was das Vorankommen auf vier Rädern angeht – verwenden Sie einen vernünftigen Satz Winterreifen. Welche Winterreifen geeignet sind und vor allen Dingen passen, erfahren Sie auf den folgenden Seiten genauso, wie Sie ohne Risiko beim Winterreifenkauf auch Geld sparen können und die Winterreifen auch sicher anbringen. Damit Sie keinen Fehlgriff machen, haben wir die wichtigen Prüfkriterien ebenfalls aufgeführt.

Die 7-Grad-Empfehlung

Ob die so genannte 7-Grad-Empfehlung als Marketingmaßnahme oder aufgrund früherer Reifenentwicklungen entstanden ist, lässt sich auch von uns nicht mehr nachvollziehen. Ihre Kernaussage ist, dass Winterreifen bei Temperaturen bis 7 Grad Celsius angeblich bessere Eigenschaften als Sommerreifen hätten. Dem entgegen haben verschiedene Tests jedoch solche pauschalen Aussagen widerlegt. Denn auch bei Temperaturen knapp über dem Gefrierpunkt können mit Sommerreifen sowohl auf nasser als auch auf trockener Fahrbahn

WISSENSWERTES

Das Schneeflockensymbol

Der großen Verunsicherung vieler Autofahrer, welche Reifen sich im Winter am besten eignen, soll durch das Schneeflockensymbol Einhalt geboten werden. Die Entstehungsgeschichte dieses Symbols rührt auch aus dem zum Teil betriebenen Missbrauch mit der »M+S«-Kennung (engl.: Mud and Snow = Matsch und Schnee), die nicht als geschützte Kennzeichnung für unbeschränkte Wintertauglichkeit gilt. Denn nicht alle mit M+S gekennzeichneten Reifen weisen die Lamelleneinschnitte in den Profilblöcken auf, die für gute Traktion auf Schnee sorgen. Daher tragen etwa auch Reifen für den Geländeeinsatz dieses Symbol. Doch gerade gröbere Allradreifen sind für den Einsatz im Winter höchst ungeeignet. Für die Experten des Deutschen Verkehrssicherheitsrats ist der Winterreifen mit Schneeflockensymbol daher Favorit für die sichere Fahrt. Die auf der Reifenflanke dargestellte Schneeflocke hat sich im Jahr 2002 europaweit als freiwilliges Hersteller-Kennzeichen von Winterreifen zusätzlich zur M+S-Markierung durchgesetzt. Angebracht wird sie aber nur an Reifen, die auch streng den vorgegebenen Spezifikationen entsprechen. Dies gilt für Reifen, die im Vergleich mit einem Standard-Referenzreifen mindestens sieben Prozent mehr Traktion auf Schnee bieten und zudem über einen um ebenfalls sieben Prozent kürzeren Bremsweg verfügen. M+S-Reifen hingegen müssen per Definition nur ein besonders grobes Profil besitzen. Die M+S-Kennzeichnung auf der Reifenflanke allein fordert aber keine bestimmte Schnee-Performance.

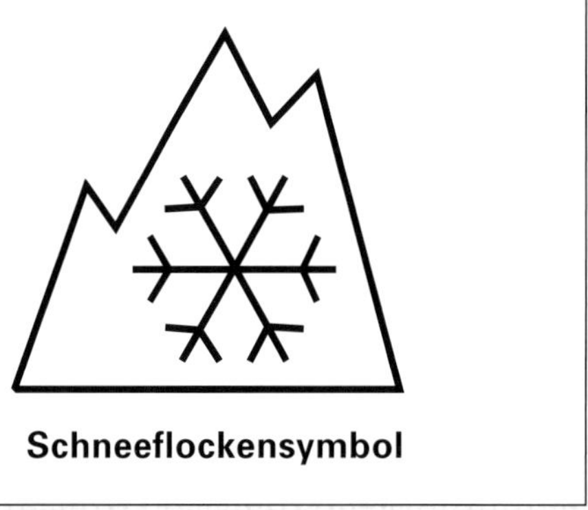

Garant für Wintertauglichkeit: Reifen mit der Schneeflocke zusätzlich zur M+S-Kennung

kürzere Bremswege erzielt werden, als mit vergleichbaren Winterreifen. Winterreifen sind vor allen Dingen für winterliche Straßenverhältnisse ausgelegt. Sie verfügen über eine kälteresistente Gummimischung, die bei Minustemperaturen weniger verhärtet und damit eine bessere Verzahnung und Kraftübertragung mit dem Untergrund ermöglicht. Winterreifen sind mit dem M&S-Symbol und einer stilisierten Schneeflocke gekennzeichnet (s. Kasten S. 49). Anders als bei Sommerreifen ist es bei Winterreifen erlaubt, abweichend von den einzuhaltenden Angaben des Fahrzeugscheines, Reifen mit niedrigerem Geschwindigkeitsindex einzusetzen. In Deutschland ist in diesem Fall auch ein Aufkleber mit dem Aufdruck »160 km/h« im Sichtbereich des Fahrers anzubringen.

Richtige Winterreifen für den Van

Die Wahl der richtigen Winterreifen für den Familien-Van fällt angesichts der vielen Angebote auf dem Markt nicht leicht. Muss es ein teurer High-Performance-Pneu sein oder reicht auch das günstige No-Name-Fabrikat? Die Fahrzeughersteller empfehlen immer Markenreifen, da hier die Qualität keinen Schwankungen unterliegt und auch die Modellwechsel nachvollziehbar werden. Darüber hinaus sind aber auch jede Saison neue Modelle verfügbar. Ausgiebige Tests, zum Beispiel vom ADAC, zeigen, welche Winterreifen auch für die Dimensionen empfehlenswert und welche weniger geeignet sind. Die Tests gehen daher auf unterschiedliche Eigenschaften der Pneus ein, beispielsweise die Bremseigenschaften, auch bei trockener, unbeschneiter Fahrbahn. Sie können Ihre Kaufentscheidung nach den für Sie relevanten Kriterien fällen, dabei sollte aber in jedem Fall die Fahrsicherheit vor Sparsamkeit stehen.

Bessere Haftung dank Lamellen

Durch Forschung und Entwicklung der Reifenhersteller kam man nicht nur darauf kälteresistente Gummimischungen zu verwenden, sondern auch die einzelnen Profilblöcke mit feinen Lamellen-Einschnitten und vielen Rillen zu versehen. Diese dienen als scharfe Greifkanten beim Abrollen des Rades auf der Fahrbahn. Der dynamische Prozess an der Auflagefläche erhöht die Verzahnungskräfte besonders mit losem Untergrund wie z. B. Schnee. Mit anderen Worten: Der lamellierte Reifen hat dadurch, dass er sich in den Untergrund reinkrallt, mehr Grip. Die Lamellen sind andererseits

Fast so gut wie Stollen: Stollen sind am Autoreifen tabu, aber mit Lamellen wird dennoch ein guter Kraftschluss auf Schnee erreicht.

auch ein guter Verschleißindikator: Mit zunehmender Abnutzung verschwinden die unterschiedlich tief geschnittenen Lamellen. Ihre beschriebene Wirkung nimmt ab. Unter 4 mm Profildicke verlieren Winterreifen auf Schnee daher ihren Nutzen und sollten durch neue ersetzt werden. Es spricht allerdings wenig dagegen, Winterreifen im Frühjahr noch bis auf eine Profiltiefe von rund 3 mm aufzubrauchen.

Geringer Geräuschpegel

Auch bei der Minderung der Geräuschemission ging man mit Cleverness vor: Die Lamellenprofile erlaubten zum einen eine geringere Höhe der einzelnen Profilblöcke, was sich insbesondere auf das Geräusch verursachende Eigenschwingverhalten positiv auswirkte. Zum anderen wurden die Profilblöcke unterschiedlich groß gestaltet, sodass die nach dem Abrollen nachschwingenden Blöcke unterschiedliche Eigenschwingfrequenzen aufweisen. Ein eigendynamisches und geräuschvolles Schwingen bei einer bestimmten Geschwindigkeit wird so unterbunden.

Schneeketten anlegen üben

Spezielle Schneeketten für den Van gibt es beim VW-Händler oder auch im Zubehörhandel. Ein gutes Set umfasst zwei Schneeketten im wasserfesten Transportbeutel, das problemlos im Kofferraum verstaubar ist und sich auch als Unterlage bei der Montage verwenden lässt. Schneeketten können aber auch beim ADAC ausgeliehen werden. Dringend zu empfehlen ist für die Montage eine zusätzliche Fußmatte mitzuführen. Das erspart einem die obligatorischen durchweichten Hosen besonders im Kniebereich. Gefütterte Arbeitshandschuhe erleichtern die Arbeit mit den kalten Schneeketten im Schnee erheblich.

PRAXISTIPP

Gebrauchte Winterreifen

Seit dem 01. Januar 2006 sind Autofahrer verpflichtet, im Winter ihr Fahrzeug mit »geeigneter Bereifung« auszurüsten. Damit gibt es für Autofahrer keine Ausrede mehr, auf Winterreifen zu verzichten. Wer dennoch ohne erwischt wird, riskiert ein Bußgeld und im Falle eines Unfalls sogar den Versicherungsschutz. Nicht selten ist der Erwerb von Winterrädern, also dem Komplettsatz von Reifen und Felgen, aber auch eine Kostenfrage. Bares Geld lässt sich beim Kauf gebrauchter Winterreifen sparen. Diese finden Sie zum Beispiel bei Winterreifen-Börsen, die vielerorts meist Anfang November stattfinden. Achten Sie auf Hinweise in Ihrer Tageszeitung oder informieren Sie sich im Internet, z. B. auf den Seiten des ADAC. Notieren Sie sich vor dem Kauf unbedingt die für Ihr Fahrzeug passenden Reifengrößen. Sie sind im Fahrzeugschein hinterlegt. Der Reifenhersteller Continental schafft zudem auf seinen Internetseiten mit dem »Reifenkonfigurator« Klarheit. Nach Eingabe der Schlüsselnummer (s. Fahrzeugschein), werden auch alternative Reifengrößen aufgeführt. Haben Sie nun einen passenden Satz gefunden, inspizieren Sie ihn nach den Prüfkriterien: Profiltiefe, Reifenalter und Erscheinungsbild (Beschädigungen etc.), bevor Sie zugreifen. Informationen zu den Bezeichnungen und Beschriftungen finden Sie auch in diesem Buch.

Münztest: Winterreifen bieten nur genug Traktion auf Schnee, wenn die Profiltiefe mindestens vier Millimeter beträgt. Das entspricht etwa dem goldenen Rand einer Ein-Euro-Münze.

Trockenübung hilft: Schon ein paar Gartenhandschuhe schützen die Finger, es empfiehlt sich die Anleitung evtl. in einer Klarsichthülle zu verstauen.

Scheibenwaschanlage

Der einwandfreie Zustand der Waschanlage an Ihrem Van ist ein wichtiges Sicherheitsmerkmal. Denn saubere Scheiben und eine klare Sicht sind Grundvoraussetzung für Ihre Sicherheit beim Fahren. Damit Sie unterwegs auch bei widrigsten Umständen wie Regen oder Schnee den Durchblick behalten, sollten Sie sich regelmäßig von der fehlerfreien Funktion Ihrer Wischanlage überzeugen. Die meisten Arbeiten sind leicht zu erledigen. Wir zeigen Ihnen auf den folgenden Seiten, worauf Sie insbesondere zu achten haben und welche Arbeitsschritte nötig sind. Hierzu gehören zum Beispiel die Kontrolle der Wischergummis und gegebenenfalls deren Austausch.

Wischwasser

Vergessen Sie nicht das Wischwasser aufzufüllen und achten Sie dabei auf den richtigen Wischwasserzusatz. VW empfiehlt das Scheibenreinigungskonzentrat G 052 164. Die Verwendung eines falschen Waschmittelzusatzes kann zum Aufschäumen an den Spritzdüsen führen, was ein Grund unzureichender Waschleistung sein kann. VW proklamiert für das Scheibenreinigungskonzentrat eine optimale Strahlverteilung an den Düsen. Außerdem bietet es im Mischungsverhältnis ein Drittel Konzentrat zu zwei Drittel Wasser einen Frostschutz bis zu Temperaturen von -25 °C. Damit dürfte auch im Winter eine sichere Funktion der Waschdüsen gewährleistet sein.

Wasser reicht nicht: Um Wasserflecken im Motorraum zu vermeiden, nehmen Sie am besten eine Plastikgießkanne zum Nachfüllen der Scheibenwaschanlage.

Die Mischung machts: Ein Drittel Zusatz auf zwei Drittel Wasser schützt vor Einfrieren des Wischwassers bis -25 °C.

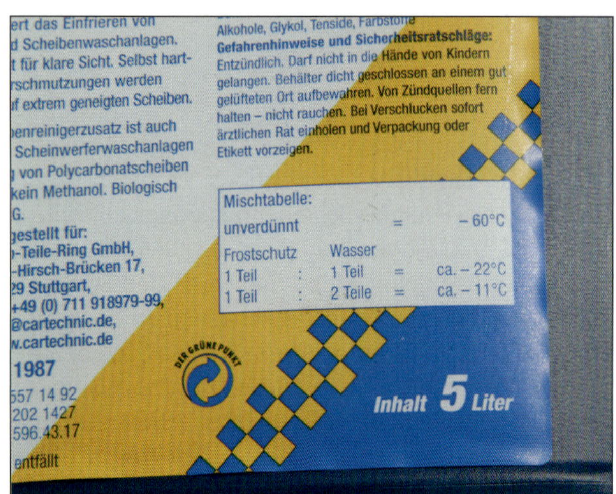

Verhältnisse sind angegeben: Achten Sie auf die Angaben auf den Scheibenreinigerflaschen.

Eigenarten der Scheibenwischanlage

»Was soll denn da anders sein?«, wird oftmals gefragt. »Wischer gibt's doch schon immer!«. Der Unterschied liegt, wie Sie wahrscheinlich schon erwarten, in der elektronischen Steuerung. Der Wischermotor hat zwar wie früher auch eine mechanische Verbindung, die die Wischerarme an den Motor koppelt, die Ansteuerung ist allerdings gänzlich anders. Die Wischersteuerung erfolgt über zwei unterschiedliche Datenbussysteme. Der Wischerschalter am Lenkrad meldet den Fahrerwunsch an das Steuergerät für Lenksäulenelektronik. Hier wird eine Nachricht verfasst und über den CAN-Datenbus zum Bordnetzsteuergerät übertragen. Die Nachricht wird nun unverschlüsselt und über den LIN-Datenbus an das Wischermotorsteuergerät weitergeleitet. Dieses Steuergerät setzt nun die geforderten Wischvorgänge um.

Hier ergeben sich einige Sonderfunktionen, die mit den konventionellen Wischanlagen nicht oder nur schwer zu realisieren wären. Die Wischer liegen aerodynamisch günstig hinter der Haubenkante in Ruhelage. Der Intervallbetrieb des Scheibenwischers reagiert geschwindigkeitsabhängig. Das wird meist nicht bemerkt. Das »komische Zucken« des Wischers aber schon. Es handelt sich hier um die so genannte »alternierende Ruhelage«, damit die Wischerblätter sich nicht wie beim konventionellen System verformen können. Dazu wird der Wischer bei jedem zweiten Ausschalten geringfügig aufwärts gefahren. Selbst wenn der Scheibenwischer nicht benutzt wird, wird diese Lageänderung durch das Steuergerät von Zeit zu Zeit durchgeführt. Das kommt dann zu den erstaunten Fahrerbeobachtungen hinsichtlich der ungewollten Wischerbetätigung.

Auch die Antiblockierfunktion des Wischers kann einem erst einmal einen gehörigen Schreck einjagen. Das Schneeräumen mit dem Scheibenwischer kann keinen Schaden an Wischermotor und Mechanik anrichten. Das Steuergerät erkennt über die Stromaufnahme des Motors das Hindernis. Ist der Wischer nicht kräftig genug das Hindernis wegzuschieben und bleibt stehen, versucht er fünf Mal das Hindernis zu überwinden. Dann schaltet der Motor ab. Der Fahrer muss nun das Hindernis beseitigen und den Wischer erneut betätigen. Das Gleiche passiert auch im Winter, falls die Scheibenwischer angefroren sind.

Wischerblätter wechseln

Wischerblätter prüfen

Die Pflege der Wischergummis wird nur allzu gerne vernachlässigt. Dies kann sich aber später bei einer langen Fahrt im Regen bitter rächen. Eingerissene und poröse Gummilippen ziehen Schlieren, anstatt die Scheibe vom Wasser zu befreien. In der Dunkelheit laufen Sie dadurch Gefahr im Blindflug unterwegs sein zu müssen, da der Blendeffekt durch die Lichtbrechungen stark zunimmt. Heben Sie zur Kontrolle die Wischerarme von der Scheibe und fahren Sie mit der Fingerkuppe die Auflagefläche ab. Rillen und Vertiefungen sind ein klares Indiz für den fälligen Austausch. Kontrollieren Sie auch die Wischermechanik. Sie darf nicht verbogen sein.

Wischerblatt vorne wechseln

Fahrer- und Beifahrerwischerblatt dürfen beim Einbau nicht vertauscht werden. Die gelenkfreien Scheibenwischer sind sehr flexibel. Fassen Sie die Wischerblätter zum Abheben von der Frontscheibe nur im Bereich der Wischerblattbefestigung an. Zum Ausbau der Wischerblätter müssen die Wischerarme in die »Service-/Winterstellung« gefahren werden. Die »Service-/Winterstellung« wird innerhalb von 10 Sekunden nach dem Ausschalten der Zündung durch Betätigen des Scheibenwischerhebels in Stellung »Tippwischen« aktiviert.

- Innerhalb von 10 Sekunden nach dem Ausschalten der Zündung den Scheibenwischerhebel in Stellung »Tippwischen« betätigen, um die Wischerarme in die »Service-/ Winterstellung« zu fahren.
- Wischerarm hochklappen.
- Taste (1) drücken und die Wischerblattaufnahme (3) in Pfeilrichtung aus dem Wischerarm (2) herausziehen.

Montage:

- Wischerblattaufnahme in den Wischerarm einschieben, bis sie hörbar verrastet.
- Wischerarm vorsichtig auf die Frontscheibe zurückklappen.

Servicestellung: Die Wischerstellung nach oben schützt nicht nur vor Festfrieren, sondern verhindert auch Schäden an der Haube bei der Montage.

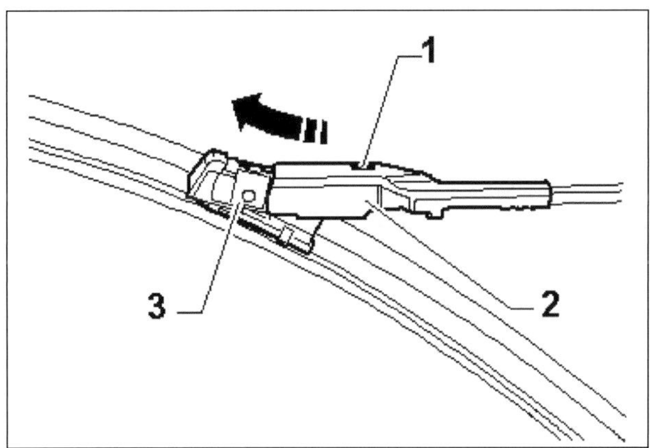

Befestigung der Wischerblätter: 1 Taste, 2 Wischerarm, 3 Wischerblattaufnahme.

Wischerblatt hinten wechseln

Die gelenkfreien Scheibenwischer sind sehr flexibel. Das Wischerblatt nur im Bereich der Wischerblattbefestigung anfassen, um es von der Heckscheibe abzuheben.

- Wischerarm hochklappen.
- Wischerblatt in (Pfeilrichtung A) schwenken.
- Entriegelungstaste (2) drücken und das Wischerblatt an der Wischerblattbefestigung (1) in (Pfeilrichtung B) aus dem Wischerarm herausziehen.

Montage

- Wischerblattaufnahme in den Wischerarm einschieben, bis sie hörbar verrastet.
- Wischerarm vorsichtig auf die Heckscheibe zurückklappen.

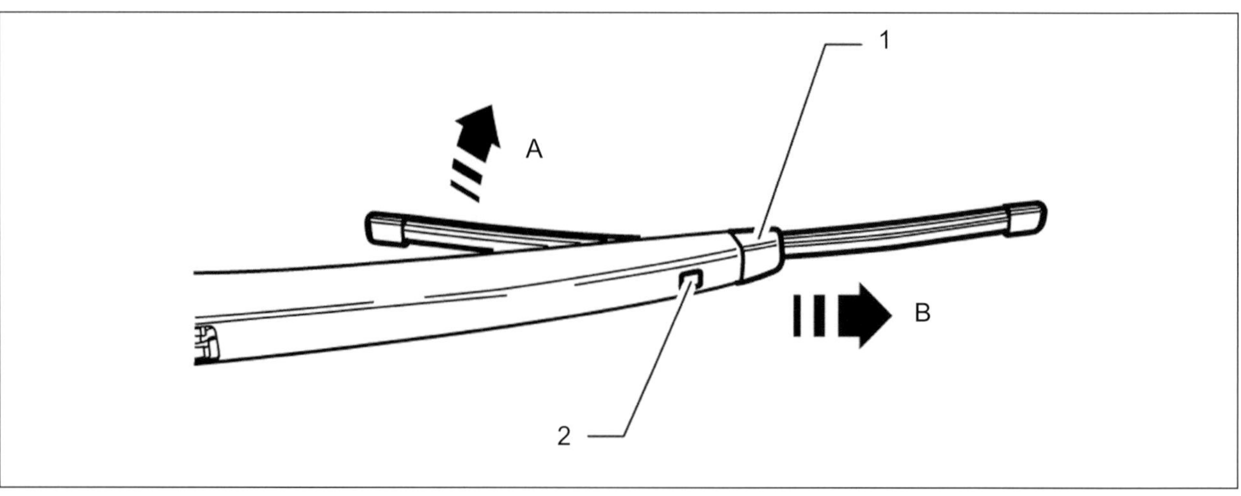

Demontage: 1 Wischerblattbefestigung, 2 Entriegelungstaste.

Einstellen und Prüfen der Endlagen der Scheibenwischer vorne

Für die Einstellarbeiten muss das APS-System der Scheibenwischer vorne deaktiviert sein. Für die Fahrzeuge mit Rechtslenkung sind die Angaben zu den Scheibenwischern spiegelverkehrt zu sehen.

- Die Wischer in die Endlage laufen lassen und anschließend die Zündung ausschalten.
- Jetzt die Einstellung der Scheibenwischerblätter-Endlage über die Wischerarme vornehmen (Mutter 12 Nm).

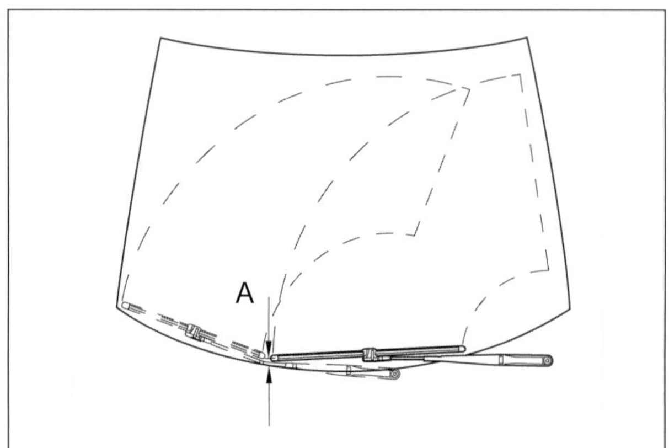

Einstellung: Der Abstand (A) zwischen der Spitze der Wischerlippe und der Oberkante der Wasserkastenabdeckung muss für beide Wischer 18 ± 5 mm betragen.

Einstellen und Prüfen der Endlagen der Scheibenwischer hinten

- Der Abstand (a) zwischen Wischergummi und Scheibenunterkante muss 25 mm betragen. Die Heckscheibenwischer-Endlage gegebenenfalls durch Versetzen des Wischerarmes auf der Wischermotorwelle einstellen.
- Die Schraubverbindung mit dem in der Montageübersicht angegebenen Anzugsdrehmoment anziehen (Mutter 12 Nm).

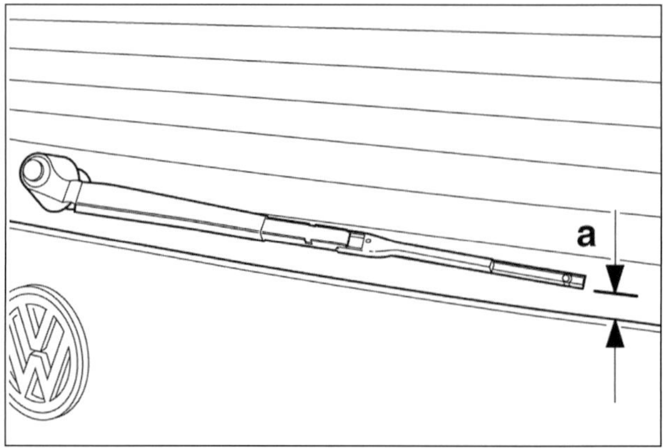

Wischer hinten: Der Abstand muss 25 mm von der Scheibenkante betragen.

Waschdüsen prüfen und einstellen

Waschdüsen vorne einstellen

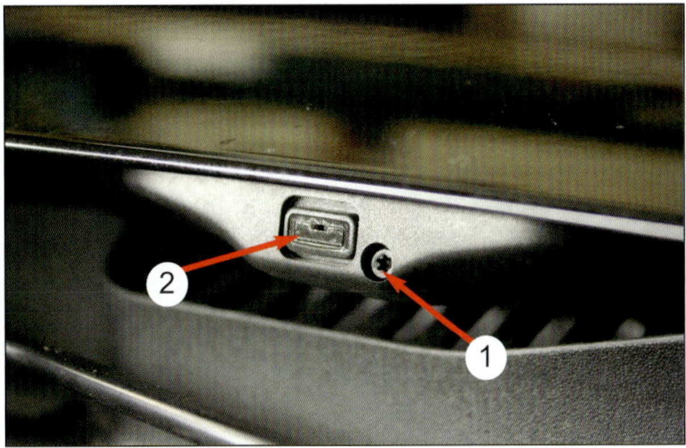

Waschdüse vorne: 1 Einstellschraube, 2 Waschdüsenaustritt.

Die Spritzdüsen sind voreingestellt. Es können aber kleine Höhenunterschiede ausgeglichen werden. Im Falle eines ungleichmäßigen Spritzfelds durch Verunreinigungen in der Spritzdüse, bauen Sie die Spritzdüse aus und spülen Sie sie entgegen der Spritzrichtung mit Wasser durch.

- Liegen die beiden Spritzfelder nicht auf gleicher Höhe, kann die Einstellung nach oben bzw. unten korrigiert werden.

- Spritzdüse (2) durch Verdrehen am Einsteller (1) mit einem Torx-Schraubendreher einstellen.

Waschdüsen hinten einstellen

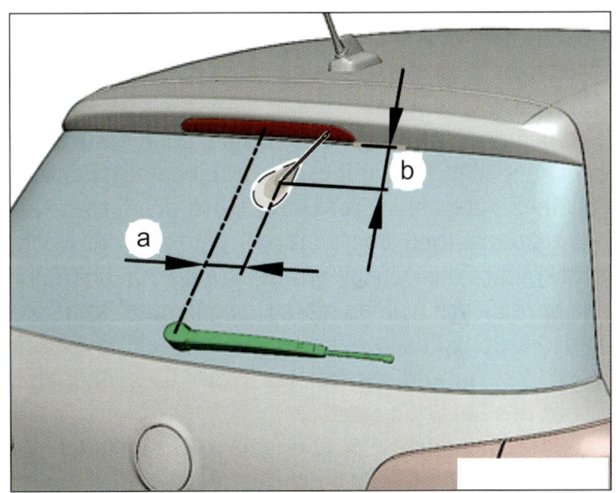

Auftreffpunkt auf der Scheibe: a) ca. 100 mm, b) ca. 80 mm.

- Die Spritzdüse mit Einstellwerkzeug (Düsendorn T10127) so einstellen, dass der Wasserstrahl wie gezeigt auf das obere Drittel der Heckscheibe auftrifft.

Spritzdüseneinstellung der Scheinwerferreinigungsanlage prüfen

Die Spritzdüsen dürfen nur auf Funktion kontrolliert, aber nicht eingestellt werden.

- Schalten Sie das Abblendlicht ein.

- Betätigen Sie die Scheibenwaschanlagen für vorne. Die Scheinwerfer werden gewaschen, wenn der Scheibenwischerhebel mindestens 1,5 Sekunden in »Wischstellung« gehalten wird.

Der Sprühstrahl sollte mittig auf die Scheinwerferlampen auftreffen, siehe (B) und (C). Weicht das Spritzbild ab, müssen Reparaturmaßnahme durchgeführt werden.

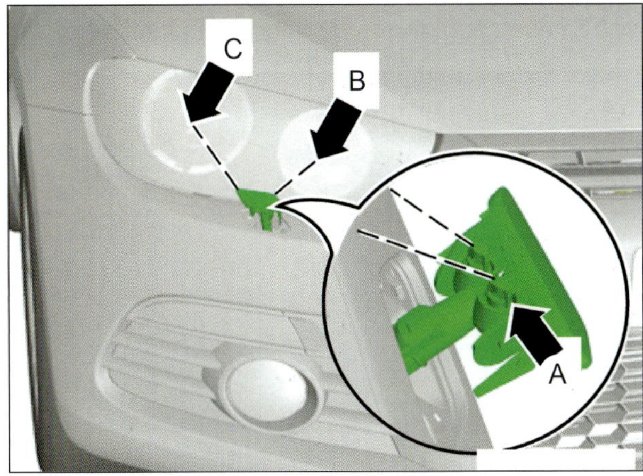

Auftreffpunkt auf dem Scheinwerfer: A) Spritzdüse B) und C) Mitte des Lichtaustrittes.

Unzureichende Waschleistung der Düsen

Drei mögliche Ursachen kommen in Betracht.

Erstens können die Düsen falsch eingestellt sein, zweitens die Verwendung eines zum Aufschäumen oder zu Ablagerungen neigenden Waschmittelzusatzes und drittens ein unzureichender Wasserdurchsatz durch Verunreinigung einer Düse oder durch einen abgeknickten oder undichten Schlauch. Stellen Sie stets sicher, dass keine ungeeigneten Waschmittelzusätze verwendet werden, die Schaumbildung an der Spritzdüse verursachen. Kontrollieren Sie auch, ob der Sprühstrahl beider Düsen gleichmäßig stark ist. Ist dies nicht der Fall, dann bauen Sie die »schwächere« Düse aus und blasen die Düse mit Druckluft aus. Sollte diese Maßnahme zu keinen Erfolg führen, prüfen Sie bitte, ob der betreffende Schlauch abgeklemmt oder undicht ist.

Bei Fahrzeugen mit Scheinwerferreinigungsanlage muss natürlich auch die Einstellung der Spritzdüsen überprüft werden. Hier gilt, dass der Reinigungsstrahl die Mitte des jeweiligen Reflektors treffen soll.

Wenn sie eingestellt werden müssen, wird es allerdings etwas hektisch. Nach dem Einschalten des Fahrlichtes, also dem Abblendlicht oder dem Fernlicht, und der Betätigung der Scheibenwaschanlage für die Frontscheibe (der Hebel muss mindestens für 1,5 Sekunden gehalten werden!) wird mit der Hochdruckpumpe die Scheinwerferreinigung durchgeführt. Die Spritzdüsen werden hierzu ausgefahren. Nun können die Spritzdüsen eingestellt werden. Die Betätigung der Waschdüsen erfolgt hydraulisch über den Druck des Reinigungsmittels.

Die Rückstellung erfolgt über eine Rückzugsfeder, die in der Waschdüse verbaut ist. Die Waschdüse ist nicht zerlegbar und sollte ausgetauscht werden, wenn sie sich nicht mehr einstellen lässt oder andere Defekte wie Schwergängigkeit oder Verstopfung aufweist.

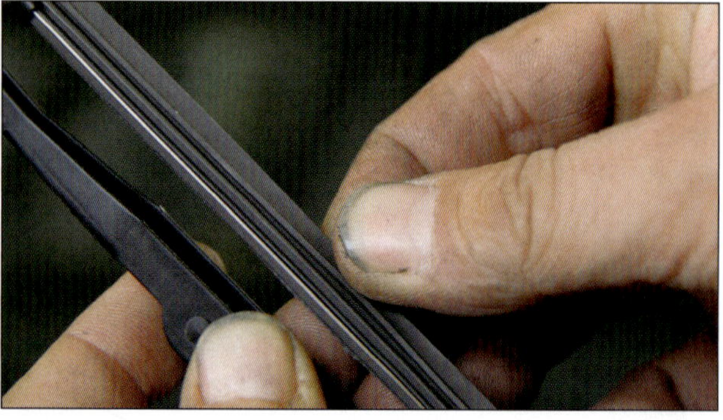

Wischerkontrolle: Inspizieren Sie die Gummilippe auf Rillen und Vertiefungen. Das Gelenk muss leichtgängig sein damit die Wischergummis satt auf der Scheibe aufliegen.

PRAXISTIPP

Scheiben schonend enteisen

Für viele, die keinen Garagenstellplatz ihr Eigen nennen, gehören zugefrorene Scheiben im Winter zum alltäglichen Graus. Und wer hat schon Lust, am frühen Morgen oder späten Abend sich mit dem ungemütlichen Gekratze und Geschabe aufzuhalten? Wer jedoch, egal ob aus Faulheit oder Unvernunft, nur ein kleines Guckloch freilegt und dann losfährt, begibt sich und andere beim anschließenden Blindflug in höchste Gefahr. Zudem nimmt man so das Risiko in Kauf, bei einem Unfall haftbar gemacht zu werden und ein saftiges Bußgeld zu kassieren. Der Gesetzgeber schreibt nämlich dem Fahrzeughalter vor, dass er laut §23 StVO dafür zu sorgen hat, dass die Sicht weder durch Beladung noch durch den Zustand des Fahrzeugs beeinträchtigt ist. Was also tun, will man sich und die durch die Kratzprozedur stark in Mitleidenschaft gezogene Scheibenoberfläche schonen? Eine Möglichkeit ist die Verwendung eines Scheiben-Enteisers, den es als Spray- oder Pumpdose zu kaufen gibt. Dieser sorgt mit einer konzentrierten alkoholischen Formel dafür, dass die Eisschicht abtaut. Qualitätsunterschiede der Produkte lassen sich zum Beispiel am Sprühbild erkennen: Wird die Scheibe gleichmäßig benetzt, ist die Wirkung effektiver. Besonders die kratzempfindlichen Stellen wie Außenspiegel oder Gummiteile, aber auch die Kunststoff-Heckscheibe einiger Cabrios, profitieren durch kaum erforderliche mechanische Beanspruchung.

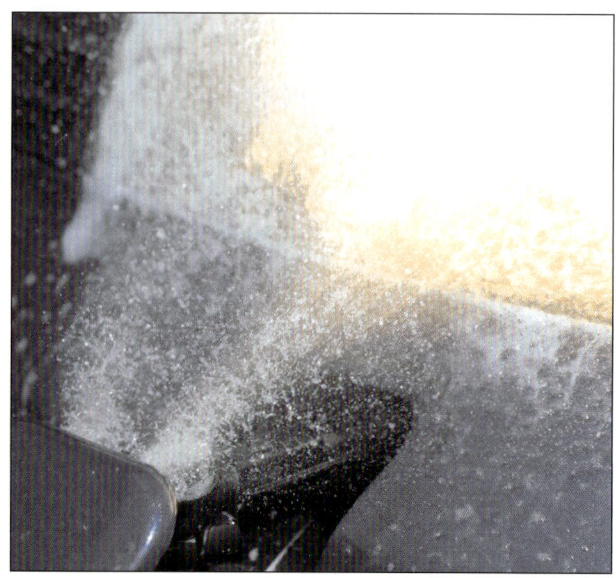

Scheinwerferreinigungsanlage: Nur gezielte Treffer reinigen gut!

Heizung und Lüftung prüfen

Damit im Winter die Scheiben auch von innen möglichst schnell und zuverlässig frei werden, müssen Heizung und Lüftung, aber auch die Klimaanlage in tadellosem Zustand sein. Die Klimaanlage kann nämlich auch im Winter wertvolle Dienste leisten: Die Luft wird getrocknet und das Beschlagen der Scheiben vermindert. Leider behindert der im Frischluftkanal integrierte Wärmetauscher einer Klimaanlage die Frischluftzufuhr von außen, weshalb Sie das Gebläse im Winter immer mindestens auf Stufe 1 mitlaufen lassen müssen.

- Prüfen Sie zunächst, ob das Gebläse in allen Stufen wirkungsvoll arbeitet, indem Sie die Luft auf die mittleren Ausströmer lenken und alle Schalterstellungen durchprobieren. Eventuell den Reinluftfilter wechseln.
- Ab einer Motortemperatur von 60 Grad oder nach ca. fünf Kilometern Fahrt muss aus den Ausströmern warme Luft kommen, sobald Sie die Einstellung der Temperatur verändern.
- Prüfen Sie zum Abschluss noch, ob die Luftverteilung funktioniert. Sie können das an den jeweiligen Düsen erfühlen und auch hören. Beim Umschalten öffnen und schließen sich die jeweiligen Klappen des Lüftungssystems. Gerade die Funktion zur Belüftung der Frontscheibe ist sehr wichtig, sie muss sich auch so einstellen lassen, dass keine zusätzlichen Austrittsstellen für die Luft geöffnet werden. Nur so bleibt die Frontscheibe gerade in der Phase, in der das Auto noch nicht warm ist, beschlagfrei.

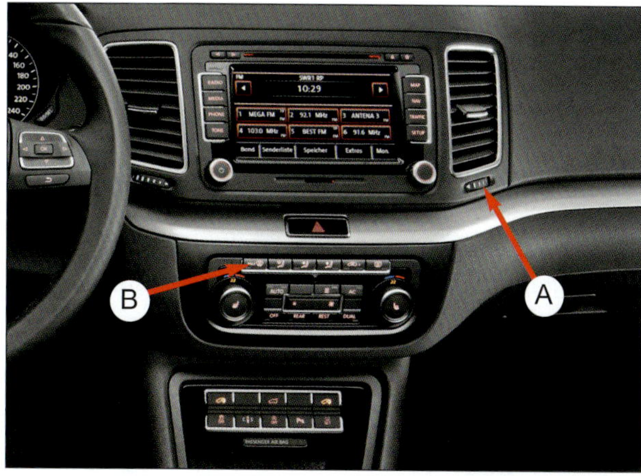

Ausströmdüsen dürfen nicht verstopfen: Testen Sie den Luftstrom einzelner Düsen regelmäßig durch Drehen des Reglers (A) bzw. Drücken der Tasten (B) der Klimaautomatik.

Frostschutz prüfen

Kühlmittel: Das Frostschutzmittel sorgt für Frost- und Korrosionsschutz im Motor und bleibt deshalb das ganze Jahr über im Kühlsystem.

- Die Flüssigkeiten können mit einer Spindel geprüft werden. Ziehen Sie so viel Flüssigkeit in das Gerät, bis der Schwimmer frei schwebt. Sie können dann ablesen, bis wie viel Grad der Frostschutz gewährleistet ist. Mit minus 30 Grad sind Sie gut gerüstet.
- Der Ausgleichsbehälter für das Kühlwasser befindet sich bei den Vans in Fahrtrichtung gesehen rechts, nahe dem Kotflügel (kugelförmig; Aufschrift G12).
- Der Vorratsbehälter für das Waschwasser sitzt bei den Vans meist vor dem Kühlflüssigkeitsbehälter, also in Fahrtrichtung rechts, weiter vorne. Achtung: Hier kommen andere Frostschutzmittel zum Einsatz!

Dichtungsgummis pflegen

Die Dichtungsgummis sind bei Minustemperaturen besonderen Anforderungen ausgesetzt. Kaputte Gummidichtungen sind nicht nur optisch ein Problem, sondern können im Extremfall zu Wassereinbruch und übermäßigen Scheibenbeschlag führen. Sparen Sie also nicht bei der Pflege, denn der Wechsel defekter Dichtungen ist aufwändig und insofern auch nicht billig. Verwenden Sie lieber regelmäßig einen Gummipflegestift. Dieser verhindert im Winter das Festkleben von Gummidichtungen an Türen, Scheiben und Kofferraumdeckeln. Zusätzlich wird das Gummi geschmeidig gehalten, was vor dem Brüchigwerden schützt.

Gummidichtungen:
Diese müssen innen wie außen geschmeidig bleiben. Besonders wichtig ist das im Winter. Spezielle Gummipflegemittel geben dem elastischen Material zusätzlich den Glanz zurück.

Schmieren und Pflegen: Den Gummidichtungen müssen Sie in der kalten Jahreszeit besondere Beachtung schenken. Verwenden Sie dazu am besten einen Glycerinstift. Er hält die Dichtungen geschmeidig.

Türschlossenteiser

Auch die Verwendung eines Türschlossenteisers kann nicht schaden, insbesondere wenn Sie an Ihrem Van die Türen nicht per Funkschlüssel öffnen. Beachten Sie aber, dass der Enteiser nicht ins Fahrzeug gehört. Dort nutzt er im Fall der Fälle nämlich nichts.
Das Feuerzeug ist im Übrigen keine Alternative. Denn durch die Erhitzung des Schlüssels riskieren Sie einen Schaden am integrierten Mikrochip der Wegfahrsperre. Haben Sie dennoch das Schloss auf diese Art geöffnet, kommen Sie erst recht nicht vom Fleck.

Am besten griffbereit in der Tasche: Den Türschlossenteiser nicht im Fahrzeug vergessen. Ist das Schloss zugefroren, bringt er Ihnen dort am allerwenigsten. Unterlassen Sie bitte auch das Zündeln mit dem Feuerzeug am Schlüssel.

PRAXISTIPP

Schmutz kostet Leuchtkraft

Waschen Sie, besonders in der schmuddeligen Jahreszeit, die Scheinwerfer häufiger als die Karosserie. Denn Schmutzpartikel auf den Abdeckgläsern schlucken die Lichtstrahlen oder leiten sie in die Irre. Folge: geringere Sichtweite, unkontrolliertes Streulicht, starke Blendung – vornehmlich bei Nebel. Schon nach einer etwa halbstündigen Fahrt auf feuchter Straße können die Scheinwerfer Ihres Autos zu über 60 Prozent verschmutzt sein. Entsprechend mager ist dann die Lichtausbeute – ein Gefahrenpotenzial für Sie und andere Verkehrsteilnehmer. Die am Van angebrachten Halogenscheinwerfer können Sie beim Tankstellenstopp mit den vorhandenen Mitteln schnell von der Schmutzschicht befreien. Eine Reinigung unterwegs mit Wasser und Schwamm wirkt Wunder und sichert anschließend wieder die volle Leuchtkraft des Scheinwerfers. Achten Sie aber darauf, dass die Schmutzpartikel nicht die Klarglasleuchten der Scheinwerferabdeckung beschädigen oder verkratzen. Die Glasscheibe der Van-Scheinwerfer kann nämlich nicht als separates Teil ersetzt werden. Dies hat zur Folge, dass im Fall von (durch falsche Pflege) verkratzten oder gebrochenen Glasscheiben (durch einen Unfall bedingt) der Austausch des kompletten Scheinwerfers fällig wird.

Bessere Wischerblätter

In der kalten und nassen Jahreszeit ist eine gute Sicht das A und O beim Autofahren. Wechseln Sie daher am besten zu Herbstbeginn die Wischerblätter gegen einen neuen Satz. Bei dieser Gelegenheit wäre der Umstieg auf die Aerotwin-Wischer aus dem Hause Bosch günstig. Diese etwas teureren Wischblätter werden durch mathematische Berechnungen individuell an die Wölbung der Windschutzscheiben, auch der des Van, zugeschnitten. Der Anpressdruck ist damit gleichmäßig auf die gesamte Wischerblattlänge verteilt. Der übliche Spoiler wird überflüssig, was auch den Geräuschpegel und Luftwiderstand minimiert.

Starthilfebooster

Wollen Sie bei Fahrten in entlegene Wintergebiete auf Nummer sicher gehen, was das Starten des Motors betrifft, sollten Sie einen so genannten Starthilfebooster mit an Board haben. Dieser hilft Ihnen, auch wenn die Autobatterie den Dienst verweigert, sei es wegen der Kälte oder des schlechten Ladezustands (oder schlimmstenfalls beidem).

Der Starthilfebooster agiert dann als kleines Kraftwerk, sodass auch die müdeste Batterie Ihnen nicht zum Verhängnis werden kann und Sie Ihren Van starten können.

Standheizung nachrüsten

Eine Standheizung ist ein echter Zugewinn an Komfort und Sicherheit. Lästiges Scheibenkratzen entfällt und der bereits warme Motor läuft vom Start weg schadstoffarm und abgasreduziert. Den Einbau müssen Sie allerdings dem Fachmann überlassen. Besonders günstig kommen Besitzer eines TDI davon. Verfügt der Diesel-Direkteinspritzer über einen Zuheizer, muss er um nur wenige Module erweitert werden, und schon wird aus dem Zuheizer eine vollwertige Standheizung.

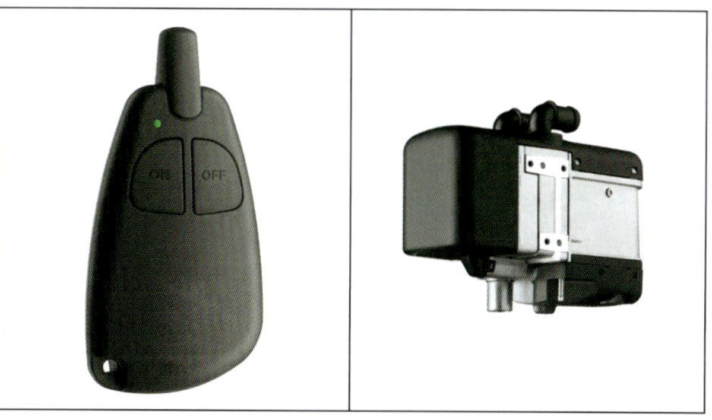

Sitzheizung nachträglich einbauen

Wer seinen Van mit einem Komfortmerkmal erweitern möchte, hat dazu reichlich Möglichkeiten. Eine dieser Möglichkeiten ist die Nachrüstung einer Sitzheizung. Die im Zubehör angebotenen Carbon-Heizmatten sind wesentlich bruchfester als die ab Werk verbauten Elemente, ohne deshalb wesentlich mehr zu kosten. Ein einfacher Nachrüstkit ist inklusive Schalter und Kabel schon für rund 100 Euro pro Sitz zu haben. Der Einbau muss allerdings nach TÜV-Auflage durch einen Fachbetrieb erfolgen.

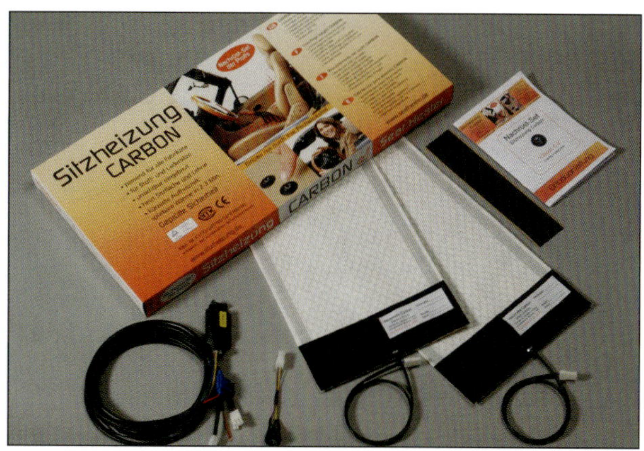

CHECKLISTE

Fit für den Winter

Bereich	Worauf Sie achten sollten	Was zu tun ist
A Motor	**1** Motoröl	Das Motoröl wird durch extreme Kaltstarts und die großen Temperaturschwankungen stärker belastet als im Sommer. Vielleicht etwas kürzere Intervalle fahren und ein gutes Öl mit niedriger Viskosität spendieren. (Beachten Sie dazu unbedingt die Hinweise im Kapitel »Antrieb«).
	2 Kühlmittel	Ist der Frostschutzgehalt zu niedrig und das Kühlwasser friert ein, kann das Eis den Motor sprengen. Also rechtzeitig messen und einen anstehenden Wechsel auf den Herbst legen.
	3 Thermostat	Wenn im Winter der Thermostat nicht vollständig schließt, braucht der Motor lange, um warm zu werden. Beobachten und bei langer Warmlaufphase wechseln.
B Räder und Reifen	**1** Winterreifen	Winterreifen funktionieren auf Schnee nur gut, wenn noch mindestens 4 mm Profiltiefe übrig ist. Reifen im Oktober montieren. Falls Sie neue Reifen brauchen: Nicht erst auf die ersten Schneeflocken warten, denn dann hat der Reifenhändler garantiert keine Zeit.
C Licht und Sicht	**1** Beleuchtung	Kontrollieren Sie regelmäßig die Beleuchtungsanlage und reinigen Sie die Klarglasabdeckungen der Scheinwerfer. Im Winter sind einwandfrei funktionierende Scheinwerfer unentbehrlich.
	2 Verglasung **3** Scheibenwischer	Die Scheiben sollten frei von Kratzern und Steinschlägen sein. Spendieren Sie im Herbst neue Wischer und füllen Sie genügend Frostschutz in die Waschanlage.
D Karosserie	**1** Türen und Hauben	Sprühen Sie die Dichtungen großzügig mit Silikonspray ein. Das verhindert das Festfrieren.
	2 Schlösser und Scharniere	Die Gelenke freuen sich über eine Extraportion Öl bzw. Fett. Das verhindert nebenbei auch Korrosion.
	3 Lack	Gönnen Sie dem Lack regelmäßiges Waschen. So setzt sich erst gar keine Salzkruste fest.
E Elektrik	**1** Batterie	Lassen Sie eine Batterie-Kurzschlussprüfung durchführen, um festzustellen, wie viel Kapazität noch vorhanden ist. Batterien leiden unter Kälte, das gilt übrigens auch für die Fernbedienung.
	2 Heizung und Lüftung	Eventuell Reinluftfilter wechseln.

Fit durch den Sommer

Der Betrieb in der Sommerzeit, vielleicht auch mit einer Fahrt mit Familie und Gepäck in den Urlaub, will gut vorbereitet sein. Pannen und Defekte mit kleiner Ursache, die oft schon im Vorfeld erkennbar waren, sind dann besonders nervig.

Reifen

Sommerzeit ist Reisezeit und die will gut vorbereitet sein. Nach dem Packen kommt Ihr Van dran. Passen Sie in jedem Fall den Reifendruck dem Beladungszustand an. Im Tankdeckel oder in der Bedienungsanleitung finden Sie dazu eine tabellarische Übersicht. Auch der Reservereifen darf nicht vergessen werden. Nur ein intaktes Reserverad kann bei einer Reifenpanne auch weiterhelfen. Die Notfallausrüstung wie Warndreieck, Sicherheitswesten und natürlich auch das Werkzeug sollten zweckmäßig und griffbereit untergebracht werden. Eine Reifenpanne findet eher selten auf einem Parkplatz statt. Wenn nun auf der Autobahn das halbe Auto wieder ausgeräumt werden muss, nur um die notwendigen Utensilien zusammenzusuchen, vergeht nicht nur Urlaubszeit, sondern die Gefährdung auf der Autobahn nimmt mit der Standzeit zu. Hilfreich ist es sicherlich, das Werkzeug in einer Solchen Tasche zu platzieren.

Vergewissern Sie sich, dass Ihre Sommerreifen noch genügend Profil haben. Gesetzlich vorgeschrieben sind zwar lediglich 1,6 mm Profiltiefe, wer jedoch mit diesen Reifen eine Vollbremsung hinlegen muss oder gar in den Regen kommt, hat schlechte Karten. Denn schon bei ca. 4 mm, also rund der Hälfte des Profils neuer Reifen, verlängert sich der Bremsweg aus 100 km/h bereits um mehr als zwei Wagenlängen.

Profiltiefe korrekt bestimmen

Zur Ermittlung der Profiltiefe empfiehlt sich ein Profiltiefenmesser (Bild 2). Entscheidend sind die Hauptprofilrillen. Messen Sie nicht auf den Erhebungen des TWI (Tread Wear Indikator = Profil-Abnutzungsanzeiger). Die Profiltiefe messen Sie in den Hauptprofilrillen an den am stärksten verschlissenen Stellen des Reifens. Die Positionen der TWI-Indikatoren (Bild 1) sind an der Reifenschulter sichtbar und zeigen die gesetzliche Mindestvorgabe von 1,6 mm an.

Bremsweg aus 100 km/h (regennasse Fahrbahn)

Profiltiefe	Bremsweg	Verlängerung (relativ)
8 mm	70 m	–
4 mm	82 m	17%
3 mm	87 m	24%
2 mm	97 m	39%

Erschreckende Zahlen: Die Profiltiefe ist ein entscheidender Sicherheitsfaktor vor allem bei Nässe (Quelle: www.kfztech.de)

PRAXISTIPP

Kleine Reifenkunde

Seit 01. Januar 2006 ist es Gesetz, dass laut Straßenverkehrsordnung (§2 Abs. 3a) bei Kraftfahrzeugen die Ausrüstung an die Wetterverhältnisse anzupassen ist. Hierzu gehört insbesondere eine »geeignete Bereifung«. Damit sollte es nun nicht mehr nur für Fachleute, sondern auch für alle Autofahrer selbstverständlich sein, dass Sommer und Winter ihre eigenen Reifen hinsichtlich Profil und Gummimischung benötigen. Gerade auf der Fahrt in den Urlaub kommt es darauf an, der Bereifung besondere Aufmerksamkeit zu schenken. Wer weiß schon, dass ein moderner Reifen aus bis zu 16 verschiedenen Gummimischungen bestehen kann, die zum Beispiel folgende Anforderungen erfüllen müssen: Geringst möglicher Abrieb, Rissfestigkeit, Rutschwiderstand, geringer Rollwiderstand, dynamische Beständigkeit, Luftdichtigkeit, Laufruhe sowie Alterungsbeständigkeit. Allerdings bestimmen nicht nur Gummimischung und Auslegung des Profils – zum Beispiel das Lamellenprofil eines Winterreifens – die Leistung eines Reifens. Mindestens genau so wichtig sind nach Aussage der Kfz-Innungsexperten die unterschiedlichen Profiltiefen. Zwar schreibt der Gesetzgeber hier nur einen Mindestwert von 1,6 Millimetern vor, aber in der Praxis ergeben sich andere und realistischere Werte. Auf eine einfache Formel gebracht: Profiltiefe Sommerreifen: Minimum 3 Millimeter, Profiltiefe Winterreifen: Minimum 4 Millimeter. Die Gründe für diese Empfehlungen sind zahlreich und absolut sicherheitsrelevant. Mit dem Minimumprofil von 1,6 Millimeter verlängert sich bei Nässe der Bremsweg bereits um das Doppelte. Wenn man weiter weiß, dass bei nasser Fahrbahn die Drainagerillen bei 80 km/h bis zu 25 Liter Wasser pro Sekunde und bei 140 km/h bis zu 43 Liter kanalisieren müssen, erübrigt sich wohl jede weitere Diskussion um falsche Sparsamkeit. Gerade vor der sommerlichen Urlaubsreise mit ihren erhöhten Anforderungen an Temperaturen, Fahrzeuggewicht und Geschwindigkeit raten die Fachleute der Kfz-Meisterbetriebe zu einer detaillierten Reifenkontrolle, bei der neben der Erhöhung des Luftdrucks speziell auf Beschädigungen an Lauffläche, Seitenwand und Ventilabdichtung sowie auf Profiltiefe geachtet werden muss. Gehen Sie also beim einzigen Bindeglied zwischen Ihnen und dem Straßenbelag keine unnötigen Risiken ein und kontrollieren Sie regelmäßig Ihre Fahrzeugbereifung.

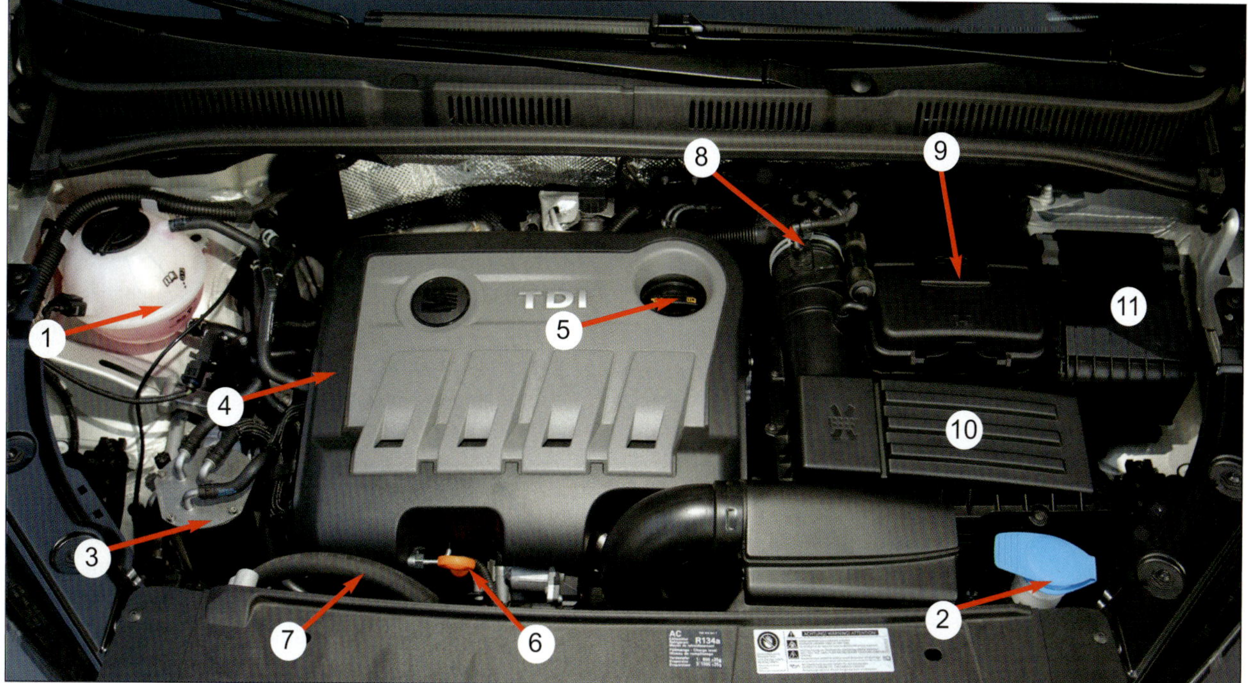

Motorraum und Übersicht der Kontrollpunkte: 1 Kühlwasserbehälter, 2 Scheibenwaschbehälter, 3 Dieselfilter, 4 Zahnriemenabdeckung (Verdeckt), 5 Öleinfüllstutzen, 6 Ölpeilstab, 7 Ölfilter, 8 Luftmassenmesser, 9 Batterie, 10 Luftfilterkasten, 11 Elektrik und Relais.

Wie funktioniert die Klimaanlage?

Eine Klimaanlage ist eine feine Sache, keine Frage, doch wie funktioniert dies Anlage eigentlich? Das Funktionsprinzip ist vergleichbar mit dem des heimischen Kühlschranks. Ein vom Motor angetriebener Kompressor (1) verdichtet das dampfförmige Kältemittel, welches sich dabei erhitzt. Beim anschließenden Abkühlen im Kondensator (10) wird das Mittel wieder flüssig. Durch ein Ventil (12) wird diese abgekühlte Flüssigkeit nun in den Verdampfer (13) eingespritzt. Beim Verdampfungsprozess wird nun der außen an dem Waben- und Röhrensystem vorbeiströmenden Luft aus dem Fahrgastraum Wärme und Feuchtigkeit entzogen. Die Luft kühlt ab und wird zurück in den Innenraum geleitet. Die Intensität der Abkühlung hängt im Wesentlichen vom Luftdurchsatz und der eingestellten Temperatur ab. Das heißt, je höher die Gebläsestufe und je niedriger die gewählte Temperatur, desto kälter wird es. Intelligente Klimasysteme zeichnen heutzutage zusätzliche Sensoren und Steuereinheiten aus. Diese bestimmen nicht nur anhand der Gurtschlösser die Anzahl der klimabedürftigen Insassen, sondern können auch mittels Fotodioden die Sonneneinstrahlung berechnen und so den hitzegeplagtesten Passagier ausmachen und dementsprechend die Kälteverteilung koordinieren.

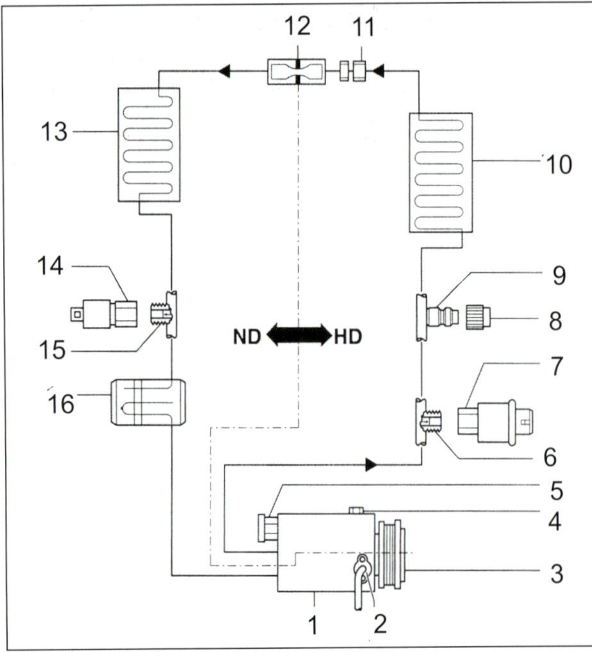

Funktionsprinzip Klimaanlage. Prinzip der Klimaanlage: Der Kreislauf ist in einen Nieder- und einen Hochdruckkreis aufgeteilt.

PRAXISTIPP

Gebrauch der Klimaanlage

Beim ausgiebigen Sonnenbad Ihres Fahrzeugs heizt sich der Innenraum auf Temperaturen bis zu 60 °C oder gar noch mehr auf. Sie sollten daher vor dem Losfahren zunächst alle Türen öffnen und die größte Hitze entweichen lassen. Danach erst die Fahrt antreten und zum zügigen Herunterkühlen zunächst volle Gebläsestufe wählen. Dann schnell kleiner drehen, um unnötige Zugluft zu vermeiden. Die automatische Klimaanlage regelt sensorgesteuert Temperatur, Gebläsestufe und Luftverteilung selbsttätig. Bei

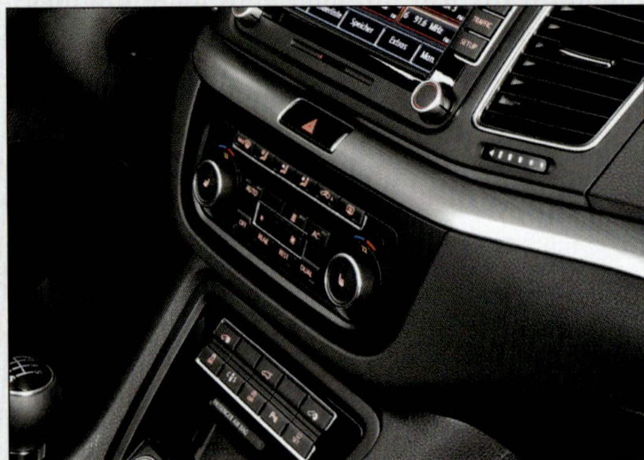

Einstellungssache: Reglereinheit der Klimaanlage.

manuell geregelten Klimageräten übernehmen Sie diese Aufgaben selbst. Die Wohlfühl-Temperatur liegt im Sommer bei etwa 22 °C, bei extremer Hitze etwa drei bis vier Grad höher. Kurz vor dem Ziel die Klimaanlage abschalten, dann lässt sich ein Temperaturschock beim Aussteigen vermeiden. Im Winter ist eine Temperatur von etwa 21 °C ideal.

Apropos: Auch im Herbst und Winter sollten Sie gelegentlich die Klimaanlage aktivieren. Dies vermindert nicht nur durch die Aufnahme der Feuchtigkeit aus der Luft das Anlaufen der Scheiben, sondern dient auch dem Schutz des Klimasystems und seiner Aggregate vor Korrosion. Folgende Indizien deuten auf einen Defekt der Klimaanlage hin und erfordern einen sofortigen Werkstattbesuch: Schlechte Gerüche aus den Lüftungsdüsen, verminderte oder gar keine Kälteleistung der Anlage, erhöhter Kraftstoffverbrauch oder eine ständig beschlagene Windschutzscheibe. Vermeiden Sie durch unregelmäßige Checks auch, dass Bakterien und Pollen sowie Sporen dem Innenraumfilter übel zusetzen können. Vor allem bei Allergikern können Husten und Niesen gefährliche Situationen beim Fahren hervorrufen.

Die Climatronic

Das Schrauben am Klimatisierungs-System scheitert weniger an Sicherheitsrisiken. Es ist vielmehr die komplizierte Technik, die dem Heimwerker das Leben schwer macht. Die Volkswagengruppe unterscheidet zwischen Klimaanlage und Klimatisierungsautomatik (Climatronic). Die Climatronic hält vollautomatisch die gewählte Fahrzeuginnentemperatur. Die Temperatur der ausströmenden Luft sowie die Gebläsedrehzahl (Luftmenge) und Luftverteilung werden automatisch verändert. Die Anlage berücksichtigt auch starke Sonneneinstrahlung. Ein Nachregeln von Hand ist überflüssig. Das Klima-Steuergerät verarbeitet vielfältige Informationen von Sensoren. Die gesamte Anlage wird über elektrische Stellmotoren gesteuert. Sämtliche Luftklappen bewegen sich vollautomatisch. Das Steuergerät hat ebenfalls die Magnetkupplung am Klimakompressor im Griff. Empfohlen wird folgende Standardeinstellung für alle Jahreszeiten: Stellen Sie die Temperatur auf 22 °C und drücken Sie die Taste AUTO. Bei dieser Einstellung wird am schnellsten ein behagliches Klima erreicht. Die Einstellung sollte nur verändert werden, wenn das persönliche Wohlbefinden es erfordert. Damit die Climatronic einwandfrei funktionieren kann, muss der Lufteinlass vor der Windschutzscheibe frei von Eis, Schnee und Blättern sein. Empfohlen wird, bei Umluftbetrieb im Fahrzeug nicht zu rauchen, da sich der aus dem Fahrzeuginnern angesaugte Rauch auf dem Verdampfer absetzt und zu dauerhafter Geruchsbelästigung führt. Wenn nach Einschalten der Zündung alle Symbole im Anzeigenfeld etwa 15 Sekunden blinken, liegt eine Störung vor, die nur in der Fachwerkstatt behoben werden kann.

Sollte die Kühlanlage einmal nicht arbeiten, kann entweder die Außentemperatur niedriger als etwa +5 °C sein, der Kompressor der Kühlanlage wegen zu hoher Motor-Kühlmitteltemperatur vorübergehend abgeschaltet haben oder die Sicherung durchgebrannt sein.

Kältemittel

GEFAHRHINWEISE

Die Bauteile des Klimasystems sowie alle Kältemittelschläuche und -leitungen, finden Sie beim Van vorn links halb neben und halb vor dem Motor, den sie fast ganz umgeben. Doch Vorsicht: Hier müssen Sie sich selbst als passionierter Schrauber bremsen! Denn bei den Komponenten der Klimaanlage bestehen gesundheitliche Risiken und auch die Gefahr, Ihre Klimaanlage bei Reparaturversuchen zu beschädigen! So kann der Umgang mit Kältemitteln Erfrierungen bei Berührung verursachen oder gar zum Ersticken am Boden oder in unteren Räumen, wegen der Schwere des Mittels, führen.
Klimaanlagen dürfen also nur vom Hersteller oder in Service-Stützpunktwerkstätten instand gesetzt bzw. ersetzt werden. Riskieren Sie hier keine gesundheitlichen Schäden oder teure Nachreparaturen. Denn der Kältemittelkreislauf der Klimaanlage darf nicht geöffnet werden. Das Neubefüllen ist Werkstatt-Sache. Zudem könnten Sie sich bei unsachgemäßer Handhabung auch strafbar machen: Das Ablassen von Kältemittel in die Umwelt ist eine strafbare Handlung. Sollte Ihre Klimaanlage also der Wartung bedürfen, fahren Sie am besten gleich in Ihren Servicebetrieb.

Nach Werksvorgabe: Die Idealtemperatur im Fahrzeuginnenraum beträgt rund 22° C.

Montage des Staub- und Pollenfilters

Funktion vom Staub- und Pollenfilter mit Aktivkohleeinlage

Je nach Fahrzeugausstattung kann auch ein Staub- und Pollenfilter mit Aktivkohleeinlage verbaut sein. Zusammen mit dem Sensor für Luftgüte wird ein Staub- und Pollenfilter mit zusätzlicher Filtereinlage mit Aktivkohle eingebaut. Bei Fahrzeugen mit Sensor für Luftgüte sollte die Klimaanlage immer in der Funktion »automatischer Umluftbetrieb« betrieben werden. Der Filter mit Aktivkohle kann auch bei Fahrzeugen ohne Sensor für Luftgüte eingebaut werden. Hier muss, wie beim Betrieb der Klimaanlage mit abgeschalteter Funktion »automatischer Umluftbetrieb«, der Filter früher gewechselt werden. Der Filter mit »Aktivkohleeinlage« übernimmt die Aufgabe eines Staub- und Pollenfilters. Er kann aber zusätzlich auch gasförmige Schadstoffe wie z. B. Ozon, Benzol, Stickstoffdioxid usw. aus der durchströmenden Luft ausfiltern. Die Aufgabe der Aktivkohle ist es, die gasförmigen Verunreinigungen der durchströmenden Luft so lange aufzunehmen, bis die Frischluftklappe geschlossen ist und die Klimaanlage im Umluftbetrieb arbeitet. Die Umschaltung erfolgt durch das Steuergerät für Climatronic, sobald der Sensor für Luftgüte im »automatischer Umluftbetrieb« gasförmige Verunreinigungen in der Umgebungsluft erkannt hat. Die Aktivkohleschicht im Staub- und Pollenfilter wirkt auf die verschiedenen Schadstoffe in der Luft unterschiedlich: Bestimmte Schadstoffe werden fest in der Aktivkohleschicht gebunden. Andere werden wie in einem Katalysator in unschädliche Verbindungen umgewandelt. Für den Rest wirkt die Aktivkohle wie ein Kondensator. Bei ansteigender Belastung werden zunächst so viele Schadstoffe aufgenommen, bis eine bestimmte Sättigung erreicht ist. Nimmt der Anteil der Schadstoffe ab, gibt die Aktivkohleschicht die aufgenommenen Teilchen wieder kontinuierlich ab.

Montage des Staub- und Pollenfilters

Der Staub- und Pollenfilter befindet sich im Beifahrerfußraum.

- Drehen Sie die Kunststoffschrauben (2) heraus.
- Nehmen Sie die Fußraumverkleidung (1) in Beifahrerfußraum heraus.
- Entriegeln Sie den Pollenfilterdeckel (3) in Pfeilrichtung und nehmen Sie ihn ab.
- Nehmen Sie den Pollenfilter heraus.

Die Montage erfolgt sinngemäß in umgekehrter Reihenfolge.

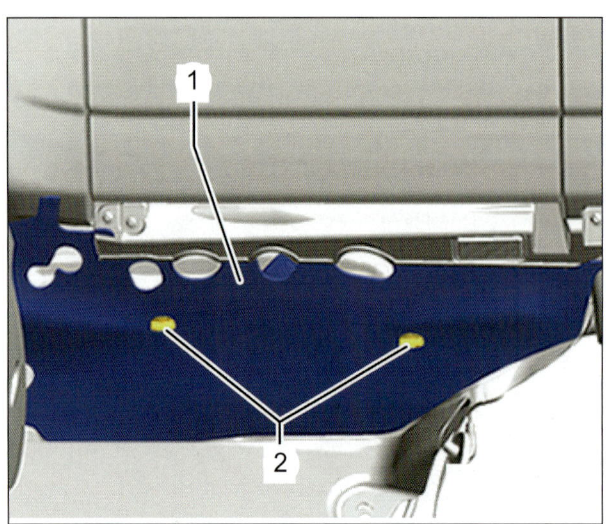

Beifahrerfußraum: 1 Verkleidung, 2 Kunststoffschrauben.

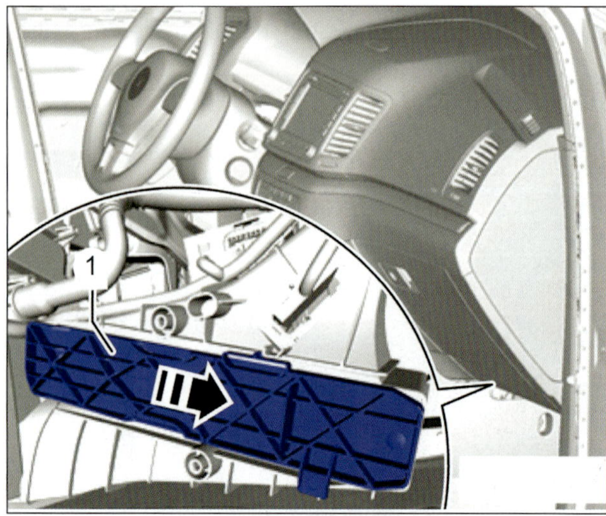

Verschlussdeckel von unten: Zur Öffnung in Pfeilrichtung verschieben.

Klimaanlage desinfizieren

Die Komponenten der Klimaanlage sollten regelmäßig, mindestens einmal im Jahr oder alle 15.000 Kilometer, desinfiziert werden. An den Wärmetauschern setzen sich sonst Bakterien ab, die zu üblen Gerüchen, beschlagenen Scheiben und sogar zu Erkrankungen der

Atemwege führen können. Sie brauchen dazu Desinfektionsspray und eine Atemschutzmaske. Sprühen Sie zunächst eine Ladung Spray in die Austrittsdüsen. Schalten Sie das Gebläse auf Umluft und maximale Geschwindigkeit. Um die Batterie nicht unnötig zu belasten, kann dabei der Motor laufen. Sprühen Sie nun das Desinfektionsspray in Ansaugrichtung vor den Wärmetauscher. Tragen Sie dabei eine Atemschutzmaske. Lassen Sie die Lüftung bei geschlossenen Scheiben rund 10 Minuten bei voller Leistung laufen. Die Luft im Innenraum wird dadurch mehrmals umgewälzt.

12V-Kühltasche für's Auto

Getränke und ein Vesper für unterwegs sind auf langen Reisen eine willkommene Erfrischung in den Pausen und stärken die Insassen für die Weiterfahrt. Zum Transport des Reiseproviants und dem Frischhalten empfiehlt sich daher logischerweise eine Kühlbox. Darin lassen sich dank des ausreichenden Stauvolumens (bei ca. 20 Liter Fassungsvermögen hält sich der Platzbedarf im Kofferraum noch in Grenzen) auch Lunchpakete und genügend Getränkeflaschen (bis zu 2 Liter große PET-Behälter) für die ganze Familie hervorragend transportieren und gekühlt aufbewahren. Den besten Kühleffekt erzielen Sie mit einer Kühltasche, die sich auch an die 12-Volt-Steckdose (Zigarettenanzünder bzw. zusätzliche Steckdose im Kofferraum) anschließen lässt. Besonders praktische Geräte können dann, am Urlaubsziel angekommen, auch gleich am normalen Stromnetz und an Steckdosen mit 230 Volt betrieben werden. Der Kostenpunkt dieser intelligenten Boxen liegt bei ca. 200 Euro. Die Bedienung erfolgt über ein Softtouch-Bedienpanel, dessen Elektronik über mehrere Thermostate die Regelung der Kühlboxtemperatur übernimmt. LEDs dienen zur Kontrolle der Funktionstüchtigkeit, um den Inhalt auf bis zu 30 Grad unterhalb der Umgebungstemperatur zu kühlen. Zusätzliche Kühlakkus helfen, eine konstante Kühlung auch über längere Zeit aufrecht zu erhalten. Für diesen Preis kann die Kühltasche fürs Auto aber noch mehr: Eine weitere Funktion erlaubt die Umschaltung von Kühl- auf Heizbetrieb, was nicht nur Pizzataxis freuen dürfte. Übrigens: Der ADAC empfiehlt auf langen Fahrten ausgiebige Pausen zur Erholung insbesondere des oder der Fahrer. Dabei sollte auch auf den Wasserhaushalt Acht gegeben werden! Also gilt es genügend Flüssigkeit (min 3 l), am besten Mineralwasser oder verdünnte Fruchtsäfte, zu sich zu nehmen, damit die Konzentration und Ausdauer bei Hitze nicht auf der Strecke bleibt. Wer nun meint, mit Klimaanlage gänzlich unbetroffen zu sein, irrt: Denn die Umwälzung über den Verdampfer entzieht der Luft die Feuchtigkeit, was gleichermaßen zu einem Austrocknungseffekt führt.

Frischhaltebox: Die Kühlbox im Auto versorgt die Insassen auf der langen Urlaubsreise mit Getränken und Snacks.

Urlaub und Reise

Gerade im Ausland ist die Absicherung auch im Falle des Unfalls oder auch nur einer Panne sehr wichtig.
Große Autofahrervereine wie der ADAC oder der AVD bieten Schutzbriefe an, die die Absicherung auch im Ausland garantieren. Auch über einige Kraftfahrtversicherer kann ein solcher Schutzbrief beantragt und abgeschlossen werden.

Engel auf Rädern

Nein, Schutzbriefe sind nicht für Weicheier oder Warmduscher. Sie sind gerade heute eine sinnvolle Ergänzung des Reisegepäcks. Eine Panne kann im Ausland erhebliche Kosten verursachen.
er bereits einen Abschleppdienst finanziell kennen gelernt hat, kann sich sicherlich noch an die nicht gerade günstig ausgefallene Rechnung erinnern. Gehen Sie ruhig davon aus, dass der freundliche Abschlepper in Frankreich oder Italien Ihnen auch keinen Freundschaftsrabatt anbieten wird. Ein Schutzbrief, der vertraglich die Kosten regelt und dafür sorgt, dass Ihr Auto auch tatsächlich wieder bei Ihnen zu Hause oder einer Werkstatt Ihres Vertrauens landet, ist dann Gold wert
Betrachten wir uns einige aus unserer Sicht sinnvolle Inhalte, die Ihnen ein Schutzbrief bieten sollte. Ein Vergleich der unterschiedlichen Anbieter fällt Ihnen dann wesentlich leichter.

Fahrzeug-Rücktransport

Fällt Ihr Fahrzeug im Ausland aus und kann vor Ort nicht oder erst wesentlich später repariert werden, sollte durch den Schutzbrief der Rücktransport zu Ihrem Wohnsitz organisiert und bezahlt werden. Zusätzliche Leistungen wie Abschlepp- und Einstellkosten sollten auch abgedeckt sein.

Fahrtkosten nach Fahrzeugausfall

Sollten Sie aufgrund einer Panne oder eines Unfalls liegen bleiben oder Ihr Fahrzeug ist gestohlen worden, sollte der Schutzbrief die Kosten für die Bahnfahrt zum Zielort und zurück zum Schadensort oder zurück zu Ihrem Wohnsitz übernehmen. Die Kosten für einen Mietwagen sollten dann für die Dauer des Fahrzeugausfalls, max. bis zu 7 Tagen, übernommen werden.

Übernachtung nach Fahrzeugausfall

Natürlich kann bei Panne oder nach einem Unfall auch schnell eine außerplanmäßige Übernachtung die Urlaubskasse belasten. In der Regel tragen die Schutzbrieforganisationen dann die zusätzlichen Hotelübernachtungen für Sie und alle Insassen des Fahrzeugs.

Abschleppen und Bergung

Für das Abschleppen oder die Fahrzeugbergung nach einem Unfall fallen schnell erhebliche Kosten an. In der Regel ist dies auch Leistung der großen Schutzbrieforganisationen.

Hilfe bei verlorenen oder defekten Fahrzeugschlüsseln

Der Schlüssel am Strand verbuddelt? Oder sonst wie verloren? Gerade bei den großen Organisationen wie dem ADAC werden auch solche kuriosen Vorfälle bearbeitet und die Kosten hierfür übernommen.

Ersatzteilversand

Gerade in den abgelegenen Winkeln dieser Erde sind nicht unbedingt alle notwendigen Ersatzteile immer greifbar. Um die Urlaubszeit nicht ins Ungewisse zu verlängern, wird sogar der Ersatzeilversand für solche Fälle auch weltweit organisiert.

Zuladung und Belastungen

Gerade für die Urlaubsfahrt muss alles mit, verstaut werden und Platz finden. Ein Faktor, der nicht nur schwer einzuschätzen ist, sondern in der Praxis auch kaum Beachtung findet, ist die Zuladung eines Fahrzeugs. Gerade bei einem Van ist diese relevant, da das Einsatzgebiet das eines Pkws deutlich übertrifft. Klären wir zuerst einige Begriffe:

Zulässiges Gesamtgewicht
Das zulässige Gesamtgewicht benennt das maximale Gewicht des Fahrzeuges, inklusive der Passagiere, des Gepäcks und natürlich auch der erforderlichen Träger und Halter. Die Überladung des Fahrzeuges kann sich nicht nur negativ auf das Fahrverhalten auswirken, sondern kann im Falle einer Polizeikontrolle empfindliche Auswirkungen auf die Urlaubskasse haben. Der sicherste Weg ist, das Fahrzeug im beladenen Zustand auf einer Waage wiegen zu lassen. Diese Waagen finden sich meist bei Deponien oder bei Schrotthändlern. In den meisten Fällen lassen sich die Kosten für das Einwiegen durch einen kleinen Obolus in die Kaffeekasse abgelten.

Leergewicht
Das Leergewicht eines Fahrzeuges setzt sich aus der Leermasse und dem zu 90% gefüllten Tank zusammen. Für die Beladung müssen Sie dieser Leermasse das Gewicht der Träger und Dachboxen hinzufügen, wenn Sie die Zuladung über eine Personenwaage erfassen möchten.

Stützlast
Die Stützlast bezeichnet die Last, die auf die Anhängekupplung Ihres Fahrzeuges einwirken darf. Sie gilt auch für auf der Anhängekupplung verbaute Fahrradträger. Die Stützlast muss der Zuladung angerechnet werden.

Dachlast
Mit der Dachlast wird die Zuladung auf dem Dach beschrieben. Beachten Sie, dass die Dachlast Ihres Vans 100 kg beträgt. Eine Dachbox mit Träger wiegt etwa 25 kg. Somit verbleibt ein Ladegewicht von 75 kg. Dieses Gewicht geht allerdings auch zu Lasten des zulässigen Gesamtgewichtes.

Anhängelast
Die Anhängelast ist die einzige Last, die bis auf die Stützlast durch den Anhänger keinen Einfluss auf das zulässige Gesamtgewicht hat. Sie ist in Abhängigkeit von Motorvariante und Sitzplatzanzahl derzeit bis zu 2300 kg groß. Genauere Informationen erhalten Sie bei Ihrem Fachhändler oder Ihrem Lieferanten für die Anhängekupplung.

Zuladung: Egal wohin, das Gewicht muss nach Vorgaben verteilt werden und darf das zulässige Gesamtgewicht nicht überschreiten.

Vor und nach jeder großen Fahrt

CHECKLISTE

Bereich	Worauf Sie achten sollten	Was zu tun ist
A Motor	**1** Motorölstand	Wurde der Motor lange auf Kurzstrecken betrieben, sammeln sich flüchtige Substanzen. Deshalb kann es sein, dass der Ölstand bei heißem Motor schlagartig absinkt. Nach den ersten 100 Kilometern nachmessen.
	2 Kühlmittelstand	Den Kühlmittelstand im kalten Zustand auf Maximum auffüllen.
	3 Zustand der Schläuche	Alle Wasserschläuche müssen dicht und elastisch sein. Schläuche kräftig kneten. Kalkablagerungen an den Anschlüssen und harte oder poröse Schläuche sind kein gutes Zeichen. Im Zweifel austauschen.
	4 Kühlerventilator prüfen	Lassen Sie den Motor im Leerlauf laufen, bis sich der Kühlerventilator ein- und später wieder ausschaltet. Sie werden Ihn brauchen, wenn Sie im Stau stehen.
B Räder und Reifen	**1** Luftdruck	Der Luftdruck in den Reifen muss an die Beladung angepasst werden. Nach der Reise nicht vergessen den Luftdruck wieder abzusenken.
	2 Zustand	Die Reifen sollten natürlich auch am Ende der Reise noch genug Profil haben. Das sollten Sie besonders bei Winterreifen bedenken, die mindestens vier Millimeter Profiltiefe haben müssen.
C Fahrwerk	**1** Stoßdämpfer	Wird das Auto richtig vollgeladen, sind die Stoßdämpfer besonders gefordert. Fahnden Sie nach Ölspuren und lassen Sie beim kleinsten Verdacht einen Stoßdämpfertest durchführen. Mit Wippen an der Karosserie lassen sich schwache Dämpfer kaum entlarven.
	2 Manschetten und Gelenke	Sind Achsmanschetten oder die Gummis der Gelenke rissig und porös, werden die Teile bei hoher Belastung rasant verschleißen. Besser vorher austauschen.
D Sonstiges	**1** Beleuchtung	Schalten Sie alle Lichter durch und nehmen Sie Ersatzlampen für Scheinwerfer und Rückleuchten mit.
	2 Scheibenwaschanlage	Prüfen Sie die Einstellung der Spritzdüsen und füllen Sie den Vorratsbehälter mit geeignetem Gemisch bis zum Maximum auf.
	3 Zubehör	Einen Fünf-Liter-Reservekanister, einen Liter Motoröl und eine Rolle Textilklebeband mit auf die Reise nehmen.

Kleine Schäden und Pannen

Sie gehören zu den Tücken des Alltags und machen einem das Autofahrerleben schwer: kleinere Pannen und Schäden. Dennoch können gerade diese Kleinigkeiten eine umso größere Wirkung haben. Denn manchmal ist es nur eine Nichtigkeit wie die Batterien der Autoschlüssel, die das Fortkommen verhindern. Wie Sie in solchen und ähnlichen Fällen Ihren VAN wieder flottkriegen, steht in diesem Kapitel.

Womit muss ich immer rechnen?

Sie müssen zur Arbeit und sind spät dran. Es ist Winter, ungemütlich kalt und dunkel. Eine dicke Eisschicht überzieht die Scheiben. Schnell ein Guckloch kratzen und los, so denken Sie. Aber: Sie drehen den Schlüssel im Zündschloss und nichts passiert! Vielleicht ist das auch besser so, denn nur ein Guckloch freizukratzen ist lebensgefährlich und wird mit Bußgeld geahndet. Doch auch das Startproblem geht eventuell auf Ihr Konto. Oder es wäre mit etwas mehr Pflege und Aufmerksamkeit durchaus zu vermeiden gewesen. Die leere Batterie ist jedenfalls einer der Klassiker unter den kleinen Pannen und langweilige Routine für die gelben Engel vom ADAC. Damit Sie die Herren nicht langweilen und vor allem nicht stundenlang warten müssen, verraten wir Ihnen, was in einem solchen Fall zu tun ist. Ärgerlich ist zum Beispiel auch, wenn die Batterie im Schlüssel schwächelt und Ihnen eines Tages den Zugang zu Ihrem Van verwehrt. Dann müssen Sie sich an die eigene Nase fassen, denn der regelmäßige Wechsel der Batterie ist kinderleicht und kostet nicht die Welt.

Was tun bei einer Reifenpanne?

Etwas anders sieht die Sache mit einem platten Reifen aus. Statistisch gesehen erlebt jeder Autofahrer nur etwa alle 70.000 km dieses Malheur. Dann aber heißt es richtig reagieren und umsichtig handeln. Schätzen Sie die Situation hinsichtlich Gefahrenpotenzial ein. Können Sie an dieser Stelle einen Radwechsel durchführen, ohne sich zu gefährden? Befinden Sie sich beispielsweise auf einer zweispurigen Autobahn ohne Standstreifen, unterlassen Sie zu Ihrer eigenen Sicherheit einen Radwechsel. Rufen Sie stattdessen sofort Hilfe per Handy oder versuchen Sie sich im Schritttempo zum nächsten Rastplatz zu retten.

Mit einer Panne weiterfahren oder lieber stehen bleiben – ab wann wird es kritisch?

Abgesehen von dieser Panne, die bei jedem Auto auftreten kann, gilt der Van als relativ unkompliziert und robust. Verlassen Sie sich stets auf Ihren gesunden Menschenverstand und verzichten Sie im Zweifelsfall lieber auf einen Reparaturversuch vor Ort. Genauso wichtig ist es zu wissen, wann es besser ist, nicht mehr weiter zu fahren. Sie ersparen sich damit nicht nur teure Folgeschäden, sondern setzen auch nicht Ihre Gesundheit und die Ihrer Mitmenschen aufs Spiel. Wir haben darum in unseren Störungsbeiständen die wichtigsten Symptome aufgeführt, die auf einen schlimmen Schaden hindeuten. Oder auch auf Dinge hingewiesen, die einen schlimmen Schaden verursachen können. So reagieren alle direkt einspritzenden Diesel absolut allergisch auf eine Falschbetankung mit Benzin. Fatalerweise passt nämlich die dünnere Zapfpistole der Otto-Kraftstoffe immer in die große Öffnung der Dieselfahrzeuge, der große Rüssel der Diesel-Zapfsäule jedoch nicht in die kleinen Tankstutzen der Benziner. Sollten Sie Ihren falsch betankten Diesel dennoch starten, so werden Sie mit einiger Sicherheit aufgrund der Folgeschäden einen vierstelligen Euro-Betrag los.

Und wenn ich nun doch in die Werkstatt muss?

Lässt sich ein Abschleppen mit anschließendem Werkstattbesuch nicht vermeiden, sollten Sie unbedingt folgende Dinge beachten: Generell sind die Mitgliedschaft in einem Automobilclub und ein spezieller Schutzbrief immer von Vorteil, besonders fern der Heimat. Lesen Sie sich beizeiten in Ruhe das Kleingedruckte durch und legen Sie die entsprechende Notrufnummer in das Handschuhfach. Bestellen Sie einen Abschleppwagen nur über diese Nummer und lassen Sie sich vom Fahrer eine Bestätigung über seinen Auftraggeber zeigen. Es ist ja auch möglich, dass der Abschleppwagen rein zufällig des Weges kam... Schildern Sie der Werkstatt dann ganz in Ruhe und chronologisch den Schadenshergang. Je mehr die Werkstatt weiß, umso kürzer ist die Zeit für die Fehlersuche. Wichtige Informationen sind zum Beispiel:

- In welchem Betriebszustand trat der Schaden auf? (Temperatur, Geschwindigkeit, Drehzahl)
- Haben Sie vorher ungewöhnliche Geräusche oder ein ungewöhnliches Fahrverhalten bemerkt?
- Wie ist die Vorgeschichte des Wagens (wurden vor Kurzem Reparaturen oder Inspektionen durchgeführt)? Bestehen Sie auf einen schriftlichen Auftrag und einen Kostenvoranschlag. Ziehen Sie vor Reparaturbeginn eine finanzielle Grenze, über der die Werkstatt Ihr Einverständnis braucht.

Fahrzeug richtig aufbocken

Im Bordwerkzeug Ihres Vans finden Sie unter anderem auch den Spindelwagenheber. Damit lässt sich der Wagen für die meisten Arbeiten hoch genug anheben. Zur Vergrößerung der Hubhöhe können Sie einen Holzklotz unterstellen. Ebenso sollten Sie zur Sicherheit stets ein kleines Brett mit etwa den Abmaßen 30 cm x 30 cm und 2 cm Dicke unterstellen. Damit verringert sich die Gefahr, dass der Wagenheberfuß in den Boden einsinken kann. Gehen Sie mit Unterstellböcken auf Nummer sicher. Wenn Sie ernsthaft unter dem Fahrzeug arbeiten wollen, raten wir dringend zur Verwendung von Unterstellböcken. Nur so können Sie Ihren angehobenen Van sichern. Begeben Sie sich niemals unter das angehobene Fahrzeug, wenn dieses nicht durch Unterstellböcke gesichert ist, Sie begeben sich sonst in Lebensgefahr!

Fahrzeug aufbocken:
Der Wagen muss auf festem, ebenem Untergrund stehen.

- Feststellbremse aktivieren und zumindest eines der Räder gegenüber der Anhebestelle mit Holzkeilen, notfalls mit geeigneten Steinen, gegen Wegrollen sichern. Nur auf die Feststellbremse dürfen Sie sich nicht verlassen.

- Der Bordwagenheber ist zusammen mit anderem Bordwerkzeug leicht zugänglich unter der Abdeckung in der Reserveradmulde zu finden. Schwenken Sie die Kurbel durch Verdrehen heraus und öffnen Sie den Heber um etwa fünf Umdrehungen.

- Nun den Wagenheber senkrecht zum gekennzeichneten Aufnahmepunkt am Schweller heben. Der Schlitz des Wagenheberkopfes muss waagerecht in den Schwelleraufnahmepunkt greifen.

Achtung! Fahrzeug nur an diesen vorgesehenen Aufnahmepunkten anheben! Die Schweller sind in diesem Bereich extra hierfür verstärkt! Wagenheberkopf mit der linken Hand gegen den Aufnahmepunkt drücken, während man mit der rechten Hand die Kurbel im Uhrzeigersinn dreht und den Wagenheberfuß gegen den Boden drückt. Immer darauf achten, dass der Wagenheber senkrecht steht und nicht nach einer Seite abkippt!

- Bevor der Wagenheber auf die Arbeitshöhe hochgekurbelt ist, nochmals vergewissern, dass ein Wegkippen des Hebers ausgeschlossen ist. Ist der senkrechte Stand nicht gewährleistet, den Wagenheber nochmals neu ansetzen. Ansonsten nun auf nötige Höhe kurbeln.

- Der Unterstellbock darf nur an den Bodenverstärkungen angesetzt werden. Zwischen der Auflage des Bocks und den Fahrzeugboden sollten Sie einen Gummi- oder Hartholzklotz legen, der die Last verteilt. Kontrollieren Sie vor dem Ansetzen des Bockes, ob eventuell ein Blechfalz im Weg ist, der eingedrückt oder deformiert werden könnte, oder gar die Bremsleitung eingeklemmt werden kann.

- Der Dreibein-Unterstellbock steht am sichersten, wenn eines seiner Beine nach außen und zwei zur Wagenmitte hin zeigen. Achten Sie auf diese Stellung, wenn Sie das Fahrzeug aufbocken. Sonst kann es passieren, dass beim Anheben des Wagens der auf der anderen Seite bereits angesetzte Unterstellbock seitlich weggedrückt wird.

Erreichbar: Werkzeugfach unter der Ablage.

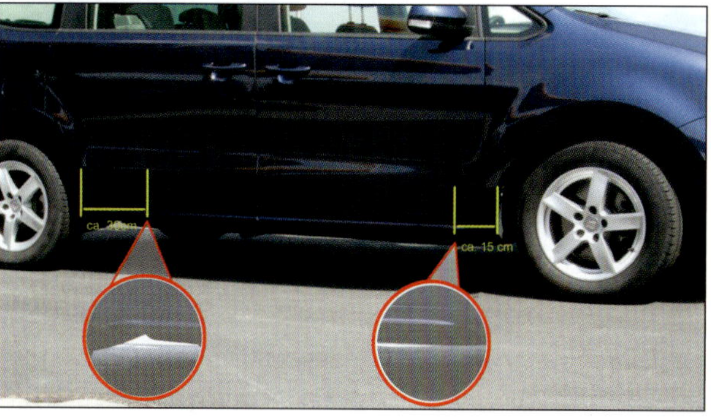

Wagenheberaufnahmen: Markiert am Schweller.

Fahrzeug abschleppen

Beachten Sie beim Abschleppen aber folgende Grundsätzlichkeiten:
Nie den Wagen weiter als 50 km schleppen, ansonsten können Schäden am Getriebe entstehen.

Abdeckung demontieren: Die Schraube, mit welcher diese fixiert ist, lösen Sie mit einem Kreuzschlitzschraubenzieher.

Abdeckung abnehmen: Die Abdeckung nach vorne wegziehen, dahinter verbirgt sich das Einschraubgewinde des Hakens.

WISSENSWERTES

Vorschriften beim Abschleppen

Beachten Sie nach einer Havarie beim Abschleppen die nach §15a der Straßenverkehrsordnung geltenden Grundsätze: Beim Abschleppen eines auf der Autobahn liegengebliebenen Fahrzeugs ist die Autobahn bei der nächsten Ausfahrt zu verlassen. Ist Ihr Fahrzeug außerhalb der Autobahn liegengeblieben, dürfen Sie nicht auf die Autobahn auffahren. Während des Abschleppens müssen beide Fahrzeuge das Warnblinklicht einschalten. Zudem steht der Nothilfegedanke im Vordergrund, das heißt, ein abzuschleppendes Fahrzeug ist nicht über weite Strecken zu transportieren, sondern nur bis zur nächstgelegenen oder nächstgeeigneten Werkstatt. Der Fahrzeugführer des abschleppenden Kfz benötigt eine Fahrerlaubnis der Klasse, die dem ziehenden Kfz zugehört. Der Lenker eines abzuschleppenden Kfz muss indes keinen Führerschein besitzen. Außerdem besteht kein gesetzliches Mindestalter zur Steuerung des abgeschleppten Fahrzeugs. Da derjenige allerdings für das Bremsen und Lenken verantwortlich ist und Sie für die Einweisung in diesen Vorgang, ist es ratsam sich im Zweifelsfall davon zu überzeugen, dass Ihr »Pannenhelfer« dies auch kann. Verwenden Sie eine starre Abschleppstange, damit auch das Bremsen ohne Pedalkraftverstärkung nicht zur bösen Überraschung wird.

Festziehen: Den Abschlepphaken können Sie mit Hilfe des Radschlüssels als Hebel ordentlich festziehen.

Starthilfe geben

Verwenden Sie zur Überbrückung von einer vollen zu einer leeren Batterie spezielle Elektronik-Starthilfekabel. Damit schützen Sie die elektronischen Bauteile Ihres Van vor gefährlichen Spannungsspitzen. Sicherheitshalber können Sie einen Verbraucher wie beispielsweise das Standlicht einschalten, um Spannungsspitzen zu vermeiden.

- Hilfsfahrzeug dicht an Ihr Fahrzeug heranfahren, damit die Batterien durch die Starthilfekabel verbunden werden können. Schalten Sie in Ihrem Fahrzeug alle Stromverbraucher ab.

- Die Pluspole mit dem Starthilfekabel verbinden, zuerst die leere, dann die volle Batterie anklemmen.

- Das andere Kabel zuerst am Minuspol der Fremdbatterie und dann am Minuspol der entladenen Batterie anschließen.

- Motor des Hilfswagens starten und mit erhöhter Drehzahl laufen lassen, damit die Lichtmaschine viel Strom liefert.

- Starten Sie Ihr Fahrzeug. Wenn der Motor nicht gleich anspringt, sollten Sie nach weiteren Versuchen immer wieder eine Pause einlegen, damit der Anlasser abkühlen kann. Dabei den Motor des Hilfsfahrzeugs weiterlaufen lassen – die leere Batterie in Ihrem Van wird dadurch schon nachgeladen.

- Zum Abnehmen der Starthilfekabel zuerst den Minuspol der eigenen Batterie, dann den der Fremdbatterie abklemmen. Anschließend Kabel von den Pluspolen abnehmen, erst Vollbatterie, dann Leerbatterie.

Anschluss an die Batterie: Das Starthilfekabel als Stromleitung von Fahrzeug zu Fahrzeug.

Überhitzung durch Wasserverlust

Wenn der Motor überhitzt, droht ein kapitaler Motorschaden. In den meisten Fällen fehlt dem Motor Kühlwasser. Drehen Sie niemals den Ausgleichsbehälter sofort auf. Er steht gerade bei überhitzten Kühlsystemen unter hohem Druck. Das Kühlwasser kann durch aus überspannt sein. Das bedeutet, es hat eine Temperatur über 100 °C bzw. über 115 °C erreicht. Wasser ist bei ca. 100 °C schon gasförmig. Schwere Verbrennungen wären so unausweichlich! Stellen Sie den Motor sofort ab. Warten Sie einige Zeit ab und öffnen Sie den Kühlerdeckel langsam. Halten Sie niemals den Kopf in den Bereich des Kühlwasserbehälters, wenn Sie den Deckel abschrauben wollen. Vor dem eigentlichen Abdrehen hat der Kühlerdeckel noch eine Raststufe. Kurz nach dieser Stufe wird hörbar der Druck entweichen. Warten Sie ab, bis der Druckausgleich stattgefunden hat und drehen Sie den Kühlerdeckel langsam und sehr vorsichtig mit einem Lappen als Handschutz ab.

Bevor Sie jedoch nun fehlendes Kühlwasser auffüllen, sollten Sie als Erstes versuchen, die Ursache des Wasserverlustes zu lokalisieren.

Stellen Sie regelmäßigen Wasserverlust fest, kann das mehrere Ursachen haben. Ein undichter oder beschädigter Schlauch kommt als Ursache genauso in Frage wie eine beschädigte Wasserpumpe oder ein Schaden an Kopfdichtung oder anderen Teilen des Kühlsystems. Suchen Sie gezielt nach Wasserspuren im Motorraum. Zumeist lässt sich der Schaden recht gut einkreisen, wenn man den »weißen« Spuren folgt. Der Einsatz von »Kühlerdichtmitteln« ist sicherlich keine Lösung, die als Reparatur bezeichnet werden kann. Die chemischen Zusätze können zwar ein vorhandenes Leck zuerst einmal verschließen, bedeuten aber keine Betriebssicherheit. Defekte Bauteile und Dichtungen sollten am besten sofort getauscht werden.

- Wenn der Ventilator streikt und der Motor nur im Stand heiß wird, können Sie die Fahrt bei freier Strecke fortsetzen. Im Stand und an roten Ampeln dann jeweils den Motor abstellen.

- Stellen Sie die Heizung auf maximale Wärme bei höchster Gebläsestufe, um zusätzlich etwas Hitze aus dem Motor abzuführen.

- Ist ein Kühlerschlauch nur leicht undicht, zum Beispiel durch einen Marderbiss, können Sie den Schlauch provisorisch mit festem Gewebeklebeband umwickeln. Der Schlauch muss dazu fettfrei, trocken und am besten kalt sein. Wickeln Sie ein paar Lagen um die schadhafte Stelle, das hält locker bis nach Hause oder in die nächste Werkstatt. Anschließend sollte der Motorraum, oder besser gesagt jeder Schlauch und jedes Kabel, genau in Augenschein genommen werden. Marder ernähren sich nicht von Autoteilen, sie spielen nur damit. Ein durchgebissenes Zündkabel kann aber leicht einen Katalysatorschaden um 2500 Euro verursachen, wenn er nicht bemerkt wird und das Auto auf drei Zylindern weiterlaufen soll. Im Zweifelsfall zuerst genau untersuchen und notfalls das Fahrzeug abschleppen. Eine Weiterfahrt kann leicht Schäden verursachen, die die Kosten des Abschleppens um das 10-fache übersteigen.

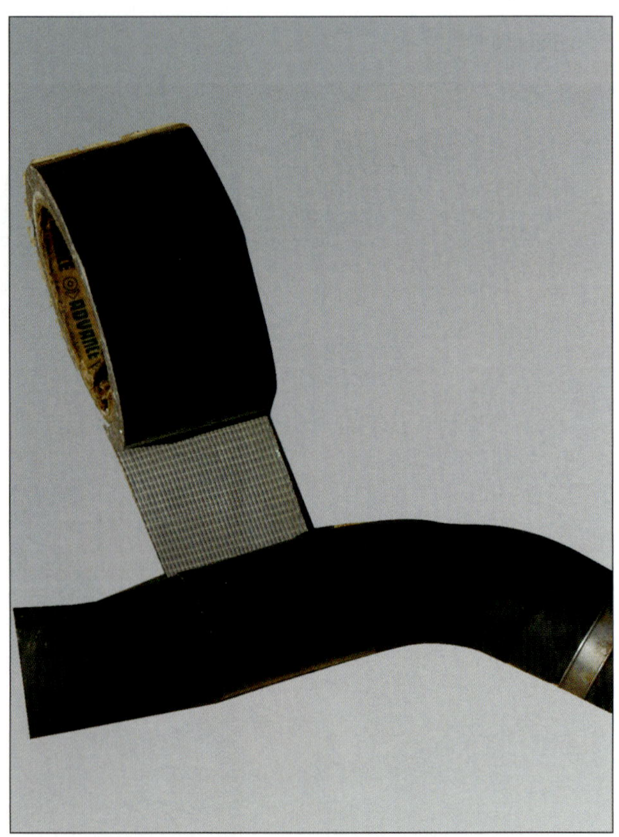

Nur für kurze Zeit: Bei kleinen Undichtigkeiten kann das Loch, aus dem das Kühlwasser tropft oder spritzt, mit zwei bis drei Lagen Gewebeband umwickelt werden. Das hält jedenfalls bis zur nächsten Werkstatt.

Falschbetankung beim Diesel – Elektronik im Notlaufprogramm

Zu meiner Lehrzeit durfte ich erleben, wie der Meister einen Kunden beschimpfte, »wie dämlich man sein müsse, den falschen Kraftstoff zu tanken«. Nach der Tankreinigung fuhr er dann selbst los um das Kundenauto wieder vollzutanken. Nicht mal eine halbe Stunde später mussten wir unseren Meister mit deutlich verfinsterter Miene von der Tankstelle abschleppen. Ein leichtes Grinsen der Werkstattbesatzung löste für den Rest des Tages lautstarke Wutäußerungen des Meisters und heftiges Türenschlagen aus – morgens noch gelästert und mittags selber falsch getankt...

Lachen Sie jetzt bitte nicht: Eine Falschbetankung kommt häufiger vor, als Sie denken. Etwas Hektik, schlecht beschriftete Zapfpistolen und schon ist es passiert – der TDI hat Benzin statt Diesel geschluckt. Wenn Sie es noch rechtzeitig merken, haben Sie Glück gehabt. Der Tank kann ausgepumpt werden. Wenn Sie aber den Motor starten und so lange fahren, bis er ausgeht (und das wird er früher oder später), kann die Rechnung in die Tausende gehen. Fatalerweise schmiert nämlich der Dieselkraftstoff auch die Hochdruckpumpe, und Benzin wäscht diesen Schmierfilm in Sekundenschnelle ab. Die Folge: Die Pumpe frisst und die Späne verteilen sich anschließend im kompletten Kraftstoffsystem. Starten Sie also auf keinen Fall den Motor und versuchen Sie auch nicht, die Falschbetankung mit Diesel aufzufüllen! Schon wenige Liter Benzin können zum kapitalen Schaden führen! Um es zu verdeutlichen: In diesem Fall müssen alle Bauteile des Kraftstoffsystems in der Regel erneuert werden. Das bedeutet im Extremfall alles zwischen Tankdeckel und Motorblock. Jede Leitung, jeder Schlauch, jeder Filter bis zum Pumpenelement.
Der Schaden beläuft sich schnell auf 3000 Euro und mehr. Nach der Falschbetankung also niemals Selbstversuche starten. Ohne Abschleppen und Absaugen des Tanks geht es nicht. Das wahrscheinlich länger anhaltende Geläster der Bekanntschaft ist leichter zu ertragen als die Werkstattrechnung.
Wenn Sie dagegen einen Benziner fahren, brauchen Sie sich nicht allzu viel Sorgen machen. Das wesentlich dickere Einfüllrohr der Diesel-Pistolen passt erst gar nicht in den Einfüllstutzen. Selbst wenn Sie sich innerhalb der Benzin-Palette vergriffen haben, ist das halb so schlimm. Der Klopfsensor der Motorsteuerung erkennt minderwertigen Kraftstoff und regelt entsprechend die Zündung in einen unkritischen Bereich. Trotzdem sollten Sie natürlich so bald als möglich den richtigen Kraftstoff nachtanken.

Wenn im Cockpit eine Warnleuchte leuchtet und der Motor nur noch mit halber Kraft läuft oder das Getriebe seltsam schaltet, befindet sich die Motorsteuerung im Notlaufprogramm. Dasselbe gilt für die Bremsen-Warnleuchte. Sie können damit noch einen sicheren Ort erreichen, dann sollten Sie allerdings der Sache auf den Grund gehen. Denn wenn Motor, Getriebe oder ABS/ESP in das Notlaufprogramm fallen, hat das meist einen schwerwiegenden Grund. In jedem dieser Systeme ist allerdings eine Rückfallebene hinterlegt, die dafür sorgt, dass Ihr Auto weiter mobil bleibt. Wenn Sie keinen schwerwiegenden Schaden entdecken, kann es aber auch sein, dass die Elektronik nur in einem bestimmten Betriebszustand einen nicht plausiblen Vorfall registriert hat. Dieser Vorgang wird im Fehlerspeicher abgelegt und kann mit einem Diagnosegerät ausgelesen werden. Viele Steuergeräte legen neben dem erkannten Fehler auch die Peripheriedaten dazu im Steuergerät ab. Aus diesem Grund sollte der Fehlerspeicher nicht einfach gelöscht werden, zumal das CAN-Bus-System je nach Fehler diesen auch in mehreren Steuergeräten hinterlegt haben kann. Das hilft dem Mechatroniker dann erheblich den Fehler »einzukreisen«.

Empfindlich: Bauteile einer Einspritzanlage, die durch Falschbetankung Schaden nehmen können.

Grundausstattung für kleine Pannen

Der serienmäßige Ausstattungsumfang im Van ist, was den Pannenfall angeht, einigermaßen akzeptabel: Schraubendreher, Wagenheber, Reserverad (optional Notrad oder VW-Mobilitätsset). Wer mit seinem Van eine Reifenpanne hat, kann sich meist mit dem Reserverad oder Notrad bzw. dem Mobilitätsset von VW mit Reifendichtmittel und Kompressor behelfen. Pech hat nur derjenige, dessen Reserverad jahrelang ein Schattendasein geführt hat und nun platt ist. Wenn Sie also auch folgende kleine Grundausrüstung mit sich führen, können Sie sich bei vielen anderen kleinen Pannen wahrscheinlich selbst helfen oder zumindest das Fortkommen sichern. Denn nicht nur ein platter Reifen kann Sie erheblich aufhalten, sondern auch ein leerer Tank. Vielleicht verliert der Motor auch aufgrund eines porösen Schlauches Wasser oder weil ein hungriger Marder herzhaft in die Schläuche gebissen hat. Mit folgenden Dingen sind Sie schon recht gut ausgestattet:

- Reifendichtmittel: dichtet kleinere Durchstiche im Reifen von innen ab. Vorsicht: Nicht in praller Sonne liegen lassen: Explosionsgefahr!
- Kühlerabdichtmittel: funktioniert ähnlich wie das Reifendichtmittel und hilft bei Marderbissen.
- Hochfestes Klebeband: Damit können Sie lose Karosserieteile befestigen (zum Beispiel nach einem Unfall) oder auch Kühlerschläuche flicken.
- Kabelbinder: Funktionieren bei guter Qualität sogar als Schlauchschellenersatz.
- Scheibenreinigungskonzentrat (auch pur anzuwenden) und Insektenlöser helfen Ihnen besonders in der Nacht oder wenn die Scheibe durch Öl oder Kühlwasser verschmiert ist.
- Reservekanister: sichert genügend Reichweite, um bis zur nächsten offenen Tankstelle zu gelangen.

Pannenset

Pannensets für die Reifen können das Reserverad ersparen. Die Voraussetzung ist aber, dass es sich um einen Plattfuß handelt, der keinen weiteren Schaden am Reifen zur Folge hatte. Wurde der platte Reifen weitergefahren oder zeigt er schon blaue Verfärbungen, sollte immer der Reservereifen zum Einsatz kommen.

Die Anwendung ist nicht weiter schwer und geht in den meisten Fällen auch schneller als ein Radwechsel. Nach Verwendung des Kits kann das Fahrzeug dann sicher bis zur nächsten Werkstatt weitergefahren werden. Das Dichtmittel hinterlässt meist einen Schmierfilm auf Reifen und Felge, der für die Reparatur erst wieder entfernt werden muss. Zum Teil verweigern die Reifenhändler eine Reifenreparatur nach dem Einsatz von Dichtmitteln. Im Zubehörhandel gibt es Dutzende Varianten zu erwerben.

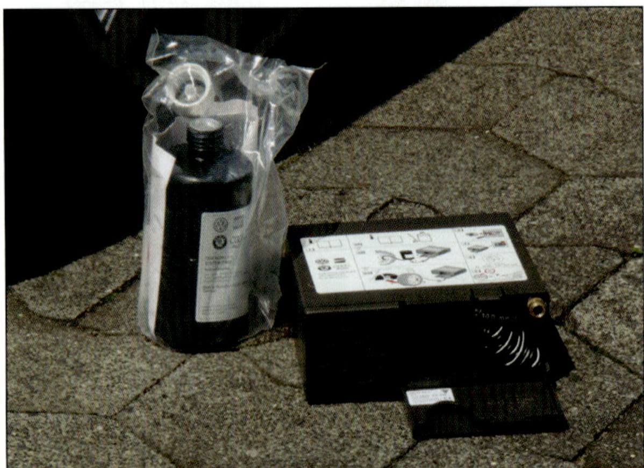

VW bietet diese Dichtmittelkits auch als Originalteil an: Unter der Ersatzteilnummer 8D0 012619 kann das Reifendichtmittel bestellt werden. Hinter der Ersatzteilnummer 8D0 012 615 verbirgt sich der Kompressor.

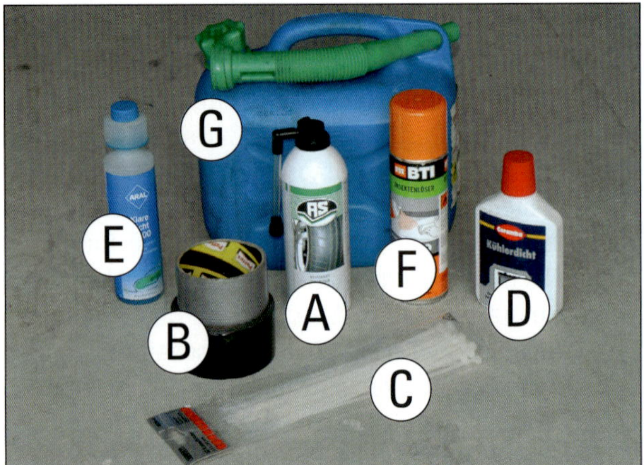

Das kleine Überlebensset: (A) Reifendichtmittel, (B) hochfestes Klebeband, (C) Kabelbinder, (D) Kühlerdichtmittel, (E) Scheibenreinigungskonzentrat, (F) Insektenreiniger, (G) Reservekanister.

Problemlösungen

Clips und Tricks

Natürlich gibt's es auch bei dem Van einige Clips, Schrauben und Muttern, die sich im Laufe des Autolebens entweder verlieren oder nicht mehr lösen lassen. Selbstverständlich fällt das immer dann auf, wenn der Hersteller-Partner seine Pforten schon fest verschlossen hat. Mit wenigen Euros kann sich so das Schrauberherz ganz sicherlich erfreuen, wenn sich wenige Kleinteile in der Werkzeugkiste finden lassen:

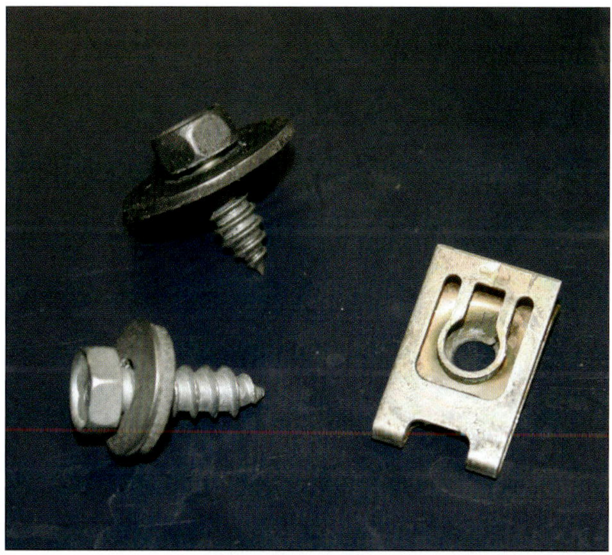

Blechschraube mit Blechmutter: Sie hilft Verkleidungsteile wieder sicher zu befestigen.

Kunststoffmutter: Sie eignet sich für alle Gewindestücke, die auch für die Blechmuttern oder Sicherungsringe geeignet sind. Kunststoffmuttern lassen sich aber deutlich besser festziehen und rosten nicht.

Die Stopfensammlung.

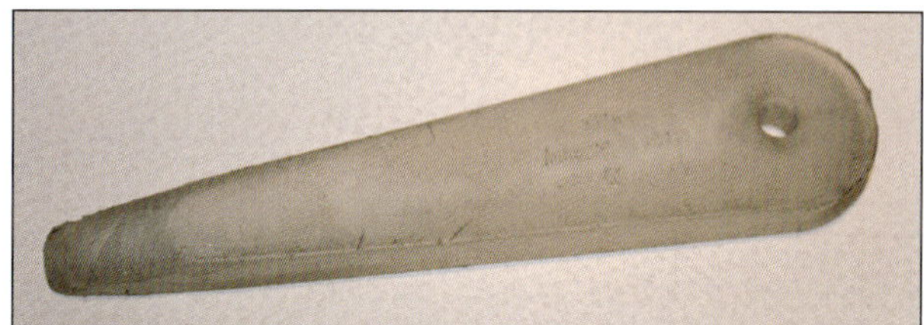

Der Keil zur Verkleidungsmontage 3409: Dieses Werkzeug erleichtert die Demontage der Verkleidungsteile an allen Fahrzeugen erheblich. Er ist aufgrund der empfindlichen Kunststoffoberflächen der heutigen Fahrzeuge aus einem PE-Kunststoff gefertigt, der sehr weich ist. Er eignet sich hervorragend, um aneinander geklipste oder eingerastete Rahmen, wie beispielsweise im Amaturenbrett, zu demontieren.

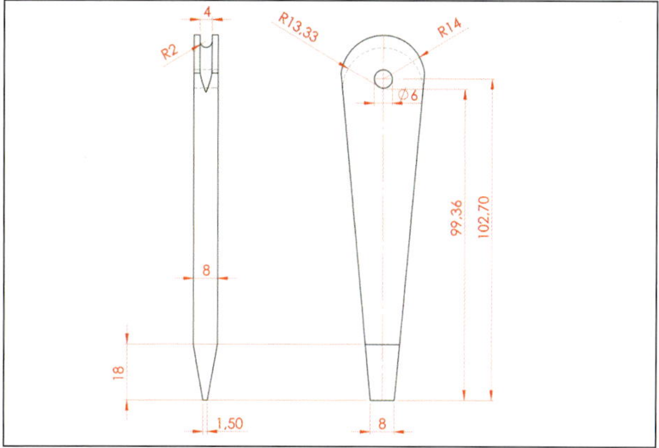

Der Keil zur Verkleidungsmontage T10039-1: Für die Selbermacher mit viel Geduld und handwerklichem Geschick stellen wir natürlich auch eine Zeichnung für den Selbstbau zur Verfügung. Die Abmessungen entsprechen dem Original. Der Werkstoff sollte dann ein PE-Kunststoff sein, um auch den schonenden Eigenschaften des Originals nahe zu kommen.

Räder, Reifen und Radwechsel

Sie gehören zu den wichtigsten Teilen am Fahrzeug und stellen die Verbindung zur Fahrbahn her. Der richtige Umgang, die Radmontage und auch die versteckten Information zum Reifenalter finden Sie in diesem Kapitel. Auch Pannen, die Ursachen und der Umgang mit dem Reifenkompressor werden wir Ihnen näher bringen. Manchmal sind es nur Kleinigkeiten, die das Fortkommen verhindern können. Wie Sie in diesen Fällen Ihren Van wieder flott kriegen, steht in diesem Kapitel.

Räder, Radwechsel

Reifen und Felgen

In der Kombination spricht man von den Rädern eines Fahrzeuges. Sowohl der Reifendurchmesser als auch die Reifenbreite beeinflussen das Fahrverhalten unter Umständen deutlich. Inwieweit andere Reifenhaftungspotenziale und auch andere Kräfte, die an der Lenkung entstehen, einen Einfluss auch auf die Regelungssysteme des Fahrwerks haben, wurde entweder noch nicht untersucht oder noch nicht veröffentlicht. Das Urteilsvermögen eines Sachverständigen muss hinsichtlich der Eintragungen auch um Kenntnisse über Einflüsse und Störungen bezüglich der Regelsysteme erweitert werden. Gerade in diesem Punkt ist es sehr erstaunlich, welche Rad-Reifenkombination abgenommen und eingetragen werden. Fahrwerksteile wie Spurplatten und Komplettfahrwerke weichen zum Teil erheblich von den Herstellervorgaben ab. Der Tuner will sein Produkt Fahrzeug schließlich auch deutlich von den Serienmodellen abheben.
Als verantwortungsbewusster Autofahrer sollten Sie grundsätzlich gerade die fachlichen Hintergründe hinterfragen und im Zweifelsfall auf Serienausrüstung oder zumindest auf baugleiche Bauteile zurückgreifen, die vom Hersteller auch freigegeben wurden.

Das Bindeglied zur Straße – der Reifen

Reifenunterbau, Gummimischung und das ausgefeilte Reifenprofil machen moderne Reifen zu echten Hightech-Produkten, die einen wichtigen Beitrag zur passiven Sicherheit Ihres Autos leisten. Sie tragen das Gewicht eines Fahrzeugs, fangen kleinere Stöße der Fahrbahn ab und übertragen die Kräfte, die bei Antrieb, Bremsen und Kurvenfahrt entstehen. Die Reifen an den Vorderrädern bringen es durchschnittlich auf eine Laufleistung von 15.000 bis 35.000 Kilometer, die Pneus der Hinterräder auf 30.000 bis 50.000 Kilometer. Aber auch wenn Sie Ihr Fahrzeug nur selten bewegen – spätestens nach sieben, acht Jahren sind die Reifen am Ende, weil sich die Mischung des Gummis mit der Zeit auflöst und/oder versprödet bzw. verhärtet.

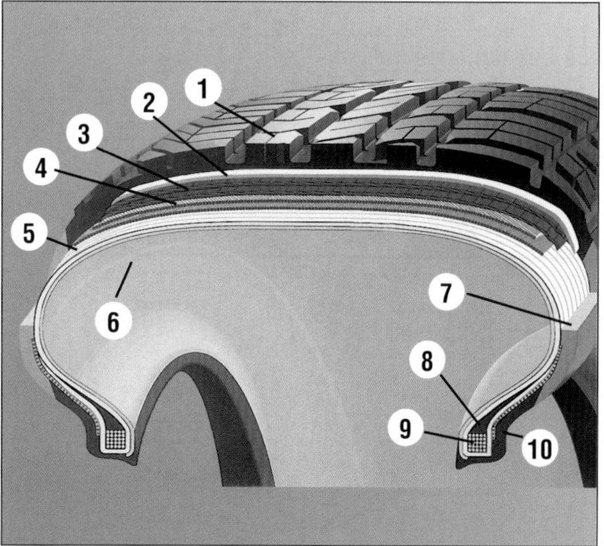

Das vielschichtige Innenleben eines Pkw-Reifens:
1 Laufstreifen: Profil und Mischung beeinflussen die Eigenschaften
2 Base: Senkt den Rollwiderstand
3 Nylon-Spulbandagen
4 Stahlcord-Gürtellagen: Steigern die Fahrstabilität
5 Karkasse: Form- und Festigkeitsträger des Reifens
6 Innenseele: Gasdichte Innenschicht ersetzt den Schlauch
7 Seitenteil: Schützt Karkasse vor Beschädigungen
8 Kernprofil: Unterstützt Lenk- und Fahrpräzision
9 Kern: Sorgt für festen Sitz auf der Felge
10 Wulstverstärker: Für präzises Lenkverhalten und hohe Fahrstabilität

Reifen und Luftdruck

Durch das Gewicht des Fahrzeuges wird der Reifen im Bereich seiner Aufstandsfläche auf der Fahrbahn verformt. Diese Verformung nennt man Abplattung. Am drehenden Rad läuft diese Abplattung um den Umfang herum. Diese zwangsmäßige Verformung des Reifens ergibt einen größeren Rollwiderstand. Hieraus ergeben sich wiederum ein höherer Reifenverschleiß und Kraftstoffverbrauch und, nicht zu vergessen, ein höheres Sicherheitsrisiko.
Ein zu hoher Luftdruck führt zu Mittenverschleiß und schlechtem Abrollkomfort. Grundsätzlich sollte immer der Luftdruck eingehalten werden, den der Hersteller in Tankdeckel und/oder Fahrerhandbuch angibt.

Anforderungen an den Reifen

Mit der Kreisfläche soll das Leistungsvermögen des Reifens dargestellt werden. Die Kreisteile zeigen den Anteil der Anforderung in der Gesamtanforderung an die Leistung des Reifens.

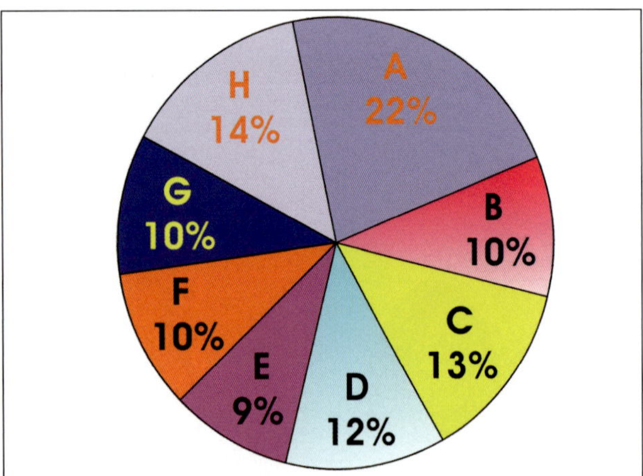

Anforderung an den Reifen: A Nassbremsverhalten, B Fahrkomfort, C Lenkpräzision, D Fahrstabilität, E Reifengewicht, F Lebenserwartung, G Rollwiderstand, H Aquaplaningverhalten.

An der begrenzten Form des Kreises kann man recht schnell die begrenzten definierten Eigenschaften einsehen, die ein Reifen für den Hersteller erfüllen muss. Es wird sehr anschaulich, was passiert, wenn eine Eigenschaft deutlicher hervortreten soll. Mindestens eine Eigenschaft muss dann für diese vorrangige Eigenschaft zurückgestellt werden. Das erklärt auch die durchaus unterschiedlichen Testergebnisse bei Reifentests.

Verschleißverhalten von Reifen

Die Anforderungen an die Reifen eines Autos steigen ständig, Faktoren wie steigendes Fahrzeuggewicht, höhere Geschwindigkeiten und höhere Fahrzeugsicherheiten verursachen naturgemäß einen größeren Verschleiß an den Reifen.

Achsweise Radtausch

Der Verschleiß an der Antriebsachse ist durch die höheren Lasten, die durch Antrieb und Radführung auf der Vorderachse abgedeckt werden müssen, deutlich höher als der Verschleiß auf der Hinterachse. Solange das Ablaufbild »normal« ist und der Reifen auch gleichmäßig abgenutzt wird, sollten spätestens von Saison zu Saison die Reifen ausgetauscht werden.
Bei Reifen ohne Laufrichtungsbindung können die Räder durchaus auch diagonal getauscht werden. Diese Möglichkeit gleicht auch die Sägezahnbildung der Reifen zum Teil aus.

Montageort vorher	Montageort nachher
Vorne rechts	Hinten links
Vorne links	Hinten rechts
Hinten rechts	Vorne links
Hinten links	Vorne rechts

Reifen mit Laufrichtungsbindung dürfen niemals entgegen ihrer Laufrichtung betrieben werden.
Hier müssen die Räder achsweise von vorne nach hinten getauscht werden.

Montageort vorher	Montageort nachher
Vorne rechts	Hinten rechts
Vorne links	Hinten links
Hinten rechts	Vorne rechts
Hinten links	Vorne links

Standplatten am Reifen

Der Begriff Standplatten, oder auch Abflachung oder Abplattung, beschreibt eine ebene Fläche auf dem Reifenprofil, die durch das Abstellen des Fahrzeugs oder der Reifen über einen längeren Zeitraum verursacht wurde. Standplatten können Unruhe in der Lenkung verursachen, die gefühlsmäßig durchaus dieselben Symptome wie die Reifenunwucht aufweisen. Standplatten lassen sich nicht durch Auswuchten beseitigen. Dieser Fehler muss vor der Wuchtung durch den Monteur erkannt werden. In der Regel verschwinden diese Verformungen im normalen Betriebsalltag des Reifens wieder von selbst. In jedem Fall muss zuerst einmal der Reifenluftdruck überprüft werden. Es sollte auch ausgeschlossen werden, dass irgendwelche Schäden an den oder dem entsprechenden Reifen vorliegen. Sind diese Grundlagen geschaffen, können Sie auch durch Warmfahren des Reifens in vielen Fällen schon den Standplatten beheben. Auf einer Autobahn sollten Sie nun, soweit es Straße, Verkehr und Sichtverhältnisse zulassen, eine Strecke von 20-30 km mit etwa 120 km/h bis 150 km/h zurücklegen.

Anschließend sollte das Fahrzeug sofort angehoben und die Räder demontiert und neu gewuchtet werden.
Die Ursachen für einen Standplatten können vielseitig sein:

- Das Fahrzeug stand mehrere Wochen auf einer Stelle, ohne dass es bewegt wurde.
- Der Luftdruck der Reifen ist zu gering.
- Das Fahrzeug wurde nach einer Lackierung in eine trockene Kammer gestellt.
- Das Fahrzeug wurde mit warmen Reifen in einer kühlen Garage oder Ähnlichem abgestellt. In einem solchen Fall kann schon über Nacht der »Standplatten« entstehen.

Radschrauben am Van

An Ihren Van werden in der Serienausstattung pro Rad fünf Radschrauben verwendet. Sie haben die Gewindebezeichnung M14x1,5x27. Die Verwendung von kürzeren oder längeren Schrauben kann Schäden am Gewinde oder auch anderen Bauteilen der Radaufhängung verursachen. Die Radschrauben sollen nach Herstellerangaben angezogen werden. Für die Stahlfelgen ist ein Anzugsdrehmoment von 120 Nm erforderlich. Es ist nicht erlaubt und auch aus fachlicher Sicht unsinnig, die Bolzen oder das Gewinde einzufetten. Der Hintergrund hier liegt in der leichteren Lösbarkeit gerade nach dem Winter. Das Fett erleichtert tatsächlich das Lösen und auch das Festziehen der Radschrauben. Leider ist das Anzugsdrehmoment genau auf diesen Reibwert der Schraube ausgelegt. Dreht diese sich jetzt leichter, wird die Schraube stärker belastet, als das vom Hersteller vorgesehen war. Die Folgen sind hier leicht abreißende oder sich selbst lösende Radschrauben sowie Schäden am Gewinde der Radnabe.

Lagerung von Reifen

Auch die Lagerung der Reifen muss mit Sorgfalt erfolgen. Aufgrund der Hintergründe für so genannte Standplatten sollten Reifen niemals aufrecht stehend gelagert werden. Reifen sollten immer gut geschützt vor Sonneneinstrahlung und größeren Temperaturschwankungen eingelagert werden. Auch vor Einwirkungen von Öl, Lösemittel oder Feuchtigkeit sollten sie geschützt werden. Grundsätzlich sollten die gerade demontierten Felgen am besten vor der Lagerung auf einem Felgenbaum gründlich gereinigt werden. Sauber und trocken stehen sie für den nächsten Einsatz bereit. Wer bei der Reinigung der Räder den Zustand und auch das Alter der Reifen genauer betrachtet, kann schon frühzeitig vor der jeweiligen Saison den eventuell notwendigen Ersatz bei seinem Reifenhändler in Auftrag geben.

Felgenbaum.

Hinweise für die Benutzung von Noträdern

Je nach Fahrzeugausstattung kann ein Fahrzeug auch mit einem Notrad ausgerüstet sein. Das Notrad ist, wie der Name schon sagt, nur für die Notsituation gedacht. Es taugt nicht für den langfristigen Betrieb und muss so schnell wie möglich gegen ein normales Rad ersetzt werden. Das Notrad verschlechtert die Fahreigenschaften des Fahrzeuges merklich. Gerade bei schlechter Witterung muss die Geschwindigkeit auch deutlich unter die vorgeschriebenen 80 km/h verringert werden. Nach der Montage muss der Fülldruck des Notrades so schnell wie möglich geprüft und wenn erforderlich korrigiert werden. Der zulässige Luftdruck ist auch hier

Ultraleichtreifen

WISSENSWERTES

Besonders interessant ist der ULW-, der Ultraleichtreifen, der zum Beispiel in der Van-Reifengröße 195/65 R15 angeboten wird. Bei diesem Reifen sind die Stahleinlagen durch Aramidfasern ersetzt. Aramid ist ein Kunststoff, der gegenüber Stahl sechsmal leichter und etwa zehnmal zugfester ist. Außerdem ist die Außenwandstärke des Reifens zehn Prozent geringer. Der ULW-Reifen ist so etwa drei Kilogramm leichter als ein herkömmlicher Reifen. Das spart nicht nur Kraftstoff. Wegen der geringeren rotierenden Radmassen sind auch höhere Regelfrequenzen beim ABS möglich. Auf rutschigem Untergrund kann so ein kürzerer Bremsweg erreicht werden. Und noch ein Vorteil des Aramid-Reifens: Er lässt sich besser runderneuern, weil der Kunststoff nicht rostet.

von der Modellvariante abhängig und ist im Fahrerhandbuch sowie im Tankdeckel ausgewiesen.
Die angegebene Höchstgeschwindigkeit von 80 km/h darf niemals überschritten werden. Vollgasbeschleunigungen, starkes Bremsen und schnelle Kurvenfahrten müssen vermieden werden. Die Verwendung von Schneeketten auf einem Notrad ist untersagt. Sollte ein Vorderrad durch eine Reifenpanne ausfallen und die Verwendung von Schneeketten lässt sich nicht vermeiden, muss zuerst der intakte hintere Reifen gegen das Notrad getauscht werden. Als Nächstes wird dann dieses Rad als Ersatz für den defekten Reifen verbaut.
Da nur Schneeketten auf »normalen« Reifen verwendet werden dürfen, ist diese Vorgehensweise zwar umständlich, leider aber die einzig legale Variante, auch eine winterliche Fahrt sicher fortsetzen zu können.

Reifenbezeichnungen und Abkürzungen

Auch die Reifen tragen neben den Kürzeln zu ihrer Größe eine Vielzahl von Angaben, die neben der Größe die Eigenschaften und Besonderheiten der Reifen genau beschreiben.

Kennbuchstaben für die Geschwindigkeit (der so genannte SI = Speedindex)

Der Buchstabe am Ende der Reifenbezeichnung verrät die zugelassene Geschwindigkeit des Reifens. Als Beispiel die wichtigsten Angaben:

Der Hump

WISSENSWERTES

Die Größe einer Felge gibt man stets in Zoll an. Als Größe wird der Durchmesser der Felge an der Stelle bezeichnet auf dem der Reifen sitzt. Die Bezeichnung 6 J x 15 H2 zum Beispiel bezeichnet eine Tiefbettfelge (x) mit einer Breite von sechs Zoll und einem Durchmesser von 15 Zoll. Der Buchstabe »J« steht für die Form des Felgenhorns. H2 weist auf eine sich an beiden Schultern der Felge rundumlaufende Erhöhung (Hump) hin. Sie verhindert, dass bei schneller Fahrt durch eine Kurve der Reifenwulst durch die Seitenkräfte von der Schulter der Felge ins Tiefbett gedrückt wird. Das Tiefbett ist für die Reifenmontage unerlässlich.

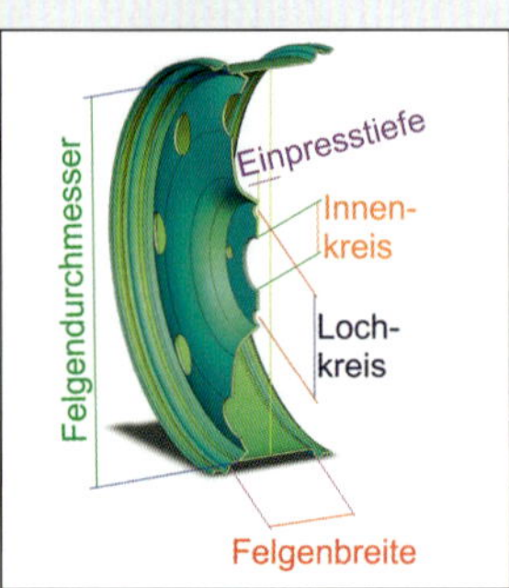

Abmessungen an der Felge.

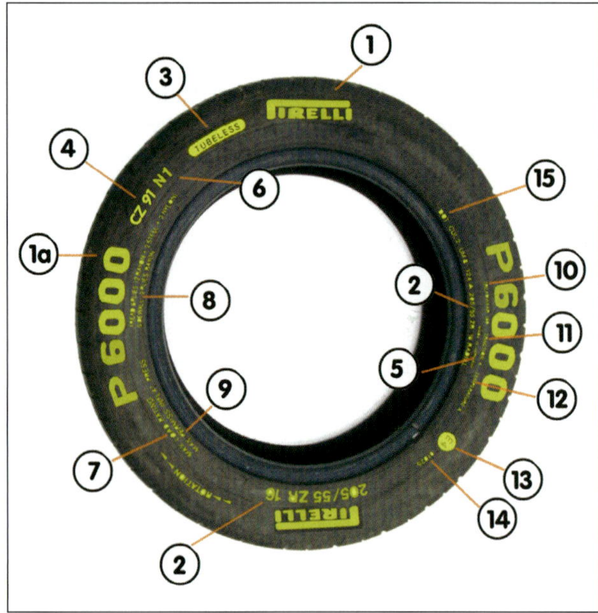

Die Reifenbezeichnungen: 1 Reifenhersteller, 1a Bezeichnung, 2 Abmessungen, 3 Schlauch/schlauchlos, 4 Traglast und Geschwindigkeitsindex, 5 Herstellerland, 6 ungenormte Bezeichnung, 7 US-Markt Angabe für die Traglast, 8 Aufbau des Reifens, 9 US-Markt Angabe Druck, 10 US-Markt Standfestigkeit, 11 US-Markt Nassbremsverhalten, 12 US-Markt Temperatur, 13 Europaprüfzeichen, 14 ECE R 30-Zulassungsnummer, 15 DOT-Nummer (Baujahrschlüssel).

SI	Q	R	S	T	H	V	W	Y	ZR
km/h	160	170	180	190	210	240	270	300	>240

Übersicht über das Kürzel für die Geschwindigkeit (Speed-Index).

Das Reifenalter

Das Datum der Herstellung verrät die »DOT«-Nummer. Bis zum Produktionsjahr 1989 besteht die DOT-Nummer aus drei Zahlen. In unserem Beispiel wurde der Reifen in der 49. Woche 1989 produziert.
Ab dem Produktionsjahr 1990 steht hinter dieser Zahl ein kleines Dreieck. Unser Beispiel sagt aus, dass der Reifen in der 12. Woche des Jahres 1999 produziert wurde.
Das Jahr 2000 wurde mit der Einführung der vierstelligen DOT-Nummer eingeläutet. Diese kann uns nun, jedenfalls theoretisch, bis ins Jahr 2099 begleiten. Die DOT-Nummer in diesem Beispiel stellt den Produktionszeitraum 32. Woche im Jahr 2001 dar.

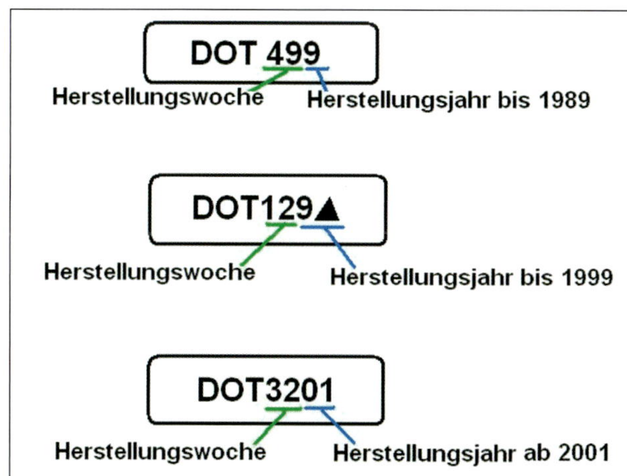

Neureifen, die nach dem 1. Oktober 1998 hergestellt wurden, müssen eine ECE-Prüfnummer auf der Reifenflanke tragen. Diese Nummer besagt, dass der Pneu ein typgeprüftes Bauteil entsprechend dem Qualitäts-Standard der Economic Commission of Europe (ECE) ist. Sind nach dem 1. Oktober 1998 produzierte Neureifen ohne Prüfnummer an Ihrem Fahrzeug montiert, erlischt die Allgemeine Betriebserlaubnis.

Tire Fit: Überlegungen Vor- und Nachteile

Die Bezeichnung »Tire Fit« kommt aus dem Englischen und bedeuten Reifenreparatur. »to fit a tire« = »Reifen reparieren«. Dieser Reparaturart sind allerdings Grenzen gesetzt. Die Struktur des Reifens muss erhalten sein. Rissbildungen, Fehlstellen oder Reifenplatzer werden nicht durch dieses Reparaturset ausgeglichen. Hier bleibt die gute alte Methode »kaputten Reifen abschrauben – neuen Reifen festschrauben« nicht aus. Das Handschuhset in unserem empfohlenen Pannenset hat also noch lange nicht ausgedient.

Füllset am Vorderrad.

Beim Van finden Sie den kleinen Kompressor und das Reifenfüllset in der Einlage der Reserveradmulde. Um den Kompressor benutzen zu können, müssen Sie den kleinen Deckel an der Frontseite öffnen, um den Luftanschluss sowie das Anschlusskabel für den Zigarettenanzünder herausnehmen zu können. Beim Zusammenpacken des Hilfesets sollten Sie darauf achten, dass das Anschlusskabel und der Luftschlauch in der gleichen Weise eingelegt werden, wie sie auch original verpackt waren. Der Stauraum für beides ist sehr eng bemessen.
Im Pannenset finden Sie einen Kompressor sowie ein Dichtmittel. Das Dichtmittel hat wie ein Lebensmittel auch eine Mindesthaltbarkeit. Um sich im Falle des Falles vor bösen Überraschungen zu schützen, sollte das Füllmittel regelmäßig auf Haltbarkeit und der Kompressor auf Funktion geprüft werden. Grundsätzlich sollte das Pannenset rechtzeitig vor Ablauf der Mindesthaltbarkeitsgrenze ersetzt werden. Die Füllflasche gibt's beim Händler, in diversen Zubehörshops oder auch im Bereich der Online-Auktio-

nen. Für die Kontrolle muss lediglich das Pannenset herausgenommen werden. Das Ablaufdatum findet sich auf dem Aufkleber der Dichtmittelflasche.

Zustand der Reifen kontrollieren

Die Vorderräder treiben das Fahrzeug an, lenken es und müssen die Hauptbelastung beim Bremsen aushalten. Sie sind daher auch früher verschlissen als die hinteren Pneus. Den Zustand der Reifen kontrollieren Sie am besten bei aufgebocktem Wagen.

■ Drehen Sie jedes Rad einmal komplett durch. Entfernen Sie Steinchen und andere Fremdkörper vorsichtig mit einem kleinen Schraubendreher aus den Profillamellen. Sitzt in der Reifendecke eine Glasscherbe oder ein Nagel, kann an dieser Stelle Luft entweichen.

■ Achten Sie auf Unregelmäßigkeiten wie Einstiche, Schnitte, Risse und herausgebrochene Profilstücke. Bei einem beschädigten Gummi dringt leicht Feuchtigkeit ins Reifeninnere. Sie können jedoch von außen nicht erkennen, ob der stabilisierende Stahlgürtel schon vom Rost angefressen ist. Lassen Sie den Reifen zur Sicherheit vom Fachmann prüfen. Das gilt übrigens auch bei auffälligem Reifenabrieb.

■ Das Reifenprofil muss über die gesamte Lauffläche mindestens 1,6 Millimeter tief sein. Bei dieser Marke wird auf der Lauffläche an mehreren Stellen ein Profilstandsanzeiger sichtbar. Die Buchstaben »twi« (tread wear indicator) auf der Reifenflanke zeigen, wo sich diese Anzeiger befinden. Das Fahrverhalten wird mit abnehmendem Profil schlechter, vor allem auf nasser Fahrbahn. Tauschen Sie Sommerreifen zur Sicherheit bereits bei einer Profiltiefe von zwei Millimetern, Winterreifen bei vier Millimetern.

■ Kontrollieren Sie, ob alle Reifen gleichmäßig abgefahren sind und sehen Sie sich die Seitenwände (Reifenflanken) der Reifen genau an. Beulen deuten auf eine Beschädigung des Reifenunterbaus hin.

⚠ Risikofaktor geringer Luftdruck

GEFAHRHINWEISE

Prüfen Sie den Reifendruck regelmäßig alle drei bis vier Wochen. Bei Markenreifen ist ein Druckverlust von 1,5 Prozent im Monat normal. Verliert der Reifen mehr Luft, sollten Sie sich ihn genauer ansehen. Ein schlecht oder gar nicht gewarteter Reifen kann sich zum Risikofaktor entwickeln. Fahren Sie z. B. einen Reifen mit zu geringem Luftdruck unter sehr hoher Last, kann dies zu teilweisen Ablösungen der Reifenlauffläche führen. Diese Schäden bleiben jedoch oft längere Zeit verborgen. Wird der vorgeschädigte Reifen dann stark beansprucht, können durch die enormen Fliehkräfte bei hohen Geschwindigkeiten sogar einzelne Reifenteile abreißen. Passen Sie also auch stets den Reifendruck dem Beladungszustand an. Die Tabelle auf der Rückseite des Tankdeckels gibt Anhaltswerte für den korrekten Reifenluftdruck bezogen auf die Größe der Reifen und der Last.

TWI: Die Erhebung der TWI zeigt die Mindestprofitiefe an.

Lebensgefährlich: Wird der Druck falsch gewählt, kann sich die Lauffläche vom Reifen ablösen.

Reifendruck prüfen

Den Luftdruck sollten Sie stets bei kalten Reifen messen. Denn während der Fahrt erwärmt sich der Reifen – der Reifendruck steigt. Sie erhalten daher falsche Werte, wenn Sie direkt nach einer Autobahnfahrt zum Luftdruckprüfer greifen. Erhöhen Sie den Luftdruck bei Winterreifen um 0,2 bar. Prüfen Sie den Reifendruck regelmäßig alle drei bis vier Wochen. Bei einem Markenreifen ist ein Druckverlust von 1,5 Prozent im Monat normal. Verliert der Reifen mehr Luft, sollten Sie sich ihn genauer ansehen.

Druck	Verlust im Monat	Verlust im 1/4 Jahr	Verlust im Jahr
2,2 bar	0,033 bar	0,099 bar	0,396 bar
2 bar	0,03 bar	0,09 bar	0,36 bar
1,8 bar	0,027 bar	0,081 bar	0,324 bar
1,5 bar	0,0225 bar	0,0675 bar	0,27 bar

Das Reifenbild

Im Fahrbetrieb kann es beispielsweise durch Fehleinstellungen der Achsgeometrie oder Überbeanspruchung durch zu schnelle Kurvenfahrt zu unterschiedlicher Reifenabnutzung kommen. Welche Ursache bei dem entsprechenden Reifenbild vorliegt und was Sie im entsprechenden Fall unternehmen sollten, finden Sie hier aufgeführt:

Außenseite abgefahren (Vorderreifen)
Flotte Fahrweise in Kurven. Reifen auf den Felgen drehen lassen oder gegen Hinterräder austauschen. Außenseiten stärker abgefahren als Profilmitte. Der Reifen wurde lange Zeit mit zu niedrigem Luftdruck gefahren. Gleichmäßige Auswaschungen. Vermutlich Stoßdämpfer defekt. Ungleiche Abnutzung (an mehreren Stellen). Unwucht im Rad. Auswuchten lassen. Stelle mit starker Abnutzung. Bremsung mit blockiertem Rad (Bremsplatte). Selbst das ABS kann kurzzeitiges Blockieren und damit einen gewissen Reifenverschleiß (Abflachungen) nicht verhindern.

Starke Abnutzung in der Profilmitte
Die mittige Abnutzung entsteht durch häufiges Fahren mit Höchstgeschwindigkeit. Die Reifen »bauchen« durch die Fliehkraft aus (die Reifenlauffläche wird runder) und nutzen daher in der Mitte stärker ab. Dieser Effekt tritt besonders deutlich an den Hinterrädern auf. Dasselbe Bild zeigt sich bei zu hohem Reifendruck.

Radunwucht

Eine Unwucht im Rad zeigt sich durch Vibrationen am Lenkrad oder Schütteln im Vorderwagen. Ursache ist eine ungleichmäßige Gewichtsverteilung am Rad, die auch für erhöhten Reifenverschleiß sorgt. Man unterscheidet statische und dynamische Unwuchten. Statische Unwucht zeigt sich bereits, wenn das Rad frei auspendelt: Der Schwerpunkt wird sich von selbst nach unten begeben. Ein Rad mit statischer Unwucht hüpft beim Fahren, die Stoßdämpfer verschleißen schneller. Dynamische Unwucht kommt erst beim schnellen Drehen des Rades vor. Die übergewichtige Stelle sitzt nicht in der Mittelebene des Rades, sondern etwas nach außen bzw. innen versetzt. Das Rad flattert und wackelt bei schneller Fahrt. Die Beseitigung einer Unwucht ist Sache der Werkstatt.

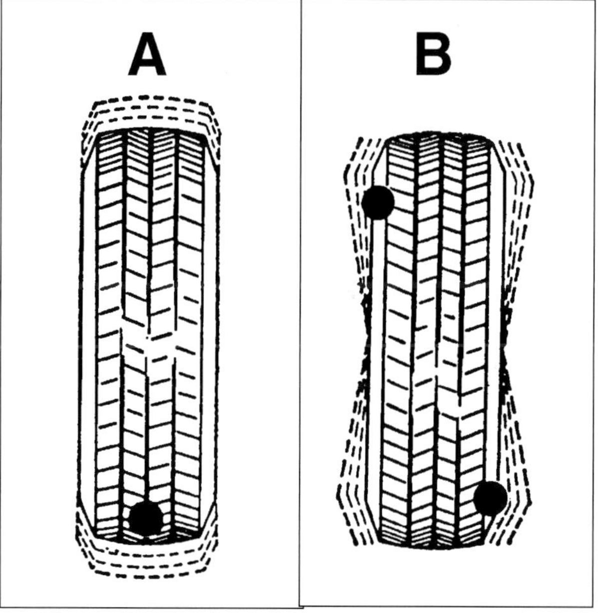

Statische (A) und Dynamische Unwucht (B): Beide sorgen für ein ungleichmäßiges Abnutzen der Reifen und fallen durch Flattern in der Lenkung beim Fahren unangenehm auf.

Rad- Reifenkombinationen am Van

Grundsätzlich dürfen nur Felgen und Räder einer Bauart und Abmessung auf dem Fahrzeug verbaut werden. Ausnahmen stellen besondere Radreifenkombinationen dar, die dann aber auch mit entsprechenden Gutachten von einem technischen Sachverständigen der Prüforganisationen abgenommen werden müssen.

Die VW- oder Seat-Unterlagen geben eine Vielzahl von Rad- und Reifenkombinationen vor, die selbst zusammengefasst und unter Verzicht der Felgendesigns noch immer eine mehrseitige Tabelle ergeben würden. Wir haben aufgrund des Umfangs und der ohnehin erforderlichen Erkundigung durch den Leser beim VW- oder Seat-Händler auf diese Tabellen verzichtet und wollen an dieser Stelle lediglich einige Standardreifen vorstellen, die für die meisten Modelle verwendet werden dürfen. Diese Information erlaubt Ihnen beispielsweise die Beschaffung der Winterreifen oder klärt ab, inwieweit bei einem Fahrzeugwechsel auch neue Winterräder fällig werden. Die Felgendimensionen und die dazugehörigen ET (Einpresstiefen) geben Ihnen wertvolle Informationen über die werksmäßig geprüften Rad/Reifen-Kombinationen. Die Abstimmung der Werkstechniker lässt sich sicherlich nicht einfach übertreffen. Verwenden Sie auch beim Kauf im freien Zubehörhandel nur die freigegebenen Felgen- und Reifendimensionen. Erfragen Sie ruhig einmal Preise und natürlich die technischen Eckdaten von Reifen und Felge in der erwünschten Größe bei Ihrem Händler. Vergleichen Sie, ob die technischen Daten auch mit denen der Zubehörfelgen übereinstimmen.

Daten für alle Fahrzeugtypen

Anzugsdrehmoment Radschrauben	120 Nm
Anzahl der Radschrauben	5
Lochkreis der Radschrauben	112 mm
Lochkreis des Zentrierringes	57 mm

Auszug der Ausrüstungsliste

Reifengröße	Felgendimension	Schneeketten erlaubt?	Serienrad	Nachrüstrad	Winterreifen
205/60 R 16 96T	6,5J x 16 ET33	1	1		1
205/60 R 16 96H	6,5J x 16 ET33	2, 3, 4, 5	2, 3, 4, 5		2, 3,4, 5
205/60 R 16 96V	6,5J x 16 ET33	6	6		6
215/60 R 16 95T/H/V	6,5J x 16 ET33			1, 2, 3, 4, 5, 6	
225/50 R 17 98T/H/V	7 x 17 ET39			1, 2, 3, 4, 5	
225/50 R 17 98V/W	7 x 17 ET39			6	
225/45 R 18 95H/V/W	7,5 x 18 ET 35			2, 3, 4, 5, 6	
225/45 R 18 95T/H/V	7,5 x 18 ET 35			1	

Fahrzeuge mit Kennnummern: 1 = 2,0 TDI 85 kW, 2 = 2,0 TDI 100 kW, 3 = 2,0 TDI 103 kW, 4 = 2,0 TDI 125 kW, 5 = 1,4 FSI 110 kW, 6 = 2,0 FSI 147 kW

Empfohlene Notreifen und Noträder

Die hier aufgeführten Hinweise gelten auch für Reserveräder wie 6,5 J x 16 mit Reifen 205/60 R 16, die mit einem gelben Aufkleber mit der Aufschrift »MAX 80 km/h« bzw. »MAX 50 mph« gekennzeichnet sind. Je nach Fahrzeugausstattung befindet sich anstatt des Notrades ein solches Reserverad im Fahrzeug. Das Not- oder Reserverad ist nur für den vorübergehenden und kurzzeitigen Einsatz bestimmt. Deshalb ist es so schnell wie möglich wieder durch das Normalrad zu ersetzen. Nach der Montage des Not- oder Reserverades muss der Reifenfülldruck so schnell wie möglich geprüft werden.

Die Reifenfülldrücke stehen auf dem Reifenfülldruckschild auf der Innenseite der Tankklappe oder an der B-Säule der Fahrerseite. Vollgasbeschleunigung, starkes Bremsen und rasante Kurvenfahrten müssen vermieden werden. Fahren Sie niemals mit mehr als einem Not- oder Reserverad.

Die Verwendung von Schneeketten auf dem Notrad ist aus technischen Gründen nicht zulässig. Wenn mit Schneeketten gefahren werden muss, ist bei einer Vorderradpanne das Notrad an der Hinterachse einzusetzen.

Umrüsten von Rad-Reifenkombinationen

Tiefer, breiter, Keilformfahrwerk, diverse Fahrwerksumrüstsets werden für Tuningzwecke auch beim Van herangezogen. Vielfach enden solche Tuning-Orgien in der totalen technischen Katastrophe. Bevor wir nun alles verteufeln, was nicht Original ist, möchten wir dem technisch interessierten Schrauber einige Überlegungen mit auf die Werkzeugkiste legen.

Negativ ist positiv

Ein Fahrzeughersteller wie Volkswagen konzipiert seine Fahrzeuge so, dass sie auch in extremen Situationen beherrschbar bleiben sollen. Der Fahrer soll das nur an gutmütigem Fahrverhalten und notfalls auch an erfolgreich gemeisterten Extremsituationen merken. Nehmen wir einmal an, an Ihrem Fahrzeug platzt während der Fahrt der Reifen vorne rechts. Was wird passieren? Zuerst nimmt man mal an, dass das Fahrzeug sofort und extrem zu der rechten Seite ziehen wird. Der Hersteller allerdings hat diese Situation in der Lenkgeometrie anders ausgelegt. Zwar steht das Lenkrad nach dem Platzer schief, das Auto aber fährt geradeaus weiter.

Vereinfacht lässt sich die Reaktion des Fahrzeugs so darstellen: Eine konstruktive Auslegung ist der Lenkrollenhalbmesser einer Vorderachse. Der Van ist werksmäßig mit einem »negativen« Lenkrollenhalbmesser ausgelegt worden. Das bedeutet nichts anderes, als dass der Drehpunkt des Rades auf der Fahrbahn etwas weiter nach außen als der eigentliche Mittelpunkt der Radaufstandsfläche auf der Fahrbahn gelegt wurde. Betrachten wir nun wieder den geplatzten vorderen rechten Reifen. Er wird einen deutlich höheren Rollwiderstand produzieren als das intakte linke Vorderrad. Da der Drehpunkt des Rades nicht im Radaufstandflächenmittelpunkt liegt, erzeugt der platte rechte Reifen eine Lenkbewegung nach links. Der linke Reifen läuft nun nicht mehr gerade zur Fahrbahn und erzeugt auch einen höheren Rollwiderstand. Die Lenkgeometrie will nun einen Kräfteausgleich der beiden Räder erzeugen und sucht sich den neuen »Mittelpunkt«. Sind die Rollwiderstände gleich, fährt das Fahrzeug wieder geradeaus. Der Kräfteausgleich bewirkt wiederum die Schiefstellung des Lenkrades. Derselbe Vorgang ergibt sich übrigens auch bei unterschiedlichen Reifen oder auch unterschiedlichem Luftdruck der Reifen.

Positiv ist negativ

Das Lieblingskind der Tuner ist der Umbau auf breite Reifen und natürlich auch auf Spurplatten oder Felgen mit kleineren Einpresstiefen. Beides bewirkt oftmals eine erhebliche Veränderung des Lenkrollenhalbmessers. Der im ungünstigsten Fall nun positive Lenkrollenhalbmesser bewirkt das Gegenteil der Überlegungen des Fahrzeugherstellers.

Betrachten wir nun wieder die Fahrsituation mit dem geplatzten vorderen rechten Reifen. Er wird einen deutlich höheren Rollwiderstand produzieren als das intakte linke Vorderrad. Da der Drehpunkt des Rades zwar auch nicht im Radaufstandflächenmittelpunkt liegt, sondern etwas weiter innen, erzeugt der platte rechte Reifen eine Lenkbewegung nach rechts. Zwar läuft der linke Reifen nun auch nicht mehr gerade zur Fahrbahn und erzeugt auch einen höheren Rollwiderstand, die Wirkrichtung ist aber leider nach rechts. Da keine Kräfte entgegenstehen, kann die Lenkgeometrie keinen Kräfteausgleich der beiden Räder erzeugen und lenkt nach rechts. Die Kräfte werden schlagartig auftreten und durch die unterschiedliche Radbelastung stark an- und abschwellende Gegenkräfte vom Fahrer einfordern. In der Regel wird es kaum möglich sein, das Fahrzeug auf der Straße zu halten und einen Unfall zu vermeiden.

An diesem Beispiel sieht man sehr drastisch, wie ungewollte Einflüsse auf das Fahrzeug ausgeübt werden können, die fatale Folgen nach sich ziehen können. Hinterfragen Sie ruhig auch die Auswirkungen der breiteren Räder auf das Fahrverhalten des Fahrzeugs und natürlich auch auf die Auswirkungen auf den Lenkrollenhalbmesser. Ein Händler, der nicht in der Lage ist diesen Zusammenhang darzustellen, ist sicherlich ungeeignet Ihr Fahrzeug durch Tuningmaßnahmen zu verbessern.

Neben der Veränderung des Lenkrollenhalbmessers verändern auch Höhenlage, Sturz, Spur und Nachlauf das Fahrverhalten des Fahrzeuges. Ohne tief gehende Kenntnisse über die Fahrwerkstechnik sollten Sie niemals Veränderungen, Reparaturen oder Umbauten an Achsbauteilen vornehmen. Rad-/Reifenkombinationen sollten grundsätzlich vom Hersteller freigegeben worden sein oder zumindest hinsichtlich der Abmessungen (inkl. der Einpresstiefe) den Vorgaben der Hersteller entsprechen.

Winterreifen

Für einen Winterreifen genügt die schmalste Reifenbreite, die für Ihr Fahrzeug angegeben ist. Je kleiner die Reifenaufstandsfläche Ihres Reifens, umso höher wird der Druck auf die Fläche. Investieren Sie das für breitere Pneus gesparte Geld lieber in einen zweiten Satz passender Felgen – das Ummontieren der Reifen im Frühjahr und Herbst kommt auf die Dauer viel teurer und birgt bei jeder Montage und Demontage die Beschädigung des Reifens. Zudem müssten die Räder übrigens nach jeder Montage neu ausgewuchtet werden.

Felgen gibt es heutzutage in jedem Autofahrermarkt. Auch Aluminiumfelgen sind heute gar nicht oder kaum teurer als die Felge aus Stahl. Achten Sie darauf, dass die Abmessungen der Felge und die Einpresstiefen mit der Originalfelge übereinstimmen. Fragen Sie nach, ob die Originalradschrauben auf die neue Felge passen oder ob ein neuer Schraubensatz für die neuen Felgen fällig ist.

Manche Händler und Werkstätten lagern Ihre Winterreifen gegen eine geringe Gebühr bis zum nächsten Tausch ein.

Wenn die Höchstgeschwindigkeit der Winterreifen (bis zu 160 km/h) unter der Ihres Fahrzeugs liegt, sollten Sie sich zur Erinnerung einen entsprechenden Aufkleber ins Blickfeld (nicht an die Windschutzscheibe!) kleben. Nach jedem Radwechsel müssen die Räder nochmals nachgezogen werden. Das liegt nicht etwa an der möglichen Unfähigkeit des Monteurs, sondern daran, dass sich gebildete Oxidation, Farbreste oder sonstige Ablagerungen vom Schraubensitz abnutzen können und so eventuell ausreichend Spiel zum eigenständigen Lösen der Schraube entstehen kann.

Montieren der Sommer- oder Winterräder

Das Montieren der Sommer- und Winterräder können Sie schnell und sicher erledigen. Beachten Sie aber beim Anheben des Fahrzeugs die Sicherheitsbestimmung aus dem Abschnitt »Pannen unterwegs, Fahrzeug richtig aufbocken«. Nach der Demontage der Räder müssen diese eingelagert werden. Empfehlenswert ist hierzu ein Felgenbaum, der verhindert, dass die Flanken oder Laufflächen während der Einlagerung belastet werden. Das Anzugsdrehmoment liegt bei 120 Nm, nach 100 km sollten Sie alle Schrauben nochmals zur Sicherheit mit einem Drehmomentschlüssel nachziehen!

- Suchen Sie eine ebene Stelle mit festem Untergrund für den Radwechsel. Ziehen Sie die Handbremse fest an und lösen Sie vor dem Anheben des Wagens alle Radbolzen zunächst nur um eine Viertelumdrehung.
- Heben Sie nun das Fahrzeug so weit an, bis das Rad ein paar Zentimeter über dem Boden ist.
- Entfernen Sie dann die fünf Radbolzen und nehmen Sie das Rad ab. Wechseln Sie immer ein Rad nach dem anderen.
- Kontrollieren Sie den Zustand der Radnabe. Säubern Sie diese gegebenenfalls mit der Drahtbürste und tragen Sie eine hauchdünne Schicht Kupferpaste auf. Das schützt vor weiterer Korrosion.
- Setzen Sie jetzt das Rad an. Drehen Sie alle Radbolzen über Kreuz ein und achten Sie darauf, dass das Rad gerade an der Nabe anliegt.
- Ziehen Sie zunächst alle Räder handfest an.
- Ziehen Sie die Radbolzen mit einem Drehmoment von 120 Nm an.

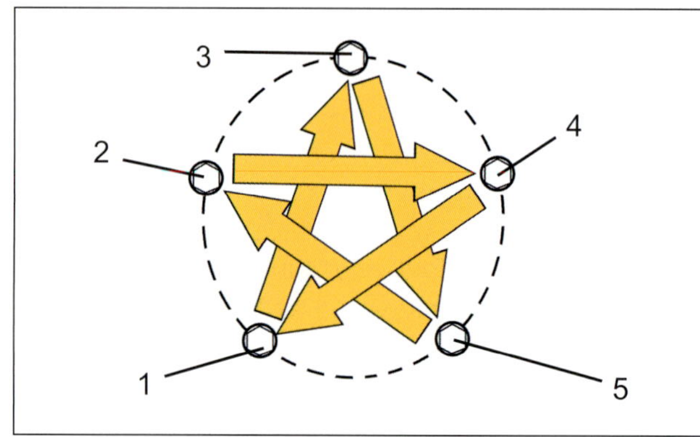

Anzugsfolge: immer der Reihe nach (1-5)!

Reifen

Störung	Was kann das sein?	Was kann ich tun?
A Schwammiges Fahrverhalten	**1** Reifen zu geringer Luftdruck	Luftdruck prüfen.
	2 Stoßdämpfer undicht am Finger: tauschen.	Ölverlust mit Finger prüfen, bleibt Öl
	3 Stoßdämpfer verschlissen	Kolbenstange auf Riefen und Abplatzung prüfen.
	4 Spurwerte stimmen nicht	Achsvermessung durchführen.
	5 Federn erlahmt	Federn prüfen, ggf. austauschen.
	6 Gummis Querlenker hinten	neue Streben einbauen.
B Reifen	**1** starker, unregelmäßiger Verschleiß	Spurwerte stimmen nicht, Achsvermessung durchführen.
	2 Verschleiß innen	Zu viel negativer Sturz.
	3 Verschleiß außen	Zu viel positiver Sturz.
	4 Verschleiß in der Mitte	Zu viel Luftdruck.
	5 Verschleiß innen und außen	Zu wenig Luftdruck.
C Schütteln am Lenkrad	**1** Räder unwuchtig	Räder wuchten lassen.
	2 Spiel in der Lenkung	Kreuzgelenk prüfen.
	3 Spiel in Fahrwerksteilen	Traggelenk und Spurtstangen prüfen.
... beim Bremsen	**4** Bremsscheiben verzogen	neue Bremsscheiben und Beläge.
D Geräusche bei Kurvenfahrt	**1** Radlager defekt	Richtige Seite durch Wechselkurven feststellen.
	2 Spurwerte stimmen nicht	Reifenprofil kontrollieren (siehe B).

Fahrwerk

Als Fahrwerk werden die Teile des Fahrzeugs bezeichnet, die für die präzise Radführung mit bestmöglichem Bodenkontakt, die Richtungsstabilität und für eine komfortable und ausgeglichene Führung der Karosserie über dem Boden zuständig sind. Eigentlich gehören die Reifen auch schon dazu. Diese haben wir aber schon im letzten Kapitel behandelt und betrachten hier die Radführungskomponenten genauer.

Was ist eigentlich ein Fahrwerk?

Im Volksmund versteht man unter Fahrwerk eher nur die Stoßdämpfer und die Federn. Dass hinter diesem Begriff eine Konstruktion aus sehr vielen Bauteilen steht, die aufeinander abgestimmt den Spagat zwischen Komfort und präziser Radführung abdecken müssen, ahnt zuerst mal niemand. Zum Fahrwerk gehört alles, was zwischen Karosserie und Straße für die Radführung sorgt. Jede Veränderung, sei es durch Verschleiß oder aber auch durch Umbau, erfordert erhebliches Fachwissen durch den Monteur. Gerade bei Tuningmaßnamen rund ums Fahrwerk darf nie vergessen werden, dass es sich um ein Kraftfahrzeug handelt, das sicher im Straßenverkehr bewegt werden soll. Kunstwerke werden nicht gefahren, sondern ausgestellt.

Auslegung des Fahrwerks

Damit ein Fahrzeug überhaupt geradeaus fahren kann, ist der Bezug zur Hinterachse extrem wichtig. Jeder, der mal erlebt hat, wie ein Auto reagiert, wenn die Hinterachse ausbricht (das Fahrzeug übersteuert dann...), weiß, welche Auswirkung es hat, wenn die Hinterachse als so genannte spurgebende Achse das Fahrzeug nicht mehr führt. Alle Fahrwerkswerte beziehen sich immer auf die Hinterachse. Sie ist der Bezugspunkt für die Konstruktion und natürlich auch für die Fahrwerksvermessung. Aus diesem Grund ist es gelinde ausgedrückt unsinnig die Vorderachse einzeln zu vermessen. Ein Rad kann neben der Drehbewegung sich auch seitlich neigen oder auch nach vorn oder hinten versetzt werden. Die Räder werden sogar beim Einlenken angehoben oder abgesenkt. Alle diese Funktionen entstehen aus dem Zusammenspiel der Bauteile und sind gewollt.
Sogar die Veränderung der Höhenlage eines Fahrzeuges folgt solchen »Kennlinien« und hat selbstverständlich Einflüsse auf die Achsgeometrie und das Fahrverhalten. Auch wenn es kaum vorstellbar ist, haben sogar die Felgengröße und ihre Einpresstiefe Einfluss auf das Fahrwerk und seine Funktionen.

Ohne Reibung keine Kraftübertragung. Das kennen wir schon von der einen oder anderen Glatteisfahrt. Man kann sich vorstellen, dass für eine »spurgenaue« Fahrzeugführung der Kontakt der Reifen von entscheidender Wichtigkeit ist. Geht die Verbindung zwischen Reifen und Fahrbahn verloren, können weder Vortriebs-, Brems-, Seitenführungs- oder Lenkkräfte mehr übertragen werden. Wichtige Elemente für diese Aufgabe sind Federung und Stoßdämpfung. Bodenunebenheiten werden so durch Ein- und Ausfedern des einzelnen Rades möglichst ausgeglichen. Unerwünschtes Nachschwingen des Aufbaus verhindern die Stoßdämpfer.
Sie müssten eigentlich Schwingungsdämpfer heißen, da sie zwar auch Stöße dämpfen, aber in der Hauptsache durch Federn verursachte Schwingungen abschwächen.

Lenkung und Fahrsicherheit

Die Lenkung soll möglichst feinfühlig sein und zielgenaues Lenken ermöglichen. Sie ist genau auf die Achsen und die Lenkgeometrie abgestimmt. Wie bei fast allen Autos heutzutage kommt beim Van eine Zahnstangenlenkung zum Einsatz. Sie gilt als besonders präzise und sorgt trotz der serienmäßigen Servounterstützung für ein noch direkteres und feinfühligeres Ansprechen der Lenkung. Die Lenkung ist ein Bauteil, von dem die gesamte Fahrsicherheit in besonderem Maße abhängt. Defekte, falsche Einstellungen und fehlerhafte Reparaturarbeiten können deshalb fatale Auswirkungen haben.

Lenkung und Fahrwerk

GEFAHRHINWEISE

Die Arbeiten an Teilen des Fahrwerks und der Lenkung sind nicht immer fürs Do-it-yourself geeignet. Sie setzen Erfahrung und oft auch spezielle Werkstattgeräte sowie Spezialwerkzeuge voraus. Fehlerhafte Reparaturen werden damit nicht nur zur Gefährdung für Sie selbst, sondern auch für andere Verkehrsteilnehmer. Denn genauso wie bei den Bremsen Ihres Van kann nur die einwandfreie Funktion aller Teile des Fahrwerks und der Lenkung die Fahrsicherheit gewährleisten. Die Teile der Lenkung und des Fahrwerks sind nach einer Beschädigung, zum Beispiel durch einen Unfall, meist zu ersetzen. So dürfen Sie beispielsweise defekte Teile der Radaufhängung nicht etwa einfach richten oder schweißen – sie müssen grundsätzlich erneuert werden. Wenn Sie sich nicht sicher sind, ob Sie die betreffende Reparatur selbst ausführen können, oder wenn Sie die dafür benötigten Werkzeuge nicht besitzen – überlassen Sie die Arbeit besser der Werkstatt.

Die Vorderachse

Die Mc-Pherson-Vorderachse vorne besteht aus einem Querlenker unten und radführenden Federbeinen. Die Achse entspricht im Wesentlichen der Achse des Golfs. Im Radlagergehäuse wird die Radnabe beim Frontriebler sowie bei den Allradvarianten von den Antriebswellen, die wiederum am Getriebe angeflanscht sind, angetrieben. Die Bauweise in den unterschiedlichen Antriebskonzepten unterscheidet sich nicht wesentlich. Zur Querstabilisierung wird ein Stabilisator verwendet, der verschraubt mit dem Achsträger über die Koppelstangen die Seitenneigung der Karosse mechanisch verringert. Der Dreiecklenker wird durch einen Hilfsrahmen aus Aluminium aufgenommen, der durch geringes Gewicht zu einer ausgewogenen Gewichtsverteilung des Fahrzeugs beiträgt.

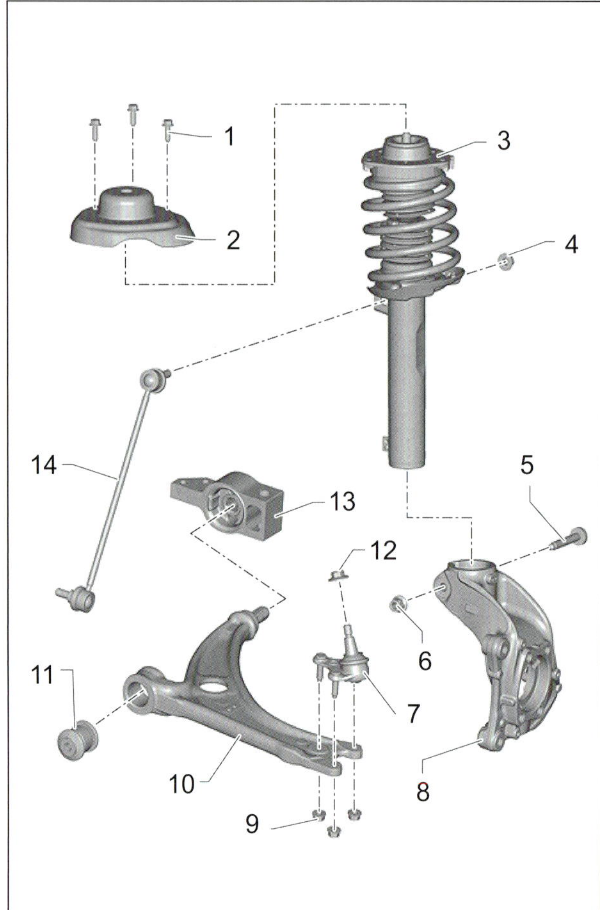

Bauteile der Vorderachse: 1 Schraube, 2 Karosserie vorn, 3 Federbein, 4 Mutter, 5 Innenvielzahnschraube, 6 Mutter, 7 Achsgelenk, 8 Radlagergehäuse, 9 Mutter, 10 Achslenker, 11 Gummimetalllager, 12 Mutter, 13 Lagerbock, 14 Koppelstange.

WISSENSWERTES

McPherson-Federbein

Fahrbahnunebenheiten erzeugen an den Rädern Auf- und Abwärtsbewegungen. Mit Hilfe der Federbeine, bestehend aus Federn und Dämpfern, werden diese Bewegungen der Räder durch Ein- und Ausfedern kompensiert und der Kontakt zur Straße gehalten. Die Kombination der Feder- und Dämpfereinheit am Fahrzeug beeinflusst dabei wesentlich den Fahrkomfort, die Fahrsicherheit und auch das Kurvenverhalten. Im Gegensatz zum Nutzfahrzeug kommt hierzu im Pkw fast durchgängig die Einzelradaufhängung zum Einsatz. Mit ihr können die ungefederten Massen gering gehalten werden und die Räder beeinflussen

McPherson-Federbein: Bauraum- und kostengünstige Einzelradaufhängung an der Vorderachse.

sich nicht gegenseitig beim Ein- und Ausfedern, wie beim Starrachsenprinzip. Als kostengünstig und platzsparend hat sich das sogenannte McPherson-Federbein erwiesen. Seinen Namen verdankt es seinem Erfinder, dem US-Amerikaner Earl S. McPherson, dessen Patent erstmals 1948 zum Einsatz kam. Es entstand aus dem Doppelquerlenker-Federbein und ist, durch seine kompaktere Bauweise, besonders zum Einsatz in Klein- und Mittelklassewagen geeignet. Die Platzersparnis resultiert aus der Ersetzung des oberen Querlenkers durch ein Schwingungsdämpferrohr, an dem die Achsschenkel befestigt sind. Das Stoßdämpferaußenrohr ist mit dem radlagertragenden Achszapfen und dem Spurstangenhebel fest verbunden. Beim Lenken schwenkt diese Einheit um die Stoßdämpferkolbenstange, die mit ihrem oberen Ende in einem Gummilager der Karosserie sitzt, während unten am Federbein ein frei bewegliches Kugelgelenk über einen Querlenker die zweite Verbindung zur Karosserie herstellt.

Die Hinterachse

Dieser Van besitzt eine markante Besonderheit, die seitens der Volkswagen-Gruppe spielend aus den Konzernkomponenten erwachsen konnte und die auch in Zukunft mit hoher Sicherheit funktionieren wird. Eine Variante wird als Allradfahrzeug ausgeliefert. Die Gene für die Regelsysteme stecken wie so manches in der Mechanik bereits im Fronttriebler.
In der Gegenüberstellung der beiden Explosionsbilder der Achssysteme fallen sofort markante Ähnlichkeiten auf. Betrachten wir die Bauweise der beiden Achssysteme einmal genauer:

Die Hinterachse des Fronttrieblers
Ein hochmodernes Mehrlenkersystem kommt neben den Pkw-Baureihen auch diesem Van zugute. Die leichte Bauweise erlaubt geringe ungefederte Massen und trägt deutlich zur präzisen Radführung bei.

Die Hinterachse des Allradfahrzeugs
Betrachtet man den Unterschied zur Fronttrieblerachse, fallen im Wesentlichen zwei Komponenten auf. Das Radlagergehäuse weist für das Allradmodell natürlich ein typisches Radlager für die Radnabe auf, wie wir diese schon von der Vorderachse kennen. Auch der Achskörper hat sich leicht verändert. Schließlich muss hier nun noch ein Achsgetriebe mit zugehörigem Kardan, zwei Achswellen und einiges mehr an Lagerungen untergebracht werden. Wartungstechnisch sind beide Achssysteme unauffällig.

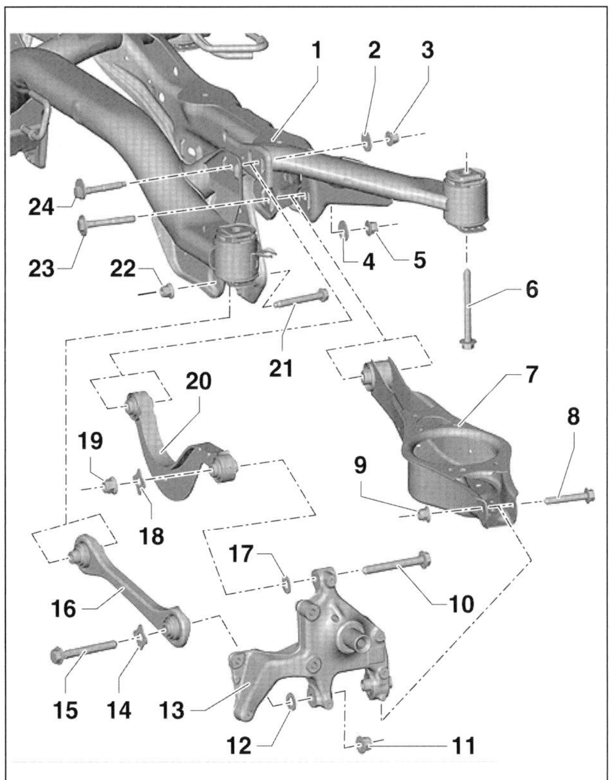

Bauteile der Hinterachse beim Fronttriebler: 1 Aggregateträger, 2 Exzenterscheibe, 3 Mutter, 4 Exzenterscheibe, 5 Mutter, 6 Schraube, 7 Querlenker unten, 8 Schraube, 9 Mutter, 10 Schraube, 11 Mutter, 12 Scheibe, 13 Radlagergehäuse, 14 Scheibe, 15 Schraube, 16 Spurstange, 17 Scheibe, 18 Scheibe, 19 Mutter, 20 Querlenker oben, 21 Schraube, 22 Mutter, 23 Exzenterschraube, 24 Exzenterschraube

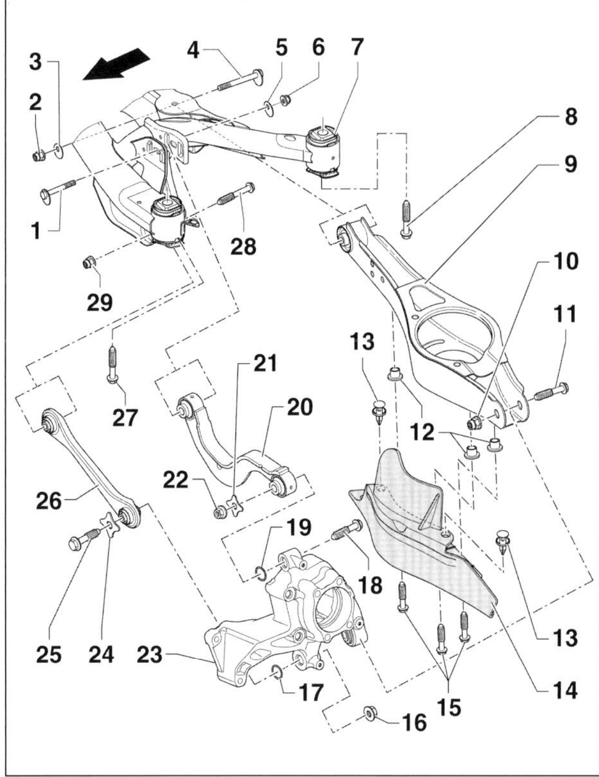

Bauteile der Hinterachse beim Allrad: 1 Exzenterschraube, 2 Mutter, 3 Exzenterscheibe, 4 Exzenterschraube, 5 Exzenterscheibe, 6 Mutter, 7 Aggregateträger, 8 Schraube, 9 Querlenker unten, 10 Mutter, 11 Schraube, 12 Gewindeniet, 13 Spreizniet, 14 Steinschlagschutz, 15 Sechskantschraube, 16 Mutter, 17 Scheibe, 18 Schraube, 19 Scheibe, 20 Querlenker oben, 21 Scheibe, 22 Mutter, 23 Radlagergehäuse, 24 Scheibe, 25 Schraube, 26 Spurstange, 27 Schraube, 28 Schraube, 29 Mutter.

Radlager und am Achsgelenk prüfen

Radlager prüfen

Radlager unterliegen, wie alle beweglichen Teile eines Fahrzeugs, dem Verschleiß. Schäden können Sie anhand zweier Merkmale schnell selbst ausmachen. Zum einen werden Sie ein vorhandenes, übermäßiges Lagerspiel mit der im Folgenden beschriebenen Prüfung feststellen. Zum anderen werden Sie im Rahmen einer Probefahrt oftmals ein beschädigtes Radlager an der Geräuschentwicklung erkennen können. Da dieses Geräusch im Schadensverlauf nur langsam zunimmt, wird es vom Fahrer oft nicht erkannt. Der hat sich im Laufe der zunehmend lauter werdenden Geräuschkulisse, über nicht selten schon mehrere Monate, an das Geräusch gewöhnt. Durch die Lastwechselreaktionen bei Kurvenfahrten können Sie oft auch die Position des beschädigten Radlagers im Rahmen einer Probefahrt feststellen. Radlager können nicht eingestellt werden, man muss sie bei Schäden austauschen. Das ist auf jeden Fall für die Lager der Vorderachse eine Sache für die Werkstatt. Lager, Laufringe, Nabe und Lenk-Schwenklager sind in engen Toleranzen gefertigt, die bei der Montage Spezialwerkzeuge erforderlich machen.

- Gut prüfen können Sie die Radlager auf etwaiges Spiel, wenn das Fahrzeug leicht angehoben wird.
- Das Rad vorsichtig in der Senkrechten bewegen. Radlagerspiel bemerken Sie an einem geringfügigen Kippeln.
- Das Rad vorsichtig in der Waagerechten bewegen. Radlagerspiel bemerken Sie auch hier an einem geringfügigen Kippeln.

Grundsätzlich kann ein Radlager geringfügiges Spiel aufweisen. Es sollte aber im besten Fall gerade so spürbar sein.

- Gibt es Spiel an den vorderen Radlagern, lassen Sie einen Helfer die Bremse treten. Wiederholen Sie die Kontrolle! Wenn immer noch Spiel festgestellt wird, müssen Achsgelenke, Spurstangengelenke und Domlager geprüft werden.

Bewegung in der Senkrechten: Das Lagerspiel in dieser Richtung kann etwas (aber kaum merklich) größer ausfallen, als das Lagerspiel für die waagerechte Ebene.

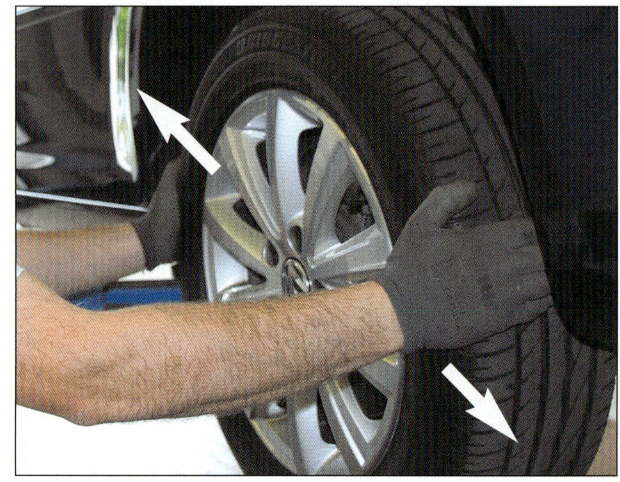

Bewegung in der Waagerechten: Das Lagerspiel in dieser Richtung sollte in der Regel kaum feststellbar sein.

Achsgelenke kontrollieren

Die Kugelgelenke der Achsgelenke (rechts und links zwischen Querlenker und Lenk-Schwenklager) sitzen in einer Fett-Dauerfüllung in Kunststoffschalen. Staubkappen aus Kunststoff schützen sie vor Nässe und Schmutz. Die Gelenke sind wartungsfrei. Eine beschädigte Staubkappe bedeutet allerdings das vorzeitige Aus fürs Gelenk – eindringender Schmutz wirkt wie Schmirgelsand, Feuchtigkeit lässt es mit der Zeit festrosten.

- Fahrzeug vorne aufbocken, ideal wäre für die Prüfung eine Hebebühne.
- Lenkung nach einer Seite voll einschlagen.
- Staubkappen der Achsgelenke rechts und links auf Beschädigungen kontrollieren. Achsgelenke kontrollieren und dabei die Kappen zusammendrücken – so entdecken Sie auch versteckte Risse.
- Eine schadhafte Staubkappe kann nicht einzeln ersetzt werden, der Gelenkbolzen muss komplett ausgetauscht werden.
- Das Axialspiel prüfen, indem der Achslenker kräftig nach unten gezogen und wieder hochgedrückt wird (1).
- Das Radialspiel prüfen, indem das Rad kräftig nach innen und außen gedrückt wird (2).
- Hinteres Lager für Achslenker und Achslenker vorne genau prüfen. Dabei vor allem auf Risse des Gummilagers achten (3) und (4).

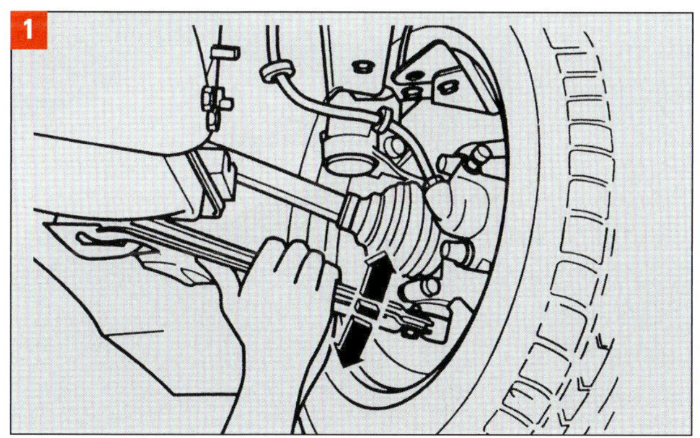

Axialspiel prüfen: Achslenker kräftig nach oben und unten drücken.

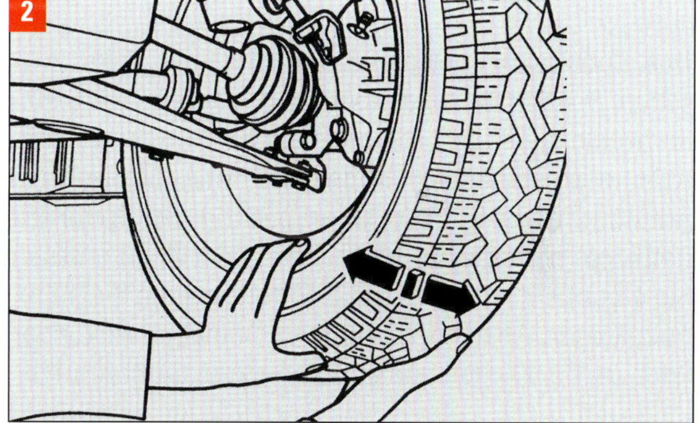

Radialspiel prüfen: Rad unten kräftig nach innen und außen drücken.

Querlenkerlager am Van.

Achsgelenk am Van.

Spurstangenköpfe und Manschetten prüfen

Manschetten der Lenkzahnstange

Die aus dem Zahnstangengehäuse austretende Zahnstange wird links und rechts durch eine Gummimanschette geschützt. Dringen durch einen rissigen oder beschädigten Faltenbalg Schmutz und Feuchtigkeit ein, verbinden sie sich mit dem Fett des Lenkgetriebes zu einer Schleifpaste, die ständig am Lenkritzel nagt. Eine verschlissene Manschette sollten Sie daher sofort ersetzen.

- Leuchten Sie mit einer Taschenlampe jeden Faltenbalg ab. Schlagen Sie die Lenkung voll nach rechts und links ein; ziehen Sie dann den Faltenbalg Stück um Stück auseinander, um Risse in den Falten zu erkennen.

Spurstangengelenk

Das Spurstangengelenk sitzt rechts und links zwischen Spurstange und Spurstangenhebel des Lenk-Schwenklagers. Selbstschmierender Kunststoff umhüllt den stählernen Kugelkopf, eine Manschette schützt ihn vor Schmutz und Feuchtigkeit. Spurstangenköpfe mit defekter Manschette oder Spiel müssen Sie umgehend ersetzen. Die Kontrolle sollten Sie im regelmäßigen Abstand, am besten einmal jährlich oder nach ca. 15.000 gefahrenen Kilometern, durchführen.

- Prüfen Sie, ob das Gelenk Spiel hat. Fahren Sie das Auto dazu am besten über eine Grube. Lassen Sie einen Helfer das Lenkrad mehrmals kurz nach links und rechts drehen. Sie können mit der Hand fühlen, ob die Spurstangengelenke Luft haben.

- Kontrollieren Sie die Manschetten der Spurstangengelenke auf Risse und Beschädigungen. Durch Auseinanderziehen der Falten lassen sich Undichtigkeiten am besten erkennen. Leuchten Sie dabei mit einer Taschenlampe jeden Faltenbalg einzeln ab.

- Ist die Manschette defekt, sollte der komplette Spurstangenkopf gewechselt werden (Werkstattarbeit).

Genau inspizieren: Nehmen Sie bei der Kontrolle der Manschette jede Falte einzeln in Augenschein.

Spurstangenkopf prüfen: Spurstangenkopf kräftig nach oben und unten drücken.

Manschette prüfen: Bei einem Defekt wie einem Loch oder einem Riss ist die Gelenkwellenmanschette auszutauschen.

Radeinstellung prüfen

Begriffe der Lenkgeometrie

WISSENSWERTES

Von der Stellung der Vorderräder wird die Straßenlage wesentlich bestimmt. Man unterscheidet:
Nachlauf: Abstand (in Fahrtrichtung) zwischen der gedachten Verlängerungslinie der Lenkdrehachse zum Boden und dem Mittelpunkt der Reifenaufstandsfläche. Durch den Nachlauf werden die Räder gezogen (und nicht geschoben). Sie neigen deshalb dazu, sich von selbst geradeaus zu stellen und diese Stellung auch beizubehalten (A in Bild 1).

Sturz: Die Neigung des Rades zu einer Senkrechten. Vermindert Fahrbahnstöße auf die Teile der Lenkung, reduziert Lenkkräfte und Reibung der Räder auf der Fahrbahn. Die Vorderräder haben positiven Sturz. Sie stehen oben im Radkasten geringfügig weiter auseinander als unten am Boden (B in Bild 1).

Spreizung: Die Neigung der Lenkungsdrehachse zu einer Senkrechten. Denkt man sich eine Linie dieser Achse zum Boden und misst den Abstand zur Mittellinie durch das Rad (Mittelpunkt der Reifenaufstandsfläche), erhält man den Lenkrollradius. Dieser soll möglichst klein sein, um die Störkräfte in der Lenkung zu verringern. Die Spreizung bewirkt zusammen mit dem Nachlauf, dass sich bei eingeschlagenen Rädern das Fahrzeug etwas anhebt. Lässt man das Lenkrad los, stellen sich die Räder selbst in die Mittelstellung zurück (C in Bild 1).

Vorspur: Der vordere Abstand der Räder einer Achse ist kleiner als der hintere (Bild 2). Das gleicht die Reibung zwischen Rad und Straße aus, die das linke Rad nach links und das rechte nach rechts drücken will. Die Vorspur verhindert Flattern der Räder und Radieren der Reifen. Bei der Fahrt durch eine Kurve schwenkt das kurveninnere Rad zur Unterstützung der Lenkbewegung und der Lenkkräfte stärker ein als das kurvenäußere. Die Vorspur geht in Nachspur über (Räder einer Achse hinten enger zusammen).

Spurdifferenzwinkel: Für die Vorderradaufhängung festgelegte Abweichung zwischen den Radeinschlagwinkeln bei Stellung eines Rades auf 20°.

Die richtige Stellung der Vorderräder entscheidet darüber, ob Ihr Fahrzeug auf ebener Strecke und in Kurven ruhig und sicher auf der Straße liegt. Nach harter Berührung des Bordsteins kann die Geometrie der Vorderradaufhängung bereits empfindlich gestört sein. Auch verschlissene Gelenke und Gummilager oder unsachgemäße Reparaturen wirken sich spürbar negativ auf das Fahrzeugverhalten aus.
Unternehmen Sie deshalb ganz gezielt eine kurze Probefahrt zur Überprüfung der Lenkgeometrie. Dazu müssen beide Vorderreifen dieselbe Reifensorte und Profiltiefe aufweisen und den vorgeschriebenen Luftdruck haben.

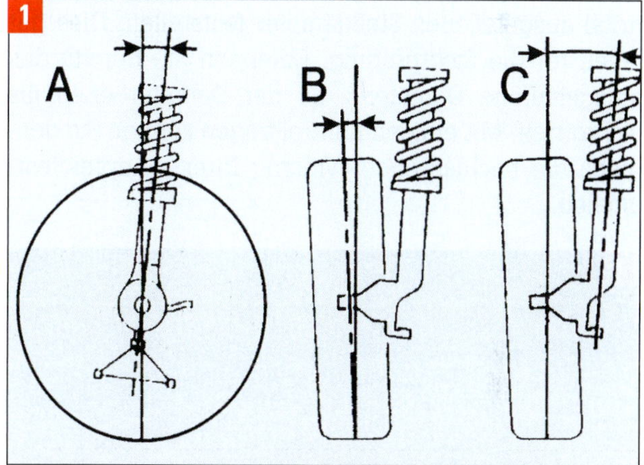

Lenkgeometrie – Die wichtigsten Radeinstellungen:
A – Nachlauf, B – Radsturz, C – Spreizung.

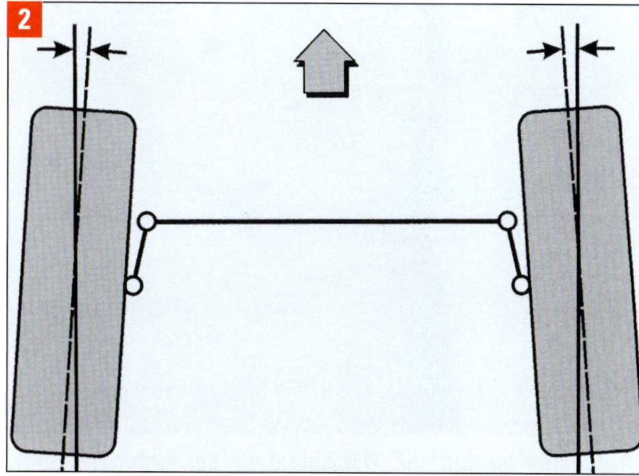

Lenkgeometrie – Der Stand der Räder:
Schematische Darstellung der so genannten Vorspur.

Zustand der Stoßdämpfer prüfen

Nach zwei verschlissenen Reifensätzen besitzen die Stoßdämpfer meist nur noch die Hälfte ihrer Wirkung. Sie sind dann reif für den Austausch. Schlechte Dämpfer gehören zu den schleichenden Verschleißerscheinungen.
Die meisten Fahrer gleichen Mängel am Stoßdämpfer mit der Zeit unbewusst durch verändertes Fahrverhalten aus. Lassen Sie zu Ihrer Sicherheit das Bauteil zur exakten Diagnose einmal im Jahr auf dem Prüfstand eines Automobilclubs oder von TÜV/DEKRA kontrollieren.
Die Schaukelmethode, bei der man den Wagen am betreffenden Kotflügel aufschaukelt und plötzlich loslässt, ersetzt keine Prüfung. Damit können Sie nur einen total ausgefallenen Stoßdämpfer feststellen. Dies gilt auch für die Sichtprüfung. Erkennen Sie bereits das ausgelaufene Dämpferöl, ist der Dämpfer ebenfalls schrottreif. Mit einigen Kontrollfragen können Sie dennoch die nachlassende Wirkung Ihrer Dämpfer feststellen.

Beim Fahren auf Folgendes achten

- Flattert die Lenkung? In diesem Fall haben die Räder nicht ständig Kontakt zum Boden.
- Schwingt die Karosserie bei Fahrbahnunebenheiten nach?
- Wirkt das Fahrzeug in Kurven schwammig? Dann werden die kurveninneren Räder nicht genügend auf den Asphalt gedrückt, die äußeren nicht stark genug entlastet.

Sichtprüfung

- Nutzen die Reifen gleichmäßig ab?
- Sind die Aufnahmen in den Radhäusern unbeschädigt?
- Weisen die Dämpfer offensichtlich Schaden auf (z. B. auslaufendes Dämpferöl, wie in Bild 2 zu erkennen)?

1

Aufnahme im Radlauf: Die Aufnahme der Feder-Dämpfer-Einheit steht unter großer Beanspruchung. Eine Sichtkontrolle schadet daher von Zeit zu Zeit nicht.

Schadensbild Stoßdämpfer: Das ausgelaufene Dämpferöl, wie hier zu sehen, bedeutet einen Totalausfall. Sieht Ihr Stoßdämpfer auch so aus wie dieser, ist ein Wechsel fällig.

Federbein vorne ausbauen

Benötigtes Werkzeug

- Knarre
- Spezialwerkzeug 3424 (zum Aufweiten des Achsschenkels)
- Kugelbolzenabzieher

■ Fahrzeug an der betreffenden Seite aufbocken und Rad abbauen. Bei Fahrzeugen mit Bremsbelagverschleißanzeige Anschlussstecker an der Steckverbindung trennen.

■ Sechskantmuttern der Koppelstangen (Pfeil A in Bild 1) abschrauben.

■ Klammern (Pfeil B in Bild 1) der Bremsschlauchhalterung herausziehen und Bremsschlauch aushängen. Dabei Bremsschlauch nicht knicken oder biegen.

■ Leitung für den Drehzahlfühler vom Federbein aushängen.

■ Bei den elektronischen Fahrwerken nun die Befestigungsmutter im Querlenker lösen.

■ Befestigungsschrauben (A in Bild 2) vom Bremssattel abschrauben. Anschließend den Bremssattel abnehmen.

■ Koppelstange (C in Bild 2) vom Achslenker durch Lösen der Schrauben (D) abschrauben.

■ Schrauben der Verbindung (Bild 3) vom Radlagergehäuse/ Federbein trennen.

■ Spezialwerkzeug 3424 in den Schlitz (Pfeil in Bild 4) einsetzen und Knarre um 90° drehen.

■ Mit der Hand auf die Bremsscheibe in Richtung Federbein drücken, sonst kann sich das Dämpferrohr in der Bohrung des Radlagergehäuses verkanten.

■ Radlagergehäuse nach unten vom Dämpferrohr abziehen.

■ Bauen Sie die Wasserkastenabdeckung aus.

■ Sechskantmuttern für obere Dämpferbefestigung abschrauben. Dazu können Sie eine handelsübliche Knarre benutzen (Bild 5).

■ Achsschenkel abstützen und Federbein nach unten entnehmen.

■ Achten Sie darauf, dass die Achswellen nicht frei hängen. Die Gelenke könnten durch Überdehnen beschädigt werden.

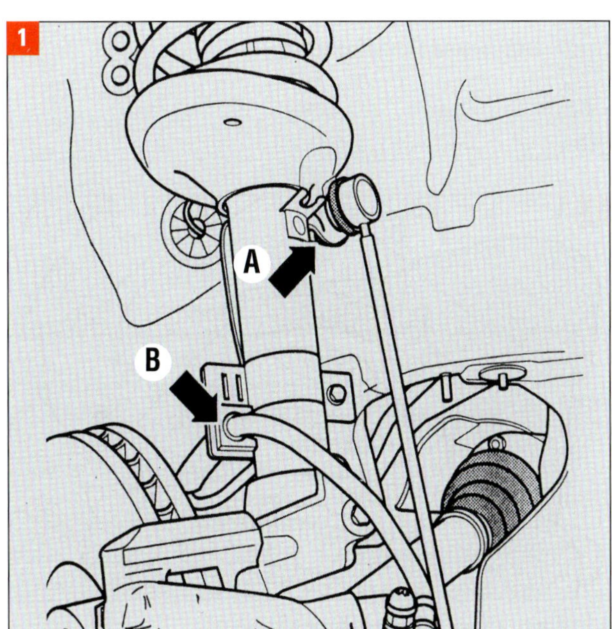

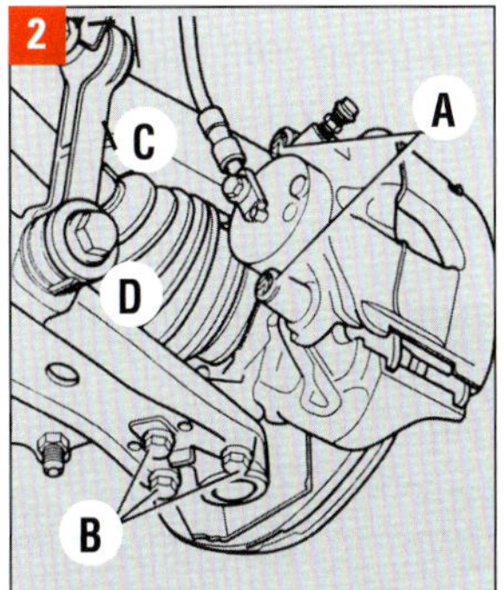

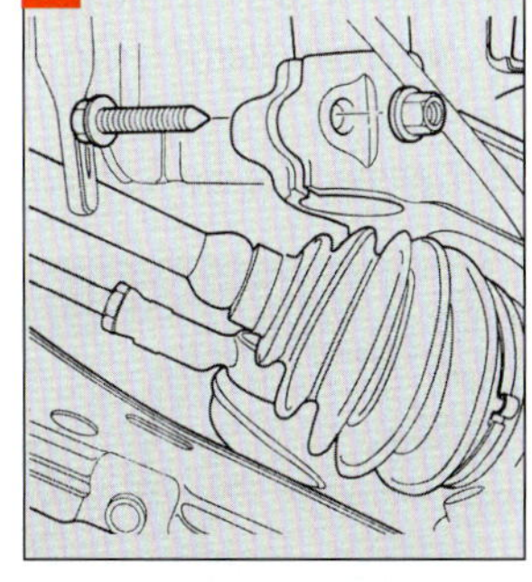

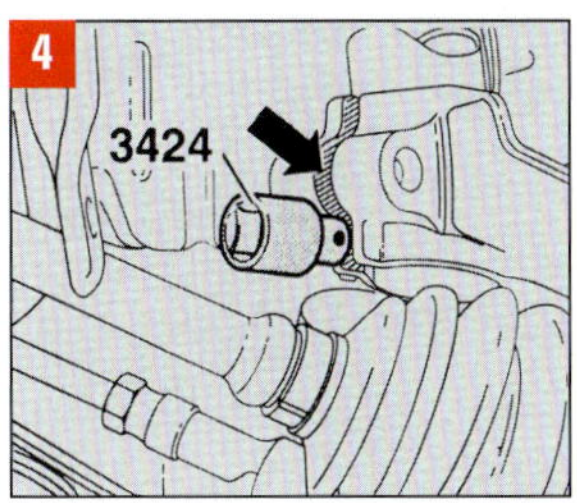

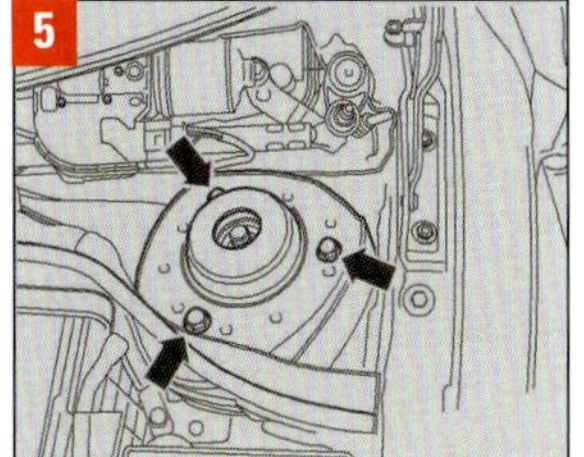

Federn und Dämpfer hinten ausbauen

Wegen des getrennten Aufbaus von Feder und Dämpfer an der Hinterachse ist der Wechsel der beiden Teile relativ leicht zu bewerkstelligen. Für den Ausbau müssen Sie allerdings das Auto nicht zuletzt aufgrund des verbauten Stabilisators auf beiden Seiten gleichmäßig aufbocken. Achten Sie beim Allrad darauf, dass die Achswellen nicht frei hängen. Die Gelenke könnten durch Überdehnen beschädigt werden.

Ausbau Dämpfer:

- Bocken Sie das Auto auf beiden Seiten auf und sichern es mit Unterstellböcken.
- Ziehen Sie die Verbindungskabel und Anschlüsse zum Dämpfer ab.
- Lösen Sie die Befestigungsmuttern oben und unten an beiden Stoßdämpfern.
- Dämpfer nach innen wegziehen und obere Schrauben lösen.

Ausbau Feder:

- Bocken Sie das Auto auf beiden Seiten auf und sichern es mit Unterstellböcken.
- Drücken Sie die Feder mit einem geeigneten Federspanner zusammen, bis Sie diese herausnehmen können.
- Nehmen Sie die Schraubenfeder heraus.
- Beim Einbau in umgekehrter Reihenfolge achten Sie darauf, dass die Zapfen der Federauflage unten sich im Querlenker einsetzen und dass die Federenden an den jeweiligen Anschlägen der Federauflage unten und oben sitzen.
- Entspannen Sie die Federspanner gleichmäßig.
- Montieren Sie die Hinterräder.

WISSENSWERTES

Tieferlegen

Eine sehr beliebte Veränderung am Fahrwerk ist das Tieferlegen. Wobei hier nie das Fahrwerk, sondern immer nur die Karosserie tiefergelegt wird. Denn die Federn tragen das Gewicht des Autos und wenn diese kürzer sind, wandert die Karosserie Richtung Asphalt. Oft wird jedoch einfach aus optischen Gründen tiefergelegt. Dafür würde natürlich ein Wechsel der Federn ausreichen. Greifen Sie dabei nicht einfach auf das günstigste Angebot zurück, denn das Zusammenspiel zwischen Federn und Stoßdämpfern ist außerordentlich wichtig für das Fahrverhalten. Sollten die Serienstoßdämpfer nicht mehr taufrisch sein, ist es sicher besser, ein Komplettfahrwerk zu wählen mit aufeinander abgestimmten Feder- und Dämpferraten.

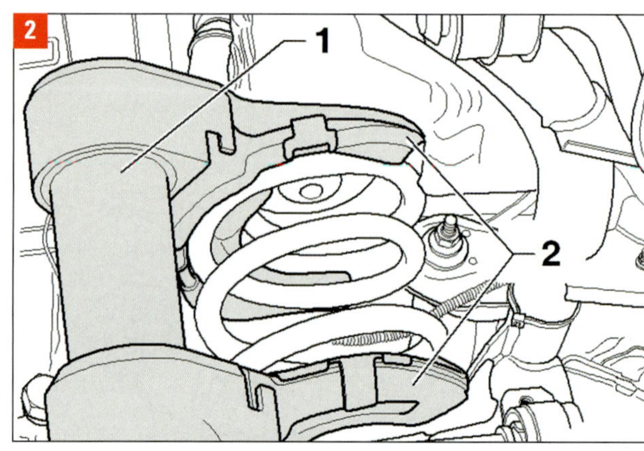

1 Federspanner, 2 Halteklammern

Fahrwerk

Störung	Was kann das sein?	Was kann ich tun?
A Schwammiges Fahrverhalten	**1** Reifen zu geringer Luftdruck	Luftdruck prüfen.
	2 Stoßdämpfer undicht	Ölverlust mit Finger prüfen, bleibt Öl am Finger: tauschen.
	3 Stoßdämpfer verschlissen	Kolbenstange auf Riefen und Abplatzung prüfen.
	4 Spurwerte stimmen nicht	Achsvermessung durchführen.
	5 Federn erlahmt	Federn prüfen, ggf. austauschen.
	6 Gummis Querlenker hinten	Neue Streben einbauen.
B Reifen	**1** starker, unregelmäßiger Verschleiß	Spurwerte stimmen nicht, Achsvermessung durchführen.
	2 Verschleiß innen	Zu viel negativer Sturz.
	3 Verschleiß außen	Zu viel positiver Sturz.
	4 Verschleiß in der Mitte	Zu viel Luftdruck.
	5 Verschleiß innen und außen	Zu wenig Luftdruck.
C Klackern beim Überfahren	**1** Koppelstange defekt von Unebenheiten	Koppelstangen auf Spiel prüfen und gegebenenfalls ersetzen.
	2 Spiel in der Lenkung	Lenkung prüfen.
	3 Spiel in Fahrwerksteilen	Domlager, Traggelenk und Spurstangen prüfen.
	4 Antriebswelle defekt	Antriebswellen prüfen und gegebenenfalls ersetzen.
D Geräusche bei Kurvenfahrt	**1** Radlager defekt	Richtige Seite durch Wechselkurven feststellen.
	2 Spurwerte stimmen nicht	Reifenprofil kontrollieren (siehe B).
	3 Antriebswelle defekt	Antriebswellen prüfen und gegebenenfalls ersetzen.

Bremsanlage

Hauptaufgabe der Bremsanlage ist die Umwandlung von kinetischer Energie (Bewegungsenergie) in Wärmenergie, die durch Reibung entsteht. Temperaturen von mehreren hundert Grad können dabei die Bremsscheibe zum Glühen bringen. Umso wichtiger ist daher die vernünftige Wartung. Wir zeigen Ihnen alle Funktionen sowie alle Do-it-yourself-Arbeiten, die Sie an Ihren Bremsen durchführen können.

Grenzen der Belastbarkeit

Die Bremsanlage des Van gilt allgemein als robust und standfest. Der breiten Vielfalt unterschiedlicher Motorleistungen kommt der Hersteller mit dem Einbau verschieden dimensionierter Anlagen nach.
Der Van hat an Vorder- und Hinterachse Scheibenbremsen – vorne innenbelüftet. Obwohl die Bremsanlage also im Prinzip ausreichend dimensioniert ist, stößt die Anlage früher oder später an ihre Grenzen. Das ist ganz natürlich, denn eine Bremsanlage kann nichts anderes tun, als Bewegungsenergie in Wärme umzuwandeln.
Je mehr Masse und Belüftung die Bremsscheiben haben, umso mehr Energie kann aufgenommen werden. Bei rasanten Passabfahrten kann es also durchaus passieren, dass der Druckpunkt immer schwammiger und der Pedalweg immer länger wird. Ist die Bremsflüssigkeit alt und der Wassergehalt groß, werden jetzt mit Sicherheit Dampfblasen entstehen. Das kann gefährlich werden, denn irgendwann geht der Tritt ins Leere.
Bei extremer Beanspruchung meldet sich die Bremsanlage dann auch akustisch: Ein Wummern oder Brummen deutet auf eine thermische Überlastung hin. Die Scheibe beginnt sich zu verziehen, die Beläge fangen an zu schmieren. Gesellen sich noch spürbare Vibrationen hinzu, ist es höchste Zeit die Anlage bei mittlerer Geschwindigkeit, möglichst ohne Bremsbetätigung, abkühlen zu lassen.

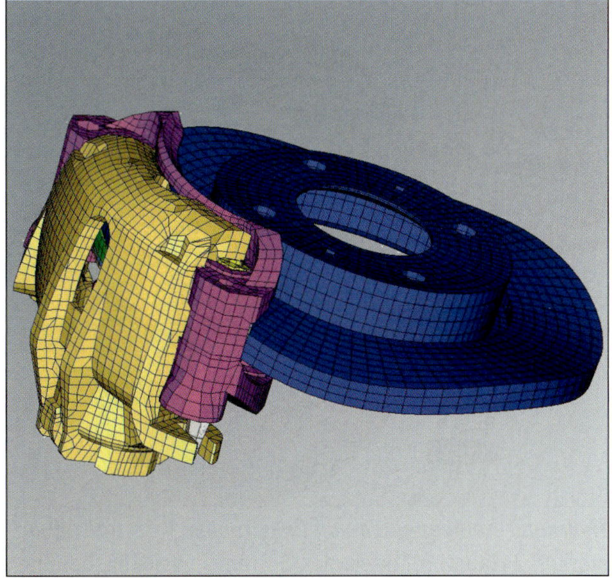

Verzug bei hohen Temperaturen: Diese CAD-Simulation zeigt, wie sich die Scheibe bei hoher Belastung verformt.

Wie funktionieren die Bremsen?

Wenn Sie auf das Bremspedal treten, presst eine mit dem Pedal verbundene Druckstange zwei hintereinander liegende Kolben in den Hauptbremszylinder, der sich im Motorraum befindet. Die Kolben übertragen die Kraft auf die dort eingeschlossene Bremsflüssigkeit. Der so entstehende hydraulische Druck in der Bremsflüssigkeit gelangt über Rohr- und Schlauchverbindungen zu den Radzylindern in den Bremssätteln. In diesen drücken Kolben die Bremsklötze gegen die Bremsscheiben. Dadurch verschiebt sich die auf langen Bolzen geführte Bremszange und überträgt den gleichen Druck auf den äußeren Bremsklotz. Liegt der Bremsdruck nicht mehr an, wird die Rechteckmanschette zurück verformt und zieht den Kolben von den Bremsscheiben zurück. So entsteht zwischen Bremsklotz und Scheibe ein Spiel von weniger als einem Millimeter – die Bremsscheibe dreht wieder frei.

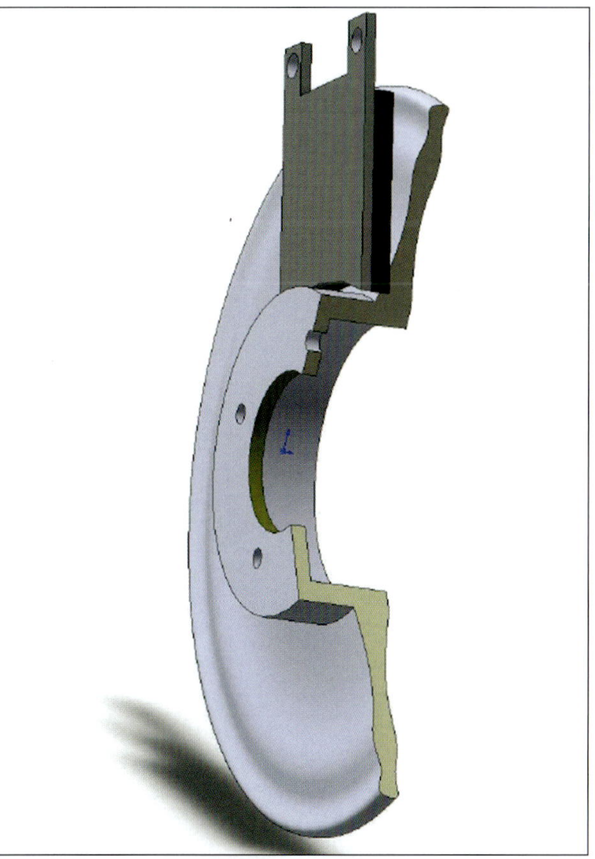

Im Laufe der Zeit nutzen sich auch die Bremsscheiben ab: Ist die Scheibenfläche uneben, müssten die neuen Beläge erst einschleifen. Die Folge: geringere Bremsleistung und stark ungleichmäßige Temperaturentwicklung an der Bremsscheibe.

Die Zweikreis-Bremsanlage

Die StVZO (Straßenverkehrs-Zulassungsordnung) fordert für jedes Kfz zwei Bremsanlagen, die unabhängig voneinander arbeiten. Wenn ein System ausfällt, soll das andere das Fahrzeug immer noch abbremsen können. Deshalb verfügt auch Ihr Van über eine diagonal aufgeteilte Zweikreisbremsanlage analog Bild 1: Ein Bremskreis ist für linkes Vorderrad (1) und rechtes Hinterrad (2), der andere für rechtes Vorderrad (3) und linkes Hinterrad (4) zuständig. Fällt ein Bremskreis aus, bleiben ein Vorder- und ein Hinterrad bremsfähig. Man muss kräftiger aufs Pedal steigen, es lässt sich weiter durchtreten, der Anhalteweg wird länger.

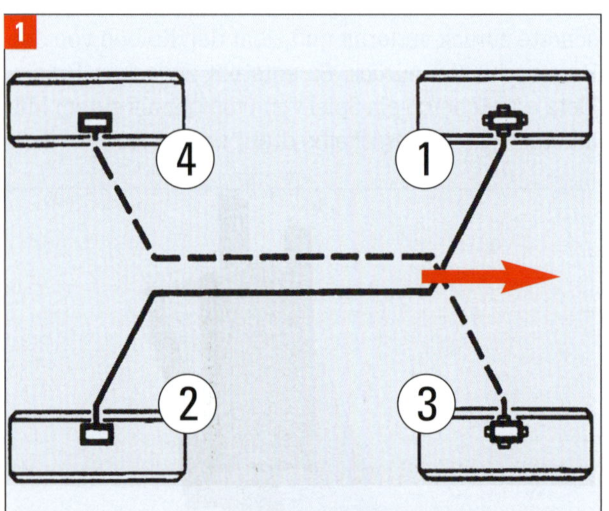

Hydraulischer Druck

Beim Bremsen presst eine Druckstange (blauer Pfeil in Bild 3) am Pedal einen Doppelkolben in den Hauptbremszylinder (2). Dieser bildet mit dem Bremskraftverstärker (1) eine Einheit, weshalb man auch vom »Tandem-Hauptbremszylinder« spricht. Die Kolben übertragen die Fußkraft auf die in den Ausgleichs- oder Vorratsbehälter (3) eingefüllte und von dort über Bremsleitungen (4) ins System verteilte Bremsflüssigkeit (Bilder 2 und 3). Der hydraulische Druck wird in dem mit pneumatischem Unterdruck versorgten Bremskraftverstärker (BKV) etwa verdoppelt. Der BKV bringt damit rund 60% der Bremskraft auf. Unterdruck wird durch Vakuumpumpen erzeugt oder (Benzinmotor) dem Saugrohr entnommen. Der hydraulische Druck geht über Leitungen zur »Hydraulikeinheit« (roter Pfeil, Bild 3). Vom Bremskraftverstärker setzt sich der (Unter-)Druck über Schlauch- und Rohrleitungen zu den Bremssätteln fort. In den Bremssätteln (siehe das Bild zum Kapitelauftakt) drücken die Kolben der Radbremszylinder die Bremsklötze gegen die Bremsscheiben. Beim Lösen des Bremspedals werden die Kolben und dadurch die Bremssättel von den Bremsscheiben zurückgezogen. Diese können dann wieder frei drehen (Bilder 4 und 5).

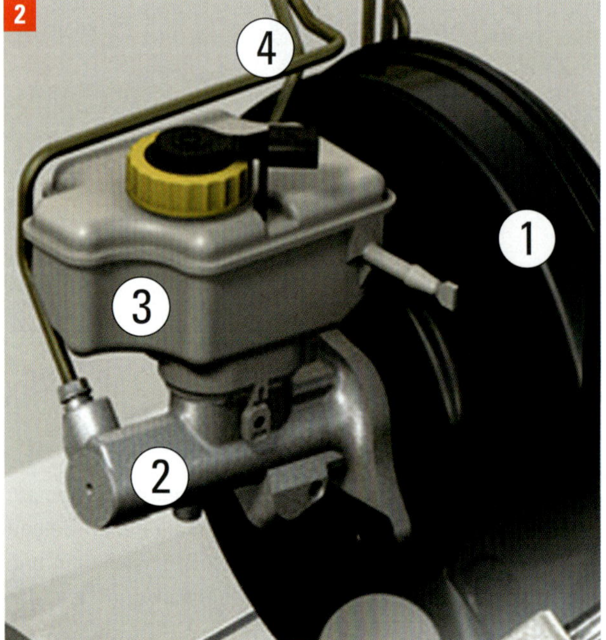

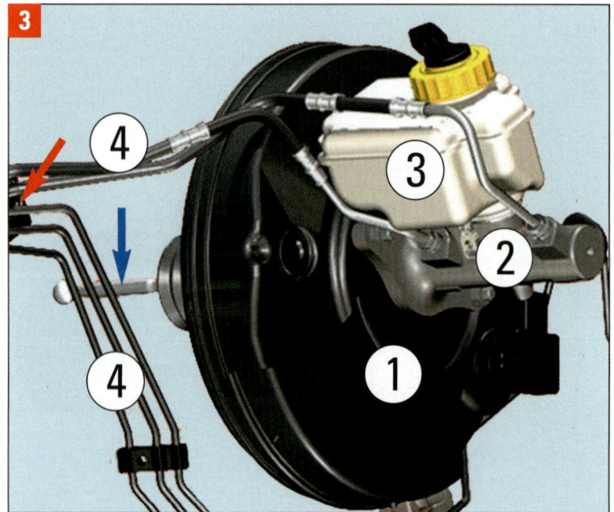

Hydraulik-Komponenten von links/rechts: 1 Bremskraftverstärker, 2 Hauptbremszylinder, 3 Bremsflüssigkeitsbehälter, 4 Bremsleitungen zur ABS-Hydraulik, der so genannten Hydraulikeinheit.

Die Radbremsen von Sharan und Alhambra

Wie wir schon in der Modellvorstellung erwähnt haben, weist das Bremssystem des Vans eine komplexe Funktionsvielfalt auf, die ein eigentlich ganz normales ABS-System durch intelligente Softwareanbindungen in das Gesamtsystem »Fahrzeug« perfekt eingliedert. Arbeiten sollten Sie lediglich dann in eigener Regie an diesem System durchführen, wenn Sie sicher sind, einen Einblick in die Systeme erhalten zu haben und über Erfahrungen in der Wartung und im Umgang mit der Bremse verfügen. Das Fahrzeug ist mit einer elektromechanischen Bremsanlage ausgerüstet. Schon die Prüfung der Handbremse ist ohne Prüfstand nicht möglich.

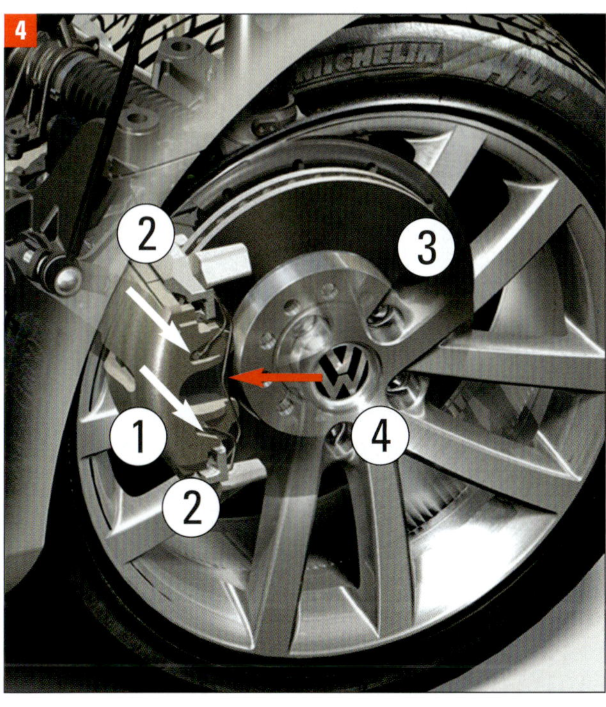

Bild 4 Bremse vorn links: (1) Bremssattel mit (2) Sattelträger und (roter Pfeil) Federklammer, (3) innenbelüftete Bremsscheibe, (4) Felge. An der linken Vorderradbremse befinden sich Fühler für die Bremsbelag-Verschleißanzeige (weiße Pfeile).

Bild 5 Bremse vorn rechts: (1) Bremssattel (Bremskolben) mit Entlüftungsnippel (roter Pfeil), (2) Sattelträger, (3) innenbelüftete Bremsscheibe, (4) Felge. Blauer Pfeil: Bremsleitung (-schlauch).

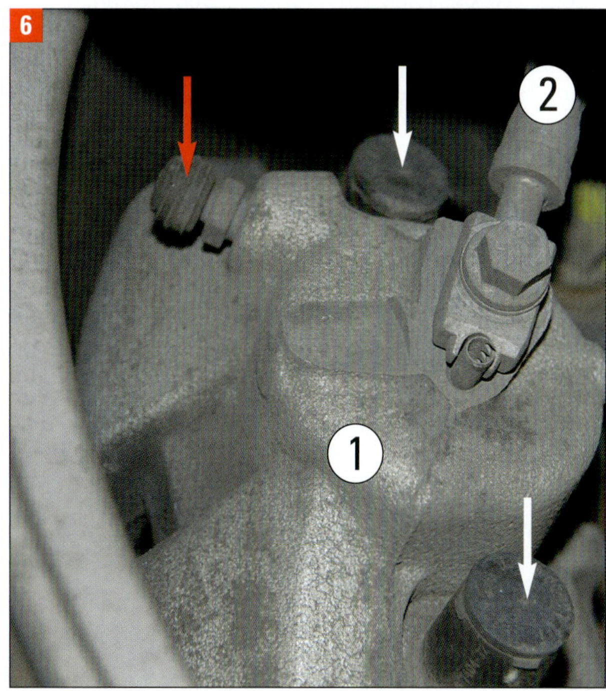

Bild 6 Bremse vorn rechts / Blick von unten: (1) Bremszylinder im Bremssattel, (2) Bremsschlauch; roter Pfeil - Entlüftungsnippel, weiße Pfeile - Abdeckkappen der Führungsbolzen.

Zuordnung der Bremskomponenten

Welche Bremse im Fahrzeug verbaut ist, wird unter anderem auf dem Fahrzeugdatenträger durch die entsprechende PR-Nummer dokumentiert. Momentan sind leider die Informationen über die jeweils eingebaute Hinterradbremse auf dem Fahrzeugdatenträger nicht verfügbar. Die entsprechende Information zu der jeweils eingebauten Hinterradbremse über Ihren VW- oder Seat-Händler abfragen.
In diesem Beispiel ist im Fahrzeug folgende Bremse verbaut:
Pfeil 1: vorgesehener Platz für die Hinterradbremse
Pfeil 2: Vorderradbremse – 1LJ

Die Information zu der jeweils eingebauten Hinterradbremse über das herstellereigene EDV-System beim Händler ergibt, dass bei diesem Fahrzeug die Hinterradbremse »1KU« verbaut worden ist.

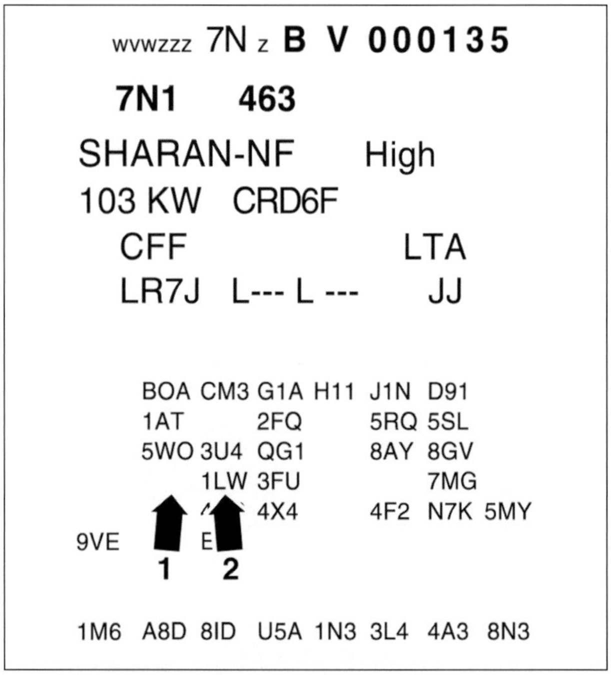

wvwzzz 7N z **B V 000135**
7N1 463
SHARAN-NF High
103 KW CRD6F
CFF LTA
LR7J L--- L --- JJ

BOA CM3 G1A H11 J1N D91
1AT 2FQ 5RQ 5SL
5WO 3U4 QG1 8AY 8GV
1LW 3FU 7MG
4X4 4F2 N7K 5MY
9VE E
1 2

1M6 A8D 8ID U5A 1N3 3L4 4A3 8N3

Informationen auf den Fahrzeugdatenträgern: 1 Platz für die Angabe der Hinterradbremse, 2 Eintrag für die Vorderradbremse.

Vorderradbremse:

Motorisierung	PR-Nr.	Vorderradbremse
1,4 l - 110 kW TSI (1)	1LJ	FN3 (16")
2,0 l - 100, 103 kW TDI (1)		
1,4 l - 110 kW TSI (2+3)	1LW	C60 (16")
2,0 l - 100, 103 kW TDI (2)		
2,0 l - 147 kW TFSI		
2,0 l - 125 kW TDI		

(1) für Fahrzeuge mit Schaltgetriebe.
(2) für Fahrzeuge mit Doppelkupplungsgetriebe.
(3) für Fahrzeuge mit Allradantrieb und Schaltgetriebe.

Hinterradbremse:

Motorisierung	PR-Nr.	Hinterradbremse
1,4 l - 110 kW TSI	1KU	CII 41 (16")
2,0 l - 147 kW TFSI		
2,0 l - 100, 103 kW TDI		
2,0 l - 125 kW TDI		

Länderspezifische Bremse für Japan:

Motorisierung	PR-Nr.	Vorderradbremse
2,0 l - 147 kW TFSI	1LX	C60 (16")

Länderspezifische Bremse für Japan:

Motorisierung	PR-Nr.	Hinterradbremse
2,0 l - 147 kW FSI	1KU	CII 41 (16")

Technische Daten der Bremse

Hauptbremszylinder und Bremskraftverstärker		
Hauptbremszylinder	Ø in mm	23,8
Bremskraftverstärker (Linkslenker)	Ø in Zoll	11
Bremskraftverstärker (Rechtslenker)	Ø in Zoll	7 / 8

Vorderradbremsen FN 3		
Pos.	PR-Nr.	1LJ / 1ZD
1	Bremssattel	FN3 (16")
2	Bremsbelag, Dicke	14 mm
	Bremsbelagsverschleißgrenze (ohne Rückenplatte)	2 mm
3	Bremsscheibe	312 mm
	Bremsscheibendicke	25 mm
	Verschleißgrenze Bremsscheibe	22 mm
4	Bremssattel Kolben	54 mm

Vorderradbremse C60		
Pos.	PR-Nr.	1LW / 1LX
1	Bremssattel	C60 (16")
2	Bremsbelag, Dicke	13 mm
	Bremsbelagsverschleißgrenze (ohne Rückenplatte)	2 mm
3	Bremsscheibe	314 mm
	Bremsscheibendicke	30 mm
	Verschleißgrenze Bremsscheibe	27 mm
4	Bremssattel Kolben	60 mm

Hinterradbremse CII		
Pos.	PR-Nr.	1KU
1	Bremssattel	CII 41 (16")
2	Bremsbelag, Dicke	11 mm
	Bremsbelagsverschleißgrenze (ohne Rückenplatte)	2 mm
3	Bremsscheibe	280 mm
	Bremsscheibendicke	12 mm
	Verschleißgrenze Bremsscheibe	10 mm
4	Bremssattel Kolben	41 mm

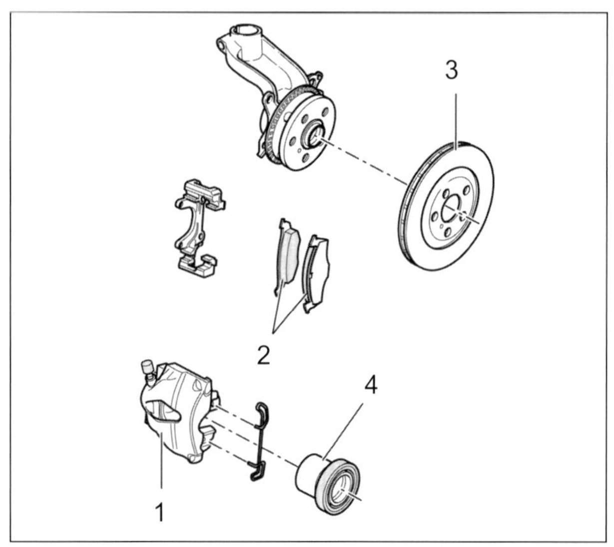

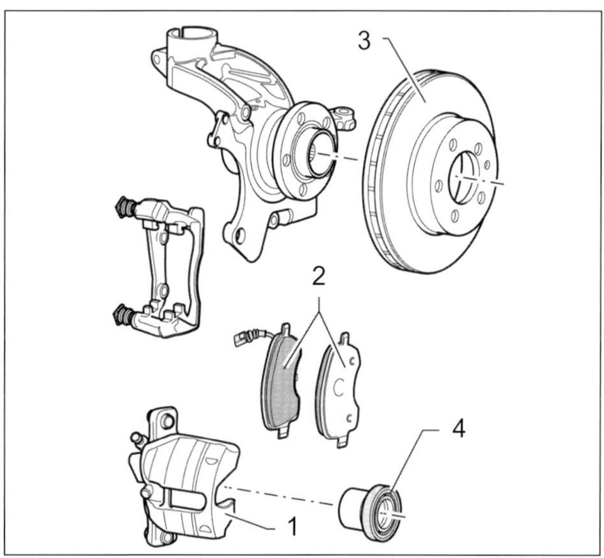

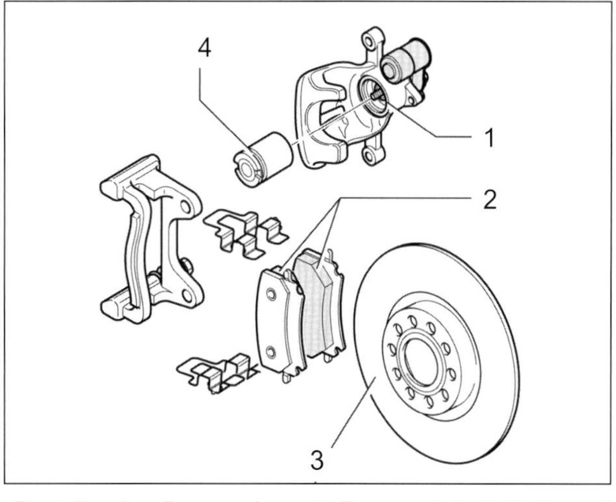

Bauteile der Bremsanlage: 1 Bremssattel, 2 Beläge, 3 Bremsscheibe, 4 Bremskolben

Funktionsprüfungen an der Bremse

Regelmäßige Kontrolle der Bremsanlage ist für Autofahrer die beste Lebensversicherung. Im Straßenverkehr entscheiden die Bremsen über Ihre Sicherheit und die anderer Verkehrsteilnehmer. Scheuen Sie sich nicht, die Räder abzunehmen und den Zustand von Bremsscheiben und Bremsbelägen gründlich zu prüfen! Ans Schrauben sollten Sie sich nur dann wagen, wenn Sie sich wirklich auskennen. Suchen Sie sonst besser die Werkstatt auf. Beim Reinigen der Anlage fällt Bremsstaub an, der zu schweren gesundheitlichen Schäden führen kann. Niemals Bremsstaub einatmen! Immer strikt darauf achten, dass Mineralöl, Schmierfett o. Ä. nicht in die Bremsanlage gelangen.

Prüfschritte in Eigenregie

- **Sichtprüfung:** Bremskraftverstärker, Hauptbremszylinder (Montage-Einheit mit Bremsflüssigkeitsbehälter links hinten im Motorraum) und Bremssattel auf Beschädigungen und Undichtigkeiten prüfen. Alle Anschlüsse und Verbindungen von Schläuchen und Rohrleitungen auf richtigen Sitz, Undichtigkeiten und Korrosion untersuchen.

- **Sichtprüfung:** Kontrollieren Sie besonders, ob Hydraulikleitungen geknickt oder Anschlüsse an der Hydraulikeinheit undicht sind. Undichtigkeiten und Schmutznester am Hydrauliksystem müssen beseitigt werden.

- **Sichtprüfung:** Bremsschläuche dürfen nicht in sich verdreht und nirgendwo porös und brüchig sein. Bei maximalem Lenkeinschlag muss ihr Abstand zu anderen Achsteilen mindestens 15 mm betragen. Die Rastnasen der Leitungen müssen einwandfrei in den Haltern sitzen.

- **Sichtprüfung:** Wenn Bremsschlauche, elektrische Leitungen und Steckkupplungen Scheuerstellen aufweisen und Schläuche feucht oder aufgequollen sind: auswechseln!

- **Funktionsprüfung:** Bei laufendem Motor eine Minute lang mit voller Kraft aufs Bremspedal treten. Das Pedal darf nicht nachgeben. Eine exakte Druckprüfung ist allerdings Sache der Werkstatt mit Spezialgerät und Diagnosesystem.

- **Funktionsprüfung:** Auf 50 km/h beschleunigen, Lenkrad loslassen, Hände griffbereit halten. Zuerst sanft, dann scharf bis zum Stillstand bremsen. Das Fahrzeug soll die Spur halten. Nach dem Test auf leicht abschüssiger Strecke Fahrzeug aus dem Stand losrollen lassen. Drehen die Räder frei?

- **Wärmeprobe / kalt:** Räder anfassen. Alle vier Felgen müssen gleich warm sein. Eine einzelne kalte Felge weist auf mangelhafte Bremsfunktion an diesem Rad hin.

- **Wärmeprobe / warm:** Wenn eine Felge ungewöhnlich warm ist (oder wenn Ihnen das bei allen Felgen so scheint), muss weiter gesucht werden. Eine Ursache für zu hohe Temperatur können z. B. schleifende Bremsen oder defekte Radlager sein.

- **Professionelle Bremsenprüfung:** Erfolgt auf einem 1-Achs-Rollenprüfstand. Von Volkswagen freigegebene Anlagen erfüllen die Bedingung, dass die Prüfgeschwindigkeit 6 km/h nicht überschreitet, da sonst beim zeitversetzten Anlaufen der Rollen Bremseingriffe durch das EDS (elektronische Differenzialsperre, Bestandteil des ABS/ESP-Systems) erfolgen. Für Prüfstand-Kontrollen ist ein diagnosefähiges Werkstattsystem (VAS 5051, 5052, 5053 oder 6150; Bild 2) erforderlich. Jeweils eine Achse auf die Rollen fahren. Handgeschaltete Autos in den Leerlauf, automatisch geschaltete in Stellung »N« schalten. Der Antrieb erfolgt durch die Rollen.

- **Auswertung:** Ratsam ist es, die Bremsentests von DEKRA, TÜV oder ADAC in Anspruch zu nehmen. Alle dabei oder auch ohne Geräte von Ihnen festgestellten Mängel müssen unverzüglich in eigener Arbeit oder durch die Werkstatt beseitigt werden.

Bremsbelag und Bremsscheibe Vorderachse

Kontrollieren Sie regelmäßig die Stärke der Bremsbeläge, mindestens jedoch alle 15.000 km oder einmal im Jahr. Zur Prüfung von Scheiben und Bremsbelägen können Sie durch einen Raddurchbruch schauen. Dabei sind Handlampe, Spiegel und Messschieber hilfreich. Für exakte Messung der Belagdicke ist aber meist die Demontage der Räder empfehlenswert. Kontrollieren Sie den Zustand der Bremsscheiben stets gemeinsam mit dem der Beläge.

- Beim Erneuern von Bremsbelägen beachten: Grundsätzlich immer auf beiden Seiten austauschen!
- Mit neuen Bremsbelägen sollten Sie auf den ersten 200 Kilometern häufige Vollbremsungen vermeiden. Der Belag kann verhärten (»verglasen«) und erreicht dann nicht mehr seine beste Bremswirkung.
- Bremsbeläge, die Sie weiter verwenden können, sollten Sie beim Ausbau kennzeichnen. Sie müssen an gleicher Stelle wieder eingebaut werden.

Bei den vorgestellten Vans sind die Scheibenbremsen FN 3 und CII-41 verbaut (Übersicht S. 108). Der Aus- und Einbau von Scheiben und Belägen sind im Prinzip für alle Bremsentypen gleich. Daher demonstrieren wir die Arbeiten an einzelnen Beispielen als allgemeines Prinzip, das sich dann auf die jeweilige konkrete Situation bei Ihrem Fahrzeug übertragen lässt.

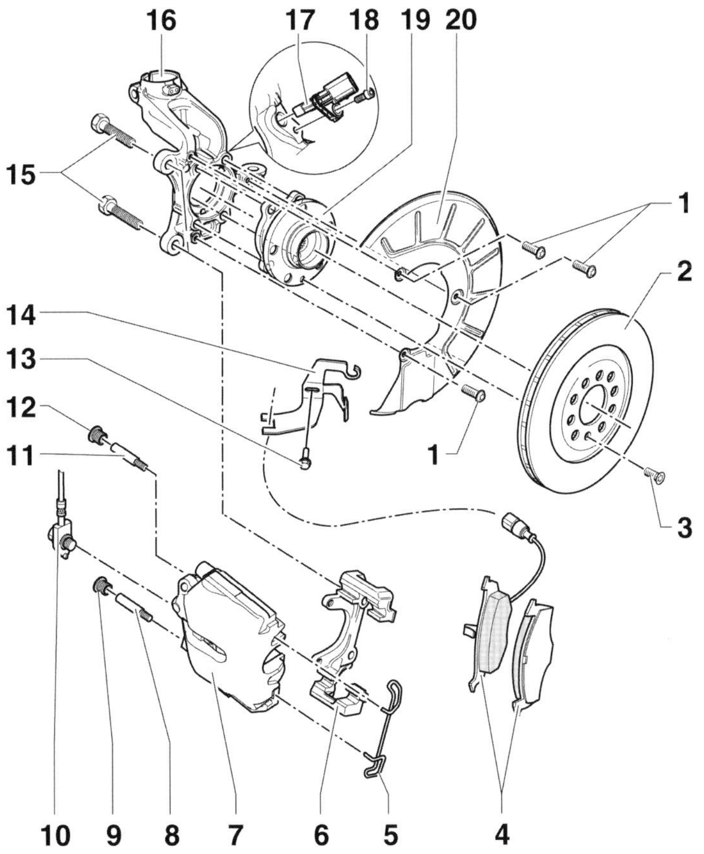

Elektromechanische Bremse hinten: 1 Torx-Schraube, 2 Bremsscheibe, 3 Torx-Schraube, 4 Bremsbeläge, 5 Haltefeder, 6 Bremsträger, 7 Bremssattel, 8 Führungsbolzen, 9 Abdeckkappe, 10 Bremsschlauch mit Ringstutzen und Hohlschraube, 11 Führungsbolzen, 12 Abdeckkappe, 13 Schraube, 14 Halter, 15 Rippschraube, 16 Radlagergehäuse, 17 ABS-Drehzahlfühler, 18 Innensechskantschraube, 19 Radnabe mit Radlager, 20 Abdeckblech.

Demontage der Bremsbeläge

- Fahrzeug anheben, Räder abbauen, elektrische Steckverbindung (stets nur vorne links) für Belagverschleißanzeige trennen. Fixierlasche am Steckerunterteil leicht anheben, um 90° drehen und das Unterteil aus dem Halter ziehen. Bremsschlauch aus dem Halter nehmen.

- Die Abdeckkappen (Bild 6 Seite 111) von den Führungsbolzen (9) abziehen und die beiden Bolzen (9+12) aus den Bremssätteln herausnehmen. Bremssattel abnehmen und so mit Draht befestigen, dass das Gewicht des Bremssattels den Bremsschlauch nicht belastet bzw. beschädigt.

- Die straff sitzende Haltefeder (6) für die Bremsbeläge mit einem Werkzeug aus dem Bremssattelgehäuse ausbauen. Feder am besten mit einem Schraubendreher ausheben und abnehmen.
  Bremsen anderer Bauformen erfordern kein Werkzeug zum Ausbau der Haltefeder für die Bremsbeläge.

- Die jeweilige Federklammer wird von Hand in der Mitte kräftig eingedrückt (»überdrückt«) und dann vorsichtig abgenommen.

- Hand schützend davor halten, damit die Feder beim Abnehmen nicht den Bremssattel zerkratzt.

- Anlageflächen für Beläge am Bremsträger gründlich reinigen, Korrosion entfernen.

Demontage des Bremssattels

Diese Arbeit sollte nur dann durchgeführt werden, wenn der Bremssattel für Reparaturzwecke entfernt oder ersetzt werden muss. Soll die Demontage für den Wechsel der Bremsscheibe durchgeführt werden, bleibt die hydraulische Anlage unberührt und der Bremsträger (6) wird vom Radlagergehäuse (16) abgeschraubt.

- Haltefeder für Bremsbeläge mit einem Schraubendreher aus dem Bremssattel hebeln und abnehmen.

- Die Steckverbindung für Bremsbelagverschleißanzeige trennen.

- Stecken Sie den Entlüfterschlauch der Entlüfterflasche auf das Entlüftungsventil des Bremssattels und öffnen Sie dann das Entlüftungsventil.

- Den Bremspedalbelaster V.A.G 1869/2- einsetzen.

- Das Entlüftungsventil schließen und die Entlüfterflasche abnehmen.

- Beide Führungsbolzen lösen und aus dem Bremssattel herausnehmen.

- Den Bremssattel von Bremsträger abziehen.

- Die Bremsbeläge aus dem Bremssattel herausnehmen.

Die Montage erfolgt sinngemäß in umgekehrter Reihenfolge.
Achten Sie darauf, dass der Bremskolben zurückgedrückt wurde. Setzen Sie den äußeren Belag auf den Bremsträger und schieben Sie den inneren Belag in den Bremskolben ein.

Demontage der Bremsscheibe

- Nehmen Sie wie beim Belagwechsel beschrieben den Bremssattel ab.

- Nehmen Sie die beiden Staubkappen (9+12) ab.

- Drehen Sie die beiden Führungsbolzen (8+11) heraus.

- Drehen Sie die beiden Rippschrauben (15) heraus und nehmen Sie den Bremsträger (6) ab.

- Drehen Sie die Torxschraube heraus und nehmen Sie die Bremsscheibe ab.

Die Montage erfolgt sinngemäß in umgekehrter Reihenfolge.

Achten Sie darauf, dass die Auflagefläche der Bremsscheibe korrosionsfrei ist. Streichen Sie die gereinigte Fläche mit etwas Kupferpaste ein. Entfetten Sie die neue Bremsscheibe gründlich. Erneuern Sie grundsätzlich die Bremsbeläge, wenn Sie neue Bremsscheiben verbauen.

ACHTUNG: Nach jedem Bremsbelagwechsel das Bremspedal im Stand mehrmals kräftig durchtreten, damit die Bremsbeläge ihren dem Betriebszustand entsprechenden Sitz einnehmen.

Bremsbelag und Bremsscheibe Hinterachse

Wie Sie schon bemerkt haben, finden Sie in dieser Modellreihe kein Handbremsseil mehr. Die Betätigung der Handbremse erfolgt mit einem Stellmotor. Für den Belagwechsel beziehungsweise für die nachfolgend beschriebenen Montagearbeiten muss der Bremskolben zurückgestellt werden. Das erfolgt nun nicht mehr mit einem Rückstellwerkzeug, sondern mit einer Servicefunktion im VAG-Tester. Abschließend wird der Bremskolben vorsichtig mit dem Spreizer zurückgedrückt. Ohne Rückstellung mit dem Tester ist das Zurückdrücken des Bremskolbens nicht möglich. Der VCDS (oder auch VAG-Com genannt) ist in der Lage den Belagwechsel zu unterstützen.

Achten Sie auf den Bremsflüssigkeitsstand im Vorratsbehälter. Bevor Sie die Kolben zurückstellen, müssen Sie eventuell Bremsflüssigkeit aus dem Bremsflüssigkeitsbehälter absaugen. Sonst kann, jedenfalls wenn zwischenzeitlich Bremsflüssigkeit nachgefüllt wurde, Bremsflüssigkeit auslaufen und zu Schäden führen.

Demontage der Bremsbeläge

- Stellen Sie das Fahrzeug sicher ab und schließen Sie ein Erhaltungsladegerät an.
- Demontieren Sie beide Hinterräder.
- Sorgen Sie dafür, dass die Feststellbremse nicht betätigt ist.
- Schließen Sie den Fahrzeugdiagnosetester an und wählen Sie die Funktion zur Bremsrückstellung an.
- Wählen Sie die Funktion »Kolben Feststellmotor zurückstellen« aus.
- Lösen Sie die beiden Befestigungsschrauben (4) und nehmen Sie den Bremssattel (11) vom Bremsträger (5) ab.
- Drücken Sie nun den Kolben mit der Kolbenrücksetzvorrichtung (T10145) endgültig zurück.
- Befestigen Sie den Bremssattel mit Draht, sodass das Gewicht des Bremssattels den Bremsschlauch nicht belastet bzw. beschädigt.
- Bauen Sie nun die Bremsbeläge und Belaghaltebleche aus.

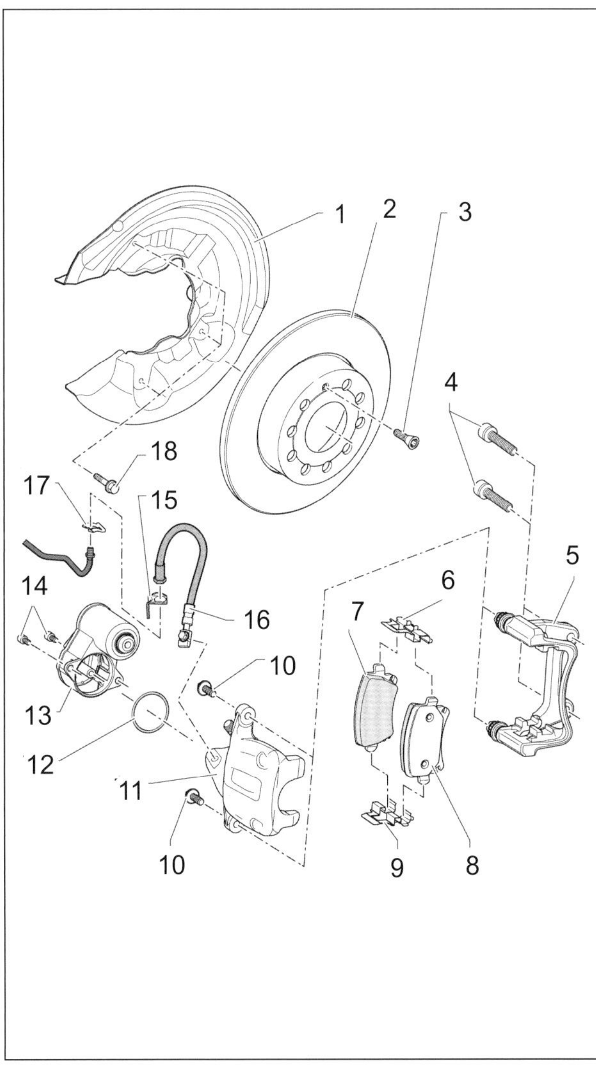

Elektromechanische Bremse hinten: 1 Abdeckblech, 2 Bremsscheibe, 3 Torx-Schraube, 4 Innenvielzahnschraube, 5 Bremsträger mit Führungsbolzen und Schutzkappe, 6 Belaghalteblech, 7 Bremsbelag, 8 Bremsbelag, 9 Belaghalteblech, 10 Sechskantschraube, 11 Bremssattel, 12 Dichtring, 13 Feststellmotor, 14 Innentorxschraube, 15 Halter, 16 Bremsschlauch mit Ringstutzen und Hohlschraube, 17 Halteklammer, 18 Torx-Schraube.

- Reinigen Sie am Bremsträger die Auflageflächen für die Bremsbeläge gründlich, Korrosion entfernen. Für das Reinigen des Bremssattels ist ausschließlich Spiritus zu verwenden.
- Setzen Sie die Belaghaltebleche (Pfeile) und Bremsbeläge in den Bremsträger ein.
- Achten Sie darauf, dass die Bremsbeläge in den Belaghalteblechen (Pfeile) sitzen.
- Befestigen Sie den Bremssattel mit neuen selbstsichernden Schrauben. Im Reparatursatz sind zu diesem Zwecke 4 selbstsichernde Sechskantschrauben enthalten, die in jedem Fall einzubauen sind.
- Nachdem Sie mit dem Fahrzeugdiagnosetester die Kolben vorgefahren haben, muss noch eine Grundeinstellung der Bremsanlage erfolgen.
- Grundeinstellung der Bremsanlage mit einem geeigneten Fahrzeugdiagnosetester durchführen.
- Montieren Sie die Räder wieder.
- Achten Sie auf das vorgeschriebene Anzugsdrehmoment der Radschrauben.
- Prüfen Sie nach dem Bremsbelagwechsel den Bremsflüssigkeitsstand und die Funktion der Bremse.
- Lesen Sie den Fehlerspeicher des Fahrzeugs zum Bremssystem aus.

PRAXISTIPP: Bremssattel hinten

Das Zurückstellen der Kolben mit dem Fahrzeugdiagnosetester ist oft nicht ausreichend, aber notwendig! Die Druckmutter im Kolben ist gleitend gelagert, dadurch kann der Kolben nur gedrückt und nicht zurückgezogen werden. Es wird nur die Spindel mit der Druckmutter zurückgefahren. Ohne Rückstellung des Stellmotors werden die Spindel und der Stellmotor beschädigt. Durch falsche Handhabung kann hier schnell ein absehbarer Schaden entstehen.

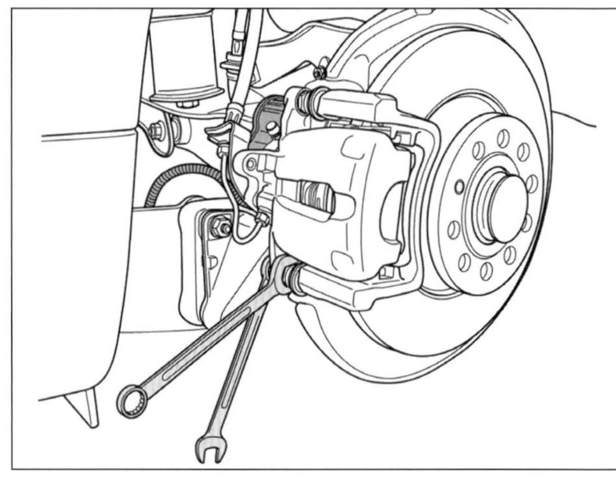

Befestigungsschrauben: SW13 und SW15 zum Gegenhalten des Lagerbolzens.

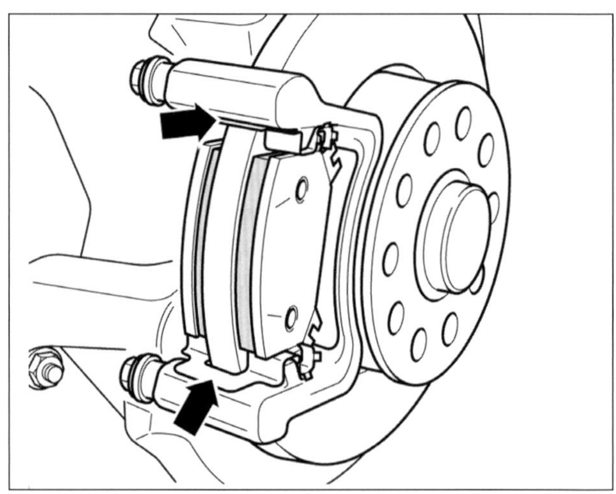

Auf Sauberkeit und Sitz achten: Sitz der Belaghaltebleche.

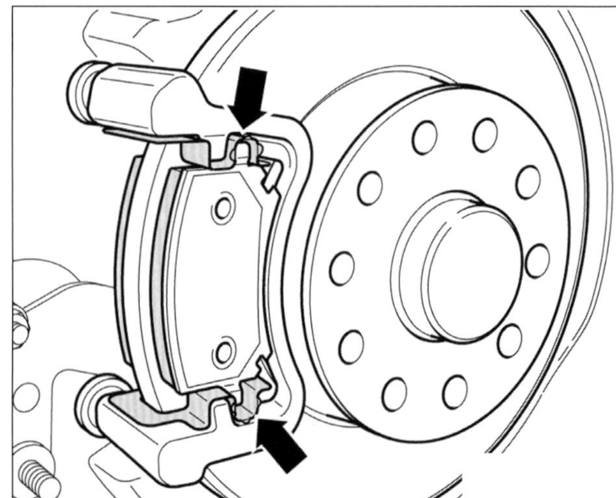

Belagführung: Richtiger Sitz der Beläge in den Belaghalteblechen.

Bremsflüssigkeit

Volkswagen setzt Bremsflüssigkeit nach dem Standard »FMVSS 116 DOT 4« ein wovon auch die Weiterentwicklung »DOT 4 plus« erhältlich ist. DOT 4 entspricht der US-Sicherheitsvorschrift für einen hohen Nasssiedepunkt. Das übliche Wechselintervall beträgt zwei Jahre. Die Bremsflüssigkeit aus Glykol und Polyglykoläther ist bis minus 40 °C dünnflüssig. Ihr Siedepunkt liegt bei 230 °C. »DOT 5« mit noch höherem Siedepunkt enthält Silikon und darf nicht in DOT 4-Bremssysteme. Geeignete DOT 4-Produkte werden von ATE, Ferrodo, AP und anderen angeboten. Bei Volkswagen ist es »VW 50114« mit der Katalog-Teilenummer B 000 750. Bremsflüssigkeit ist erst bernsteinhell, verfärbt sich aber im Laufe der Zeit durch chemische Reaktion. Dunkle Färbung ohne Verunreinigung bedeutet noch nicht mangelhafte Qualität.

Bremsflüssigkeit kontrollieren

Viele Arbeiten an der Bremsanlage, vor allem Wartungen, können Sie selbst ausführen. Auch bei einer intakten Bremsanlage kann zum Beispiel der Bremsflüssigkeits-Pegel sinken. Ursache ist der Verschleiß an den Bremsbelägen. Ein sinkender Pegel kann aber auch mit Defekten am Kupplungssystem zusammenhängen. Regelmäßige Kontrolle des Standes ist auf jeden Fall eine gute Wartungsarbeit.

- Flüssigkeitsstand von außen am Behalter (Bild 1) kontrollieren: Der Pegel muss zwischen den Markierungen »MIN« und »MAX« liegen.

- Wenn die Bremsbeläge schon sehr abgefahren sind (und bald erneuert werden müssen), ist ein Pegelstand leicht über »MIN« noch zulässig. Beim Einbau neuer Beläge werden dann nämlich die Bremskolben wieder zurückgedrückt, wodurch der Stand im Bremsflüssigkeitsbehälter wieder ansteigt.

- Sind aber die Bremsbeläge noch neuwertig und hat die vorangegangene Prüfung keine Undichtigkeit im Bremssystem ergeben, muss zur Überbrückung bis zum nächsten Wechsel der Bremsflüssigkeit etwas nachgefüllt werden.

- Nachfüllen nur die schon erwähnte Bremsflüssigkeit nach Norm DOT 4 (VW: 501 14, Teilenummer B 000 750).

- Die Steckverbindung (roter Pfeil in Bild 2) trennen und den Deckel (blauer Pfeil in Bild 2) abschrauben. Deckel mit Schwimmereinsatz (Bild 3) herausnehmen, das Sieb (Pfeil in Bild 3) bleibt im Behälter. Bremsflüssigkeit nachfüllen. Der Füllstand muss stets ausreichend sein, damit keine Luft ins Bremssystem gelangen kann.

Bremsflüssigkeit wechseln

Nach statistischen Erhebungen muss seit Jahren jedes fünfte Kraftfahrzeug auf deutschen Straßen wegen Mängeln an der Bremsanlage beanstandet werden. Die Sachverständigenorganisation DEKRA verweist immer wieder darauf, dass sehr viele Fahrzeuge mit Bremsflüssigkeit unzulänglicher Qualität unterwegs sind. Bei 20 Prozent der auf Bremsflüssigkeit überprüften Fahrzeuge wird der äußerst kritische Siedepunkt von 150 °C (neuwertige Bremsflüssigkeit: 270 bis 300 °C!) unterschritten. Das kann zum Versagen der Bremsen führen, weshalb der Wechsel alle zwei Jahre dringend zu empfehlen ist. Sie benötigen dazu einen Liter frische Bremsflüssigkeit der Spezifikation FMVSS 116 DOT 4 (bei VW die Ersatzteilenummer B 000 700 A). Für einen sachgerechten Bremsflüssigkeitswechsel ist ein Bremsenentlüftungsgerät erforderlich. Lassen Sie diese Arbeiten grundsätzlich in einer Werkstatt durchführen.

STÖRUNGSBEISTAND

Bremsanlage

Störung	Was kann das sein?	Was kann oder muss ich tun?
A Bremsen quietschen	**1** Hochfrequente Schwingungen	Längskanten der Beläge mit einer Feile anschrägen, dazu Anti-Quietsch-Paste auf Rückseite der Beläge
	2 Verglaste Beläge nach extremer Überhitzung	Die Bremsklötze müssen ersetzt werden; dabei die Scheiben genau prüfen
	3 Beläge verschlissen, der Verschleißanzeiger liegt an	Die Bremsklötze müssen ersetzt werden, dabei die Scheiben genau prüfen
B Schwache Bremswirkung	**1** Ungünstige Materialpaarung zwischen Scheiben und Belägen	Scheiben und Beläge ersetzen und dabei zumindest Teile vom gleichen Hersteller, am besten die original verbauten Teile verwenden
... bei zu hartem Bremspedal	**2** Bremskraftverstärker ausgefallen	Unterdruckanschluss prüfen. Evtl. ein Marderbiss?
... bei zu weichem Bremspedal	**3** Bremse überhitzt	Bei langsamer Fahrt abkühlen lassen
	4 Luft im System	Mit speziellem Gerät entlüften lassen und dabei die Bremsflüssigkeit erneuern
C Übermäßiger Verschleiß	**1** Überstrapazieren der Bremse	Lieber etwas stärker und dafür weniger lang bremsen
... an einer Bremse	**2** Schwergängiger Sattel oder Belag verklemmt	Zerlegen und reinigen. Etwas stärkerer Verschleiß an der Kolbenseite ist jedoch normal
... nur vorne	**3** Ungünstige Materialpaarung	Scheiben und Beläge ersetzen und dabei Originalteile verwenden. Evtl. größere Bremsanlage verwenden
... nur hinten	**4** Luftspiel zu gering	Park- und Feststellbremse überprüfen. Sie sollte erst nach der ersten Tastung greifen
D Park- und Feststellbremse reagiert träge oder gar nicht	**1** Die Elektromechanik funktioniert nicht einwandfrei	Steuergerät für elektrische Park- und Handbremse überprüfen und ggf. austauschen. Wenn das Steuergerät in Ordnung ist: Stellmotor prüfen und ggf. austauschen
	2 Beläge hinten abgenutzt oder verglast	Bremsbeläge tauschen und dabei die Bremsscheibe genau inspizieren. Bei Riefen austauschen

Bremsanlage

Störung	Was kann das sein?	Was kann oder muss ich tun?
E Bremsflüssigkeitsstand zu niedrig	**1** Starker Verschleiß an den Bremsbelägen	Alle Bremsen auf Verschleiß prüfen und ggf. ersetzen. Beim Zurücksetzen der Kolben steigt der Stand an
	2 Flüssigkeitsverlust	Undichte Stelle lokalisieren (Bremsleitungen?). Bei deutlichem Leck: Auto abschleppen lassen
F Warnleuchte geht an	**1** Bremsflüssigkeitsstand prüfen	Wenn nötig, etwas nachfüllen
	2 ABS- und/oder ESP-Ausfall	Wagen neu starten. Den Fehlerspeicher auslesen lassen. Manchmal ist der Bremslichtschalter schuld
G Schiefziehen beim Bremsen	**1** Reifenzustand fehlerhaft	Reifenprofil und Luftdruck überprüfen
	2 Eine Bremse ist defekt	An den Felgen die Temperatur erfühlen. Ist eine heißer als die anderen, hängt der Bremssattel; ist eine zu kalt, kommt hier kein Bremsdruck an
H Hässliche Schleifgeräusche beim Bremsen	**1** Bremsscheiben angerostet	Vor und nach längeren Standphasen die Bremsanlage freibremsen
	2 Bremsbeläge verschlissen	Prüfen, ob der Verschleißanzeiger bereits an der Bremsscheibe kratzt
	3 Fremdkörper in der Bremsanlage	Fahren Sie ein paarmal rückwärts und bremsen sie dann
I Vibrationen beim Bremsen	**1** Bremsscheiben verzogen	Scheiben genau anschauen! Blaue Verfärbung deutet auf thermische Überlastung hin, dabei können sich die Scheiben verzogen haben
	2 Bremsscheiben verschmiert	Auf den Scheiben können Spuren von Fremdmaterial verblieben sein, die für ein Rubbeln sorgen
	3 Spiel in der Radaufhängung	Querlenker und andere Bauteile prüfen
	4 Ungünstige Materialpaarung	Scheiben und Beläge ersetzen und dabei Originalteile verwenden. Falsche Fahrwerk- und Lenkungsteile können zu Bremsflattern führen

Karosserie

Bestwerte für statische und dynamische Steifigkeit der Karosserie sorgen beim Van für Qualität, Sicherheit, gute Fahrdynamik und Schwingungskomfort sowie für ausbalancierte Akustik. Was man hieran im Bedarfsfall selbst warten und reparieren kann, zeigen wir in diesem Kapitel.

»Familiengesicht« für den Neuen

Die Karosseriegestaltung der neuen Van-Generation für Alhambra oder Sharan folgt jetzt der aktualisierten »Volkswagen Design-DNA«. Komplett neu sind Front- und Heckpartie, im hinteren Bereich wurde die Silhouette neu gestaltet, die Felgen wurden den Veränderungen angepasst. Markante Exterieur-Elemente weisen ihn auf den ersten Blick als eigenständiges Modell aus. Im vorderen Karosseriebereich wurden der Stoßfänger, der Kühlergrill, die Motorhaube, die Kotflügel und die Scheinwerfer zu 100 Prozent an der aktuellen VW-Linie ausgerichtet. Edel wirkt der schwarz glänzende und je nach Version mit Chromstreifen individualisierte Kühlergrill. Zeitlos ist der kräftige und doch elegante Stoßfänger in Wagenfarbe. Die markant geformten Leuchten können Bi-Xenonscheinwerfer und LED-Tagfahrlicht aufnehmen (Bild 1). Prägend wirken auch die zweiteiligen Rückleuchten. Kurze Karosserieüberhänge ergeben kompakt-knackige Dimensionen. Die Heckklappe zeigt im Hinblick auf Aerodynamik und Funktionalität Vorteile. Ein neuer Dachkantenspoiler reduziert die Luftverwirbelungen im Heckbereich. Die Heckklappe selbst lässt sich leichter schließen, da sie dank optimierter Kinematik der Gasdruckfedern sanft in einem Schwung zuklappt. Durch die vergrößerte Heckscheibe ergibt sich noch bessere Sicht nach hinten (Bild 2). In der Silhouette steigt die »Tornadolinie « zwischen den C- und D-Säulen nach oben hin an (Bild 3).

Bestwert aus dem Windkanal

Der Volkswagen-Van gewann durch die Neugestaltung deutlich an Dynamik. Die Designer präzisierten die Formen nicht nur, sondern schliffen sie im Windkanal. Der von 0,32 auf 0,299 gesenkte cw-Wert ist nicht nur für einen Van erstklassig.

Hoch- und höchstfeste Stähle

Steifigkeit und Crashsicherheit werden unter anderem durch hochfeste Stähle perfektioniert. So bestehen mehr als 60 Prozent der Karosserie aus diesen besonders festen beziehungsweise hochfesten Materialien. Schon die erste Sharan-Generation wurde im Euro-NCAP-Crashtest mit dem Maximal-Ergebnis von fünf Sternen getestet. Gefertigt wird die in weiten Teilen verzinkte Sicherheitskarosserie aus einem Stahlverbund per Laserschweißtechnik. Rund 70 Meter Laserschweißnähte lassen aus den eingesetzten Stahlteilen eine sehr verwindungssteife, erfolgreich crashoptimierte Karosserie entstehen.

Die Karosserie gliedert sich in einzelne Partien mit gezielt eingesetzten Stahlblechen in unterschiedlichen Eigenschaften von normalen bis zu Abschnitten mit ultrahochfesten, warm umgeformten Stählen. Das hochfeste Material ist optisch »normales« Blech, aber durch unterschiedliche Legierungen besitzt es eine höhere Streckgrenze als übliches Karosserieblech. Bei gleichem Krafteinfluss auf das Blech ist eine Beule in höherfestem Blech nicht so tief wie in normalem Karosserieblech.

Familiengesicht: Auch der Sharan lässt sich bereits durch den optischen Auftritt deutlich zuordnen

Brüderchen: Der Alhambra kann und muss seine Abstammung nicht leugnen

Hohe Crashsicherheit

Über die hoch- und höchstfesten Stähle sowie entsprechend gestaltete Karosserie-Knotenpunkte wird eine hohe statische Steifigkeit erreicht. Dies ist ein zentraler technischer Kennwert, wichtig, wenn es um Sicherheit, Qualität und Fahrkomfort geht. Denn bei einem Frontalcrash mit jeweils halber Überdeckung der kollidierenden Fahrzeuge stellt eine steife Fahrgastzelle den Überlebensraum für Fahrer- und Mitfahrer sicher. Vorne sorgt ein extrem fester Stoßfängerquerträger dafür, dass die Aufprallenergie auch auf die nicht direkt vom Crash betroffene Seite gelenkt wird: Beide Längsträgerbereiche absorbieren dann zusammen Energie. Durch Optimierung der Längsträger wird der Verzögerungsverlauf bei einem Frontalcrash so gestaltet, dass sich die Belastung der Insassen deutlich reduziert. Der untere Querträger im Fußraum ist ein formgehärtetes Bauteil. Die biomechanischen Belastungen der Füße und Unterschenkel werden so erheblich reduziert. Der besonders gestaltete Seitenbereich der Karosserie sorgt in Verbindung mit der sich darin abstützenden Tür auch bei Frontalunfällen mit nur sehr geringer Überdeckung für Formstabilität. In den »Lastpfaden« wie A- und B-Säule, Türbrüstung, Dachrahmen und Schweller kommen erneut höchstfeste Blechverstärkungen zum Einsatz. Besonderen Wert legen die Entwickler stets auf effektiven Seitenschutz, da die Knautschzone im Bereich der Türen besonders klein ist. Trifft der neue Van seitlich auf ein Hindernis, wird die Energie über die formgehärtete B-Säule und die diagonal profilierten Aufpallträger in der Tür abgeleitet. Stark schützend wirken der Sitzquerträger und die Seitenschweller.

Sehr kritisch sind in der Regel Unfälle, bei denen der Wagen seitlich auf einen Baum trifft. Dieser Fall wird immer wieder auch in den Crashtests simuliert (Bilder unten). Die Karosserie des Vans bietet bei dieser Crashart dank eines warm umgeformten und dadurch sehr stabilen Dachrahmens und der steifen Seitenschweller ein extrem hohes Sicherheitsniveau. Der Heckbereich wird durch besonders starke Längsträger verstärkt. Die Kraftstoffanlage ist geschützt untergebracht.

Präzision in der Planung: der Frontcrash in Realität und konzerneigener Computersimulation.

Verblüffend: Auch für den Heckcrash konnte die Simulation jede Falte voraussehen.

Besonderheiten bei Reparaturen

Durch die erwähnte größere Beulfestigkeit ergibt sich aber auch ein größeres Rückfederverhalten, sodass beim Ausbeulen mehr Kraftaufwand nötig ist. Wenn Knicke rückverformt werden, können Materialbrüche auftreten. Wird höherfestes Blech zu stark überdehnt, springt es plötzlich auf eine größere Länge als gewünscht! Das Erwärmen von höherfestem Karosserieblech beim Rückverformen ist übrigens aus Sicherheitsgründen verboten, was auch für normales Karosserieblech gilt. Durch den innovativen Verbund der verschiedenen Materialqualitäten werden einerseits unangenehme Karosseriebewegungen und Knistergeräusche weitgehend eliminiert, andererseits die Grundlagen für präzise Fahreigenschaften gelegt. Dach und Karosserie sind teilweise durch Laser verschweißt. Beim Laserschweißen wird ein Lichtstrahl hoher Energie über optische Linsen oder Lichtleitfasern auf die Schweißstelle gelenkt. Das obere Blech wird durch- und das untere Blech angeschmolzen. Die Verschweißung wird also ohne Zusatzwerkstoff durchgeführt. Bei der Reparatur, mit Ausnahme von Dachreparaturen, werden Laserschweißnähte durch schutzgasgeschweißte Lochnähte oder widerstandsgeschweißte Punktnähte ersetzt.

Geräuschdämmungselemente versteckt

Diverse Karosseriehohlräume sind mit Schaumformteilen versehen. Durch sie wird die Übertragung von Fahrgeräuschen in den Innenraum verringert. Bei Reparaturen müssen ihre genauen Positionen beachtet werden.

GEFAHRHINWEISE: Gurt, Klimaanlage, Elektrik

- Die Gurtstraffer, die bei einem Crash die Sicherheitsgurte schlagartig anziehen, zwingen zu besonderer Vorsicht bei Arbeiten außen und innen an der Karosserie. Aktiviert werden sie von elektrisch gezündeten Gasgeneratoren. An diesen Rückhaltesystemen ist jedes Do-it-yourself untersagt. Montage und Demontage sind Sache der Werkstatt.
- In der Umgebung der Gurtrolle nicht mit Schlagschrauber oder Hammer arbeiten! Die Gurtstraffer reagieren empfindlich auf Vibrationen und harte Schläge und können auslösen. Ziehen Sie auch vor allen Arbeiten unter dem Fahrzeug die Sicherung für die Gurtstraffer ab und warten Sie fünf Minuten, bis sich die Kondensatoren entladen haben.
- Eine zweite Gefahrenquelle bei Karosseriearbeiten ist die Verzinkung. Die Karosserie ist außen elektrolytisch und innen feuerverzinkt. Bei Schweißarbeiten entsteht giftiges Zinkoxid. Sorgen Sie für gute Belüftung am Arbeitsplatz.
- Ein weiteres Tabu: Es dürfen keine Schweiß- oder Lötarbeiten durchgeführt werden, bei denen sich Teile der Klimaanlage erwärmen könnten. Der Kältemittelkreislauf darf nicht geöffnet werden!
- Soweit Schweißarbeiten oder andere Funken erzeugende Arbeiten durchgeführt werden, müssen grundsätzlich die Batterie abgeklemmt und beide Polklemmen sorgfältig isoliert werden.

Seitliche Merkmale: 1 breite Türen, 2 Schiebetüren hinten, 3 lackierte Außenspiegel, 4 große Fensterfläche, 5 markante Radläufe.

Spalt und Fugenmaße

Ein Qualitätsmerkmal des Karosseriebaus bei jedem Auto sind möglichst geringe Maße des Spalts oder der Fugen zwischen beweglichen Teilen wie Klappen und Türen und den festen Strukturen der Karosserie (siehe Bilder). Die Einhaltung dieser Spalt- oder Fugenmaße ist auch ein Gradmesser für die Güte von Reparaturen an der Karosserie. Nach jedem Austausch oder Aus- und Wiedereinbau von Motorhaube, Gepäckraumklappe oder einzelner Türen muss dieses Maß so stimmen, wie es der Hersteller bei Fahrzeugauslieferung vorgibt. Verlaufen die beiden Grenzkanten der Fuge nicht parallel, ist das schon mit bloßem Auge gut zu erkennen.

Karosserie vorne		
Fuge	***Spaltmaß***	***Toleranz***
a	2,5 mm	± 0,5 mm
b (Höhenversatz)	3,0 mm	± 0,5 mm
c	1,6 mm	± 0,8 mm
d (Höhenversatz)	0,0 mm	± 0,5 mm
e (Haube tiefer)	1,2 mm	± 0,5 mm
f	3,3 mm	± 0,5 mm
g	5,2 mm	± 0,5 mm
h	5,5 mm	± 0,5 mm

Karosserie Mitte		
Fuge	***Spaltmaß***	***Toleranz***
a	3,6 mm	± 0,5 mm
b (Tür weiter innen)	0,1 mm	± 0,5 mm
c	4,8 mm	± 0,8 mm
d (Oberflächen)	0,0 mm	- 1,0 mm
e (Oberflächen)	0,0 mm	+ 1,0 mm
f	4,4 mm	± 0,5 mm

Karosserie hinten		
Fuge	***Spaltmaß***	***Toleranz***
a	5,0 mm	± 0,5 mm
b (Höhenversatz)	-2,0 mm	± 1,5 mm
c	3,8 mm	± 0,8 mm
d (Überstand)	0,8 mm	± 0,5 mm
e	4,0 mm	± 0,5 mm
f (Höhenversatz)	4,2 mm	± 0,5 mm

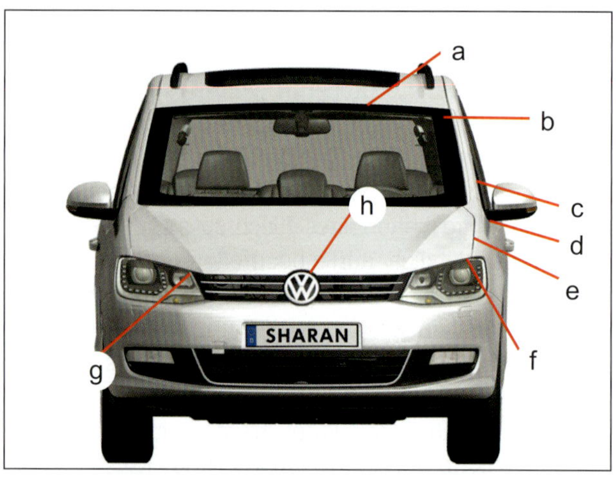

Spaltmaße vorne: Dargestellt wird, bis auf die Anmerkungen, immer der Abstand der Bauteile voneinander.

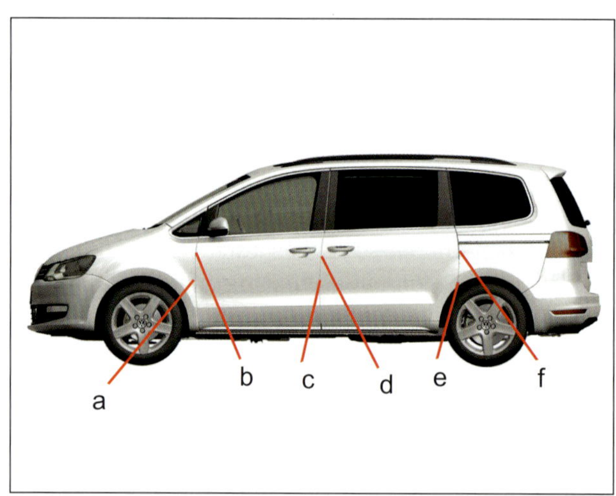

Spaltmaß seitlich: Es ist nur ein leichter Überstand der vorderen Tür zulässig.

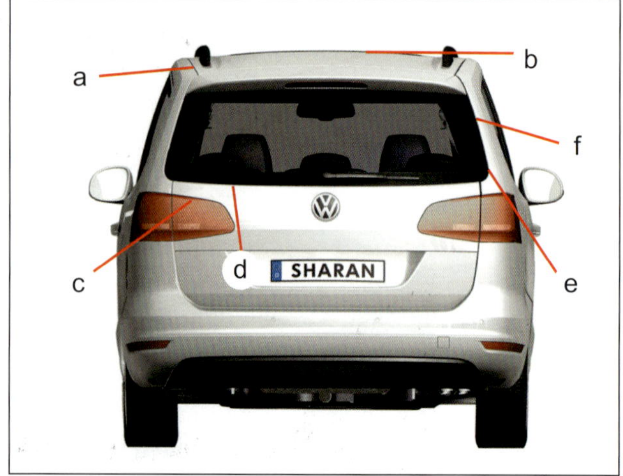

Präzisionsklappe: Die Passmaße und Toleranzen machen genaue Arbeit erforderlich.

Karosseriemaße Vorderwagen

Nicht fachgerecht ausgeführte Reparaturen sind schnell zu »entlarven«. Beim Sharan sind Toleranzen von + oder - 1 mm, im Einzelfall ± 0,5 mm bei der Fugenbreite gestattet.
Die 0,5-mm-Toleranz ist fertigungstechnisch bedingt und kann in der Produktion auf wirtschaftliche Weise kaum unterboten werden. Letzter Arbeitsschritt an Türen und Klappen ist stets die Kontrolle der Spaltmaße. Überprüft werden sie mit einer Einstelllehre, im Volkswagen-Werkzeugkatalog die Lehre 3371. Das ist ein Fächer von Messplättchen exakt der jeweiligen Dicke von 0,5 bis 5 mm in 0,5-mm-Schritten.

Abstandsmaße am Vorderwagen

Ein weiterer wichtiger Indikator sind die Abstandsmaße im Vorderwagenbereich. Hier werden Sie sicherlich die eine oder andere Reparatur in Eigenregie durchführen. Die meisten Komponenten des Vorderwagens sind hier verschraubt und somit recht reparaturfreundlich konstruiert. Beachten Sie die Einpassmaße für den Vorderwagen sehr gewissenhaft. Ein Fehler hier kann schnell weitere Kreise ziehen. Nicht passende Spaltmaße an Kotflügel und Haube sind oft die Auswirkung von verzogenen Karosserieteilen. Die Korrektur durch das Versetzen der Anbauteile ist nur selten mit Erfolg gekrönt.

Abmessungen für die Rahmenköpfe		
Maß	***Messwert***	***Toleranz***
a	940 mm	± 2,0 mm

Abmessungen für die Innnenkotflügel		
Maß	***Messwert***	***Toleranz***
a	1403 mm	± 2,0 mm
b	1505 mm	± 2,0 mm

Die Karosseriemaße dienen nur zur Kontrolle. Maßgebend für eine Reparatur ist immer der Richtwinkel-Stecksatz. Schrauben, Stopfen, Verkleidungen und Anbauteile müssen vor dem Messvorgang entfernt werden.

Abstandsmaß Rahmenköpfe: Typische Messung für einen Schaden im Frontbereich.

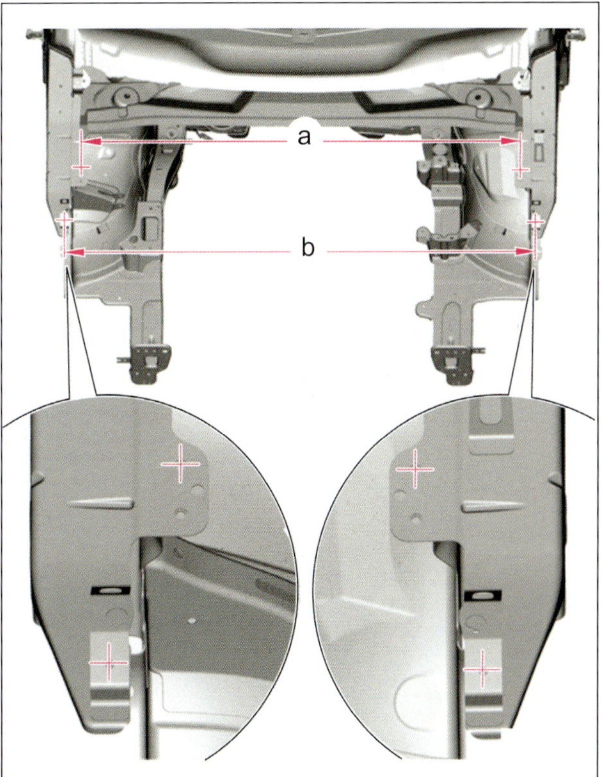

Abstandsmaß Innenkotflügel: Prüfmaß für den Verzug im oberen Bereich des Vorderwagens.

Kühlergrill

Demontage des Kühlergrills

- Drehen Sie die drei Schrauben (2 Bild 1) heraus.
- Ziehen Sie den Kühlergrill (1) gerade nach vorne. Die Rastnasen (4) unten rasten so aus.

Die Montage erfolgt sinngemäß in umgekehrter Reihenfolge.

Demontage des Emblems

- Bauen Sie den Kühlergrill aus.
- Ziehen Sie mit einer geeigneten Zange (4 Bild 2) das Emblem in einem Ruck ab.

Die Montage erfolgt sinngemäß in umgekehrter Reihenfolge. Achten Sie auf den korrekten Sitz des Schutzgitters (3).

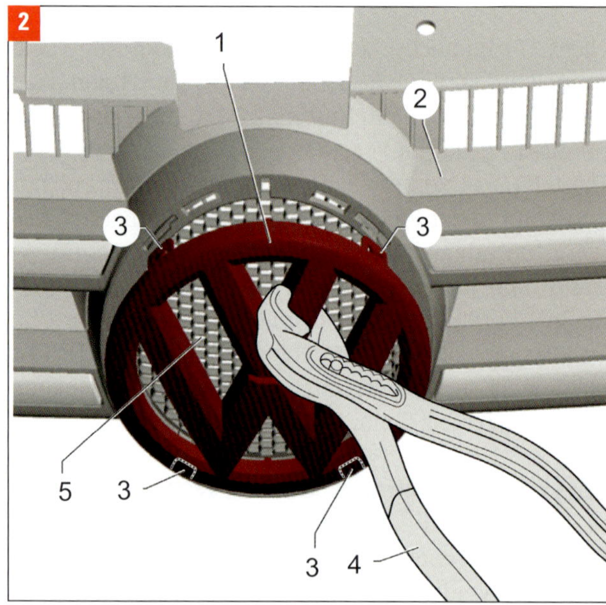

Ausbau des Emblems: 1 Emblem, 2 Kühlergrill, 3 Rastnasen, 4 Zange, 5 Schutzgitter.

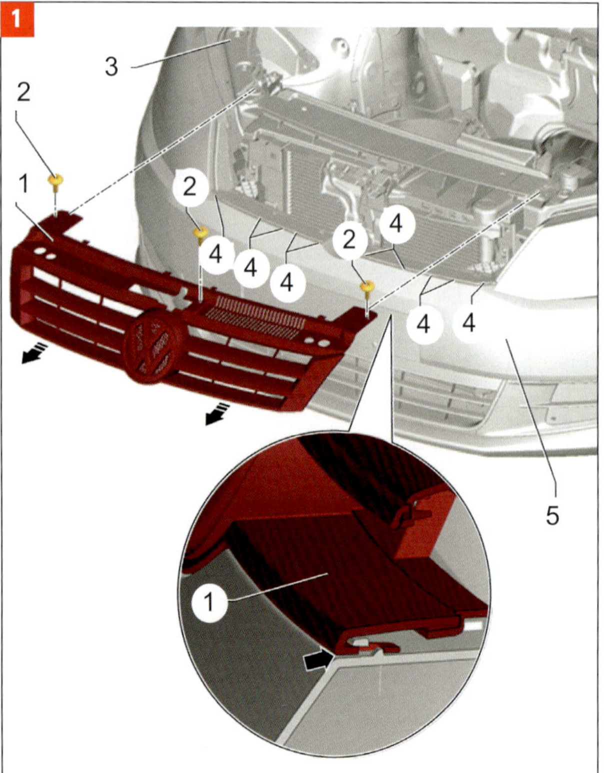

Kühlergrill: 1 Kühlergrill Grundträger, 2 Schrauben, 3 Schlossträger, 4 Rastnasen.

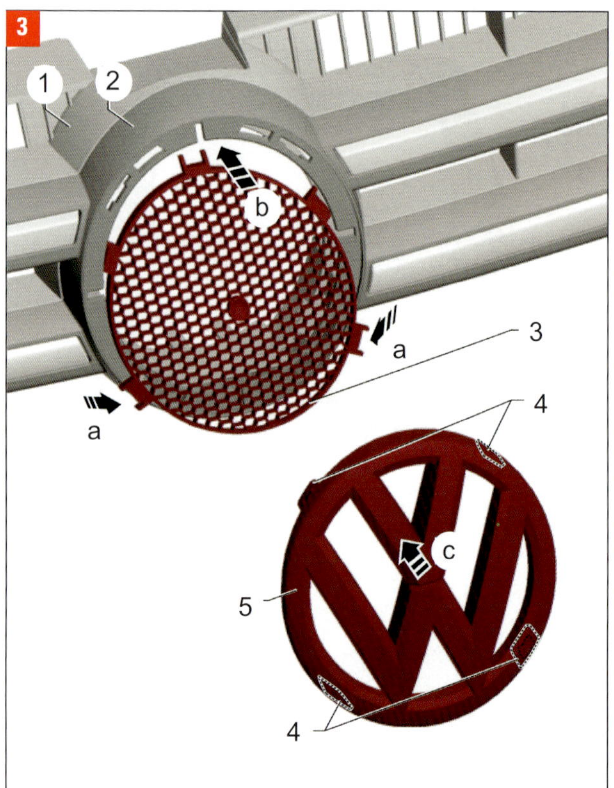

Bauteilübersicht Emblem: 1 Kühlergrill Grundträger, 2 Kühlergrill, 3 Schutzgitter, 4 Rastnasen, 5 Emblem.

Stoßfänger vorne

Demontage des Stoßfängers

- Bauen Sie den Kühlergrill aus.
- Drehen Sie die Schrauben (5) und (6) von unten heraus.
- Demontieren Sie die Schrauben (3) und (4) vom Radhaus links und rechts.
- Lösen Sie die Verrastungen an den seitlichen Führungen (Pfeile a).

Der weitere Ausbau ist nur mit der Hilfe eines zweiten Monteurs möglich.

- Mit einem zweiten Monteur die Stoßfängerabdeckung vorn (1) parallel (Pfeile b) vom Fahrzeug abziehen. Achten Sie dabei darauf, dass sich die Rasthaken (Pfeile) auch entriegeln.
- Je nach Ausstattung, die Steckverbindungen der vorhandenen elektrischen Bauteile trennen.
- Trennen Sie die Schlauchkupplung der Waschwasserleitungen (soweit vorhanden).

Montage des Stoßfängers

- Führen Sie die Stoßfängerabdeckung vorn (1) parallel (Pfeile a) auf den Schlossträger ein.
- Verbinden Sie alle Steckverbindungen und Schlauchverbindung.
- Drücken Sie die Stoßfängerabdeckung vorn (1) auf die Führungsteile, bis diese miteinander verrasten (Pfeile b). Beim Ansetzen der Stoßfängerabdeckung vorn auf parallele Führung am Kotflügel achten.
- Achten Sie auf Parallelität und Spaltmaße, setzen Sie die Schrauben 2, 3, und 4 an und ziehen diese mit den entsprechenden Anzugsdrehmomenten fest.

Zerlegen des Stoßfängers

- Demontieren Sie den Stoßfänger vorne.
- Legen Sie den Stoßfänger auf einem abgepolsterten (um Kratzer in Lack zu vermeiden) Tisch ab.
- Clipsen Sie den Spoiler aus.
- Ziehen Sie die Abdeckung für die Abschleppöse heraus.
- Nehmen Sie die beiden Lüftungsgitter seitlich ab (7 + 10).
- Nehmen Sie das Lüftungsgitter Mitte heraus und ziehen Sie die Zierleiste vorsichtig ab.

Die Montage erfolgt sinngemäß in umgekehrter Reihenfolge.

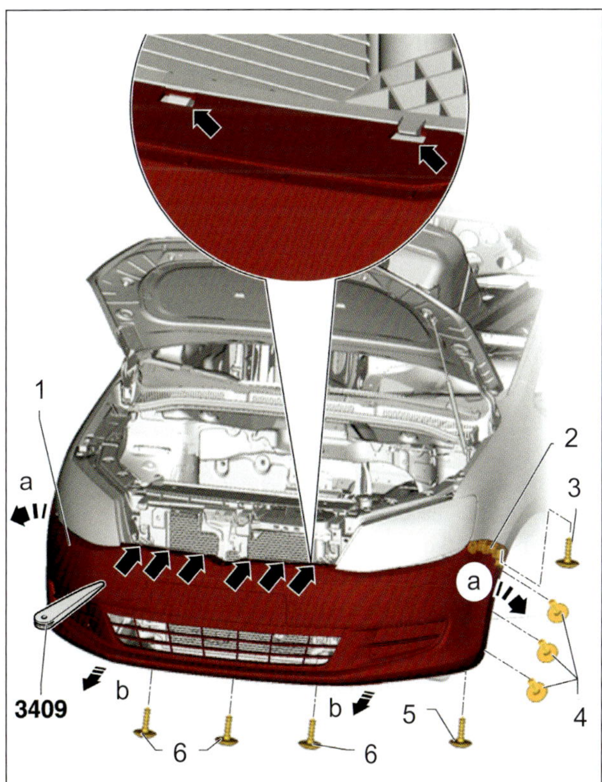

Montageübersicht Stoßfänger vorne: 1 Stoßfängerabdeckung vorn, 2 Führung, 3 Schraube, 4 Schraube, 5 Schraube, 6 Schraube.

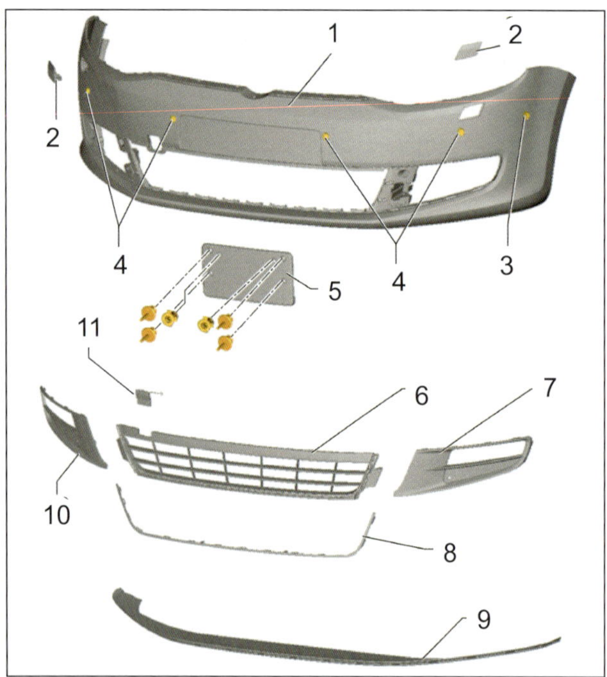

Anbauteile Stoßfänger vorne: 1 Stoßfängerabdeckung vorn, 2 Abdeckung für Scheinwerferreinigungsanlage, 3 Geber für Parklenkassistent, 4 Sensor für Einparkhilfe, 5 Kennzeichenträger, 6 Lüftungsgitter Mitte, 7 Lüftungsgitter seitlich, 8 Zierleiste, 9 Spoiler, 10 Lüftungsgitter seitlich, 11 Abdeckung für Abschleppöse.

Ausbau der Unterbauteile

Um an die Querverstrebungen im Frontbereich zu gelangen, muss der vordere Stoßfänger demontiert werden.

- Demontieren Sie den Stoßfänger vorne.
- Legen Sie den Stoßfänger auf einem abgepolsterten (um Kratzer in Lack zu vermeiden) Tisch ab.
- Drehen Sie die Befestigungsschrauben (2 + 4 + 5 im Bild oben rechts) heraus.
- Nehmen Sie den Stoßfängerträger ab. Ist dieser Träger beschädigt, ersetzen Sie ihn besser. Verspannungen erschweren das Einpassen der Karosserieteile erheblich.

Die Montage erfolgt sinngemäß in umgekehrter Reihenfolge.
Achten Sie auf die Einstellungen der Stoßstangen-Führung (Pfeile a und b), bevor Sie die Schrauben endgültig festziehen.

Unterbauteile Stoßfänger vorne unten: 1 Stoßfängerträger vorn, 2 Schraube, 3 Längsträger, 4 Schraube, 5 Schraube, 6 Querträger für Fußgängerschutz, 7 Schaumteil, 8 Schlossträger, 9 Zugstrebe, 10 Schraube.

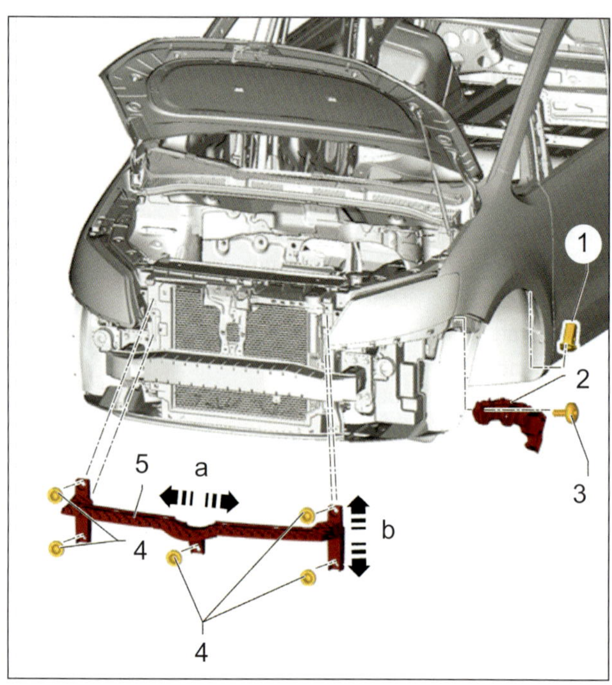

Unterbauteile Stoßfänger vorne: 1 Führungsprofil seitlich, 2 Spreizmutter, 3 Schraube, 4 Schrauben, 5 Führungsprofil Mitte.

Stoßfänger hinten

Demontage des Stoßfängers

- Bauen Sie die Schlussleuchten aus.
- Drehen Sie die Schrauben (3) rechts und links heraus.
- Demontieren Sie die Schrauben (4) und (5) links und rechts vom Radhaus aus.
- Lösen Sie die Verrastungen an den seitlichen Führungen (Pfeile a).

Der weitere Ausbau ist nur mit der Hilfe eines zweiten Monteurs möglich.

- Mit einem zweiten Monteur die Stoßfängerabdeckung vorn (1) parallel (Pfeile b) vom Fahrzeug abziehen. Achten Sie dabei darauf, dass sich die Rasthaken (Pfeile) auch entriegeln.
- Je nach Ausstattung die Steckverbindungen der vorhandenen elektrischen Bauteile trennen.

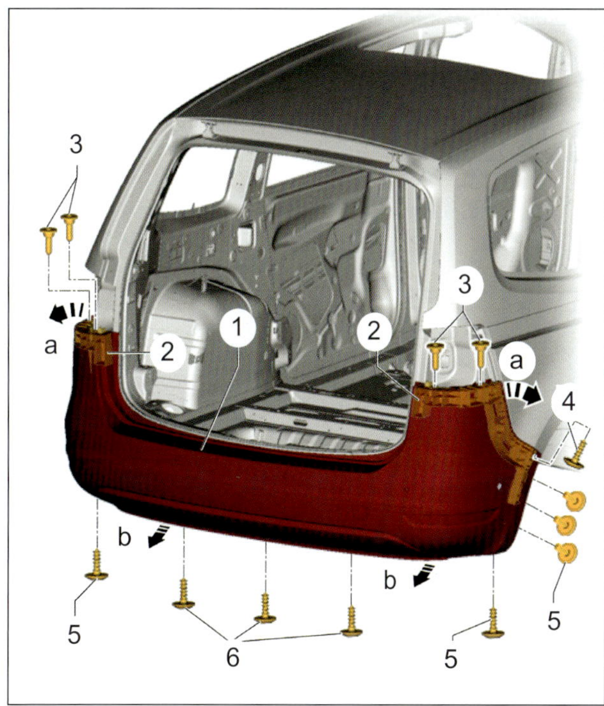

Montageübersicht Stoßfänger hinten aufgesteckt:
1 Stoßfängerabdeckung hinten, 2 Schraube, 3 Führung seitlich, 4 Schraube, 5 Schraube, 6 Schraube

Montage des Stoßfängers

- Verbinden Sie alle Steckverbindungen.
- Führen Sie die Stoßfängerabdeckung vorn (1) parallel (Pfeile a) auf den Schlossträger ein.
- Drücken Sie Stoßfängerabdeckung vorn (1) auf die Führungsteile, bis diese miteinander verrasten (Pfeile b). Beim Ansetzen der Stoßfängerabdeckung vorn auf parallele Führung am Kotflügel achten.
- Achten Sie auf Parallelität und Spaltmaße, setzen Sie die Schrauben 2, 4, 5 und 6 an und ziehen diese mit den entsprechenden Anzugsdrehmomenten fest.

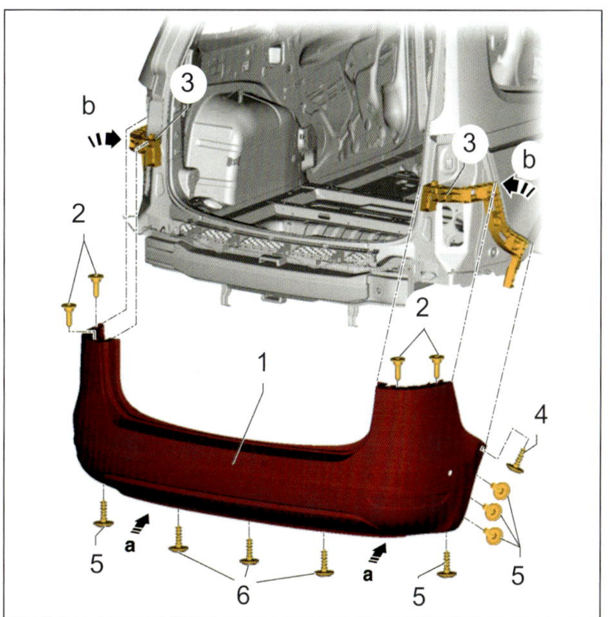

Montageübersicht Stoßfänger hinten abgezogen:
1 Stoßfängerabdeckung hinten, 2 Schraube, 3 Führung seitlich, 4 Schraube, 5 Schraube, 6 Schraube.

Zerlegen des Stoßfängers

- Demontieren Sie den Stoßfänger hinten.
- Legen Sie den Stoßfänger auf einem abgepolsterten (um Kratzer in Lack zu vermeiden) Tisch ab.
- Clipsen Sie den Spoiler (Abdeckung) aus.
- Ziehen Sie die Abdeckung (5) für die Abschleppöse heraus.
- Demontieren Sie die beiden Rückstrahler seitlich (4).

Die Montage erfolgt sinngemäß in umgekehrter Reihenfolge. Achten Sie darauf, dass die geclipsten Anbauteile bei der Montage hörbar einrasten.

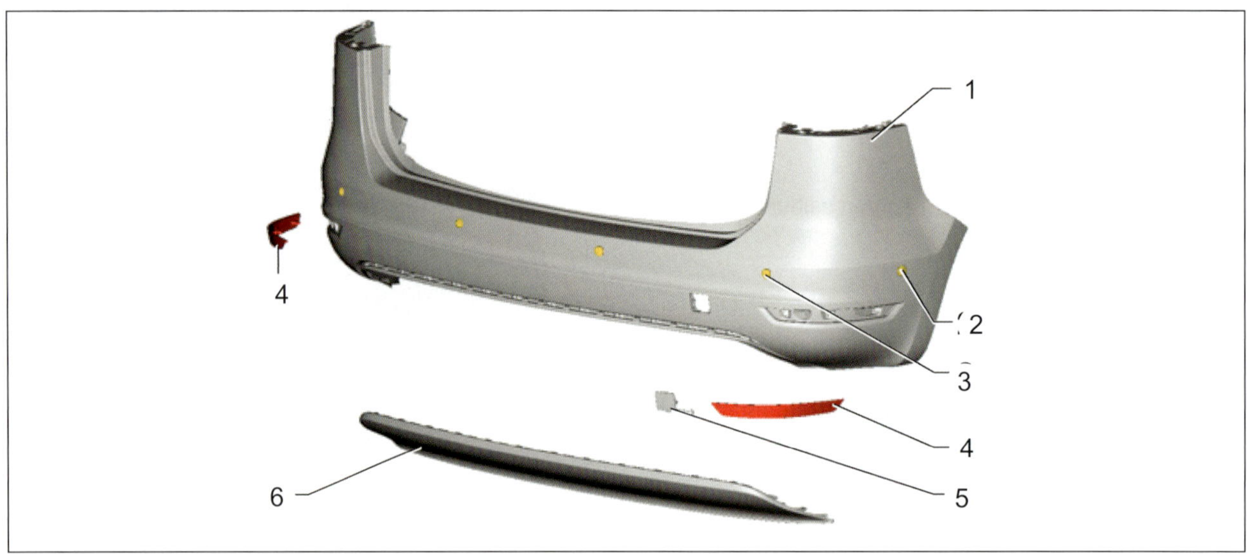

Anbauteile des Stoßfängers hinten: 1 Stoßfängerabdeckung hinten, 2 Sensoren für Einparkhilfe, 3 Geber für Parklenkassistent, 4 Rückstrahler, 5 Kappe Abschleppöse, 6 Spoiler.

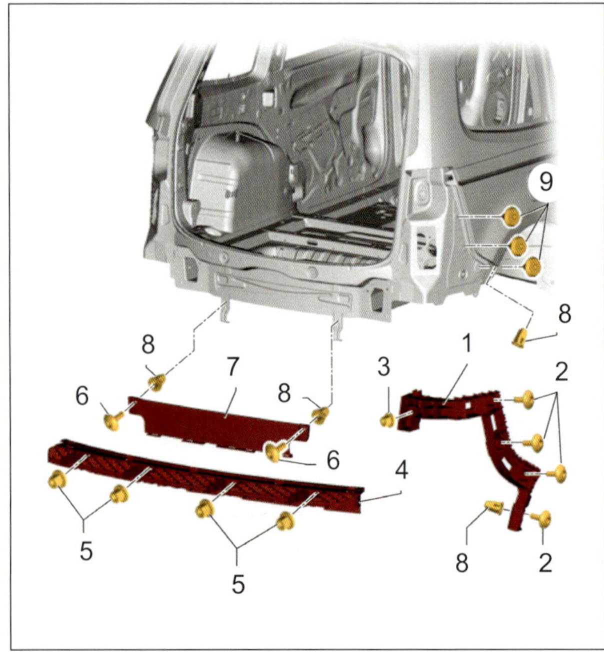

Montageübersicht Stoßfänger hinten aufgesteckt:
1 Stoßfängerabdeckung hinten, 2 Schraube, 3 Führung seitlich, 4 Schraube, 5 Schraube, 6 Schraube.

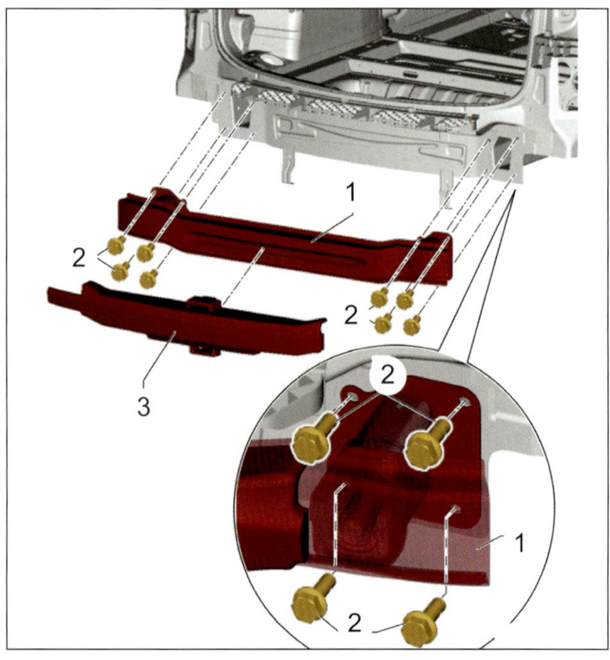

Montageübersicht Stoßfänger hinten aufgesteckt:
1 Stoßfängerabdeckung hinten, 2 Schraube, 3 Führung seitlich, 4 Schraube, 5 Schraube, 6 Schraube.

Radhausschalen

Demontage Radhausschale vorne

Der Aus- und Einbau erfolgt nur für die linke Radhausschale. Der Aus- und Einbau der rechten Radhausschale ist sinngemäß daraus abzuleiten. Je nach Modellvariante müssen beim Aus- und Einbau geringfügige Abweichungen berücksichtigt werden.

- Drehen Sie die Schrauben (3 und 4) heraus.
- Nehmen Sie die Radhausschale (1) aus dem Kotflügel heraus.

Die Montage erfolgt sinngemäß in ungekehrter Reihenfolge. Drehen Sie zuerst alle Befestigungsschrauben handfest vor. Ziehen Sie die Schrauben von oben beginnend erst nach vorne gehend und dann von oben nach hinten gehend fest, um Verspannungen zu vermeiden.

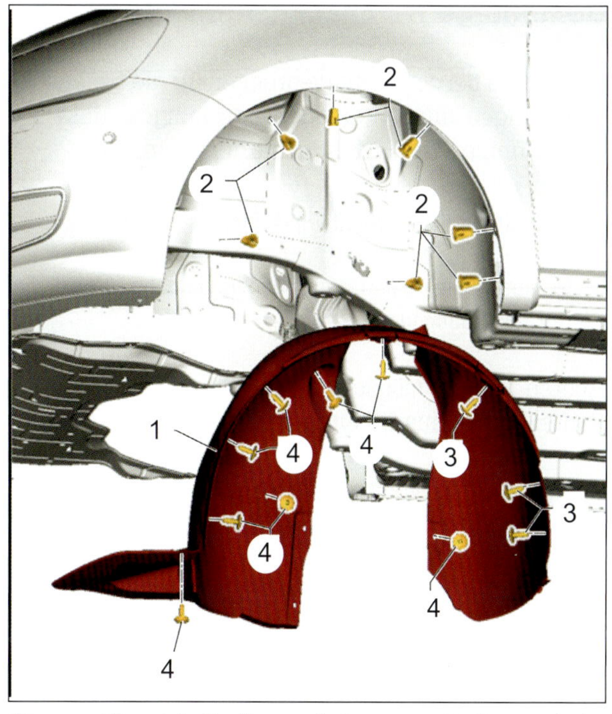

Montageübersicht Radhausschale vorne: 1 Radhausschale, 2 Spreizmutter, 3 Schraube, 4 Schraube.

Demontage Radhausschale hinten

- Bauen Sie die Hinterräder aus.
- Drehen Sie die Schrauben (5 und 6) heraus.
- Nehmen Sie die Radhausschale (1) aus dem Kotflügel heraus.

Die Montage erfolgt sinngemäß in ungekehrter Reihenfolge. Drehen Sie zuerst alle Befestigungsschrauben handfest vor, um Verspannungen zu vermeiden.

> **GEFAHRENHINWEIS – Abgasdichtheit**
>
> Für die hintere Radhausschale sind spezielle »gasdichte« Spreizmuttern verbaut.
>
> Die gasdichten Spreizmuttern sind auf Beschädigungen zu prüfen und ggf. zu ersetzen.
>
> Die Spreizmuttern dichten den Innenraum gegen Abgase ab. Sie müssen auf jeden Fall bei Beschädigungen ersetzt werden.

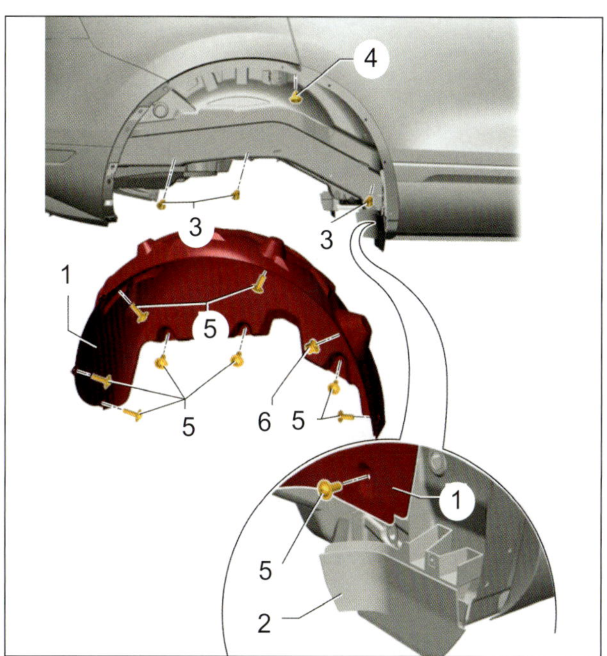

Montageübersicht Radhausschale hinten: 1 Radhausschale, 2 Spreizmutter, 3 Schraube, 4 Schraube, 5 Schraube, 6 Schraube.

Geräuschdämmung und Unterbodenverkleidungen

Demontage Geräuschdämmung

Achten Sie bei den Montagearbeiten für die Geräuschdämmungen und Unterbodenabdeckungen, dass Sie die Schrauben an die richtige Position verbauen.

- Drehen Sie die Befestigungsschrauben heraus.
- Nehmen Sie die Unterbodenverkleidung oder die Geräuschdämmung ab.

Achten Sie auf mögliche Verlaschungen zu anderen Bauteilen (Geräuschdämmung vorne zum Schlossträger).
Ziehen Sie die Verschraubungen der Kunststoffverkleidungen zwar ausreichend fest, aber achten Sie darauf, den Kunststoff nicht zu beschädigen.

Anzugsdrehmoment für Blechschrauben: 2 Nm
Anzugsdrehmoment für Gewindeschrauben: 4 - 6 Nm

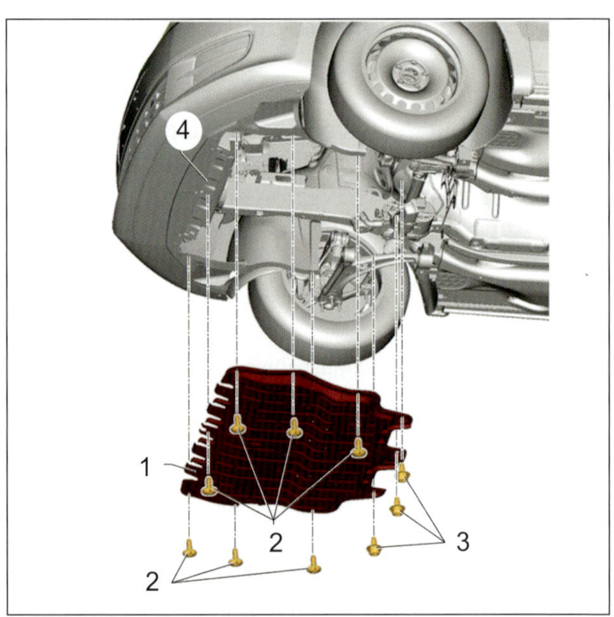

Montageübersicht Geräuschdämmung vorne: 1 Geräuschdämmung, 2 Schrauben, 3 Schraube, 4 Schlossträger

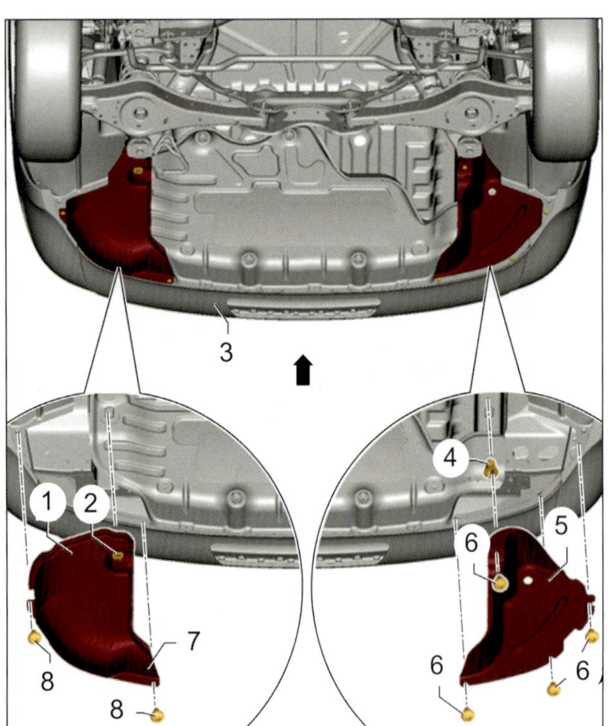

Montageübersicht Verkleidungen hinten: 1 Unterbodenverkleidung, 2 Mutter, 3 Stoßfängerabdeckung hinten, 4 Spreizmutter, 5 Unterbodenverkleidung, 6 Schraube, 7 Schnappmutter, 8 Schraube

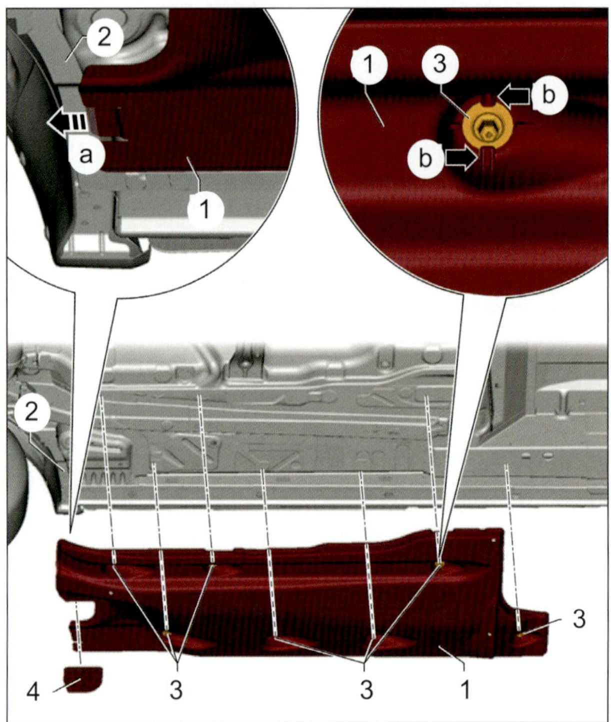

Montageübersicht Verkleidungen Mitte: 1 Unterbodenverkleidung, 2 Radhausschale, 3 Sechskantmutter, 4 Abdeckung

Wasserkasten und Abdeckung

Demontage Wasserkastenabdeckung

Die Wasserkastenabdeckung rastet in der Gummidichtung für die Frontscheibe ein. Ziehen Sie die Abdeckung vorsichtig heraus und achten Sie bei der Montage auf das Einrasten.

- Demontieren Sie die Wischerarme.
- Ziehen Sie die Schaumteile (4) von der Wasserkastenabdeckung nach außen ab (Pfeil a).
- Ziehen Sie die Dichtung (5) auf der gesamten Länge von der Wasserkastenabdeckung (1 und 2) ab und nehmen Sie die Klammern (3) ab.
- Wasserkastenabdeckungen (1 und 2) von der Mitte beginnend vorsichtig nach oben aus dem Einfassprofil (4) herausziehen. Es wird immer mit der oben liegenden Wasserkastenabdeckung begonnen.
- Wasserkastenabdeckung um das Scharnier herumführen und abnehmen.

Die Montage erfolgt sinngemäß in umgekehrter Reihenfolge.

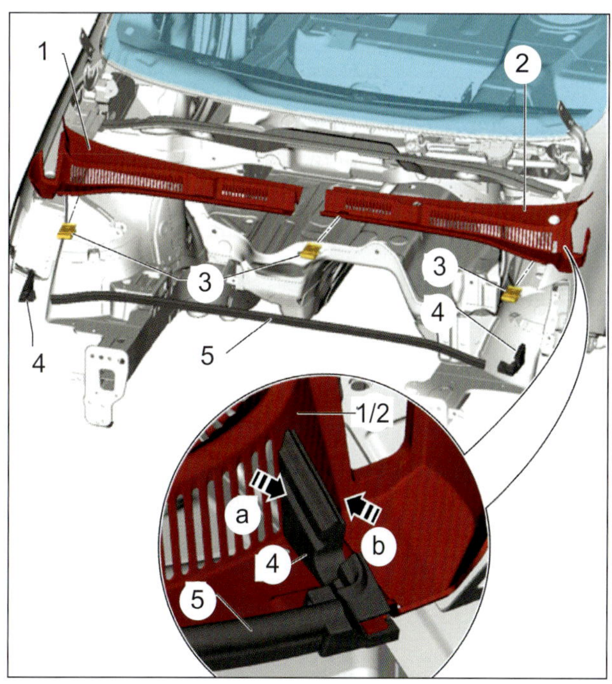

Montageübersicht Wasserkastenabdeckung: 1+2 Wasserkastenabdeckung, 3 Klammer, 4 Schaumformteil, 5 Dichtung.

Demontage Wasserkasten

Bei einigen Montagearbeiten im hinteren Bereich kann die Demontage des Wasserkastens etwas zusätzlichen Platz schaffen.

- Demontieren Sie die Klemmscheiben (5) und nehmen Sie die Dämpfung (4) ab.
- Drehen Sie die Schrauben (3) heraus und nehmen Sie den Wasserkasten an der Stirnwand (1) ab.

Die Montage erfolgt sinngemäß in umgekehrter Reihenfolge. Wenn erforderlich kann die Abdichtung zur Stirnwand mit der Butyl-Klebe-Dichtschnur-D 450 273 A2- ausgebessert werden.

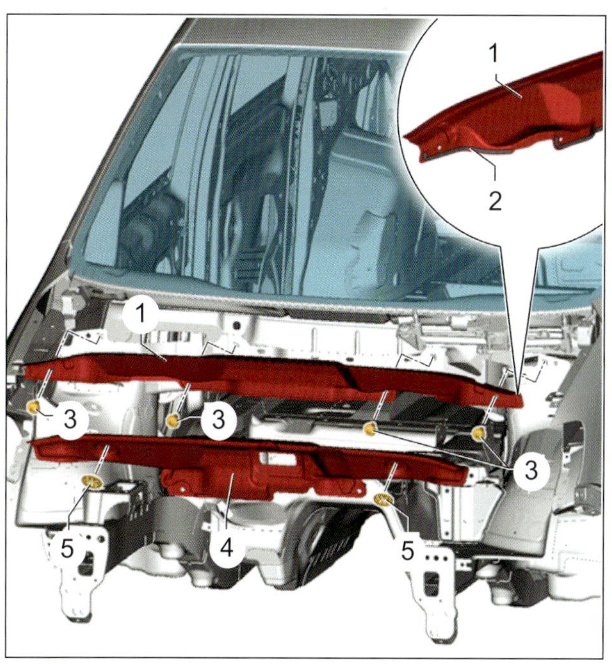

Montageübersicht Wasserkasten: 1 Wasserkasten-Stirnwand, 2 Dichtung, 3 Schraube, 4 Dämpfung, 5 Klemmscheibe.

Schlossträger

Schlossträger in Servicestellung bringen

Dieser kleine Eingriff ergibt mehr Platz im Motorraum für Montagearbeiten – gerade vor dem Antriebsaggregat. Wenn dieser Arbeitsschritt zwingend erforderlich wird, weisen wir speziell darauf hin.

- Demontieren Sie die Stoßfängerverkleidung vorne.
- Bei Fahrzeugen mit Ladeluftkühler die Druckschläuche lösen.
- Die untere, hintere Schraube der Scheinwerferbefestigung links und rechts herausdrehen. Scheinwerfer nicht ausbauen.
- Schrauben (3) an den Längsträgern links und rechts herausdrehen.
- 2 Sätze des Spezialwerkzeugs Führungsstange T 10093 am linken und rechten Längsträger hineindrehen.
- Schrauben (2) links und rechts oben an den Haltewinkeln herausdrehen.
- Der Schlossträger (1) kann auf dem Spezialwerkzeug Führungsstange T 10093 um ca. 10 cm nach vorn gezogen werden (Pfeile a).

Der Rückbau erfolgt sinngemäß in umgekehrter Reihenfolge.
Drehmoment der Schrauben (4) beträgt 60 Nm. Für die Schrauben (3) beträgt das Drehmoment 8 Nm. Achten Sie auf korrekten Sitz der Leitungsführungen und den sicheren Sitz der Ladedruckleitungen.

- Den Schlossträger (1) auf dem Spezialwerkzeug Führungsstange T 10093 zurückschieben.
- Schlossträger mit Anbauteilen an den Längsträgern und zwischen den Kotflügeln ausmitteln.
- Die untere, hintere Schraube der Scheinwerferbefestigung links und rechts festdrehen.

Schlossträger demontieren

Der Schlossträger ist ein sicherheitsrelevantes Bauteil, aus diesem Grund darf er nicht instand gesetzt werden. Bei Beschädigungen ist der Schlossträger zu ersetzen.

- Bringen Sie den Schlossträger in Servicestellung.
- Die vorhandenen elektrischen Steckverbindungen trennen.
- Die elektrische Steckverbindung für den Crashsensor für Frontairbag Fahrerseite G283 (4) trennen.
- Das Kühlmittel ablassen und Kühlmittelleitung trennen.

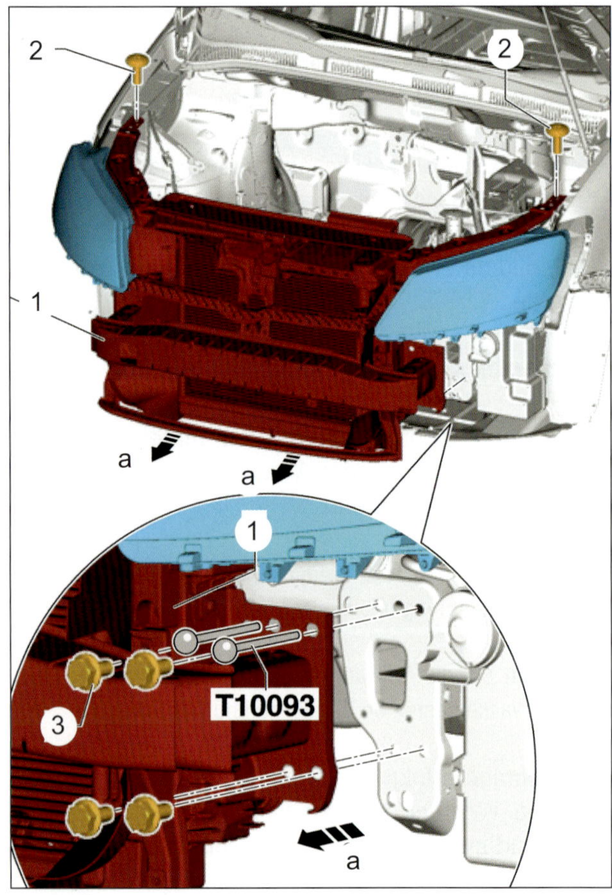

Montageübersicht Wasserkastenabdeckung: 1 Schloßträger komplett, 2 Schrauben, 3 Schrauben.

- Die Leitungen für den Klimakondensator trennen.
- Mit einem zweiten Monteur die Führungsstange T 10093 am linken und rechten Längsträger (2) herausdrehen und den Schlossträger mit den Anbauteilen (1) abnehmen.

Der Einbau erfolgt sinngemäß in umgekehrter Reihenfolge.
Beim Zusammenbau aller Steck- und Schlauchverbindungen ist darauf zu achten, dass diese richtig zusammengebaut werden.

- Schlossträger an den Längsträgern und zwischen den Kotflügeln ausmitteln.

Zugstrebe ausbauen

- Stoßfängerabdeckung vorn ausbauen.
- Sechskantmuttern (3) und Schraube (5) herausdrehen.
- Zugstrebe (1) abnehmen.

Der Einbau erfolgt sinngemäß in umgekehrter Reihenfolge.

- Zugstrebe (1) zwischen Schlossträger (6) und Querträger (2) ausmitteln.
- Sechskantmuttern (3) und die Schraube (5) festdrehen.

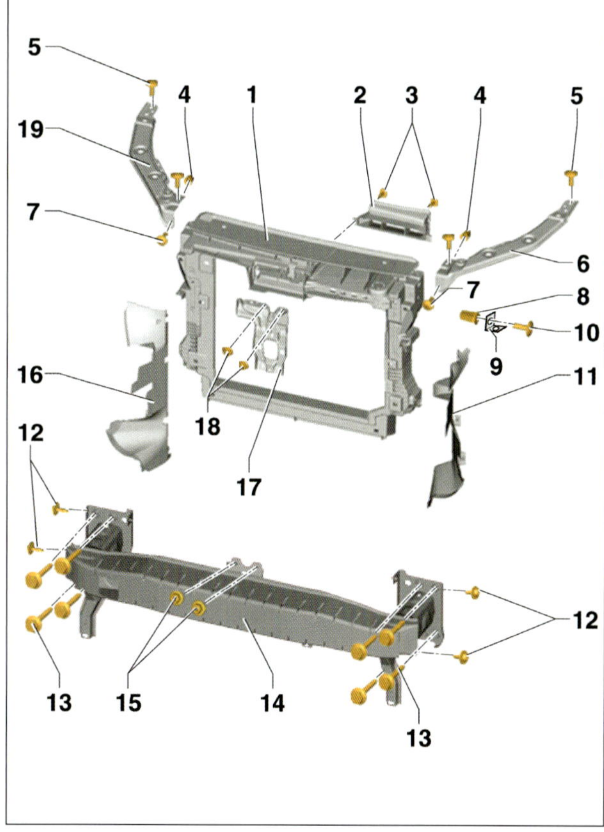

Montageübersicht Schlossträger: 1 Schlossträger, 2 Luftführung, 3 Schraube, 4 Montageteil, 5 Schraube, 6 Haltewinkel links, 7 Schraube, 8 Spreizmutter, 9 Haltewinkel, 10 Schraube, 11 Luftführung, 12 Schraube, 13 Schraube, 14 Querträger, 15 Sechskantmutter, 16 Luftführung, 17 Zugstrebe, 18 Sechskantmutter, 19 Haltewinkel rechts.

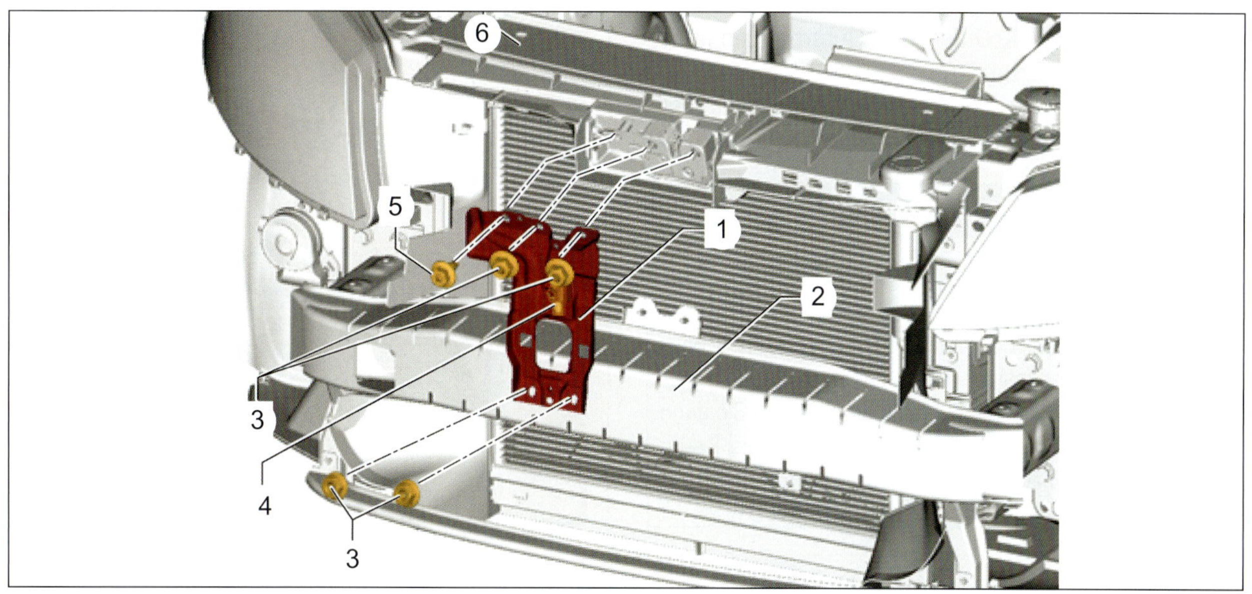

Montageübersicht Zugstrebe: 1 Zugstrebe, 2 Querträger, 3 Muttern, 4 Montageteil, 5 Schraube.

Kotflügel vorne

Kotflügel demontieren

Beim Befestigen der Schraube (6) im Bereich der Frontscheibe ist besondere Vorsicht erforderlich. Die Schraube (6) kann nur dann herausgedreht werden, wenn die Frontscheibe demontiert ist. Die Schraube (6) und auch das Werkzeug dürfen nicht an die Frontscheibe stoßen. Die Schraube wird also lediglich gelöst!

- Bauen Sie den Stoßfängerabdeckung vorn aus.
- Bauen Sie die entsprechende Radhausschale aus.
- Demontieren Sie die Schließ- und Schaumteile der entsprechender Fahrzeugseite (siehe Bild).
- Demontieren Sie die Wasserfangleiste der entsprechender Fahrzeugseite.
- Die Schraube (6) lösen, nicht herausdrehen!
- Drehen Sie Schrauben (2) heraus.
- Nehmen Sie den Kotflügel (1) vorsichtig ab.

Der Einbau erfolgt sinngemäß in umgekehrter Reihenfolge.
Legen Sie zwischen Kotflügel und Unterholmen unbedingt die Zinkzwischenlage »AKL 381 035 50« ein. Achten Sie auf Parallelität und Spaltmaße der Karosseriefugen zu den anderen Bauteilen der Karosserie.

PRAXISTIPP

Korrosionsschutz

Lassen Sie den Kotflügel vor der Montage lackieren. Prüfen Sie, ob im Bereich des Schwellers die Lackfläche zuerst mit Steinschlagschutz behandelt werden muss. Ist das der Fall, zeichnen Sie dem Lackierer die Höhe mit einem Edding an. Sprühen Sie dann vor der Montage ein Hohlraumwachs in die Bereiche, die Sie nachher nicht mehr erreichen können.

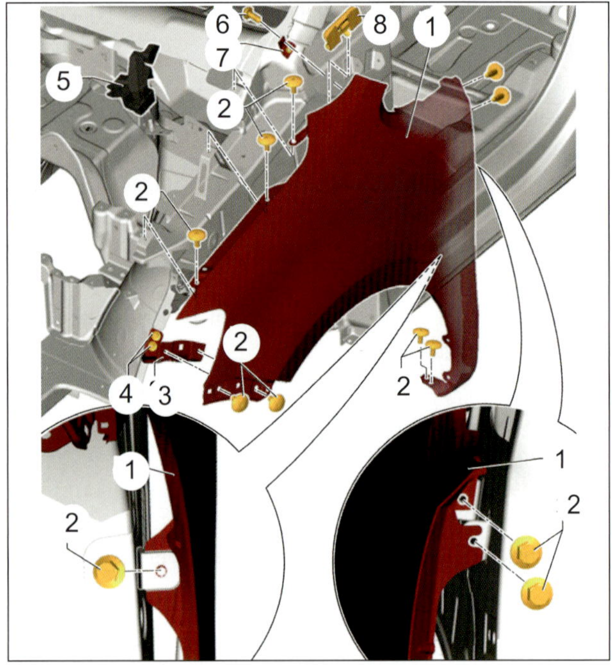

Montageübersicht Kotflügel: 1 Kotflügel, 2 Schraube, 3 Schließteil, 4 Kotflügelstrebe, 5 Schraube, 6 Schaumteil, 7 Haltewinkel, 8 Schraube, 9 Sechskantmutter, 10 Klammer.

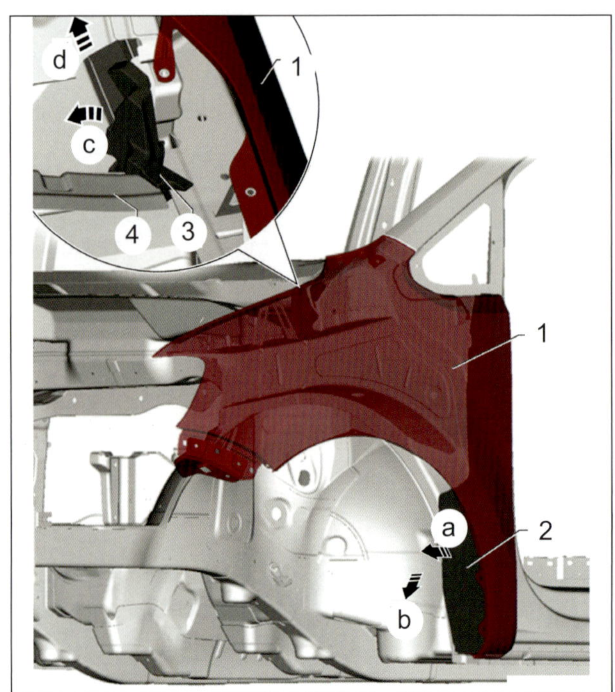

Schließ- und Schaumteile: 1 Kotflügel, 2 Schließteil, 3 Schaumteil.

Motorhaube

Motorhaube ausbauen

- Spritzdüsen (5) ausbauen.
- Leitung für Spritzdüsen (5) aus der Öffnung der Frontklappe (1) herausziehen.

Der weitere Ausbau ist nur mit einem zweiten Monteur möglich.

- Bauen Sie die Gasdruckfeder (4) aus.
- Drehen Sie die Schrauben (2) erst jetzt herausdrehen und heben Sie die Frontklappe (1) von den Scharnieren (3) ab.

Der Einbau der Frontklappe erfolgt sinngemäß in umgekehrter Reihenfolge.

Motorhaube einstellen

- Zuerst den Schließbügel (1) ausbauen.
- Die Einstellpuffer (3) durch Drehen einstellen.
- Durch Lösen der Schrauben an den Klappenscharnieren links und rechts (4) (nicht abschrauben!) kann die Frontklappe zwischen den Kotflügeln ausgemittelt werden.
- Darauf achten, dass die Spaltmaße gleichmäßig sind!
- Nach Einstellarbeiten sind Korrosionsschutzmaßnahmen am Scharnier und an den Schrauben (4) durchzuführen.
- Nachdem die Frontklappe eingestellt ist, kann der Schließbügel (1) wieder eingebaut und eingestellt werden.
- Mit dem Klappenschloss (5) kann die Frontklappe im vorderen Bereich in der Höhe zu den Kotflügeln eingestellt werden.

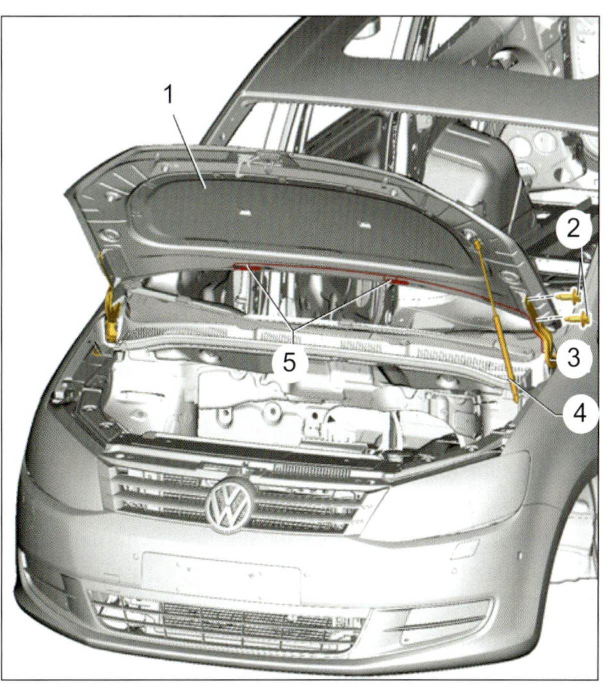

Montageübersicht Motorhaube: 1 Frontklappe, 2 Schrauben, 3 Scharnier, 4 Gasdruckfeder, 5 Spritzdüsen.

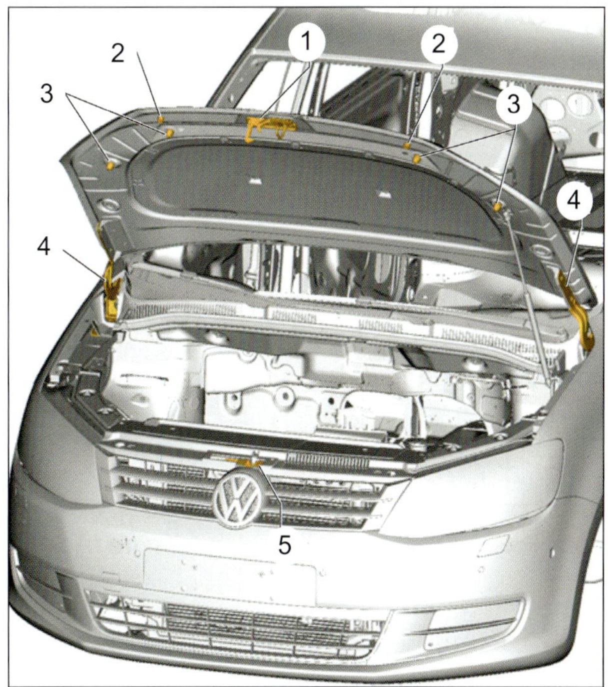

Einstellelemente Motorhaube: 1 Schließbügel, 2 Gummi, 3 Einstellpuffer, 4 Scharnier, 5 Klappenschloss

Tür vorne

Tür vorne ausbauen

- Öffnen Sie die entsprechenden Tür.
- Faltenbalg (2) durch Druck auf die Verrastung (Pfeil a) entriegeln und von der A-Säule abziehen.
- Die Verrastungen (3) an der Steckverbindung (4) zusammendrücken (Pfeile b) und herausschwenken (Pfeil c).
- Schrauben (7) an den Scharnieren lösen.
- Schraube (5) für das Türhalteband (6) herausdrehen.
- Tür (1) nach oben (Pfeil e) aus den Scharnieren (8) herausheben.

Der Einbau erfolgt sinngemäß in umgekehrter Reihenfolge.
Achten Sie auf die Spaltmaße der Tür vorn.

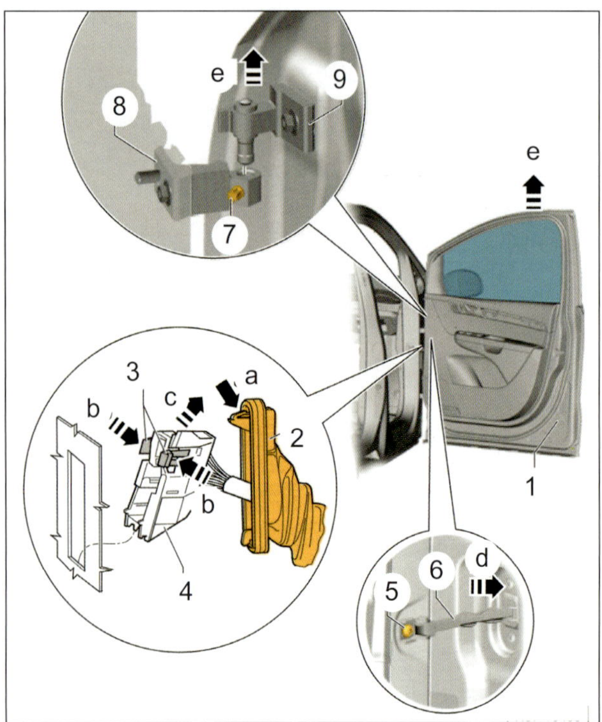

Montageübersicht Tür: 1 Tür, 2 Faltenbalg, 3 Verrastungen, 4 Steckverbindung, 5 Schraube, 6 Türhalteband, 7 Schraube, 8 Scharnier.

Tür vorne einstellen

- Für eine korrekte Einstellung der Spaltmaße müssen die Schrauben (2, 5, 7, und 8) an der A-Säule gelöst werden. Für die Schraube (5) muss die untere A-Säulen-Verkleidung ausgebaut werden. Für die Schraube (7) muss auf der Fahrerseite die Schalttafel ausgebaut werden. Auf der Beifahrerseite muss das Handschuhfach ausgebaut werden.
- Für eine korrekte Einstellung der Bündigkeit zum Kotflügel müssen die Schrauben (3 und 9) gelöst werden.
- Zur Einstellung des Schlossbügels müssen die beiden Schrauben an der B-Säule gelöst werden. Der Schlossbügel kann dann auf der B-Säule vertikal und horizontal verschoben werden.

Das Grundeinstellmaß der vorderen Tür beträgt 66 mm. Das Maß wird in Höhe des Türgriffs, von der Außenkante bis zur B-Säule gemessen.

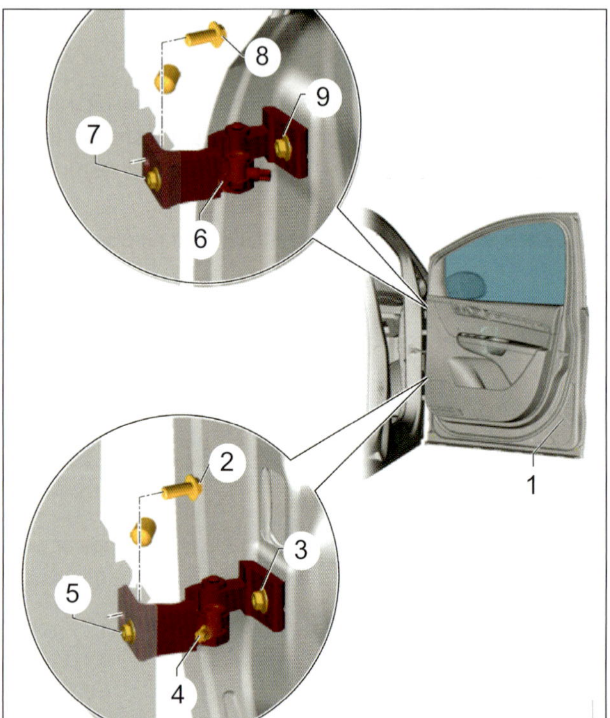

Einstellelemente Tür: 1 Tür, 2 Schraube, 3 Schraube, 4 Sicherungsschraube, 5 Schraube, 6 Scharnier, 7 Schraube, 8 Schraube, 9 Schraube.

Schiebetür

Schiebetür ausbauen

Die Arbeiten an der Schiebetür sind nicht einfach zu bewerkstelligen. Um Schäden an Mechanik oder Lack zu vermeiden, sollten Sie diese Arbeiten nur dann durchführen, wenn Sie Erfahrungen in diesem Bereich haben.

- Bauen Sie die C-Säulen-Verkleidung unten aus (Bild 1).
- Lösen Sie die Steckverbindung (5).
- Drehen Sie die Schraube (3) heraus.
- Drehen Sie die Abdeckung für die Leitung (2) aus dem Haken heraus (Pfeil a) und ziehen Sie sie aus dem Clip (4) heraus (Pfeil b).
- Abdeckung für Führungsschiene Mitte ausbauen.
- Schraube (7) für Schließteil herausdrehen und dann das Schließteil (6) nach hinten abziehen.

Der weitere Ausbau ist nur mit einem zweiten Monteur möglich.

- Die Abdeckung (8) abziehen und die Schraube (10) für Rollenführung oben (9) herausdrehen.
- Die Schiebetür (1) nach hinten (Pfeil b) schieben und dabei den Scharnierbeschlag (3) aus der Führungsschiene (2) herausziehen (Pfeil b, Bild 2).
- Untere Rollenführung (4) in (Pfeilrichtung a) aus der unteren Führungsschiene herausnehmen.
- Die Schiebetür gut gesichert abstellen.

Der Einbau der Schiebetür erfolgt sinngemäß in umgekehrter Reihenfolge. Hierzu müssen Sie zuerst den Türfeststeller einbauen, anschließend muss die Schiebetür eingestellt werden. Führen Sie abschließend eine Funktionsprüfung der Schiebetür durch.

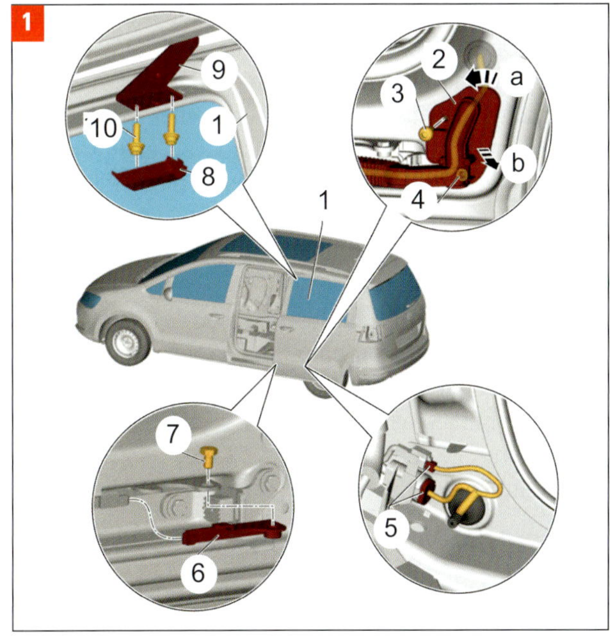

Montageübersicht Schiebetür: 1 Schiebetür, 2 Leitung, 3 Schraube, 4 Clip, 5 Steckverbindung, 6 Schließteil, 7 Schraube, 8 Abdeckung, 9 Rollenführung oben, 10 Schraube.

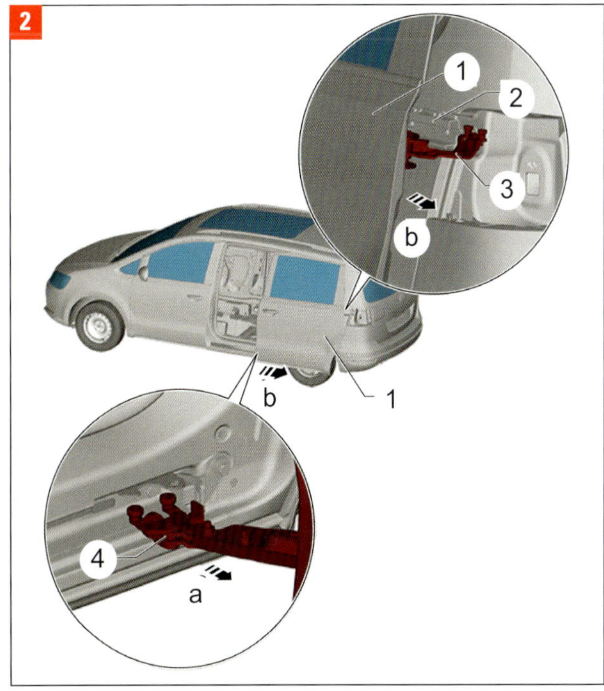

Rollenführungen Schiebetür: 1 Schiebetür, 2 Führungsschiene, 3 Scharnierbeschlag, 4 Rollenführung

Schiebetür einstellen

Auch oder gerade die Einstellarbeiten der Schiebetür erfordern viel Fingerspitzengefühl und Erfahrung. Für die Einstellung muss das Fahrzeug auf den Rädern stehen. Die kritische Stelle ist immer die hintere obere Ecke der Schiebetür zur Dichtung oder Zierleiste der Seitenscheibe. Müssen beide Türen einer Seite eingestellt werden, wird zuerst die vordere Tür mit einem Maß (siehe Türeinstellung vorne) voreingestellt.

Die eherne Reihenfolge der einzelnen Arbeitsschritte ist:

1. Schrauben der Rastzapfen (3) lösen.
2. Die Höhe (vorne und hinten) einstellen (6 + 9).
3. Die Bündigkeit einstellen (2 + 6).
4. Die Spaltmaße einstellen (9).
5. Die Kontrolle aller Fugen und Spalte.
6. Schrauben der Rastzapfen (3) festziehen.

Bauteil	Einstellfunktion
Rollenführung oben (2)	Bündigkeit einstellen (vorne)
Rollenführung unten (6)	Höhe einstellen (vorne), Bündigkeit einstellen (unten)
Scharnierbeschlag (9)	Höhe einstellen (hinten), Spaltmaß einstellen (vorn/hinten)

Höhe vorne der Schiebetür einstellen:
Die Rastzapfen dienen lediglich der Führung der Tür. Sie sollten keine Kräfte zur Höheneinstellung oder Ähnliches übernehmen.

- Um die Schiebetür (9) vorn in der Höhe (Pfeil a) einzustellen, werden zuerst die Schrauben der Rastzapfen gelöst.
- Dann die Abdeckung (10) abziehen und die Schrauben (8) der Rollenführung unten (7) lösen.
- Die Schiebetür in der Höhe (Pfeil a) einstellen.
- Die Schrauben (8) der Rollenführung unten wieder festdrehen.
- Dann die Schrauben der Rastzapfen wieder festdrehen.

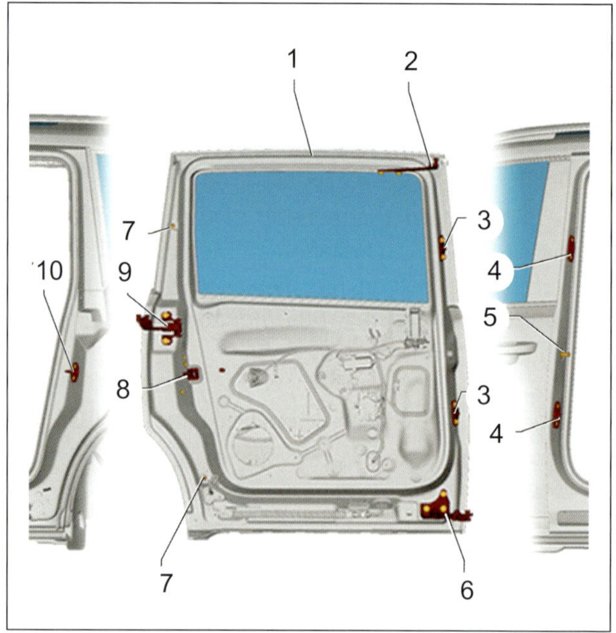

Bauteile zur Einstellung an der Schiebetür: 1 Schiebetür, 2 Rollenführung oben, 3 Rastzapfen, 4 Fangplatte, 5 Fanghaken, 6 Rollenführung unten, 7 Gummipuffer, 8 Türschloss, 9 Scharnierbeschlag, 10 Schließbügel.

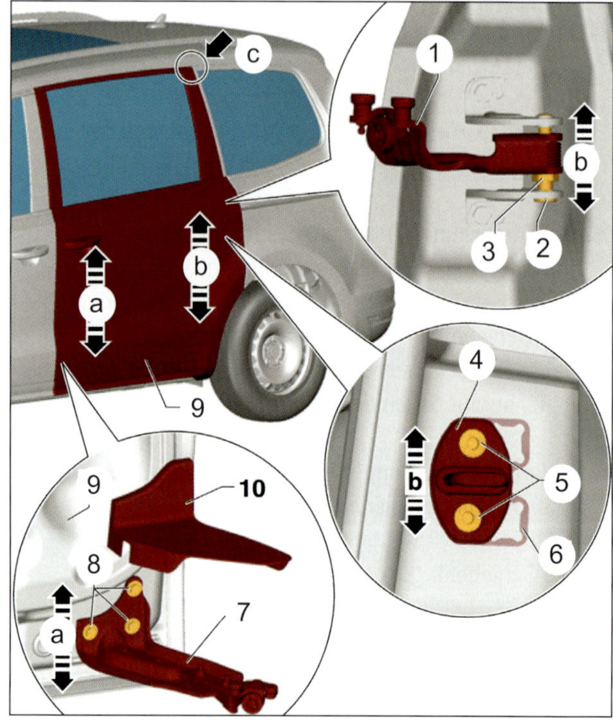

Höheneinstellung der Schiebetür: 1 Scharnierbeschlag , 2 Einstellschraube, 3 Mutter, 4 Schließbügel, 5 Schrauben, 6 Gewindeplatte, 7 Rollenführung unten, 8 Schrauben, 9 Schiebetür, 10 Abdeckung.

Höhe hinten der Schiebetür einstellen:
Durch den Schließbügel darf die Schiebetür nicht angehoben oder heruntergedrückt werden. Die Gewindeplatte (6) für den Schließbügel ist mit der Säule verschweißt. Die Stege der Gewindeplatte sind aber verformbar, dafür müssen erhöhte Kräfte aufgebracht werden (Bild auf Seite 138).

- Um die Schiebetür (9) hinten in der Höhe (Pfeil b) einzustellen, werden die Schrauben (5) des Schließbügels (4) gelöst.
- Die Mutter (3) am Scharnierbeschlag (1) lösen und die Schiebetür mit der Schraube (2) in der Höhe (Pfeil b) einstellen.
- Anschließend die Mutter (3) am Scharnierbeschlag (1) mit dem Steckeinsatz SW 18 (T10464) festdrehen.
- Danach die Schrauben des Schließbügels wieder festdrehen.
- Die Einstellung der Türspaltmaße kontrollieren.

Bündigkeit vorne der Schiebetür einstellen
Bei Einstellungen an der unteren Rollenführung (8) verändert sich auch das Maß hinten oben, da sich die Schiebetür über den Scharnierbeschlag verdreht. Das passiert natürlich auch bei Einstellungen an der oberen Rollenführung (1). Dann verändert sich auch das Maß hinten unten, da auch hier sich die Schiebetür über den Scharnierbeschlag verdreht. Achten Sie beim Öffnen der Schiebetür besonders auf den Freigang zur Dichtung oder Zierleiste der Seitenscheibe (Pfeil c) und auf den Freigang des Fanghakens.

- Um die Schiebetür (9) vorn in der Bündigkeit (Pfeil b)einzustellen, werden zuerst die Schrauben der Rastzapfen gelöst.
- Die Schrauben (7) der Rollenführung unten (8) lösen.
- Schrauben (2) der Rollenführung oben (1) herausdrehen und grundsätzlich neue Schrauben hineindrehen.
- Die Schiebetür in der Bündigkeit vorn (Pfeil b) einstellen.
- Drehen Sie die Schrauben (7) der Rollenführung unten fest.
- Drehen Sie die neuen Schrauben (2) der Rollenführung oben fest. Nach Abschluss aller Einstellarbeit werden die Schrauben (2) der Rollenführung oben nachgezogen.
- Drehen Sie die Schrauben der Rastzapfen fest.

Bündigkeit hinten der Schiebetür einstellen:
Sind die Einstellarbeit abgeschlossen, werden die Schrauben (2) der Rollenführung oben festgedreht: Anzugsdrehmoment 50 Nm + 90°.

- Um die Schiebetür (3) hinten in der Bündigkeit (Pfeil a) einzustellen, werden die Schrauben (5) des Schließbügels (4) gelöst.
- Die Schiebetür in der Bündigkeit (Pfeil a) einstellen.
- Anschließend die Schrauben des Schließbügels festdrehen und die Einstellung kontrollieren.

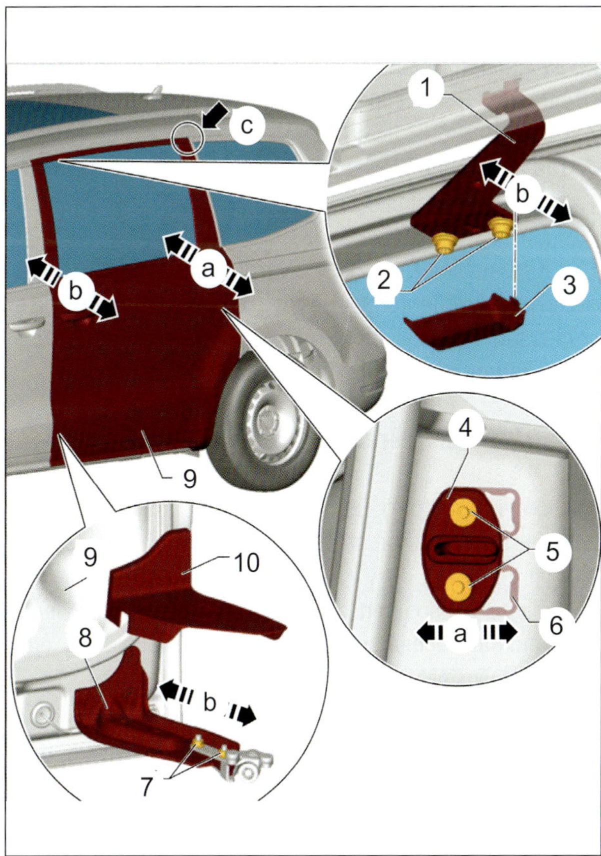

Weiteneinstellung der Schiebetür: 1 Scharnierbeschlag , 2 Einstellschraube, 3 Mutter, 4 Schließbügel, 5 Schrauben, 6 Gewindeplatte, 7 Rollenführung unten, 8 Schrauben, 9 Schiebetür, 10 Abdeckung

Heckklappe

Heckklappe ausbauen

- Öffnen Sie die Heckklappe und bauen Sie die Verkleidung der Heckklappe aus.
- Trennen Sie die Steckverbindungen (Pfeile) und bauen Sie die hochgesetzte Bremsleuchte aus.
- Ziehen Sie die Leitungen (2) und Schläuche (3) aus der Heckklappe (1) heraus.
- Lösen (nicht abschrauben!) Sie die Schrauben (3) an den Scharnieren links und rechts (Bild 2).

Der weitere Ausbau ist nur mit einem zweiten Monteur möglich.

- Je nach Ausstattung die Gasdruckfeder (2) ausbauen oder den Heckklappenantrieb (2) ausbauen (Bild unten).
- Die Schrauben (3) erst jetzt herausdrehen und die Heckklappe (1) abnehmen.

Der Einbau der Heckklappe erfolgt sinngemäß in umgekehrter Reihenfolge. Bevor die Heckklappe (1) geschlossen wird, ist eine Funktionsprüfung der Entriegelungsbauteile durchzuführen.

Heckklappe einstellen

Für die Einstellung der Heckklappe muss das Fahrzeug auf dem Boden stehen.

- An den Scharnieren oben können Sie die Heckklappe oben nach innen oder außen sowie nach links oder rechts einstellen.
- Der Schließbügel für das Schloss muss so eingestellt werden, dass die Klappe sich ohne Kraftaufwand schließen lässt und das Schloss nicht reibt oder klemmt.
- Die Gummipuffer dienen nicht zur Einstellung der Klappe, sondern lediglich zur Dämpfung und Beruhigung.

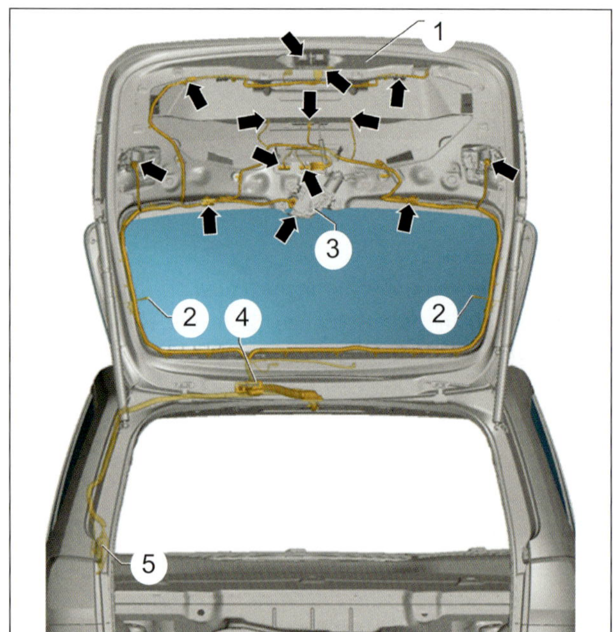

Heckklappe von innen: 1 Heckklappe, 2 Leitungen, 3 Schläuche, 4 Faltenbalg (Steckkontakt in der D-Säule)

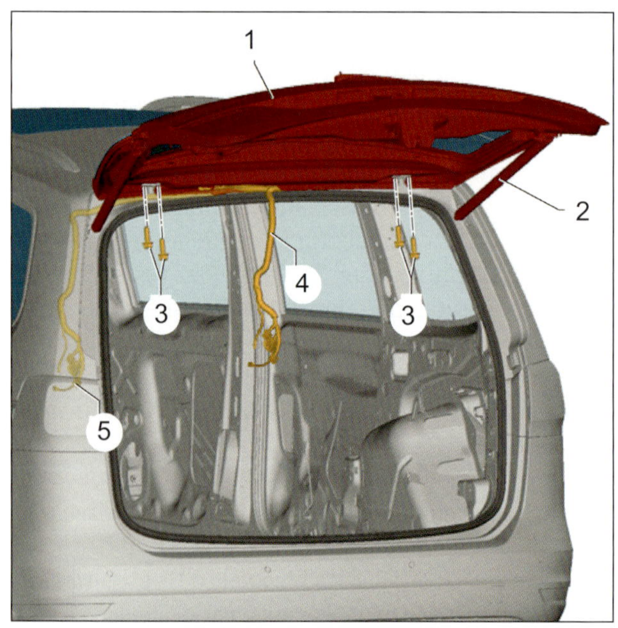

Mechanik Heckklappe: 1 Heckklappe, 2 Gasdruckfeder oder Klappenantrieb, 3 Schrauben, 4 Kabelstrang, 5 Steckverbinder.

Tankdeckel/Tankklappe

Tankdeckel/Tankklappe ausbauen

- Tankdeckel abschrauben (öffnen ... wie beim Tanken!).
- Die Schraube (3) herausdrehen.
- Gummitülle vom Kraftstoffeinfüllstutzen herunterkrempeln.
- Mit einem Schraubendreher (4) die Tankklappeneinheit an den markierten Stellen (2) durchstoßen (Pfeile a).
- Durch diese Öffnungen (2) mit dem Schraubendreher (4) die Rasthaken (5) entriegeln (Pfeil b).
- Die Gummitülle (3) von der Tankklappeneinheit herunterdrücken.
- Die Tankklappeneinheit (1) aus dem Seitenteil wie gezeigt herausschwenken (Pfeil b).
- Tankklappeneinheit (1) nach hinten herausziehen (Pfeil a) und dabei den Wasserablaufschlauch (2) mitführen.

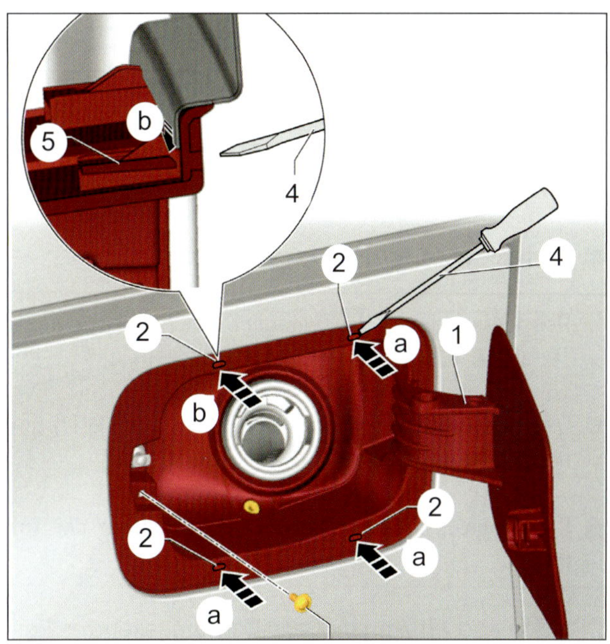

Kniffe zum Ausrasten: 1 Tankklappeneinheit, 2 Rastenöffnung, 3 Schraube, 4 Schraubendreher.

Die Montage erfolgt fast in umgekehrter Reihenfolge. Das Stellelement sollte vorher eingebaut sein.
Stecken Sie den Wasserablaufschlauch (2) durch die Öffnung in der Tankklappeneinheit und ziehen Sie ihn bis zum Anschlag durch.

- Wasserablaufschlauch (2) in das Seitenteil einführen.
- Schwenken Sie die Tankklappeneinheit (1) anschließend vollständig in das Seitenteil ein (entgegen Pfeil b).
- Dann die Tankklappeneinheit in das Seitenteil drücken (entgegen Pfeil c), bis die Rasthaken (2) verriegelt sind.
- Abschließend die Gummitülle über den Kraftstoffeinfüllstutzen ziehen und die Schraube (3) wieder festziehen.

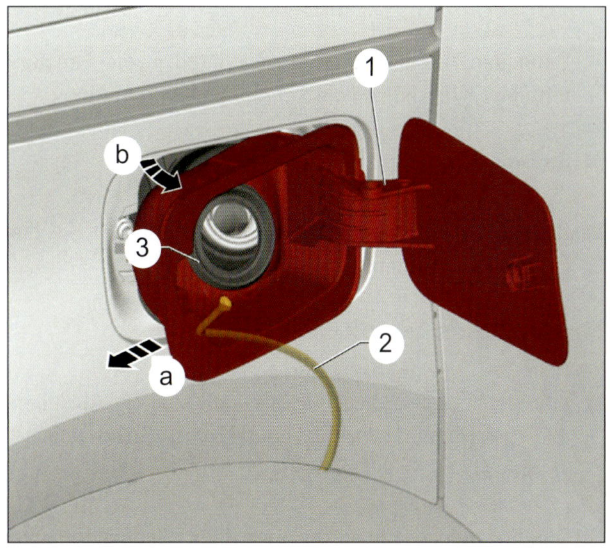

Kniffe zum Aushebeln: 1 Tankklappeneinheit, 2 Wasserablaufschlauch, 3 Schraube.

Außenspiegel

Außenspiegel ausbauen

- Die entsprechende Türverkleidung vorn ausbauen.
- Die Steckverbindungen (4) am Türsteuergerät (5) abziehen.
- Die beiden Schrauben (2) herausdrehen.
- Den Außenspiegel (1) im unteren Bereich etwas von der Tür abheben (Pfeil a).
- Dann den Außenspiegel aus der Fensterführung (7) ziehen (Pfeil b).
- Die Anschlussleitung (3) durch die Öffnung in der Tür führen.

Die Montage erfolgt sinngemäß in umgekehrter Reihenfolge.

- Zuerst die Leitung (3) wieder durch die Öffnung führen.
- Dann den Außenspiegel (1) von unten in die Fensterführung (7) führen und die Schrauben (2) festziehen.
- Stecken Sie die Steckverbindungen (4) auf.
- Bevor Sie die Türverkleidung einbauen, sollten Sie die Funktion überprüfen.

Spiegelglas wechseln

- Zuerst bitte die Spiegelgehäusekante durch Abkleben mit textilverstärktem Klebeband vor Beschädigung schützen.
- Das Spiegelglas von außen oben in das Spiegelgehäuse eindrücken (Verstellung nach oben).
- Dann das Spiegelglas mit einem der Karosseriemontagekeile (VAG T10383) vom Halter abdrücken.
- Das lose Spiegelglas zur Seite schwenken und die vorhandenen Steckkontakte auf der Rückseite des Spiegelglases abziehen.

Der Einbau ist recht einfach zu handhaben.

- Stecken Sie zuerst Steckkontakte am Spiegelglas auf.
- Stellen Sie den Spiegelträger gerade.
- Drücken Sie das Spiegelglas auf. Es sollte hörbar einrasten.

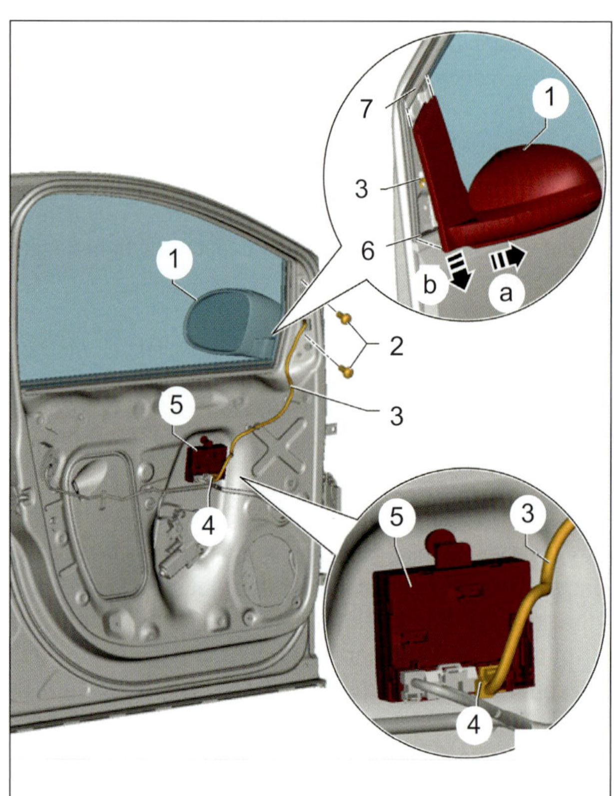

Position in der Fahrertür: 1 Außerspiegel, 2 Schrauben, 3 Anschlusskabel, 4 Steckontakt, 5 Türsteuergerät, 6 Tür, 7 Fensterführung.

PRAXISTIPP

Unfallgefahr

Tragen Sie als Schnittschutz grundsätzlich bei jeder Arbeit am Rückspiegel Handschuhe.

Am besten eignen sich hochwertige Montagehandschuhe mit rutschfester Gummierung.

Karosserie außen

	Störung	Was kann das sein?	Was kann ich tun?
A	**Klappergeräusch einer Tür**	**1** Türschloss schließt nicht richtig	Einstellung des Türschlosses prüfen (lassen).
		2 Türschloss defekt	Türschloss und Funktion prüfen lassen (Tester erforderlich), eventuell Türschloss ersetzen.
		3 Fanghaken defekt	Befestigung des Fanghakens prüfen und instand setzen, eventuell Fanghaken ersetzen.
		4 Einstellung der Türe falsch	Türeinstellung durchführen (lassen).
		5 Verschraubungen oder Fangbänder lose	Befestigung des Fanghakens prüfen und instand setzen, eventuell Fanghaken ersetzen.
		6 Anschlaggummi verschlissen	Anschlaggummis prüfen und gegebenenfalls erneuern.
B	**Schiebetür schließt nicht richtig**	**1** Schiebetür steht vorne weiter außen **2** Schiebetür steht hinten weiter außen	Einstellung der Schiebetür prüfen und wenn erforderlich einstellen (lassen). Achten Sie auf die richtige Einstellung der vorderen Türen (Grundeinstellung)!
		3 Schließt nicht richtig	Schlosshaken und Einstellung prüfen lassen.
		4 Schiebetür sitzt schief	Höheneinstellung der Schiebetür durchführen (lassen).
		5 Schiebetür ist schwergängig	Führungen oben und unten prüfen. Defekte Rollen sofort ersetzen.
C	**Tür lässt sich nicht öffnen oder verriegeln**	**1** Türschloss defekt	Türschloss und Funktion prüfen lassen (Tester erforderlich), eventuell Türschloss ersetzen.
		2 Steuergerät der Tür defekt	Funktion des Steuergerätes prüfen lassen (Tester erforderlich), eventuell Steuergerät ersetzen.
		3 Defekt am Servo der Zentralverriegelung	Funktion des Servomotors und der Zentralverriegelung prüfen lassen (Tester erforderlich), eventuell Servo ersetzen.
		4 Zentralverriegelung defekt	Funktion der Zentralverriegelung prüfen lassen (Tester erforderlich). Diagnose ist wichtig!

Der Innenraum

Hohe Wertigkeit kennzeichnet auch den Innenraum des neuen Vans. Woran Sie in diesem Bereich edler Oberflächen und Features tätig werden können, wollen wir hier zeigen. Oberstes Gebot: Kratzer und Schäden vermeiden an Kunststoffoberflächen und Verkleidungen!

In diesem Kapitel erfahren Sie, welche Arbeiten im Innenraum selbst erledigt werden können, aber auch wovon Sie besser Abstand nehmen sollten. Denn hinter den vielen Abdeckungen und Verkleidungen in Ihrem Van lauern durchaus auch Gefahren, wie die pyrotechnischen Elemente des Rückhaltesystems in den Airbags und den Gurtstraffern. Aber wir wollen Sie keineswegs gleich zu Beginn entmutigen. Es gibt noch eine Reihe anderer Dinge, die Sie mit Hilfe der folgenden Abschnitte erledigen können. Dazu gehören zum Beispiel der Lampenwechsel der Innenraumbeleuchtung oder auch der Ausbau diverser Verkleidungen, zum Beispiel an der Türinnenseite. Gerade diese Arbeit kann für Sie früher oder später wichtig werden, wenn der Fensterheber streiken sollte.

An welchen Teilen sollte nicht gearbeitet werden?

Wie bereits erwähnt: Vor Arbeiten an Komponenten, die dem Insassenschutz dienen, müssen wir warnen. Wenn es an Kenntnis und Erfahrung mangelt, sollten Sitze und Lenkrad wegen der darin enthaltenen Airbags tabu sein. Denn selbst in den Werkstätten darf nur speziell geschultes Personal an diesen Teilen tätig werden. Das Risiko, bei Reparaturversuchen verletzt zu werden, ist ja nur die eine Seite. Ein bei einem Unfall nicht mehr ordnungsgemäß funktionierender Insassenschutz stellt die weitaus schwerer wiegende andere Seite dar. Sogar bei einer Verschrottung des Fahrzeugs, etwa nach einem Unfall, müssen die Airbageinheiten und Gurtstraffer nach bestimmten Vorschriften sicher entsorgt werden. Auf keinen Fall dürfen Sie diese Komponenten wie üblichen Abfall behandeln. Das gilt auch für gezündete Einheiten und technische Ladungen, wozu übrigens auch die Gurtstraffereinheiten zählen. Denn es ist nicht mit Sicherheit zu bestimmen, ob wirklich alle im Fahrzeug vorhandene Pyrotechnik sicher gezündet wurde.

Profitipp: Montagekeil für Verkleidungen

Die teilweise kratzempfindlichen Kunststoffe der Innenraumverkleidung verlangen einen äußerst sensiblen Umgang. Will man nicht gleich beim ersten Demontageversuch hässliche Spuren hinterlassen, empfiehlt sich die Verwendung eines Montagekeils für den Innenraum (VW-Nummer: 3409). Dieser ist aus weichem und elastischem Kunststoff und erlaubt, mit der flachen Seite auch in den meist sehr engen Spalten problemlos zu arbeiten. Eine weitere Schutzmaßnahme ist das Abkleben der entsprechenden Stellen mit Klebeband oder das Unterlegen mit einem schützenden Stofftuch. Die Vielzahl der Verkleidungsteile ist mit Halteclips angebracht, die Sie mit einem Schraubenzieher schnell beschädigen oder gar abreißen werden. Ein Ärgernis, denn die Wiederanbringung des Verkleidungsteils kann dann zum Problem werden. Auch hier können Sie mit dem Keil sensibler vorgehen

GEFAHRHINWEISE – Arbeiten am Rückhaltesystem

Achtung Lebensgefahr!
Grundsätzlich dürfen keine Arbeiten an Systemen der Airbageinheiten von ungeschulten Personen durchgeführt werden. Es handelt sich nicht nur um tatsächliche Sprengsätze, sondern auch um Fahrzeugeinrichtungen, die der Sicherheit des Fahrzeuges dienen. Unsachgemäßer Umgang kann Ihr Leben oder Ihre Gesundheit schon bei der Demontage gefährden. Auch wenn es auf den ersten Blick einfach erscheint, sollten Sie niemals ohne entsprechende Ausbildung an diesen Systemen arbeiten. Für die Arbeit, den Umgang und die Lagerung mit diesen Systemen muss ein »Airbag-Sachkunde-Lehrgang« abgeschlossen und bescheinigt worden sein. Auf die Demontage dieser Systeme wird in diesem Buch absichtlich nicht eingegangen. Das Abklemmen der Batterie reicht nicht aus um eine sichere Montage an diesen Systemen gewährleisten zu können.

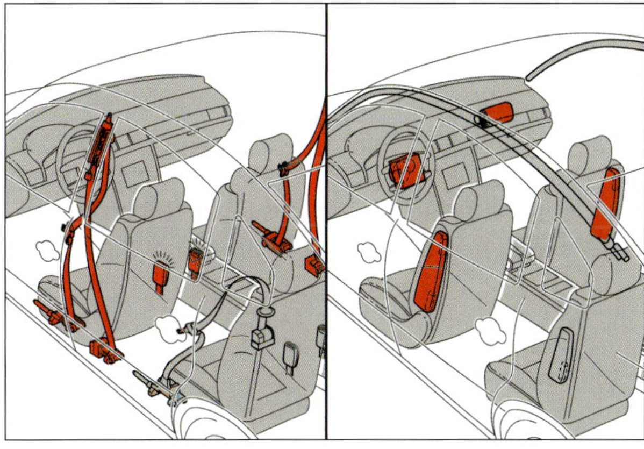

Rückhaltesysteme: Die Dreipunkt-Automatik-Gurte sind vorne serienmäßig mit einem Gurtstraffer ausgestattet, Airbags befinden sich vorne und in den Sitzen. Hier darf nur der Fachmann dran!

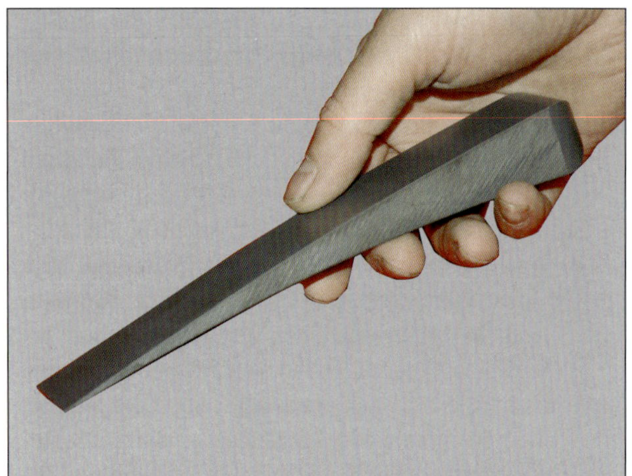

Kommt in die meisten Spalten: Ein Montagekeil ist im Fachhandel für wenige Euro zu erhalten und spart bei Montagearbeiten im Innnenraum oder generell bei Kunststoffteilen oder anderen empfindlichen Flächen eine Menge Ärger und Kratzer.

Sichtprüfung: Eine einwandfreie Funktion hat der Gurt nur, wenn er keine Beschädigungen aufweist. Beschädigungen können nach häufigem Einklemmen in der Tür auftreten.

Zum Thema Sicherheit im Innenraum gehört auch eine regelmäßige Gurtkontrolle. Achten Sie dabei auf Beschädigungen wie Einrisse oder Verfransungen. Solche Verschleißerscheinungen können im Ernstfall zur Achillesferse des Rückhaltesystems werden. Denn sollte der Gurt bei einem Unfall durch die hohe Beanspruchung versagen, dann dort, wo er beschädigt ist. Rollen Sie daher bei der Sichtprüfung bei hellem Tageslicht die gesamte Gurtlänge ab. Fahren Sie mit den Fingern über den gesamten Gurt, und fühlen Sie dabei, ob es Beschädigungen wie oben beschrieben gibt. Nehmen Sie den Gurt auch genauestens in Augenschein. Die Behandlung mit irgendwelchen Mittelchen ist ebenfalls tabu! Denken Sie daran, dass im Falle eines Unfalls mehrere Tonnen am Gurt zerren.

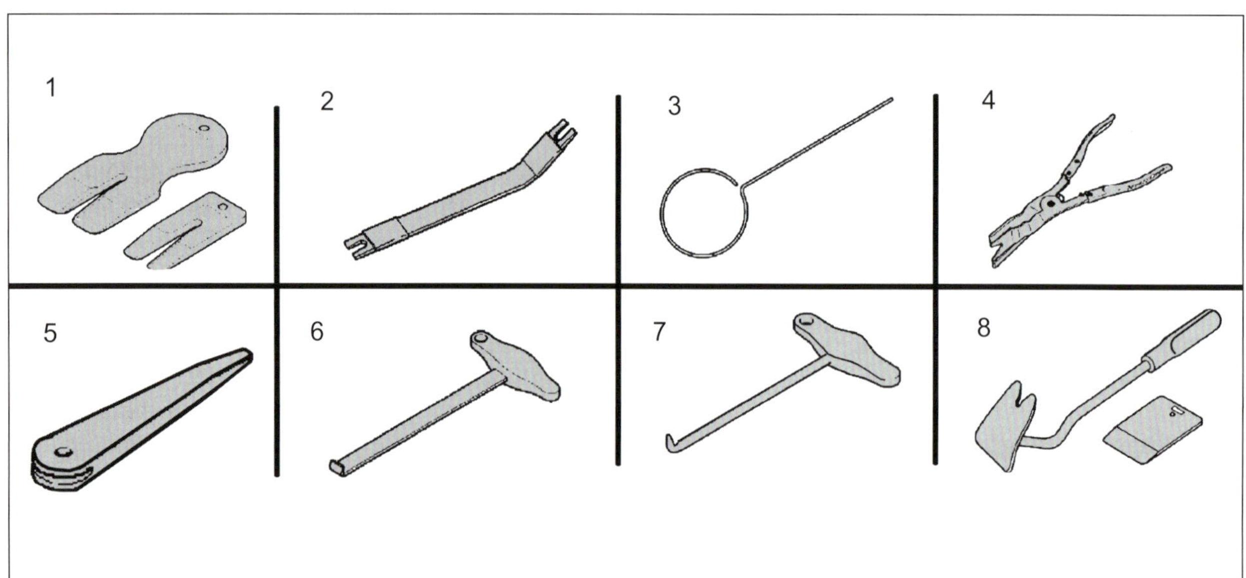

Karosseriewerkzeuge für den Innenraum: 1 geschlitzte Demontagekeile, 2 Lösehebel, 3 Absteckstift, 4 Demontagezange, 5 Demontagekeil, 6 Demontagehaken, 7 Frontend-Haken, 8 Abdrückhebel.

Möbel raus – Möbel rein

Gestühl und Kindersitzlösungen

Sitzbezüge müssen speziell auf die Seitenairbags in dem Gestühl abgestimmt sein. So genannte Reboard-Kindersitze dürfen auf dem Beifahrersitz nur installiert werden, wenn der Beifahrerairbag deaktiviert wurde! Beachten Sie, dass die einfache Deaktivierung per Schlüssel nicht ausreichen muss, um die Airbageinheit nicht zu zünden. Die meisten Hersteller empfehlen eine Deaktivierung durch Abklemmen und das Verbauen einer speziellen Kurzschlussbrücke. Die Verwendung von geeigneten Kindersitzen mit der Isofix-Halterung ist daher einfacher und empfehlenswert. Das Isofix-System verfügt über eine Verankerung unter der Rücksitzbank, in welche die Kindersitze befestigt werden. Vorteil: Der Airbag vorne rechts bleibt aktiviert und kann auch so bei einer Kollision für Ihren Beifahrer nützlich sein. Zudem bleibt Ihnen auch die Auswahl der Sitzgröße passend zu Ihrem Nachwuchs und dessen Vorlieben.

Achtung bei Reboard-Sitzen: Der Warnhinweis an der B-Säule (Beifahrerseite) macht deutlich: Die Anbringung von Reboard-Kindersitzen ist bei aktiviertem Airbag verboten!

Vordersitze

Die vorderen Sitze Ihres Van sind mit »Sidebags«, also Seitenairbags ausgerüstet. Die Demontage und Montagearbeiten an diesen Bauteilen dürfen ausschließlich durch geschultes Fachpersonal durchgeführt werden. Es handelt sich um pyrotechnische Ladungssätze. Es besteht durchaus Gefahr für Gesundheit oder sogar das Leben. Aus diesem Grund wurde die Demontage nicht in diesem Band beschrieben. Ein ausgelöster Airbag kommt selten allein – nach der Auslösung sind das Steuergerät und einige andere Bauteile reif für den Austausch. In Anbetracht der Folgen steckt in den Arbeiten wenig Sparpotenzial gegenüber der Werkstatt. Auf diese Arbeiten wird aber im Reparaturhandbuch genauer eingegangen.

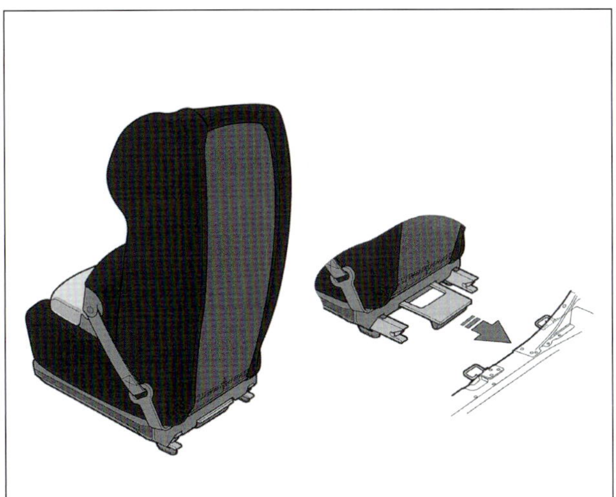

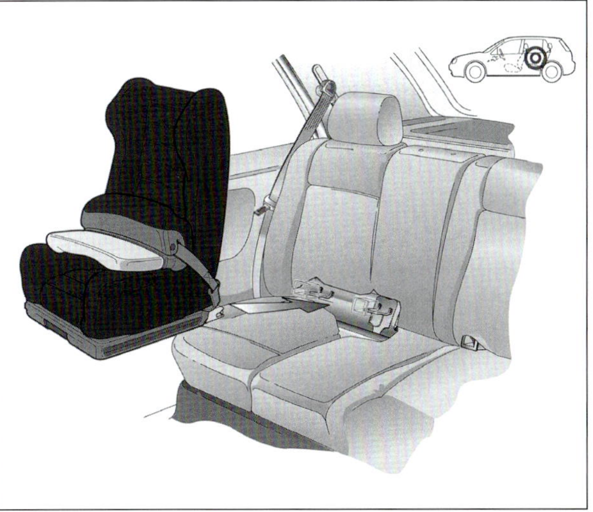

Isofix-Vorrichtung: Zu den Sicherheitsmerkmalen der Innenausstattung gehört auch die Normbefestigung für Kindersitze.

Sitze der zweiten Reihe

Auch hier handelt es sich um ein in den Sitz eingebautes Airbagsystem. Für die Montagearbeiten ist ein Sachkundenachweis erforderlich. Halten Sie sich in der Bedienung an die Anweisungen in Ihrer Bedienungsanleitung. Die Gefährdung bei unsachgemäßem Umgang mit unbeabsichtigter Zündung ist zu groß. Das daraus resultierende Risiko hinsichtlich der Gefährdung Ihrer Gesundheit und das finanzielle Risiko für nicht Sachkundige ist nicht zu überschauen oder einzuschätzen. Auf die Beschreibung der Montagearbeiten in dieser Sitzreihe wird deshalb verzichtet.

Sitze der dritten Reihe

Der Aus- und Einbau ist für den linken Sitz beschrieben. Der Aus- und Einbau für den rechten Sitz erfolgt sinngemäß.

- Stellen Sie den Sitz aufrecht.
- Drehen Sie die beiden Stopfen (1) heraus.
- Ziehen Sie die Abdeckkappe (2) und (3) nach vorn ab.
- Drehen Sie die Schrauben (2) und (4) heraus.
- Entriegeln Sie die Lehne und klappen Sie das Sitzkissen nach vorne.
- Drehen Sie die Schrauben (1) und (3) heraus.
- Kippen Sie den Sitz leicht nach hinten und trennen Sie die Leitungsstränge zu den Gurtschlössern.
- Nehmen Sie den Sitz nach hinten aus dem Fahrzeug heraus.

Der Einbau erfolgt sinngemäß in umgekehrter Reihenfolge.
Beim Einbau auf die richtige Positionierung der Fixiernasen (5) im Unterboden achten.

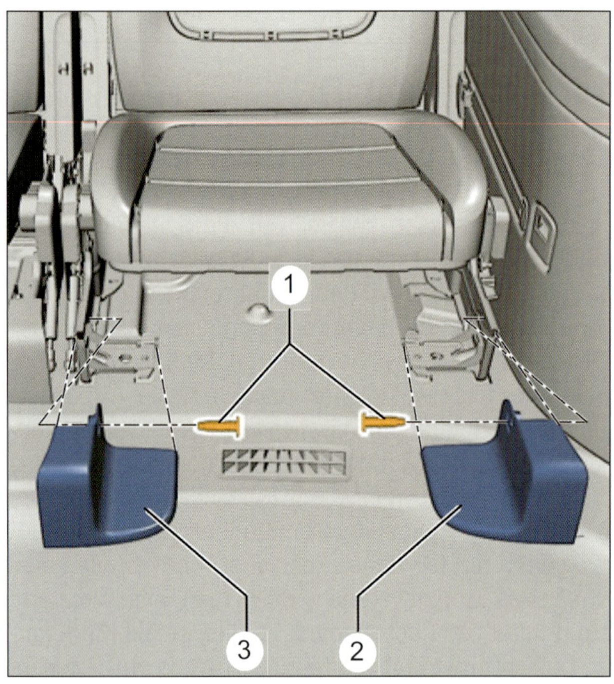

Abdeckung: 1 Stopfen, 2 Abdeckkappe links, 3 Abdeckkappe rechts.

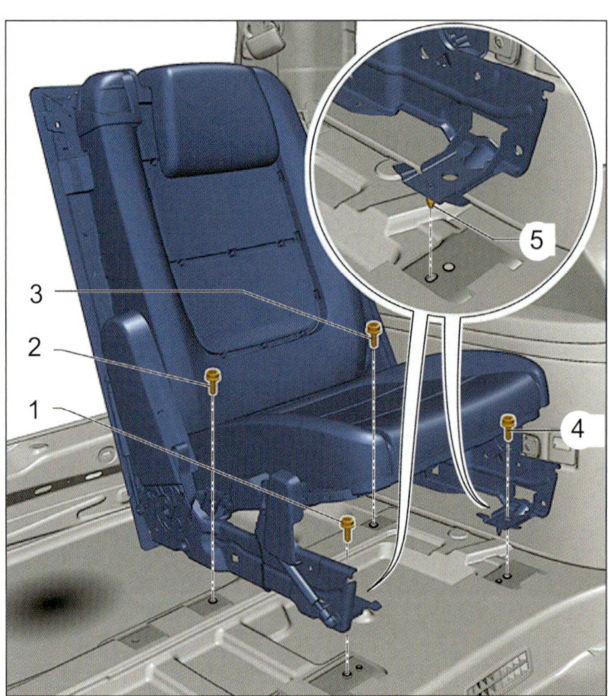

Position in der Fahrertür: 1 Schraube, 2 Schrauben, 3 Schraube, 4 Schraube, 5 Fixiernasen.

Türverkleidung

Türverkleidung vorne

Der Aus- und Einbau ist für die linke Fahrzeugseite beschrieben. Der Aus- und Einbau für die rechte Seite erfolgt sinngemäß.

- Schalten Sie die Zündung aus.
- Clipsen Sie die Zierblende (1), im hinteren Bereich beginnend, mit dem Demontagekeil (VAG T10383/1) aus der Türverkleidung aus.
- Rasten Sie die Griffschale (2) mit dem Demontagekeil (VAG 3409) aus der Türverkleidung aus.
- Die 2 Schrauben (Pfeile) herausdrehen (Bild unten).
- Die Schraube (1) herausdrehen (Bild unten).
- Türverkleidung in der angegebenen Reihenfolge (Bild auf der nächsten Seite oben) aus den Clipverbindungen lösen. Hierzu am besten die Keile (VAG T10383) benutzen.
- Die Türverkleidung senkrecht nach oben aus dem Fensterschacht herausziehen.
- Anschließend, auf der Innenseite der Türverkleidung, den Bowdenzug (1) aus der Türinnenbetätigung aushängen. (Bild auf der nächsten Seiten unten).
- Entsprechend der Fahrzeugausstattung die Leitungsstränge von der Türverkleidung trennen.

Der Einbau erfolgt sinngemäß in umgekehrter Reihenfolge.
Achten Sie auf die Montageposition der Clipse (siehe Kasten auf der nächsten Seite) und die Lage der Verkabelung und der Bowdenzüge.

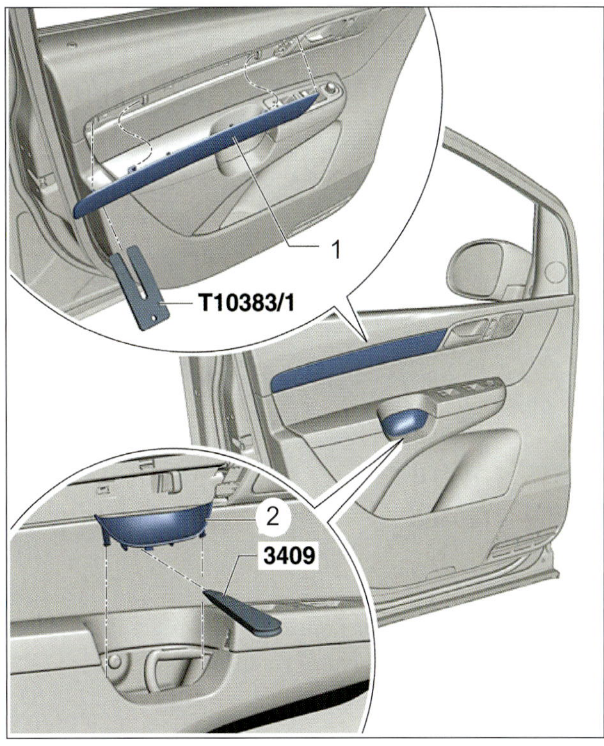

Seitenverkleidung der Fahrertür: 1 Zierblende, 2 Griffschale, T10383/1 Demontagewerkzeug Volkswagen, 3409 Demontagewerkzeug Volkswagen.

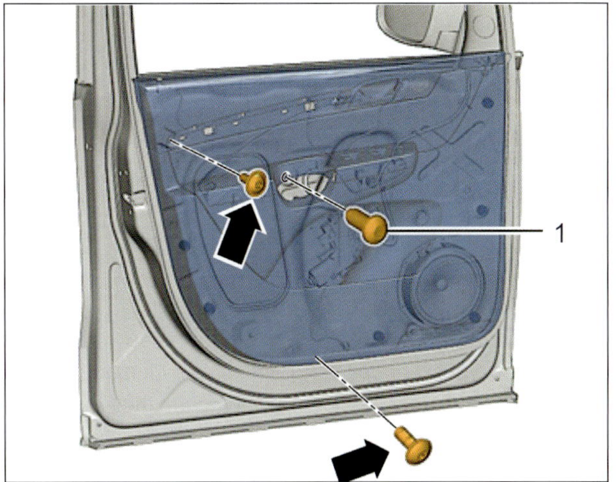

Verschraubungen in der Fahrertür: 1 Schraube, Pfeile Schrauben.

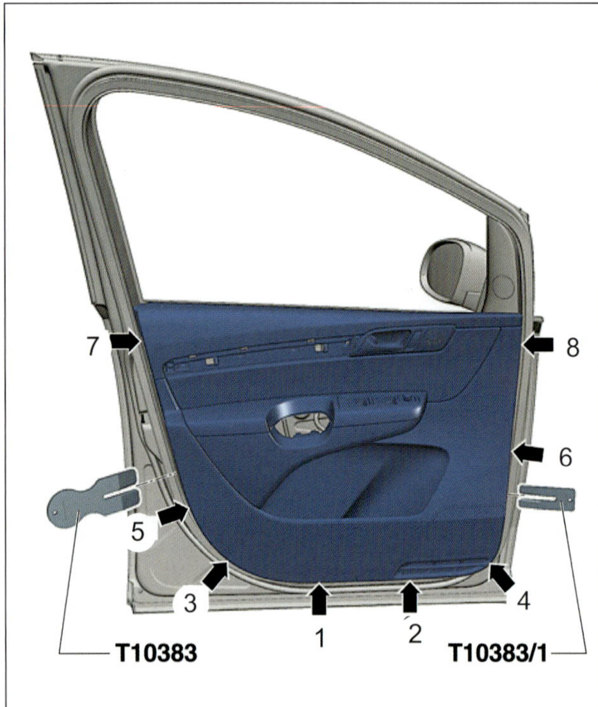

Montagereihenfolge der Clipse: Beachten Sie die Montagereihenfolge, um Schäden zu vermeiden!

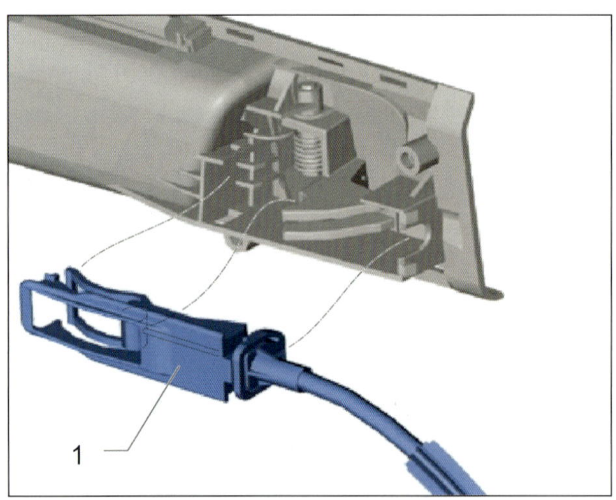

Schlossbetätigung in der Verkleidung: Bowdenzug (1) vorsichtig aus- und einhängen, um Schäden an den Führungen zu vermeiden.

PRAXISTIPP

Stopfenmontage

Beim Lösen der Türverkleidung besteht die Gefahr, dass Schäden an den Befestigungselementen erzeugt werden! Um dies zu verhindern, ist beim Ausbau der Türverkleidung die angegebene Lage und Reihenfolge der zu lösenden Clipverbindungen unbedingt einzuhalten!

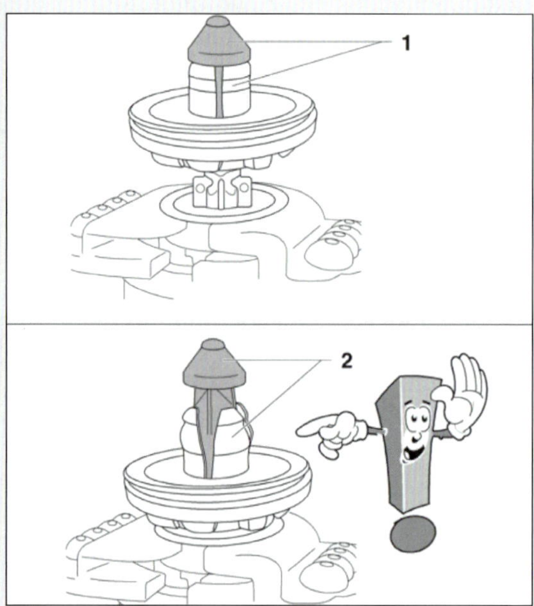

Die Stopfen der Türverkleidung haben eine Verriegelungsfunktion. Sind sie »eingedrückt« (2), sind sie verriegelt und werden wie ein Spreizdübel in der Wand auseinandergedrückt. Durch das Herausziehen der Aufnahme werden sie »entriegelt« und können montiert werden.

Vor dem Einbau der Türverkleidung müssen Sie sicherstellen, dass sich der Verriegelungsmechanismus sämtlicher Clipverbindungen in Position 1 »entriegelt« befindet!

In der Position 2 »verriegelt« ist ein fehlerfreier Einbau der Türverkleidung nicht möglich!

Türverkleidung Schiebetür

Der Ausbau ist aufgrund der Platzverhältnisse kritisch. Die Schiebetür braucht zum Ausbau der Türverkleidung jedoch nicht ausgebaut werden.

- Schalten Sie die Zündung aus.
- Clipsen Sie die Griffschale (1) mit dem Keil (T10383/1) aus der Schiebetürverkleidung aus.
- Die Steckverbindungen an der Griffschale (1) trennen.
- Die Schraube (2) und die 3 Schrauben (1) herausdrehen.
- Markierten Bereich (A) mit einem Klebeband vor Beschädigungen schützen.
- Die Schiebetürverkleidung in der angegebenen Reihenfolge aus den Clipverbindungen lösen.
- Die Schiebetürverkleidung senkrecht nach oben aus dem Fensterschacht herausziehen, die Schiebetürbetätigung verbleibt an der Schiebetür.

Der Einbau erfolgt sinngemäß in umgekehrter Reihenfolge.

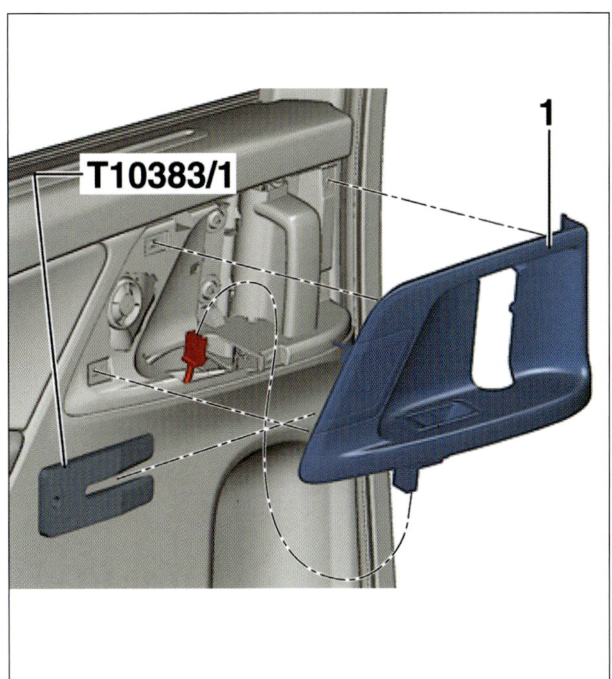

Betätigung von innen der Schiebetür: 1 Griffschale. Bitte vorsichtig ausclipsen.

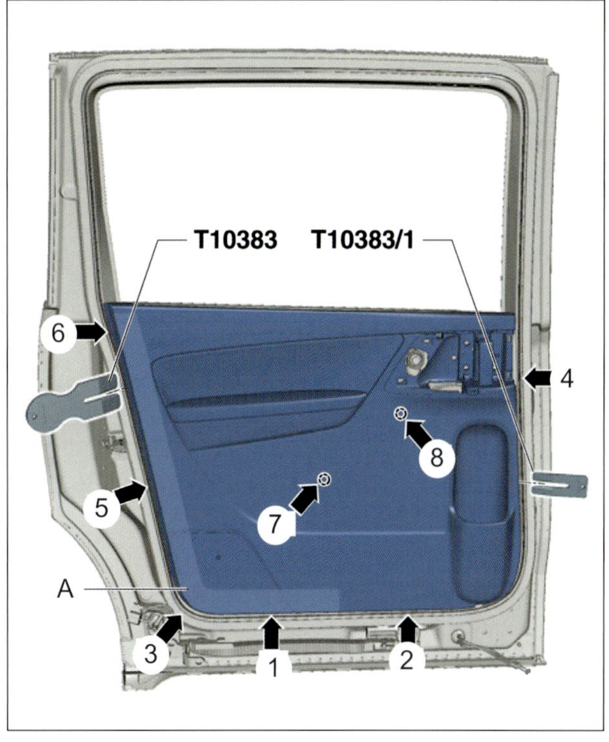

Montagereihenfolge für die Türclipse: auch zur Vermeidung von Lackschäden unbedingt beachten!

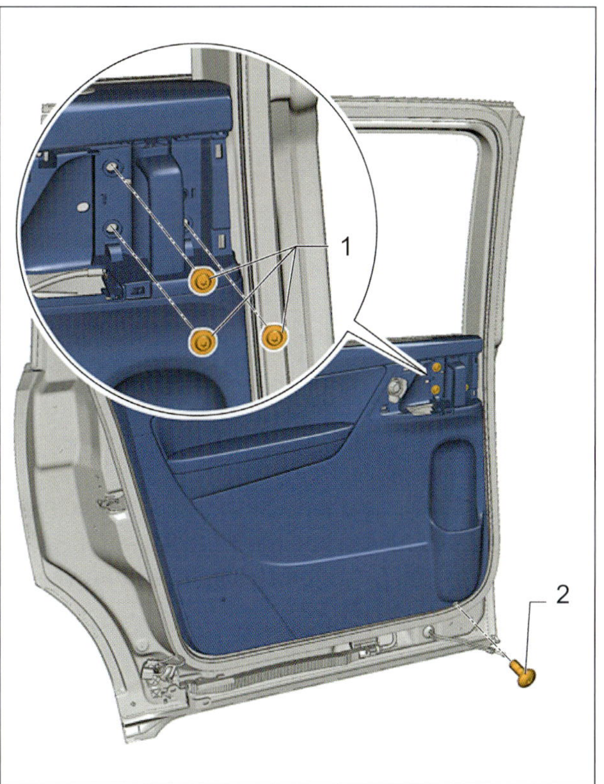

Verschraubungen in der Schiebetür: 1 Schrauben, 2 Schraube für die Verkleidung.

Sonnenschutzrollo an der Schiebetür

Sonnenschutzrollo ausbauen

- Bauen Sie die Schiebetürverkleidung aus.
- Die Abdeckung (1) mit dem Demontagekeil (VAG 3409) aus der Schiebetürverkleidung (2) ausclipsen.
- Die 7 Schrauben (4) herausdrehen und das Sonnenschutzrollo abnehmen.

Der Einbau erfolgt sinngemäß in umgekehrter Reihenfolge.

Sonnenschutzrollo zerlegen

- Um das Sonnenrollo zu zerlegen, muss es etwa 15 cm herausgezogen werden.
- Dann muss die Lagerachse herausgezogen werden. Das Greifstück wird frei und muss aufgenommen werden.

Die Montage erfolgt sinngemäß in umgekehrter Reihenfolge.

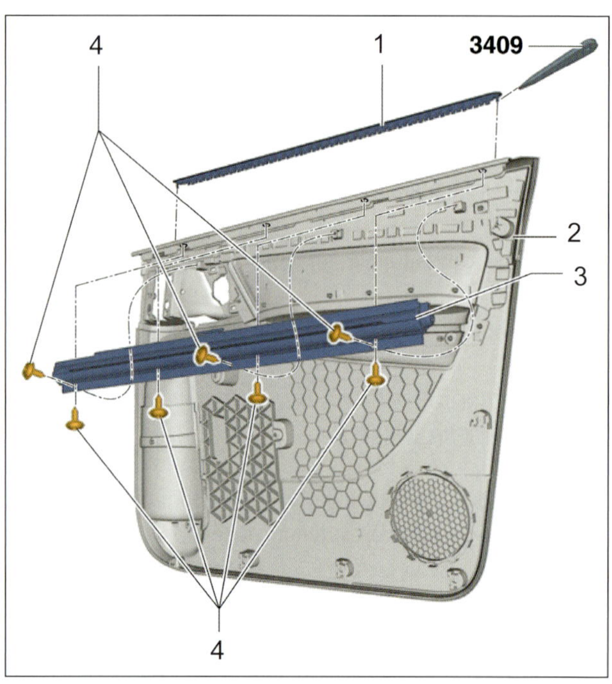

Montageübersicht Sonnenschutzrollo der Fahrertür: 1 Abdeckung, 2 Türverkleidung, 3 Sonnenrollo, 4 Schrauben.

Spiegeldreieck ausbauen

- Die Zündung ausschalten.
- Bauen Sie die entsprechende Türverkleidung, vorn, aus.
- Clipsen Sie die Abdeckung am Spiegeldreieck (1) mit dem Keil (VAG T10383/1) aus dem Türfensterrahmen aus.

Der Einbau erfolgt sinngemäß in umgekehrter Reihenfolge. Vor der Montage sind die Halteclips auf Beschädigungen zu prüfen und gegebenenfalls zu erneuern.

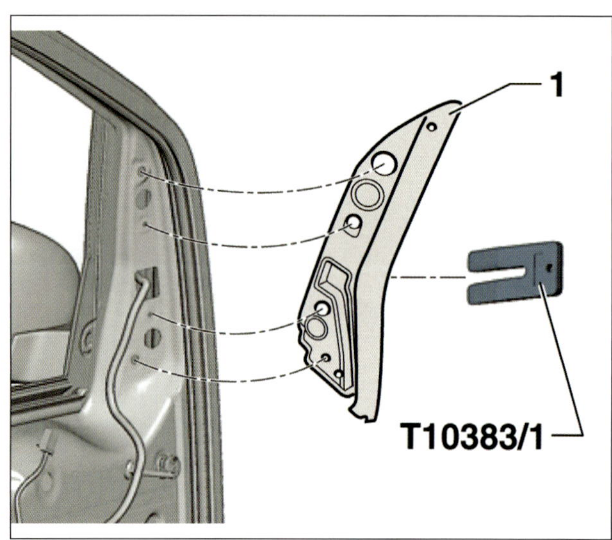

Verkleidung im Spiegeldreieck der Fahrertür: 1 geclipste Verkleidung, T10383/1 Spezialwerkzeug.

Dachsäulenverkleidung

A-Säulenverkleidung oben

Der Aus- und Einbau ist für die linke Fahrzeugseite beschrieben. Der Aus- und Einbau für die rechte Seite erfolgt sinngemäß.

- Falls vorhanden zuerst den Haltegriff auf der A-Säule ausbauen.
- Die Verkleidung (1) von oben beginnend in Richtung Innenraum aus den Aufnahmen in der A-Säule herausziehen.
- Den Clip (1) mit dem Keil (VAG T10383/1) lösen.
- Die Blende an der A-Säule (2) etwas nach innen klappen und nach oben herausnehmen.

Einbau

- Die Blende an der A-Säule in Oberteil und Unterteil zerlegen.
- Das Blendenunterteil der A-Säule (3) einlegen und verrasten.
- Das Blendenoberteil der A-Säule (2) in die Halterungen des Unterteils einsetzen und verrasten.
- Befestigen Sie den Clip (1).

A-Säule oben: 1 Verkleidung.

A-Säulenverkleidung unten

- Die Schalttafelabdeckung seitlich ausbauen.

Nur Fahrerseite

- Den Betätigungshebel für die Frontklappe ausbauen.
- Die Abdeckung vom Spreizstift (2) entfernen und den Spreizstift herausdrehen.
- Die Spreizniete (3) herausziehen.

Beide Fahrzeugseiten

- Die Einstiegsleiste im Übergangsbereich zur A-Säulen-Verkleidung unten (1) lösen.
- Die A-Säulen-Verkleidung unten im Bereich der Schalttafel aus der Aufnahme in der Karosserie ausclipsen.

Die Montage erfolgt sinngemäß in umgekehrter Reihenfolge. Achten Sie vor dem Festdrücken des Clips auf spannungsfreien Sitz der Kunststoffteile.

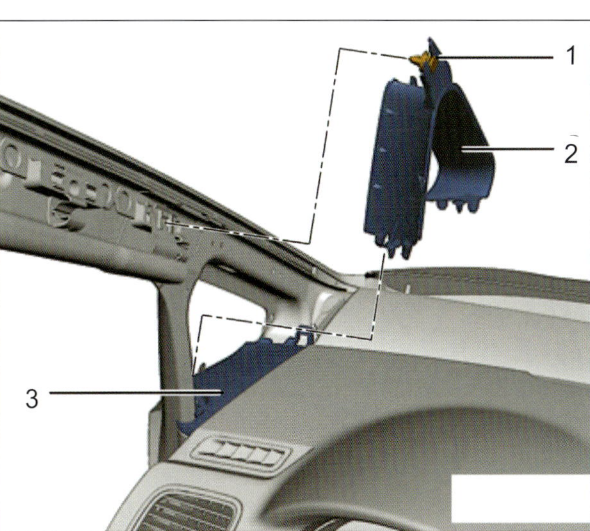

A-Säule unten: 1 Cilp, 2 Blenden Unterteil, 3 Blendenoberteil.

B-Säulenverkleidung oben

Die Montage ist für die linke Fahrzeugseite beschrieben. Der Aus- und Einbau für die rechte Seite erfolgt sinngemäß.

- Schalten Sie die Zündung aus.
- Die Gurthöhenverstellung auf oberster Position einstellen.
- Die Einstiegsleiste ausbauen.
- Den Gurtendbeschlag an der Karosserie ausbauen.
- Die B-Säulen-Verkleidung oben (1) im unteren Bereich etwas auseinanderziehen und von der B-Säule lösen.
- Die Verkleidung im Übergangsbereich zum Formhimmel nach außen drücken und anschließend unter dem Formhimmel hervorziehen.
- Entsprechend der Fahrzeugausstattung Steckverbindung trennen.

Der Einbau erfolgt sinngemäß in umgekehrter Reihenfolge.

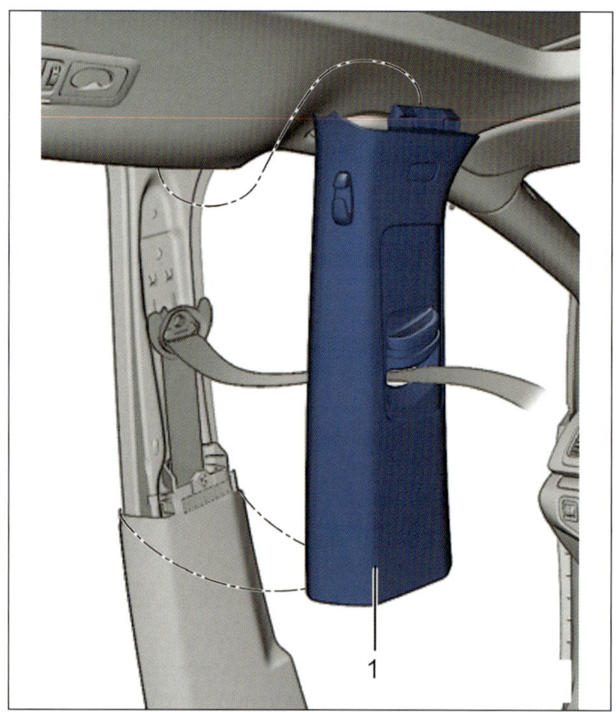

A-Säule oben: 1 Verkleidung.

B-Säulenverkleidung unten

- Die Schalttafelabdeckung seitlich ausbauen.
- Die B-Säulen-Verkleidung oben lösen.
- Die entsprechende Einstiegsleiste ausbauen.
- Die zwei Schrauben (1) herausdrehen.
- Die B-Säulen-Verkleidung (2), von unten beginnend, aus der B-Säule ausclipsen.
- Entsprechend der Fahrzeugausstattung Steckverbindung trennen.

Der Einbau erfolgt sinngemäß in umgekehrter Reihenfolge. Prüfen Sie, ob sich die Verkleidung nach dem Einbau im Keder der Türdichtung befindet.

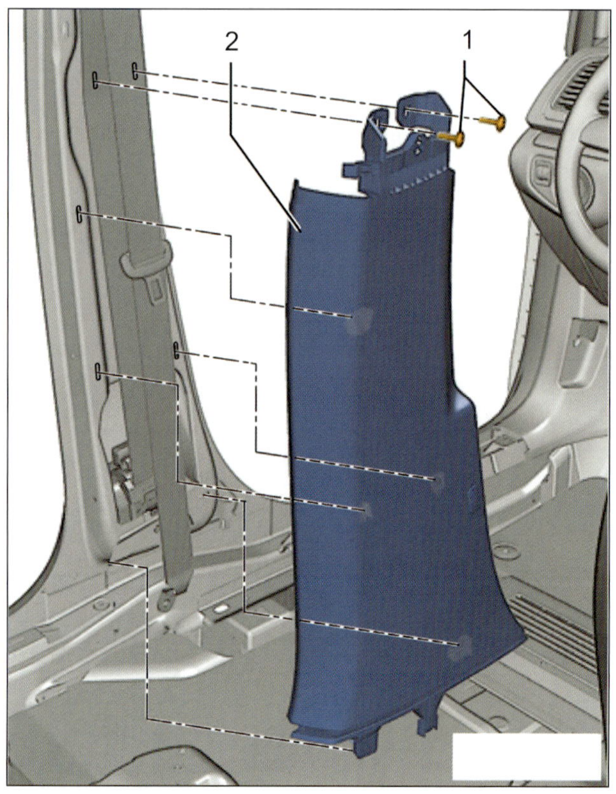

A-Säule unten: 1 Schrauben, 2 Verkleidung.

C-Säulenverkleidung

Die Montage ist für die linke Fahrzeugseite beschrieben. Der Aus- und Einbau für die rechte Seite erfolgt sinngemäß.

- Schalten Sie die Zündung aus.
- Verbindungsstück zwischen Einstiegsleiste und Kofferraumverkleidung ausbauen.
- Gurtendbeschlag an der C-Säule ausbauen.
- Das Emblem »Airbag« vorsichtig herausclipsen.
- Die Schraube (2) herausdrehen und die C-Säulen-Verkleidung (3) erst aus der Seitenwandverkleidung (4), dann in der Mitte aus der C-Säule ausclipsen.
- Die C-Säulen-Verkleidung unter dem Formhimmel hervorziehen.
- Den Sicherheitsgurt durch die Verkleidung fädeln.

Der Einbau erfolgt sinngemäß in umgekehrter Reihenfolge.

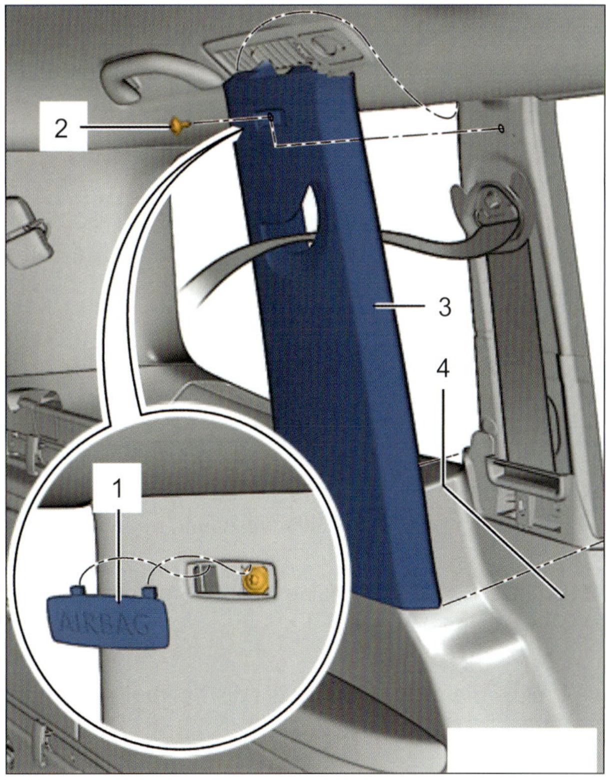

C-Säule: 1 Abdeckung, 2 Schraube, 3 Verkleidung, 4 Seitenwandverkleidung.

D-Säulenverkleidung

- Rollen Sie die Kofferraumabdeckung auf.
- Lösen Sie die Dachabschlussleiste bis etwa zur Mitte.
- Die D-Säulen-Verkleidung (1) erst im Übergangsbereich zur Seitenwandverkleidung (2) in der angegebenen Reihenfolge, dann in der Mitte und oben ausclipsen.
- Den Sicherheitsgurt durch die Verkleidung fädeln.

Der Einbau erfolgt sinngemäß in umgekehrter Reihenfolge.
Prüfen Sie, ob sich die Verkleidung nach dem Einbau im Keder der Türdichtung befindet.

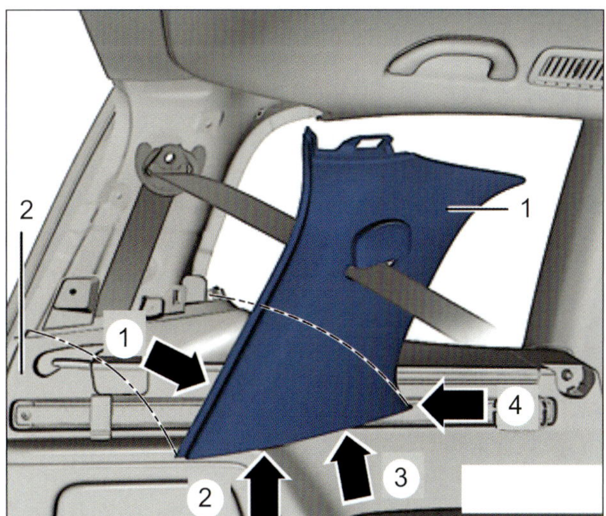

D-Säulenverkleidung: 1 Verkleidung, 2 Seitenwandverkleidung. Die Pfeile zeigen die Montagereihenfolge.

Heckklappenverkleidungen

Heckklappenverkleidung unten

Die Montage ist für die linke Fahrzeugseite beschrieben. Der Aus- und Einbau für die rechte Seite erfolgt sinngemäß.

- Schalten Sie die Zündung aus.
- Bauen Sie die Verkleidungen »Fensterrahmen« aus.
- Falls vorhanden, den Taster für Schließung der Heckklappe im Kofferraum (E406) ausbauen.
- Drehen Sie in der Mulde vom Warndreieck die 2 Schrauben (1) heraus.
- Drehen Sie aus der Griffmulde die Schrauben (2) heraus.
- Hebeln Sie die Verkleidung mit dem Keil (T10383) aus den Aufnahmen in der Klappe heraus.

Der Einbau erfolgt sinngemäß in umgekehrter Reihenfolge.

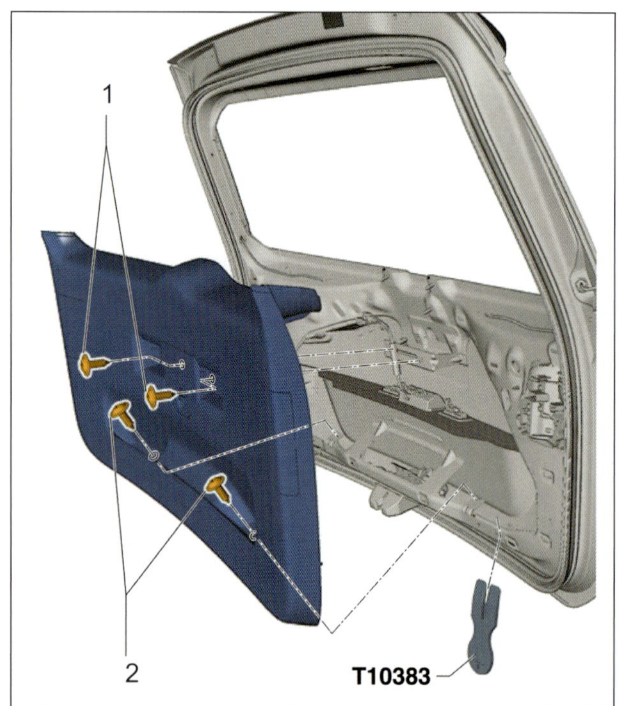

Heckklappenverkleidung: 1 Schrauben, 2 Schrauben.

Scheibenrahmenverkleidung

- Die Verkleidung Fensterrahmen Mitte (1) im Bereich der Halteklammern mit dem Keil (VAG T10383) aus den Aufnahmen in der Heckklappe heraushebeln. In der Mitte der Verkleidung, im Bereich des Zentrierdorns (4) beginnen.
- Die seitlichen Verrastungen (2) aus den Verkleidungen (3) und (5) lösen.
- Die seitlichen Verkleidungen Fensterrahmen (1) und (2), jeweils am oberen Rand im Bereich der Halteklammern, mit dem Keil (VAG T10383) aus den Aufnahmen heraushebeln.
- Die Verkleidungen (1) und (2), im unteren Bereich, aus der Verkleidung Heckklappe herausziehen.

Der Einbau erfolgt sinngemäß in umgekehrter Reihenfolge.

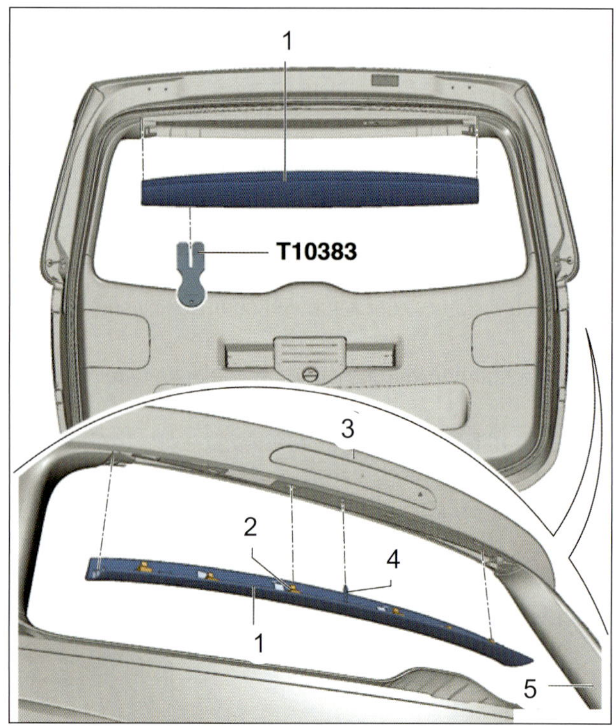

Scheibenrahmenverkleidung: 1 Verkleidung, 2 Clipse, 3 Verkleidung, 4 Zentrierdorn, 5 Verkleidung.

Kofferraumverkleidungen

Schlossträgerabdeckung

- Beim 5-Sitzer: Reserveradabdeckung dem Fahrzeug entnehmen. Beim 7-Sitzer: Sitze der 3. Sitzreihe in aufrechte Position stellen.
- Die Schrauben (2) und (3) herausdrehen.
- Die Schlossträgerabdeckung (1) mit dem Keil (VAG T10383/1) im Bereich der Clips (Pfeile) aus dem Schlossträger ausclipsen.

Der Einbau erfolgt sinngemäß in umgekehrter Reihenfolge.

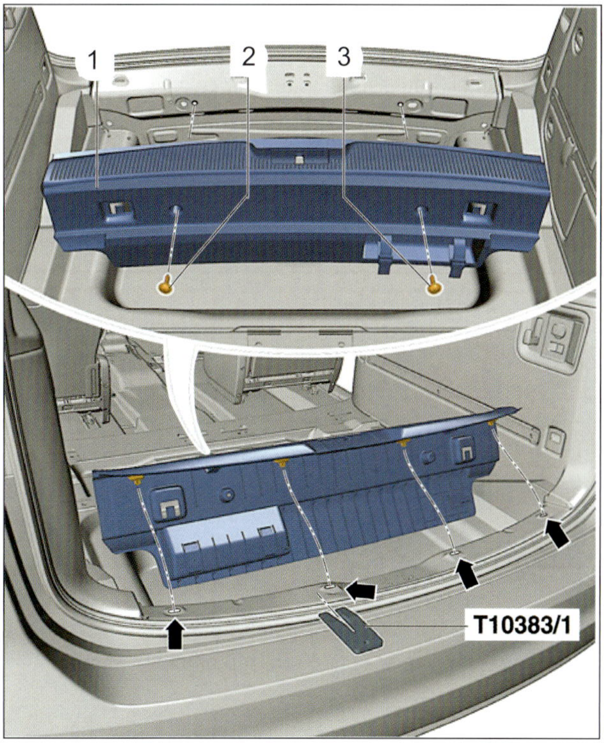

Abdeckung des Schlossträgers: 1 Abdeckung, 2 Schraube, 3 Schraube.

Kofferraumverkleidung seitlich

- Die Zündung ausschalten.
- Falls vorhanden den CD-Wechsler in der Seitenverkleidung ausbauen.
- Die Sitze der dritten Sitzreihe ausbauen.
- Die C-Säulen-Verkleidungen lösen.
- Bauen Sie die Dachabschlussleiste, die D-Säulen-Verkleidungen und die Schlossträgerabdeckung aus.
- Demontieren Sie das Verbindungsstück zwischen Einstiegsleiste und Kofferraumverkleidung.
- Den Taschenhaken (2) hinunterschwenken und die Schraube (1) herausdrehen.
- Die Blende (3) ausclipsen und elektrische Verbindungen trennen.
- Den Bügel der Verzurröse runterklappen und jeweils die Schraube (1) herausdrehen.

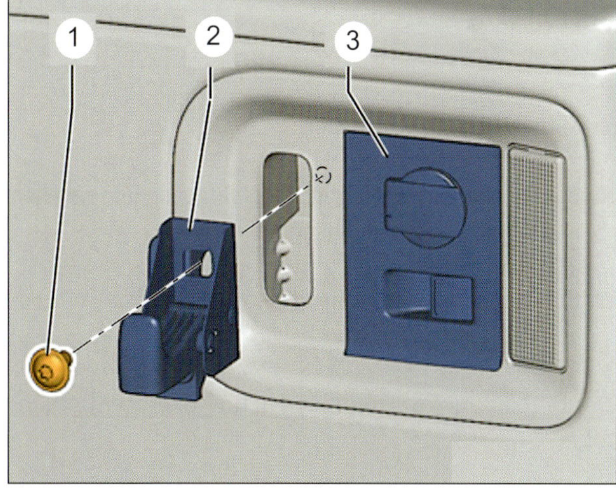

C-Säule: 1 Schraube, 2 Taschenhaken, 3 Blende.

- Die drei Schrauben für die obere Führungsschiene herausdrehen und die obere Führungsschiene abnehmen.
- Die drei Schrauben für die untere Führungsschiene herausdrehen und die untere Führungsschiene abnehmen.
- Den Deckel Staukasten (5) abnehmen.
- Die Schrauben (2, 3 und 4) herausdrehen (4,5 Nm).
- Kofferraumverkleidung (1) nach innen aus den Aufnahmen in der Karosserie herausziehen.

Der Einbau erfolgt sinngemäß in umgekehrter Reihenfolge.
Bei der Montage darauf achten, dass an allen Verschraubungen die Unterlegscheiben (3) verbaut werden. Bei der Montage der Kofferraumverkleidung (1) auf richtigen Sitz der Klammern (Pfeile) achten.

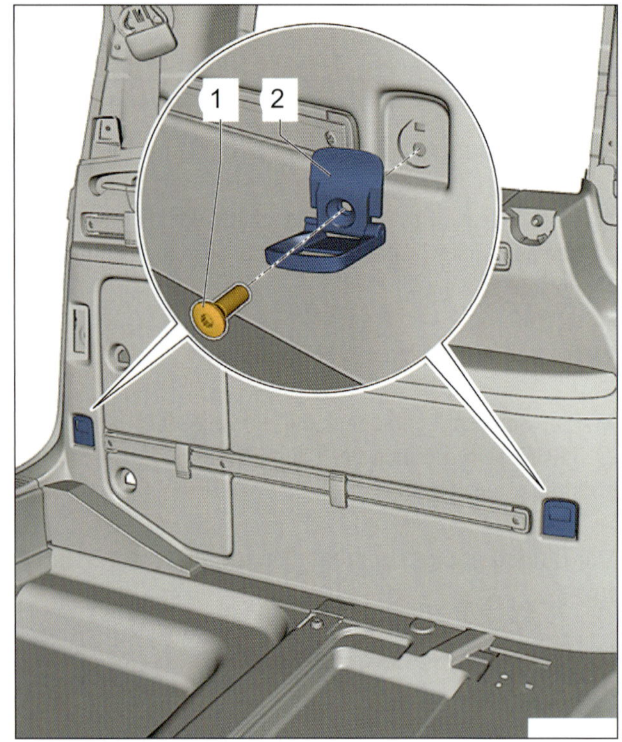

Zurrösen in der Kofferraumverkleidung seitlich: 1 Schraube, 2 Zurröse.

Kofferaumboden

- Drehen Sie die zwei Schrauben heraus, die sich in der Mitte rechts und links im Kofferraumboden befinden.
- Nehmen Sie den Kofferraumboden nach hinten heraus.

Der Einbau erfolgt sinngemäß in umgekehrter Reihenfolge.

Träger Kofferraumboden

- Kofferraumboden ausbauen.
- Bodenbelag im Bereich der Verschraubungen anheben und die Schrauben herausdrehen.
- Den Träger des Kofferraumbodens etwas nach vorn ziehen und herausnehmen.

Der Einbau erfolgt sinngemäß in umgekehrter Reihenfolge.

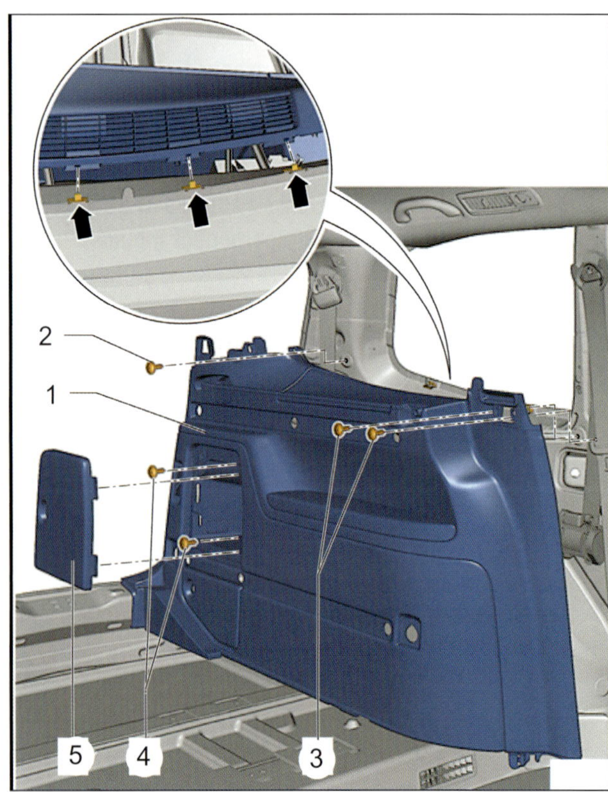

Kofferraumverkleidung seitlich: 1 Verkleidung, 2 Schraube, 3 Schrauben, 4 Schrauben, 5 Abdeckung.

Haltegriffe und Sonnenblenden

Haltegriff

Der Aus- und Einbau ist für die rechte Fahrzeugseite beschrieben. Der Aus- und Einbau für die linke Seite erfolgt sinngemäß.

- Den Haltegriff nach unten klappen.
- Mit einem kleinen Schraubendreher jeweils die 2 Abdeckkappen (1) und (2) öffnen.
- Die 2 Schrauben (3) herausdrehen und nehmen den Haltegriff abnehmen.

Der Einbau erfolgt sinngemäß in umgekehrter Reihenfolge.

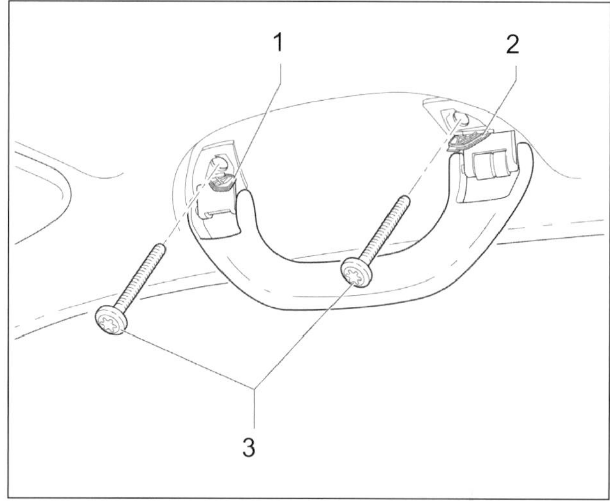

Haltegriff im Dachbereich: 1 Abdeckkappe, 2 Abdeckkappe, 3 Schrauben.

Sonnenblenden

Der Aus- und Einbau ist für die linke Fahrzeugseite beschrieben. Der Aus- und Einbau für die rechte Seite erfolgt sinngemäß.

- Zuerst die Zündung ausschalten.
- Die Sonnenblende (1) aus dem Aufnahmelager (2) aushaken.
- Soweit vorhanden die Abdeckkappe (6) heraushebeln.
- Dann die Schraube (5) herausdrehen.
- Das Sonnenblendenlager (4) aus der Aufnahme aushaken und die Steckverbindung (3) trennen.
- Nun die Abdeckkappe (7) abhebeln.
- Die darunter sitzenden Schrauben (8) herausdrehen und Aufnahmelager (2) abnehmen.

Der Einbau erfolgt sinngemäß in umgekehrter Reihenfolge.

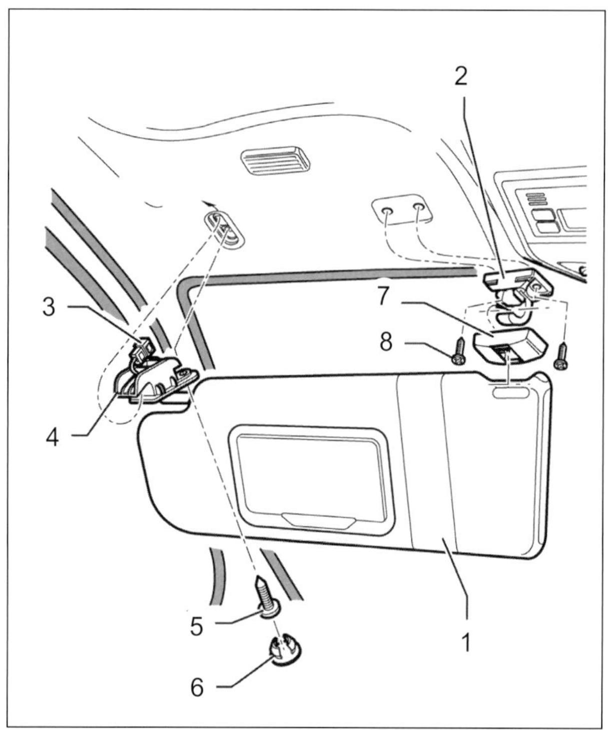

Sonnenblende: 1 Sonnenblende, 2 Aufnahmelager, 3 Steckverbindung, 4 Sonnenblendenlager, 5 Schraube, 6 Abdeckkappe, 7 Abdeckkappe, 8 Schrauben.

Innenbeleuchtungen aus- und einbauen

Wenn Sie eine der Lampen an der vorderen Dachkonsole wechseln wollen, brauchen Sie nur die Streuscheibe vorsichtig abzuhebeln. Einfacher geht es allerdings mit dem Verkleidungshaken 3370 von VW/Audi.

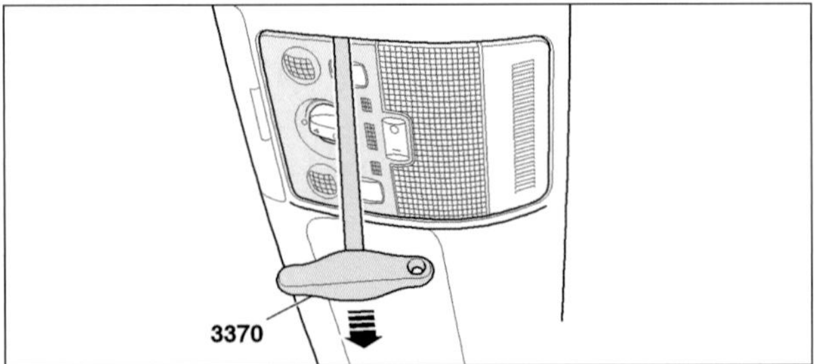

Professionell für ca. 20 Euro: Verkleidungshaken 3370.

Ausbau Streuscheibe Lampe in der Dachkonsole vorne

- Ziehen Sie die klare Kunststoffverkleidung gleichmäßig nach unten und nehmen Sie diese ab.
- Trennen Sie, soweit verbaut, die Kabelverbindung zum Mikrofon der Freisprechanlage.
- Drücken Sie die Lampe leicht nach innen und drehen Sie sie ein wenig. Nun können Sie die Lampe herausnehmen.
- Achten Sie beim Wiedereinbau der neuen Lampe auf festen Sitz und biegen Sie ggf. die Kontaktklammern ein wenig nach.

Die Montage erfolgt sinngemäß in umgekehrter Reihenfolge. Zum Einbau clipsen Sie die Streuscheibe wieder ein. Achten Sie darauf, dass Sie alle abgezogenen Kabel wieder aufstecken und prüfen Sie zum Abschluss die Funktion.

Ausbau Blende Innenraumbeleuchtung:

- Die Blende der hinteren Innenraumbeleuchtung ist ebenfalls nur in den Dachhimmel eingeclipst und daher ebenso mühelos herauszubekommen. Setzen Sie zum Entfernen zunächst an einer, dann an der anderen Seite an und ziehen Sie die Lampe heraus.
- Drücken Sie die Lampe leicht nach innen und drehen Sie sie ein wenig. Nun können Sie die Lampe herausnehmen.
- Achten Sie beim Wiedereinbau der neuen Lampe auf festen Sitz und biegen Sie ggf. die Kontaktklammern ein wenig nach.

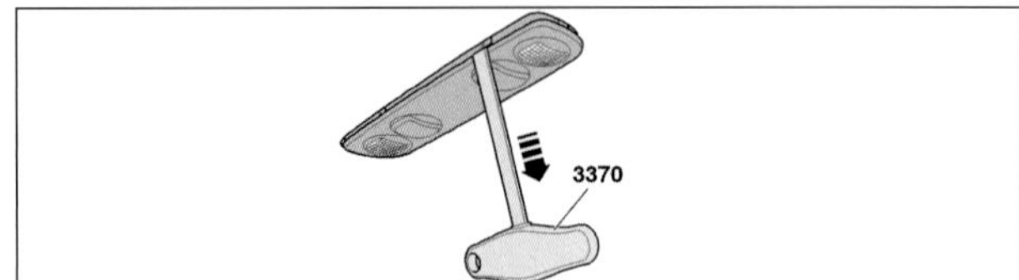

Ausbau der hinteren Blende.

Die Montage erfolgt sinngemäß in umgekehrter Reihenfolge. Zum Einbau clipsen Sie die Lampe wieder ein. Achten Sie darauf, dass Sie alle abgezogenen Kabel wieder aufstecken, und prüfen Sie zum Abschluss die Funktion.

Türwarnleuchte aus- und einbauen

Der Aus- und Einbau erfolgt bei allen Türwarnleuchten in gleicher Weise. Fassen Sie mit einem Schlitzschraubendreher hinter das Streuglas und hebeln Sie die Leuchte vorsichtig heraus. Ziehen Sie die Steckverbindung ab, bevor Sie die Birne aus der Lampe entnehmen. Achten Sie darauf, dass das Streuglas wieder einrastet.

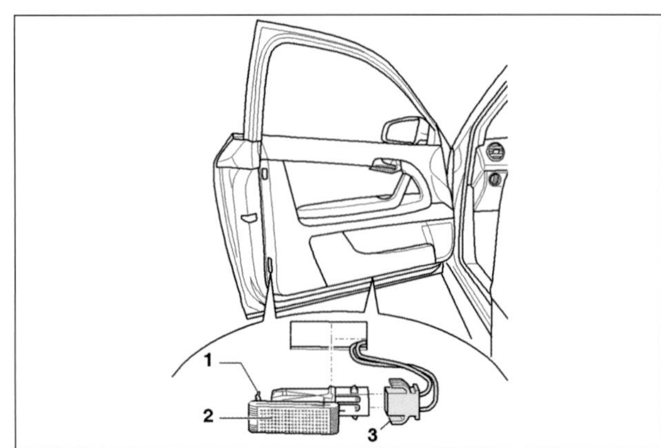

Türleuchte ausgebaut: Aus- und Einbau gehen schnell von der Hand. Ohne Gewalt und mit Gefühl arbeiten! Eine abgebrochene Rastnase (1) ist recht ärgerlich. 2 Lampe, 3 Stecker.

Lichtschalter aus- und einbauen

Durch die Steckbauweise sind viele Schalter und Knöpfe im Van mit geringem Aufwand und ohne Werkzeug aus- und wieder einzubauen. So verhält es sich auch mit dem Lichtschalter. Er kann durch einfaches Drücken und Drehen aus dem Armaturenbrett gelöst werden.

Lichtschalter ausbauen

- Drücken Sie wie dargestellt, den Schalter zunächst in den Schaft (Bild 1).
- Mit einer Drehung bis zur Stellung »Lichtautomatik« (Drehschalter in senkrechter Stellung) ist er aus der Halterung gelöst (Bild 2) und kann nun herausgezogen werden (Bild 3).
- Bevor Sie den Schalter ganz entnehmen können, lösen Sie die Steckverbindung am hinteren Ende (Pfeil Bild 4).

Lichtschalter einbauen

Der Einbau erfolgt in umgekehrter Reihenfolge. Achten Sie auf ein sicheres Einrasten des Elektriksteckers. Zum Einbau muss der Schalter so eingeführt werden, dass die Stellung wieder auf »Lichtautomatik« (Drehschalter senkrecht) steht.

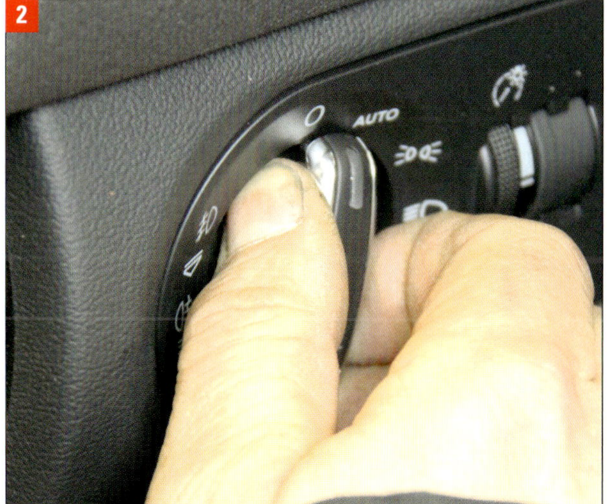

Fensterheber und Scheiben

Scheibe vorne

Der Aus- und Einbau ist für die linke Fahrzeugseite beschrieben. Der Aus- und Einbau für die rechts Seite erfolgt sinngemäß.

- Bauen Sie die entsprechende Verkleidung Tür vorne aus.
- Hebeln Sie die Abdeckkappe und die Abdeckung in der Tür heraus.
- Senken Sie die Türscheibe (1) ab, bis die Klemmschrauben der Türscheibe durch die Öffnung in der Tür zugänglich sind.
- Lösen Sie die Schrauben der Klemmbacken (nicht abschrauben) und drücken Sie die Klemmbacken etwas auseinander.
- Fahren Sie nun den Fensterheber weiter nach unten.
- Heben Sie die Fensterscheibe hinten an, kippen Sie sie nach vorne aus den Führungsschienen und nehmen Sie sie nach oben heraus.

Der Einbau erfolgt sinngemäß in umgekehrter Reihenfolge.

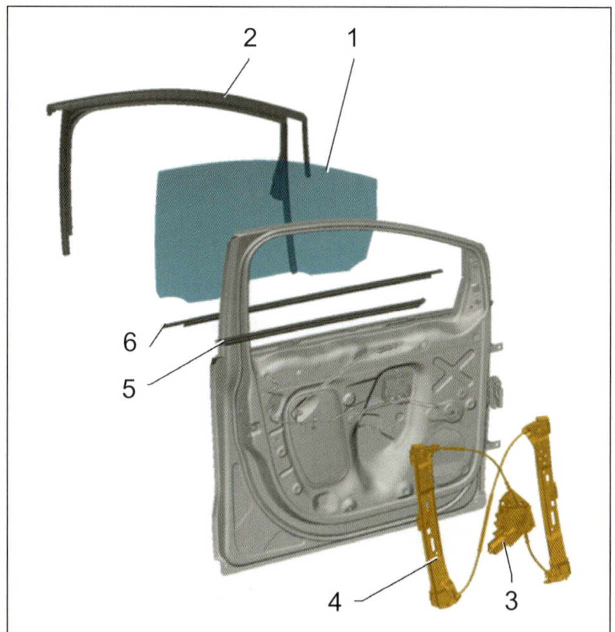

Fensterheber in der Bauteilübersicht: 1 Türscheibe, 2 Fensterführung, 3 Fensterhebermotor, 4 Fensterheber, 5 Fensterschachtabdichtung innen, Fensterschachtabdichtung außen.

Fensterhebermotor vorne

- Bauen Sie die Verkleidung der Tür vorne aus.
- Setzen Sie die Türscheibe mit Klebeband fest, damit sie nicht herunterrutscht.
- Trennen Sie Steckverbindung (3) zum Motor.
- Drehen Sie die 3 Schrauben (2) heraus und nehmen Sie den Fensterhebermotor (1) ab.

Der Einbau erfolgt sinngemäß in umgekehrter Reihenfolge. Bei einem neuen eingebauten Fensterhebermotor (Türsteuergerät) müssen Zusatzfunktionen und die Überschusskraftbegrenzung neu codiert werden!

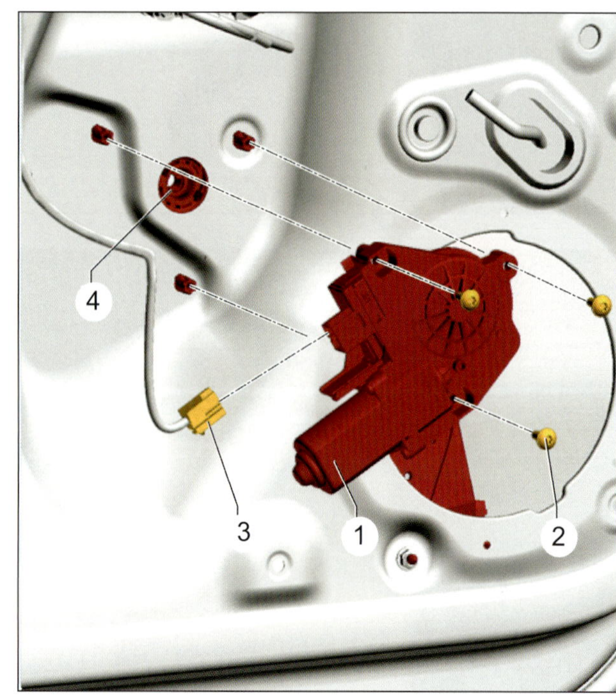

Scheibenmotor und Fensterheber: 1 Motor, 2 Schraube, 3 Steckverbindung, 4 Fensterheber

Scheibe hinten

- Bauen Sie die Verkleidung Tür hinten aus.
- Hebeln Sie die Abdeckungen (2) und (4) heraus.
- Demontieren Sie die hintere Blende (5) (Bild unten).
- Senken Sie die Türscheibe (1) so weit ab, bis die Schrauben (6) im Ausschnitt des Fensterhebers (7) zugänglich sind (Bild unten).
- Schrauben (6) lösen (nicht abschrauben) und die Klemmbacken (3) auseinanderdrücken. Die Schrauben (6) haben ein Linksgewinde.
- Türscheibe (1) schräg nach oben (Pfeile a) zur Fahrzeugaußenseite aus dem Fensterschacht herausziehen.

Der Einbau erfolgt sinngemäß in umgekehrter Reihenfolge.

Fensterhebermotor hinten

- Bauen Sie die Verkleidung der Tür der Schiebetür aus.
- Setzen Sie die Türscheibe mit Klebeband fest, damit sie nicht herunterrutscht.
- Trennen Sie Steckverbindung zum Motor.
- Drehen Sie die 3 Schrauben heraus und nehmen Sie den Fensterhebermotor ab.

Der Einbau erfolgt sinngemäß in umgekehrter Reihenfolge. Bei einem neuen eingebauten Fensterhebermotor (Türsteuergerät) müssen Zusatzfunktionen und die Überschusskraftbegrenzung neu codiert werden!

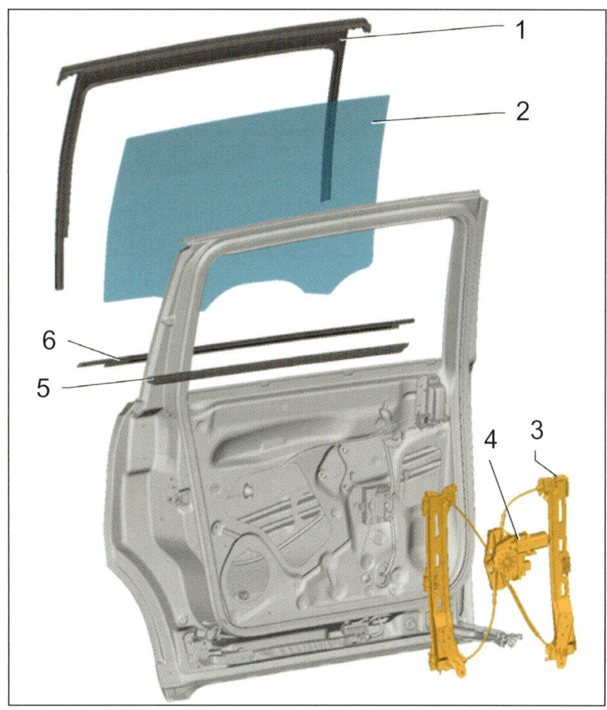

Scheibenmotor und Fensterheber: 1 Fensterführung, 2 Türscheibe, 3 Fensterheber, 4 Fensterhebermotor, 5 Fensterschachtabdeckung innen, 6 Fensterschachtabdeckung außen.

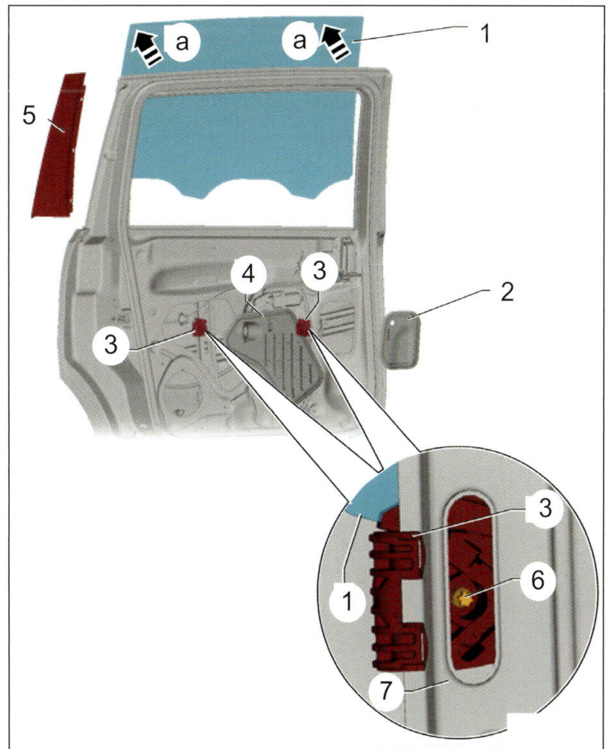

Befestigung am Fensterheber: 1 Scheibe, 2 Abdeckung, 3 Gleitstück, 4 Abdeckung, 5 Abdeckung, 6 Schraube, 7 Tür.

STÖRUNGSBEISTAND

Elektrische Fensterheber

Störung	Was kann das sein?	Was muss ich tun?
A Fensterscheibe wird nur in eine Richtung verstellt	**1** Schalter defekt	Schalter auswechseln
B Fensterscheibe wird in keine Richtung verstellt	**1** Fensterscheibe schwergängig, Sicherung wegen Überlastung des Motors durchgebrannt	Fensterscheibe in den Führungen gängig machen, Sicherung erneuern
	2 Fensterheber wird nicht angesteuert	Fehlerspeicher abfragen (lassen) Fensterhebermotor prüfen
C Fensterscheibe wird im ganzen Verstellbereich zu langsam verstellt	**1** Fensterscheibe in den Führungen verklemmt	Spiel der Scheiben prüfen, ggf. korrigieren
	2 Kabelverbindungen defekt oder oxidiert	Überprüfen, reinigen ggf. auswechseln
	3 Schalter defekt oder oxidiert	Überprüfen, ggf. auswechseln
D Fensterscheibe wird an der oberen Grenze des Verstellbereichs zu langsam verstellt	**1** Fensterscheibe in den Führungen verklemmt, Aufnahmen gebrochen	Reparatursatz Fensterheber verbauen

Zentralverriegelung

Störung	Was kann das sein?	Was muss ich tun?
A Verriegelung funktioniert nicht	**1** Sicherung durchgebrannt	Erneuern
	2 Servomotor oder Schlossschalter der Fahrer- oder Beifahrertür defekt	Funktion überprüfen, ggf. auswechseln
	3 Verkabelung unterbrochen	Überprüfen, ggf. erneuern lassen
	4 Can-Busfehler	Fehlerspeicher abfragen (lassen)
B Schlösser werden entriegelt, aber nicht verriegelt	**1** Mehrfachstecker an Motor und Türkasten locker oder oxidiert	Auf festen Sitz kontrollieren, ggf. reinigen
	2 Schalter in Servomotor defekt	Durchgangsprüfung an den entsprechenden Motorklemmen durchführen
	3 Can-Busfehler	Fehlerspeicher abfragen (lassen)
C Schlösser werden verriegelt, aber nicht entriegelt	**1** Mehrfachstecker an Motor und Türkasten locker oder oxidiert	Festen Sitz kontrollieren, ggf. reinigen
	2 Schalter in Servomotor defekt	Durchgangsprüfung an den entsprechenden Motorklemmen durchführen
	3 Can-Busfehler	Fehlerspeicher abfragen (lassen)
D Eines der Schlösser funktioniert nicht	**1** Schalter in Servomotor defekt	Durchgangsprüfung durchführen
	2 Kabel- bzw. Steckerverbindung am Servomotor oder Türkasten defekt	Überprüfen, ggf. instand setzen
	3 Mechanische Übertragungsteile klemmen	Teile auf Funktion überprüfen und festen Sitz kontrollieren. Ggf. Teile etwas fetten, verschlissene Teile auswechseln

Media und Kommunikation

Mobile oder fest eingebaute Navigationsgeräte, CD- und DVD-Spieler, MP3-Player, Online-Nutzung und Mobiltelefone bieten auch an Bord von Kraftfahrzeugen alle Möglichkeiten moderner Kommunikation. Zu einigen Arbeiten daran und zur Funktion möchten wir ein paar Tipps geben.

Fünf leistungsstarke Anlagen

Volkswagen/Seat bietet die neue Generation des Sharan und Alhambra mit drei Radio-Anlagen und zwei Radio-Navigationssystemen der Serien 210, 310/315 (Bild 1) und 510 an. Alle Infotainmenteinheiten lassen sich um entsprechende Telefon-Freisprechanlagen erweitern. Stets serienmäßig in Verbindung mit einem der Radio- und Radio-Navigationssysteme integriert ist ab der 310er-Serie ein AUX-IN-Anschluss für externe MP3-Player (im Handschuhkasten anstelle der üblichen Leuchte). Die Geräte der Serien 310 und 510 können um einen USB-Anschluss und ein Modul zum digitalen Radioempfang (DAB/Digital Audio Broadcasting für RCD 310 und RCD510) erweitert werden. Alle Radio- und Radio-Navigationssysteme verfügen über einen MP3-fähigen CD-Player. Die Radio-Anlagen tragen die Bezeichnung RCD 210 (Serie ab Trendline), RCD 310 (Serie Highline) und RCD 510. RNS 315 (Auftaktbild) und RNS 510 (Bild 2) nennen sich die Pendants mit zusätzlichem Navigationssystem. An die Geräte RNS 315 und RCD 510 kann eine in die Heckklappe integrierte Rückfahrkamera angeschlossen werden. Beim RNS 510 ist das sogar serienmäßig der Fall. Dem RNS 510 steht für Navigation und Entertainment auch eine 30-GB-Festplatte zur Verfügung.

Bedienung per Bildschirm

Völlig neu nun auch für Sharan und Alhambra ist das Radio-Navigationssystem RNS 315. Wie das größere RNS 510 (Bild 3) und das Radio RCD 510, ist es ebenfalls mit einem bedienungsfreundlichen Touchscreen ausgestattet. In diesem Fall ist der Farbscreen fünf Zoll groß (400 x 240 Pixel). Darüber hinaus ist das RNS 315 mit einem SD-Karten-Slot und einem Doppeltuner ausgestattet. Die SD-Karte kann sowohl zum Speichern der Navigationsdaten (per Kopie von der Navigations-CD) als auch von MP3-Dateien für die Musikwiedergabe genutzt werden. Allen Geräten gemeinsam ist die geschwindigkeitsabhängige Lautstärkeanpassung (GALA) sowie die Unterstützung für Multifunktionslenkrad und Multifunktionsanzeige.

Steuergerät Multimedia

Im Ablagefach der Mittelarmlehne kann optional ein Steuergerät für Multimediasystem verbaut sein (Bild 3). Über dieses Steuergerät (J650) können sowohl analoge (Eingang Aux-In, roter Pfeil) als auch digitale (Eingang USB, iPod; weißer Pfeil) Audioinhalte per Radiogerät oder Radio-Navigationssystem abgespielt werden. Für Geräte, die über den USB- und iPod-Anschluss verbunden sind, ist die Bedienung über Radio oder Radio-Navigationssystem möglich. Auch die Anzeige von ID3-TAG und Titeln erfolgt dann über das Display des jeweils eingebauten Radio-Systems. Hinweis: Zum Anschluss des mobilen Geräts an die USB- oder iPod-Schnittstelle des Steuergeräts für Multimediasystem wird ein jeweils spezifisches Adapterkabel eingesetzt. In das Multimedia-Steuergerät ist eine Ablagemöglichkeit für das mobile Gerät integriert (blauer Pfeil in Bild 3), das Laden kann über den USB- bzw. den iPod-Anschluss erfolgen. Wenn kein 1-DIN-Schacht im Fahrzeug zur Verfügung steht, kann das Steuergerät auch separat verbaut werden. Die Universalschnittstelle (Mitsumi-Buchse) wird dann durch eine Mitsumi-Verlängerung (maximale Länge 1,50 Meter) zugänglich gemacht, wozu die Mitsumi-Buchse in das Interieur des Fahrzeugs integriert wird.

Radio »RCD 310«: Alle Systeme verfügen über einen MP3-fähigen CD-Player (Pfeil).

Radio-Navigationssystem »RNS 510«: Navigationssystem plus hochwertiges RDS-Autoradio.

Elektronische Diebstahlsicherung

Wird nach Arbeiten am Radiosystem bei vorher abgeklemmter Batterie diese wieder angeklemmt, müssen Radio, Uhr, Komfortelektrik usw. entsprechend Reparaturleitfaden oder Bedienungsanleitung geprüft werden. Bei auftretenden Fehlern, die oft auf Fehlbedienung zurückgeführt werden können, müssen Funktion und Bedienung des Radiogerätes genau bekannt sein. Alle Radio- und Radio-Navigationssysteme des Vans sind mit einer elektronischen Komfort-Diebstahlsicherung ausgestattet, die in Verbindung mit dem Schalttafeleinsatz wirksam ist. Nach dem Abklemmen der Versorgungsspannung des Radios ist dieses beim Wiederanschluss an die Versorgungsspannung ohne erneute Eingabe des Diebstahlcodes betriebsbereit. Voraussetzung ist, dass die Erstaktivierung der elektronischen Diebstahlsicherung erfolgt ist und dass das Radio im gleichen Fahrzeug wieder angeschlossen wird. Die Wiederinbetriebnahme eines gesperrten Radio-Navigationssystems ist nur durch die Eingabe der richtigen Code-Nummer für die elektronische Diebstahlsicherung möglich. Die Ermittlung des Diebstahlcodes erfolgt über das Diagnose- und Informationssystem VAS 505x. Radiokarte und Aufkleber auf dem Radiogerät sind entfallen. Das Diagnosesystem muss »online« verbunden sein (Netzwerk-Anschluss). Der Anwender muss über eine gültige Berechtigung zur Abfrage von Radiocodes verfügen.

Funksicherheit beachten

Funkfernbedienungen (Garagentoröffner) und schnurlose Tastatur oder PC-Maus dürfen im Fahrzeug nur betrieben werden, wenn die Sendeleistung maximal 100 mW beträgt (Herstellerangaben!). Telefon- und Funkanlagen müssen korrekt eingebaut sein und mit Außenantenne betrieben werden. Durch Mobiltelefone und Funkgeräte ohne oder mit falsch installierter Außenantenne können im Fahrzeuginnern überhöhte elektromagnetische Felder auftreten, sodass gesundheitliche Beeinträchtigungen sowie Funktionsstörungen an der Fahrzeugelektronik nicht ausgeschlossen sind. Nur bei korrektem Einbau werden Sicherheitssysteme wie ABS oder Airbag nicht gefährdet.

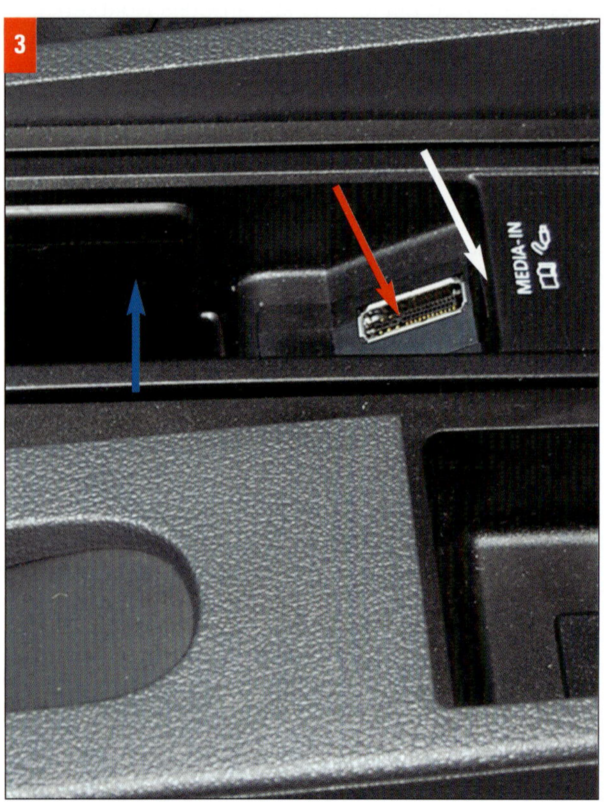

Steuergerät Multimedia: Unter der Mittelarmlehne mit (rot) Aux-in- und (weiß) USB-Eingang. Blau: Ablage.

Antennenausstattung: Mit Antennen auf dem Dach und in der Heckscheibe werden alle Anforderungen bedient.

Radio-Systeme, CD-Sicherung, Lautsprecher

Beim Aus- und Einbau gibt es geringfügige Unterschiede zwischen RCD 210 / 310 / 510 und RNS 310 / 510. Wir beschreiben hier das Prinzip. Als Werkzeuge werden übliche Schraubendreher und ein Demontagekeil wie der 3409 von Volkswagen benötigt.

- **Ausbau:** Vor Beginn der Montagearbeiten müssen ggf. im Gerät verbliebene CD's entsprechend der jeweiligen Bedienungsanleitung herausgenommen und die Zündung sowie alle elektrischen Verbraucher ausgeschaltet werden. Zündschlüssel abziehen.

- Mit dem Demontagekeil die Abdeckung der Mittelkonsole im Bereich der Pfeile vorsichtig heraushebeln (Bild 1).

- Die Schrauben (Pfeile) am Radio/Navigationsgerät herausdrehen (Bild 2).

- Das Radio/Navigationsgerät so weit aus dem Einbauschacht herausziehen, bis man an die Steckverbindungen auf der Rückseite des Radiogerätes herankommt. Die Steckerarretierung in Richtung der Pfeile zusammendrücken (Bild 3).

- Den Verriegelungsbügel in Richtung des Pfeils hoch schwenken und die Steckverbindung abziehen (Bild 4). Die Steckverbindung durch Drücken des Hebels vom Antennenanschluss trennen.
  Achtung: Radiogeräte mit Diversityfunktion haben zwei Antennenanschlüsse.

- **Einbau:** Die Steckverbindungen am Radio/Radio-Navigationssystem aufstecken und verriegeln. Das Gerät gerade in die Schalttafel einschieben. Dabei keinesfalls auf das Display oder die Bedientasten drücken, weil das Gerät Schaden nehmen könnte.

- Gerät mit den vier Schrauben befestigen, die Abdeckung der Mittelkonsole wieder einbauen.

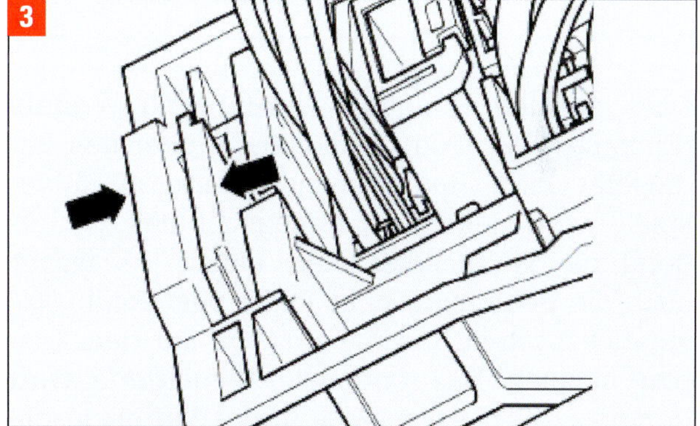

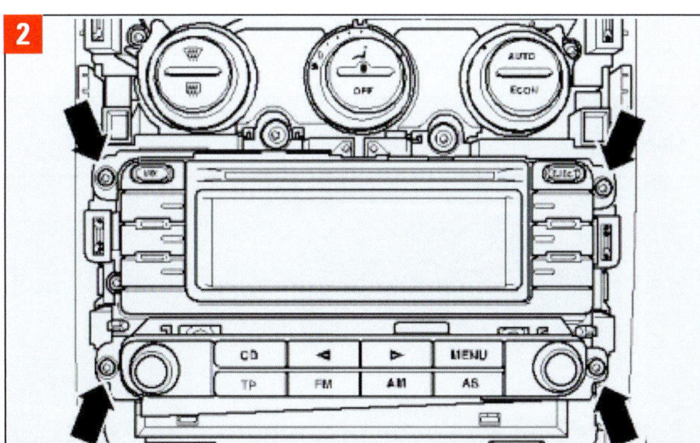

Radio-Ausbau 1: Blende vorsichtig mit Keil abhebeln (Pfeile Bild 1) und die Schrauben (Pfeile Bild 2) herausdrehen.

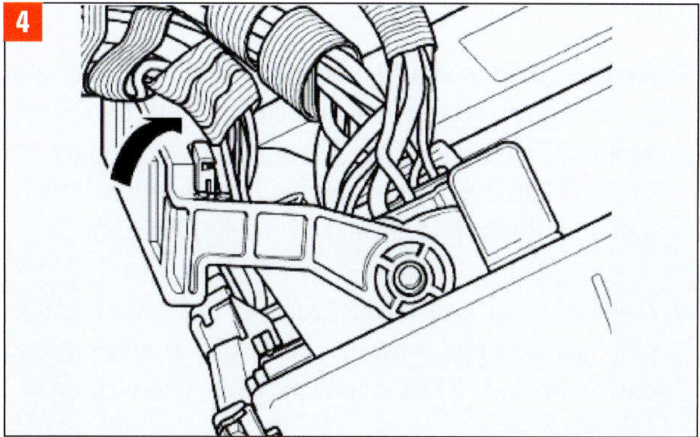

Radio-Ausbau 2: Steckerarretierung zusammendrücken (Bild 3), Verriegelungsbügel hochschwenken (Bild 4).

■ Ggf. die elektronische Diebstahlsicherung je nach Typ der Radioanlage deaktivieren, die Codierung des Radio/Radio-Navigationssystems prüfen und ggf. neu codieren.

■ **Codieren:** Die Radio- oder Sicherheitscodes sind jedem Gerät einprogrammiert und mit Diagnose-Systemen von einer zentralen Datenbank abzufragen. Dazu ist die Zugangsberechtigung für »GeKo« (Geheimnis- und Komponentenschutz) erforderlich. Der Code wird am Tester-Display angezeigt.

■ **Transportsicherung im »RCD 510«:** Die Sicherung für den CD-Wechsler muss vor dem Versand eines Gerätes aktiviert bzw. beim Einbau eines neuen Gerätes deaktiviert werden. Das erfolgt elektronisch über die Tastatur des Gerätes. Nach Aktivierung wird das Laufwerk des CD-Wechslers in eine »Transportposition« gebracht.

■ *Aktivieren:* Gerätezustand: »EIN«, am RCD 510 müssen die Leitungsverbindungen angeschlossen sein. Die mit Pfeilen gekennzeichneten Tasten (Bild 5) gemeinsam für mindestens fünf Sekunden drücken. Im Display wird angezeigt: »CDC Transportsicherung aktiviert«.

■ *Deaktivieren:* Gerätezustand: »EIN«, die Leitungsverbindungen sind angeschlossen. Die mit Pfeilen gekennzeichneten Tasten (Bild 5) gemeinsam für mindestens fünf Sekunden drücken. Im Display wird angezeigt: »CDC Transportsicherung aktiviert«. Darunter befindet sich eine Schaltfläche mit dem Schriftzug »Deaktivieren«. Diese Schaltfläche betätigen.

■ **Tieftonlautsprecher ersetzen:** Türverkleidung (»Innenraum«) ausbauen. Dann die Verriegelung der Steckverbindung am Lautsprecher lösen und die Steckverbindung herausziehen. Die vier Blindnieten mit einem geeigneten Bohrer ausbohren. Beim Einbau müssen wieder vier Haltenieten gemäß Ersatzteilekatalog verwendet werden. Alle Bohrspäne aus der Tür entfernen, um Korrosionsschäden zu vermeiden. Lackschäden sind sofort zu beseitigen.

Multimedia-Steuergerät und Multifunktionslenkrad

Dass analoge (Eingang Aux-In) und digitale (Eingang USB, iPod) Audioinhalte über das Radiogerät bzw. Radio-Navigationssystem abgespielt werden können, ermöglicht das Steuergerät für Multimediasystem (J650). Es macht auch die Bedienung über Radio oder Radio-Navigationssystem und die Anzeige auf dem Display möglich. Das (optionale) Steuergerät wird in dem großen Ablagefach in der Mittelkonsole unter der Mittelarmlehne verbaut.

■ **Ausbau Multimedia-Steuergerät:** Zündung und alle elektrischen Verbraucher ausschalten und den Zündschlüssel abziehen. Zwei Entriegelungswerkzeuge für Radio (T10057; Bild 1) in die dafür vorgesehen Öffnungen (rote Pfeile; Bild 2) stecken, bis sie einrasten.

■ Die Werkzeuge gegenläufig (eines in, das andere entgegen Fahrtrichtung; schwarze Pfeile Bild 2) drücken und das so entriegelte Steuergerät nach oben herausziehen.

■ Die Steckverbindung an der Unterseite des Geräts entriegeln und abziehen.

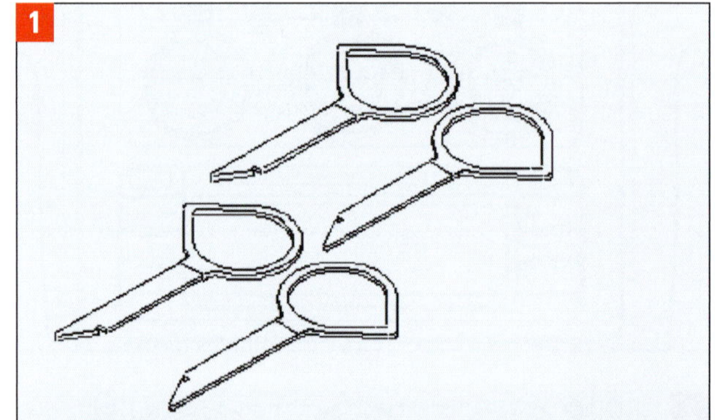

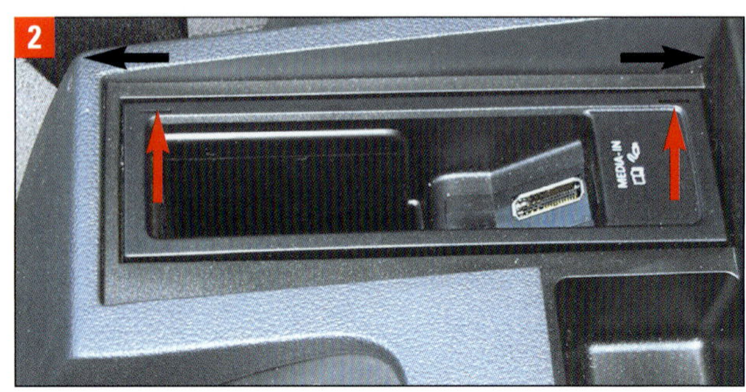

Ausbauhaken: VW-Werkzeuge T10057 (Bild 1). Pfeile in Bild 2: Haken in Schlitze (rot) stecken und drücken (schwarz).

■ **Einbau Multimedia-Steuergerät:** sinngemäß in umgekehrter Reihenfolge.

■ **Ausbau Lenkradtasten:** Das Multifunktionslenkrad ermöglicht die Bedienung von Funktionen des Kommunikationssystems und der Geschwindigkeitsregelanlage vom Lenkrad aus. Es umfasst die Bedienungseinheit mit zwei Tastenblöcken und ein Steuergerät. Beide Tastenblöcke (in den Speichen links und rechts) werden gleich ausgebaut. Bevor sie demontiert werden können, muss die allerdings die Airbageinheit ausgebaut werden. Das ist Sache der Fachwerkstatt.

■ Nach Ausbau der Airbageinheit (1) werden an den Innenseiten der Tastenblöcke (Pfeile) die Steckverbindung und die Befestigungsschraube zugänglich (Bild 3). Steckverbindung trennen, Schraube herausdrehen, Tastenblock entnehmen.

■ **Einbau:** In sinngemäß umgekehrter Reihenfolge.

Halterung für Mobiltelefon aus- und einbauen

Telefonanlagen im Sharan und Alhambra sind als komplette Anlage oder als Telefonvorbereitung ausgeführt. Anlage wie Telefonvorbereitung gibt es nur in Verbindung mit einem Radiogerät oder einem Radio-Navigationssystem. Bei Fahrzeugen mit Telefonvorbereitung ist ein nachträglicher Einbau von Telefonen (Handys) möglich, das Steuergerät für die Bedienelektronik des Telefons (Interfacebox) ist bereits ab Werk eingebaut. Erforderlich ist nur noch ein Adapterkabel für die Verbindung vom jeweiligen Handy zur VDA-Steckverbindung des Steuergerätes.

Ausbau

■ Die Zündung und alle elektrischen Verbraucher ausschalten, den Zündschlüssel abziehen.

■ Das Mobiltelefon (Handy) aus der Halterung herausnehmen (Bild 1).

■ Telefonhalterung der Abbildung 1 gemäß greifen und vorsichtig in Pfeilrichtung kippen. Einen Schraubendreher in den entstehenden Schlitz »A« schieben (Bild 1).

■ Zum Schutz der Schalttafeloberfläche bei (1) ein Stück Stoff oder ein Stück Filz unter die Schraubendreherklinge legen und die Halterung in Pfeilrichtung von der Schalttafel abhebeln (Bild 2). Das Handschuhfach komplett ausbauen (wie beschrieben).

■ Beide Steckverbindungen (Pfeile) der Telefonhalterung abziehen (Bild 3). Sie sind bei ausgebautem Handschuhfach links am Heizungs- und Gebläsekasten zu sehen.

■ Die Telefonhalterung mit dem Leitungsstrang (zwei Kabelenden mit Steckern) aus der Schalttafel herausziehen (Bild 4).

Einbau

■ Leitungsstrang in die Schalttafel einführen und Steckverbindungen (korrekt!) zusammenstecken. Die Aufnahme für den Handyhalter andrücken, bis sie hörbar einrastet. Anmerkung: Das Steuergerät für Bedienelektronik des Telefons ist am rechten Seitenschweller unter dem Teppichboden im Bereich der Sitzkonsole eingebaut.

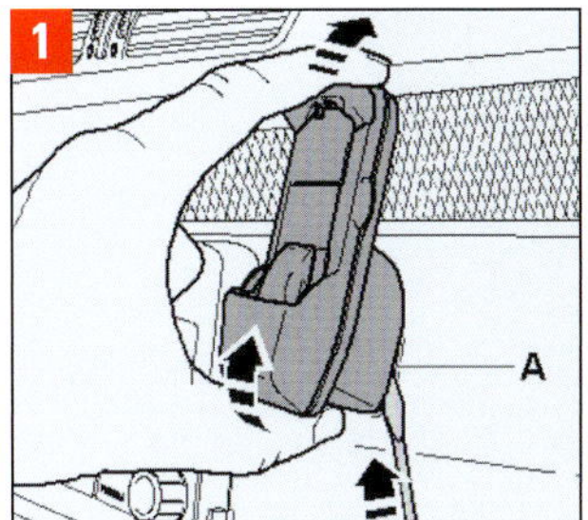

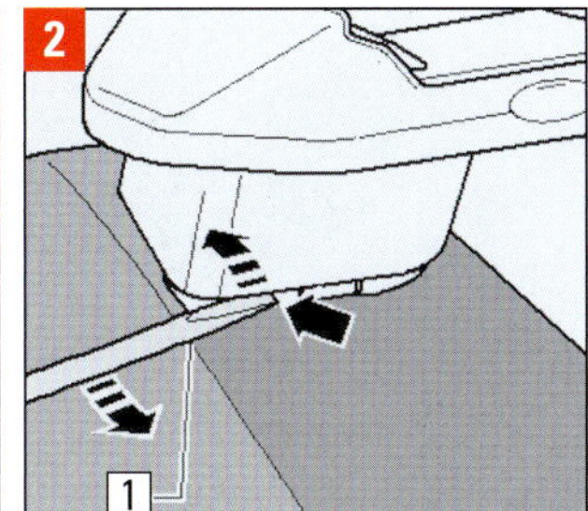

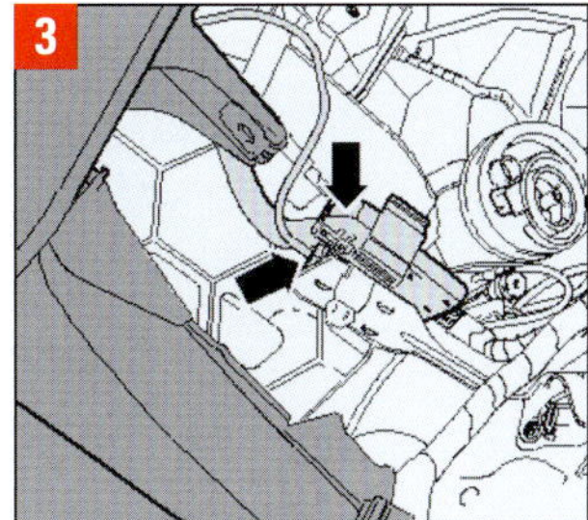

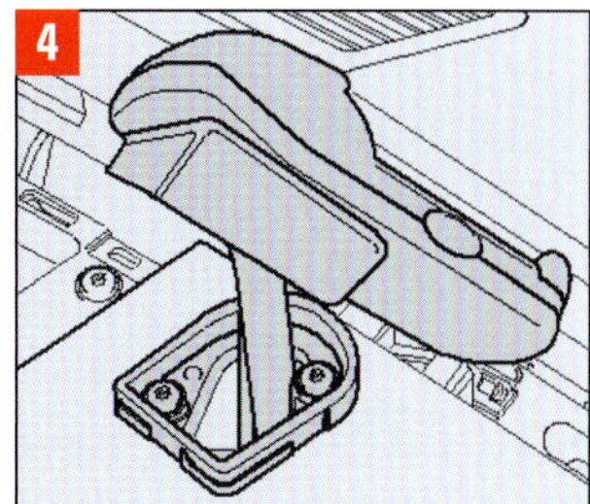

Elektrik

Ein Auto braucht im Wesentlichen drei Dinge um zu fahren: Kraftstoff, Luft und Zündung. Während der Kraftstoff als ausgesprochen wertvoll gilt, wird die Stromversorgung sträflich vernachlässigt. Früher oder später rächt sich das: Misteriöse Fehlfunktionen oder sogar der Totalausfall des Bordnetzes sind die Folge. Wir verraten Ihnen, wie sich das mit wenig Aufwand vermeiden lässt und wie Sie zusätzlich Geräte anschließen können.

Ein Auto braucht im Wesentlichen drei Dinge um zu fahren: Kraftstoff, Luft und Zündung. Alle dieser Dinge werden durch elektrischen Bauteile gesteuert, geregelt und durch Elektronik beeinflusst.
Während der Kraftstoff als ausgesprochen wertvoll gilt, wird die Stromversorgung sträflich vernachlässigt. Früher oder später rächt sich das: Mysteriöse Fehlfunktionen oder sogar der Totalausfall des Bordnetzes sind die Folge.
Na klar..., früher war alles einfacher, denkt man. Stimmt aber nicht. Es ist neu, das Datenbussystem im Auto ist aber real leichter zu prüfen. »Früher...!!!« ruft

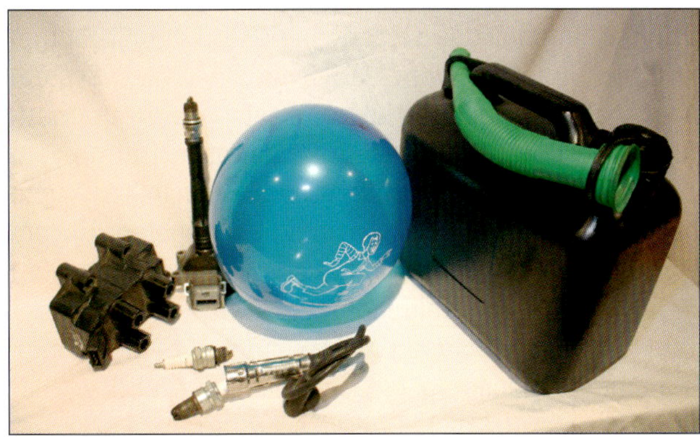

Ein Auto braucht im Wesentlichen drei Dinge um zu fahren: Kraftstoff, Luft und Zündung.

mir der Altgeselle zu »...ham wa alles noch mit der Prüflampe...!«. Das Argument, dass man manchmal das halbe Auto zerlegt hat, lässt er kaum gelten. Die Prüflampe gehört nun endgültig, schon in Kupfer, Stahl und Hausmüll getrennt, auf den Recyclingweg. Und einfacher war es auch nicht. Die guten Mechaniker haben die meisten Standardschaltpläne im Kopf und müssen meist nur wegen der Kabelfarben oder dem Einbauort im Schaltplan schauen.
Und genau das ist jetzt zwar anders, aber nicht schwerer. Die OBD ermöglicht Messungen und Funktionsprüfungen an Bauteilen, ohne die entsprechenden Bauteile überhaupt zu Gesicht zu bekommen. Dazu aber etwas später.

Was ist eigentlich der Unterschied zwischen Elektrik und Elektronik?

Von der Elektrik spricht man bei Bauteilen, die nach einem einfachen physikalischen Prinzip funktionieren. Kabel: »Stromleitung durch freie Elektronen«, Elektromotor: »Drehbewegung durch Einwirken elektrischer Feder auf Festmagneten«. Die Elektronik beschreibt alle Bauteile, die durch andere elektrische Bauteile oder Größen beeinflusst, steuern oder regeln können. Eine klare Grenze gibt es aber nicht. Betrachtet man beispielsweise den Generator, würde man sie sicherlich jetzt zur »Elektrik« zuordnen. Die Ladespannung wird aber »elektronisch« geregelt. Der Übergang zwischen diesen beiden Begriffen ist also eher fließend.

Vernetzung

Seit ungefähr 1980 ist zur Datenübertragung im Fahrzeug der CAN-Daten-Bus Industriestandard. Über eine zwei Leitungen oder sogar über Glasfaserkabel werden elektrische Signale mit einer Übertragungsrate von bis zu 500 kBit/s zwischen den einzelnen Steuergeräten ausgetauscht. Der Code enthält neben den Daten auch Informationen, für welches Steuergerät seine Daten relevant sind. Die Dateninformationen werden in einer bestimmten »Sprache« übermittelt. Schließlich müssen die Informationen auch hinsichtlich Dringlichkeit sortiert werden. Die Motortemperatur ändert sich beispielsweise deutlich langsamer als der zeitliche Abstand der Zündung oder die erforderliche Kraftstoffmenge. Neben dem ursprünglichen Netz sind mittlerweile mehrere Datennetze mit unterschiedlichen Geschwindigkeiten, Aufgaben und Ausführungen im Fahrzeug verbaut, die den möglichst reibungslosen Betrieb gewährleisten sollen.
Es gibt eigentlich zwei Argumente für die Datenbusvernetzung. Zum einen die Sparsamkeit und zum anderen die Flexibilität des Systems.
Die Anbindung an ein Datennetz ermöglicht es, tatsächlich etliche Meter Kabel an einem Fahrzeug einzusparen. Eigentlich reicht es aus, ein Steuergerät in der Tür mit einem Plus- und einem Minuskabel zu versehen und zwei weitere Kabel zur Buskommunikation zu verwenden. Betrachten wir uns zur Verdeutlichung einen solchen Datenfluss:
Franz fährt mit seinem Van durch eine fremde Stadt und möchte sich bei einem Passanten nach dem Weg erkundigen. Um ihn besser ansprechen zu können, betätigt er den elektrischen Fensterheber für die Beifahrerfensterscheibe.

- Der Taster stellt den Fahrerwunsch »Beifahrerscheibe öffnen« dar.(Das ist die Eingabe!)
- Das Türsteuergerät erfasst den Fahrerwunsch und leitet ihn als Datensatz in das Datenbussystem ein. Anhand des »Statusfeldes« erkennen die angeschlossenen Steuergeräte in wie weit diese

Nachricht für sie relevant ist. Interessant ist sie zuerst einmal für das Türsteuergerät auf der Beifahrerseite. (Diese Umsetzung nennt man Verarbeitung.)

- Der Befehl wird im Türsteuergerät rechts wieder aufgeschlüsselt und der Elektromotor in der richtigen Drehrichtung angesteuert (Das ist die Ausgabe). Dieser Ablauf findet in Bruchteilen von Sekunden statt. Franz bemerkt die Datenübertragung nicht. Das Fenster aber ist auf.

Eingabe Verarbeitung Ausgabe

Das so genannte EVA-Prinzip beschreibt den Arbeitsvorgang in einer Steuerung. Eingabe ist der Ablaufauslöser. Hier wird der Startschuss für eine bestimmte Aktion gegeben. Die Verarbeitung löst die erforderlichen Vorgänge aus, die für die Umsetzung des Befehls erforderlich sind.

Über dieselben Leitungen können auch die Zentralverriegelung oder auch der elektrische Spiegel angesteuert werden. Und das sogar scheinbar gleichzeitig. Bedenkt man jetzt noch, das für die Schaltereinheit vorne in physikalischer Verdrahtung bereits zehn einzelne Kabel erforderlich wären, das Umschaltrelais und den Scheibenhebermotor mal ganz ausgeklammert, ergibt sich sehr leicht erkennbar eine deutliche Einsparung an wertvollem Indianergold (Kupferdraht). Das ist nicht nur billiger sondern gleichzeitig auch weniger störanfällig. Auch für Kabel an Knickstellen gilt: Was nicht da ist, kann nicht brechen. Passiert das dennoch einmal, wird die Fehlermeldung bei dem Kabelbruch würde dann »TÜRSTEUERGERÄT VORNE LINKS KEINE KOMUNIKATION« lauten. Die Fehlersuche ist durch die geführte Fehlersuche mit dem Tester etwas leichter als die für die alten Systeme. Weniger Kabel bedeutet auch weniger Chaos – braucht aber mehr fachliche Übersicht.

Eine Vielzahl von Informationen können von mehreren Geräten verwendet werden. Als Beispiel betrachten wir uns einmal das Geschwindigkeitssignal. Aufgenommen wird es vom ABS-System. Dieses System wertet das Signal auch aus und setzt diese Information in den Datenbus. Diese Information wird nun vom ABS-Steuergerät (Fahrhilfen und Bremshilfen) vom Motorsteuergerät (Geschwindigkeitsregelung) vom Tachometer (Anzeige) vom Radio (Lautstärke), vom Steuergerät der Lenkhilfe (Lenkkräfte, Korrekturen) und noch einigen anderen verwendet. Die Information stammt von Sensoren, die früher mal nur für das ABS-System gearbeitet haben. Heutzutage können dadurch in einem Fahrzeug eine Unmenge von Komponenten und Systemen unterschiedlichster Anwendungsgebiete miteinander arbeiten

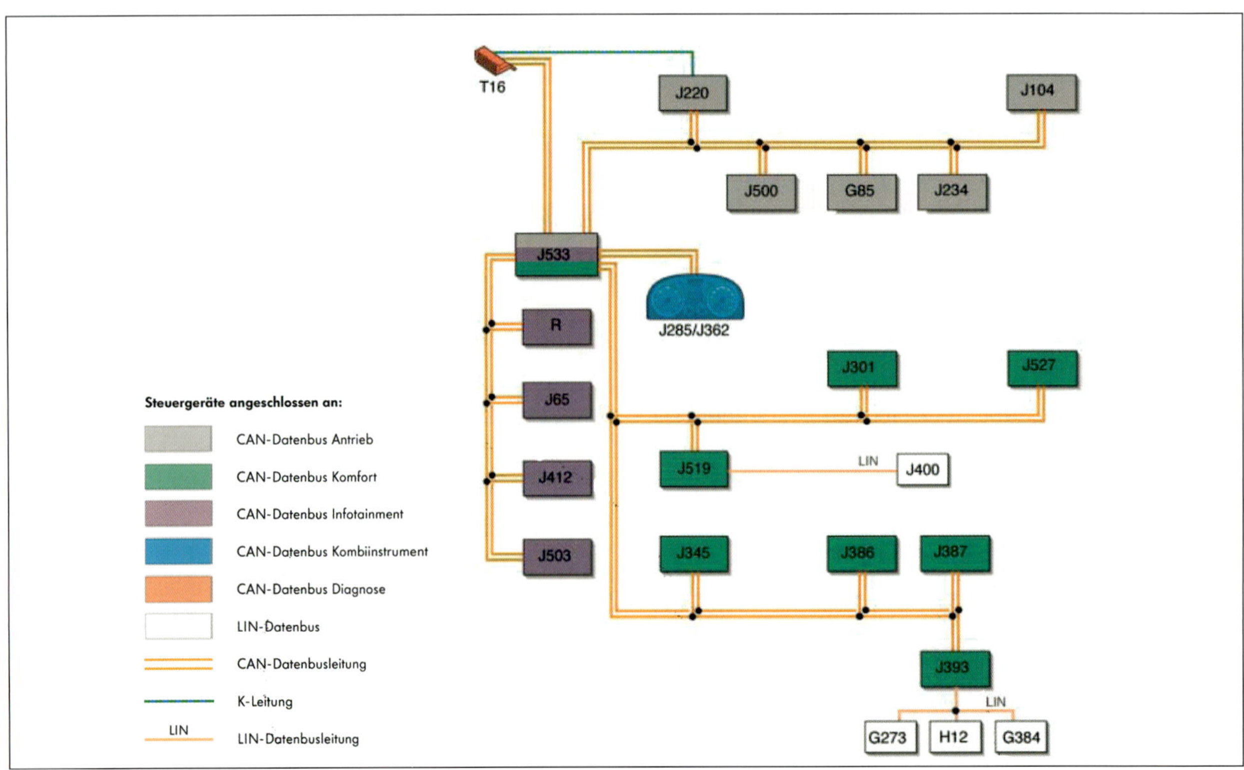

Fehlersuche und Diagnose

Bei einem Fehler in der Elektronik ist guter Rat teuer. Denn das Ermitteln der Fehlerquelle, die so genannte Diagnose, ist heutzutage ohne ein entsprechendes Diagnosetool, wie im Bild zu sehen, nicht möglich. Diagnosegeräte können dabei aber weitaus mehr als nur den Fehlerspeicher auslesen. Das moderne Fahrzeugsystem verbindet gleich mehrere Funktionen miteinander. Eine geführte Fehlersuche erläutert dem Servicetechniker ein schrittweises Vorgehen zum Beheben des aufgetretenen Fehlers. Niemals sollte die erste Hilfe nach gut nachbarschaftlichem Rat erfolgen. Setzen Sie das Steuergerät beispielsweise durch mehrstündiges Abklemmen der Batterie zurück, wird zwar der Fehlerspeicher gelöscht, aber neben dem Radiocode (der sich wieder eingeben lässt) gehen alle Feinabstimmungsdaten (so genannte Adaptionswerte) die das Steuergerät selbst ermittelt hat, verloren. Im schlimmsten Fall wird durch das mehrstündige Abklemmen auch die Software beschädigt und das Auto läuft nicht mehr. Mit etwas Glück kann der freundliche Hersteller-Partner diese wieder aufspielen. Gelingt das nicht, wird die Neuanschaffung eines

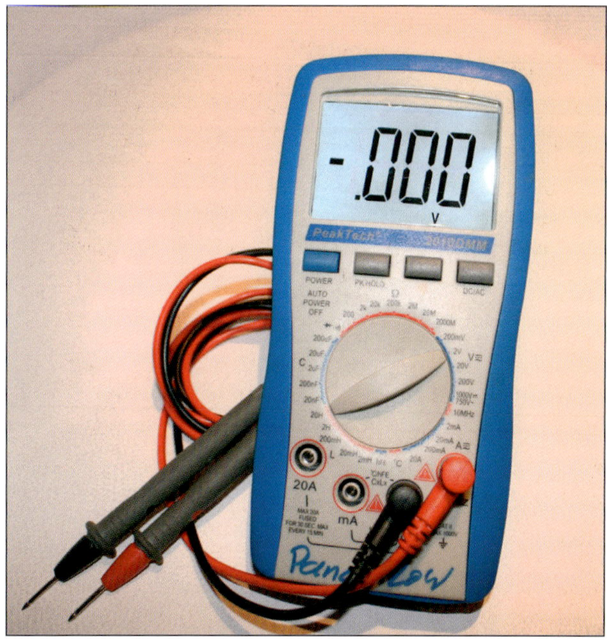

Multitalent: Der Umgang mit dem Multimeter ist nicht schwer und doch sehr hilfreich. Spannung, Stromstärke oder der Widerstand eines Verbrauchers können leicht ermittelt werden.

Steuergerätes (könnten auch mehrere werden…) und die Anpassung an das System unumgänglich. Bei jeder Art von Messungen sollte immer ein Dauerladegerät angeschlossen werden, um die Bordnetzspannung aufrecht zu halten.
Garnicht so wenige Störungen an der Elektrik lassen sich mit einfachen Mitteln beheben. Man muss sich natürlich etwas auskennen, weswegen wir Ihnen Grundbegriffe erläutern und Hilfen bieten wollen. Wie bei anderen Baugruppen auch, gehören dennoch viele Störungen in die Fachwerkstatt oder zu einem versierten Mechaniker. Hilfen hierzu werden auch im Buch »Reparaturanleitung« unseres Verlages genauer beschrieben.

On Bord Diagnose (OBD)

Seit den 1990er-Jahren sind alle Automobilhersteller gesetzlich dazu verpflichtet, die abgasbeeinflussenden Systeme während des Fahrbetriebs permanent zu überwachen und auftretende Fehler zu speichern. Die On Bord Diagnose in Ihrem Van erfüllt genau diese Aufgabe. Das System ist ebenso in der Lage, Fehler zu erkennen, wie auch abzuspeichern. Es informiert ggf. auch den Fahrer über eine Anzeige im Cockpit um ihn so dazu zu veranlassen, die Werkstatt aufzusuchen.

Anschlussdose: Die Verbindung zwischen Auto und Tester.

Die im Van eingesetzte OBDII ist in der Lage, bei der Eigendiagnose die Fehlerart (Unterbrechung, Kurzschluss, unplausibles Signal), den Fehlerstatus (sporadisch, resistent) und die Fehlerquelle zumindest im System zu erkennen. Dies erleichtert der Werkstatt die Fehlersuche (das Auftrennen verschiedener Steckverbindungen mit anschließenden und aufwendigen Funktions- und Bauteileprüfungen wird oftmals unnötig). Zur Informationsübertragung wurde eine Diagnoseschnittstelle geschaffen, die eine Kommunikation zwischen den eingesetzten Steuergeräten und einem angeschlossenen Diagnosetester ermöglichen.

Der Informationsfluss ist in beide Richtungen möglich, das heißt zusammen mit dem Werkstattreparaturleitfaden hilft dieses System der Werkstatt das Einkreisen des Fehlers zu beschleunigen, die Reparatursicherheit zu erhöhen und damit auch Reparaturkosten zu senken. Die Diagnosegeräte haben sich mittlerweile vom einfachen Fehlerauslesegerät zu richtigen Hightechrechnern mit Eingriffsmöglichkeiten in die Steuergeräteumgebung entwickelt. Damit ein solches System funktionieren kann, müssen alle Systeme miteinander vernetzt sein und untereinander kommunizieren können. Dies ermöglicht der so genannte CAN-Daten-Bus.

Grundbegriffe der Elektrik

WISSENSWERTES

Spannung (Volt): Vergleichbar mit dem Druck in einer Wasserleitung. Je größer der Druck, umso schärfer der Strahl. Autos benutzen derzeit ein 12 Volt-Bordnetz, in naher Zukunft wird die Voltzahl wohl deutlich erhöht. Besonders hohe Spannungen werden in Zündanlagen bereitgestellt. Bis zu 40 000 Volt sorgen dafür, dass der Strom auch größere Distanzen überspringen kann. Im Grunde soll er das aber nur an der Zündkerze, weshalb alle spannungsführenden Teile gut isoliert sind.

Stromstärke (Ampere): Vergleichbar mit der Durchflussmenge am Wasserhahn. Neben der Spannung, die zu Stromüberschlägen führen kann, ist die Stromstärke das eigentlich Gefährliche am Strom. Wird dicht an der Stromquelle ein Kurzschluss verursacht, fließt maximaler Strom. Vergleichbar einem Wasserrohrbruch, der eine ganze Straße unter Wasser setzen kann.

Leistung (Watt): Das Produkt aus Spannung und Strom gibt an, welche elektrische Arbeit ein Verbraucher abgibt beziehungsweise aufnimmt. Das hängt wiederum von dessen Widerstand ab. Bildlich gesprochen: Der wenig geöffnete Wasserhahn kann bei hohem Druck die gleiche Menge abgeben wie ein voll geöffneter Hahn bei geringem Druck. Wie viel entnommen werden soll, bestimmt allein der Verbraucher und dessen Aufnahmefähigkeit.

Widerstand (Ohm): Fließt der Strom ungehindert, ist der Widerstand = 0. Bei einer Unterbrechung des Stromkreises dagegen unendlich. Jeder Verbraucher bietet normalerweise einen gewissen Widerstand, wenn auch zum Teil einen sehr geringen. Kurzschluss: Wenn Sie zum Beispiel mit einem Schraubenschlüssel beide Batteriepole verbinden, kann durch den massiven Stahl fast unendlich Strom fließen. Das schweißt sogar den Schlüssel an den Polen fest! Vor Kurzschlüssen im Bordnetz schützen Schmelzsicherungen mit ihrer dünnen Drahtbrücke. Dieser Draht ist das genau definierte schwächste Glied im Stromkreis und brennt bei Überlastung durch. Der Stromfluss wird somit unterbrochen und weiterer Schaden vermieden.

Das Bordnetz

Ihr Van in allen Versionen ist vom Start an auf elektrischen Strom angewiesen. Motorsteuerung und Kraftstoffeinspritzung müssen mit Elektroenergie versorgt werden. Alle für Fahrbetrieb, Sicherheit und Bequemlichkeit eingebauten Systeme und die gesamte Lichtanlage sind ohne sie arbeitsunfähig.

Bus-Systeme CAN und MOST

Das dezentrale Bordnetz des Van mit verteilten Steuergeräten, Relaisplätzen, Sicherungsboxen und Kupplungsstationen für die Kabel ermöglicht eine schnelle und genaue Fehlerdiagnose. Es beruht auf dem Bus-System, bei dem auf einer Gruppe von Leitungen viele Informationen parallel übertragen werden. Zahlreiche Funktionen sind über »CAN-Bus« miteinander vernetzt, dem »Controller Area Network«, das aus mehreren Bussystemen aufgebaut ist. Wegen der CAN-Technik darf bei allen Reparaturen an der Fahrzeugelektrik keinesfalls gelötet werden. Erlaubt sind nur Quetschverbindungen, worauf wir später noch näher eingehen.

Bestimmte Komponenten der Elektrik/Elektronik sind mit einem speziellen Bus-System unter der Bezeichnung MOST verbunden. In diesem Teil des Bordnetzes werden Lichtwellenleiter eingesetzt, die noch strikteres Einhalten von Arbeitsweisen erfordern.

Batterie

Startenergie bereitzustellen, ist die wichtigste Aufgabe der Batterie (Bild 1) links im Touran-Motorraum. Defekte Verbraucher, Selbstentladung (lange Standzeiten) oder Tiefentladung (nicht ausgeschaltete starke Stromverbraucher) können Ausfälle verursachen. Fehler zu finden, ist eine knifflige Sache. Eine ausgebaute Batterie oder den Akku in einem vorübergehend stillgelegten Fahrzeug aufzuladen, ist hingegen zu schaffen. Das sollten Sie einmal im Monat tun. Denn zum Anfahren sind zwischen 400 W (warmer Motor) und 2.000 W (Kaltstart) erforderlich.

Generator

Der Drehstrom-Synchrongenerator (»Lichtmaschine«), vom Motor mit angetrieben (Bild unten), versorgt schon bei Motorleerlauf alle elektrischen Aggregate mit Strom und lädt ständig

Energiespender: (1) Batterie, (2) Pluspol, (3) Minuspol, (4) Magisches Auge, (5) hochklappbare Griffe.

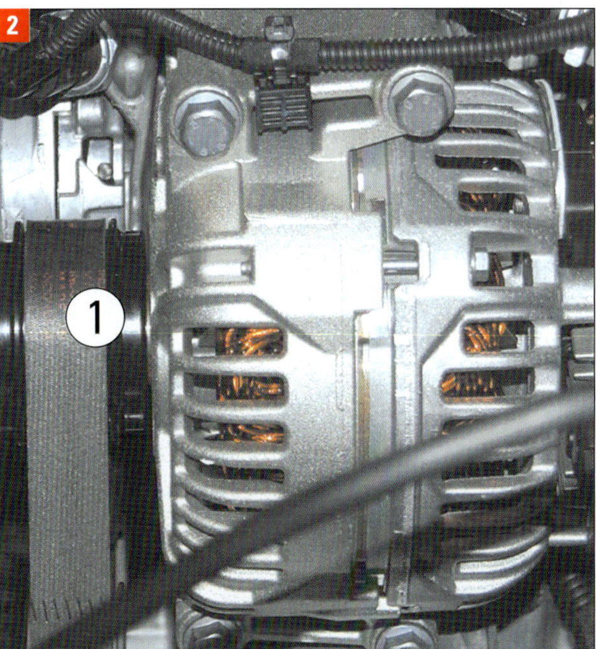

Lichtmaschine: Der vom Motor über die Riemenscheibe (1) angetriebene Generator rechts unten im Motorraum.

die Batterie auf. Er bringt es auf mehr als 2 kW Elektroenergie. Leistungsdioden besorgen die Gleichrichtung dieses Wechselstroms. Der Generator im Van ist wartungsfrei, die Schleifkohlen sind für 100.000 km gut.
Je schneller die Lichtmaschine dreht, umso höher die Spannung. Ein Regler schützt vor Überspannungen und verhindert Überladen der Batterie. An die Lichtmaschine angeschraubt, reguliert er die Betriebsspannung je nach Temperatur auf Werte zwischen 13,8 und 14,5 Volt im »14-Volt-Toleranzfeld«.

Anlasser

Der Van ist mit dem üblichen Schub-Schraubtrieb-Anlasser ausgestattet, der sich vorn am Motor befindet. Sein Magnetschalter (1, Bild 3) trägt die Anschlüsse Klemme 30 (Pluskabel der Batterie) und Klemme 50 (Startfreigabe vom Bordnetzsteuergerät).
Tut sich mal beim Starten gar nichts und könnte es der Anlasser sein: Kontakte überprüfen, durchmessen, vielleicht ausbauen und auswechseln. Magnetschalter, Schleifkohlen oder ein Lager-Verschleiß sind mögliche Ursachen.

Fehler an der Elektrik

Nötige Arbeiten sind nicht immer von der komplizierten Elektronik verursacht. Pflege und Wartung der Batterie, Ersetzen von Lampen im ausgedehnten Beleuchtungssystem oder Austausch von Sicherungen können Sie durchaus bewältigen. Dazu geben wir Ihnen später einige Tipps.

Die Beleuchtung

Die Fahrzeugbeleuchtung ist ein zentrales aktives Sicherheitselement. Aus das Fahren mit Licht am Tag ist inzwischen aktuell. Die Sharan/Alhambra-Lichttechnik ist über Steuergeräte in den Daten- und Kommunikationsverbund integriert. Neue Funktionen werden realisiert.

Für Sicherheit auf der Straße

Für die Standard-Scheinwerfer des Van konzipiert wurde die Funktion »Light Assist«. Dieser Fernlichtassistent (Sonderausstattung) erkennt als kamerabasiertes System aufgrund vorhandener Lichtquellen verschiedenste Verkehrssituationen und gibt in der Folge eine Abblend- oder Aufblendanweisung. Dementsprechend wird das Fernlicht (ab 60 km/h) automatisch aktiviert oder deaktiviert; ein deutlicher Komfort- und Sicherheitsgewinn.
Eine nochmals bessere Ausleuchtung der Fahrbahn und des Randstreifens ermöglicht der für die Bi-Xenonscheinwerfer mit integriertem Kurven- und Abblendlicht entwickelte Dynamic Light Assist. Dank einer bleiben die Fernlichtmodule der Bi-Xenonscheinwerfer hier dauerhaft aktiv. Sie werden nur in den Bereichen abgeblendet, in denen das System eine mögliche Blendung anderer Verkehrsteilnehmer analysiert hat.

Schub-Schraubtrieb-Anlasser: Das Bosch-Gerät zeigt die auch im Touran zu findende Bauform. (1) Magnetschalter.

Scheinwerfer: Halogenlampen in H4- oder H7-Ausführung sind je nach Modell verfügbar.

Die Scheibenwischanlage

Über das Bordnetz wird auch die Steuerung der Scheibenwischer geregelt. Die Wischeranlage ermöglicht Wischen in den Geschwindigkeitsstufen 1 und 2, Intervallbetrieb (zwischen 2 und 24 Sekunden), Lichtsensorbetrieb, Tippwischen, das Waschen von Scheiben und Scheinwerferglas sowie Service-Funktionen.

Wischerfunktionen

Die Anlage ist mit den Steuergeräten im Schalttafeleinsatz und für Wischermotor, für Bordnetz und für Lenksäulenelektronik vernetzt. Bei stehendem Fahrzeug ist nach Aktivierung der Funktion »Tippwischen« eine Servicestellung möglich: Wischerarme nach oben in Ruhe (Bild 5). Die »alternierende Parkstellung« klappt das Wischergummi auf der Scheibe um und erhöht so die Lebensdauer der Wischgummis.
Der Stufenschalter auf dem Wischerhebel kann vier Intervallstufen einstellen. Es gibt Stopp (beim Öffnen der Motorhaube) und Störungsstopp (Blockierung der Wischer wird erkannt). Das Frontwischersystem ist einmotorig mit mechanischer Verbindung zwischen den beiden Wischern. Der einmotorige Heckwischer mit vielen Funktionen beginnt bei eingeschalteten Frontwischern automatisch zu laufen, wenn im Fahrzeug der Rückwärtsgang eingelegt wird.

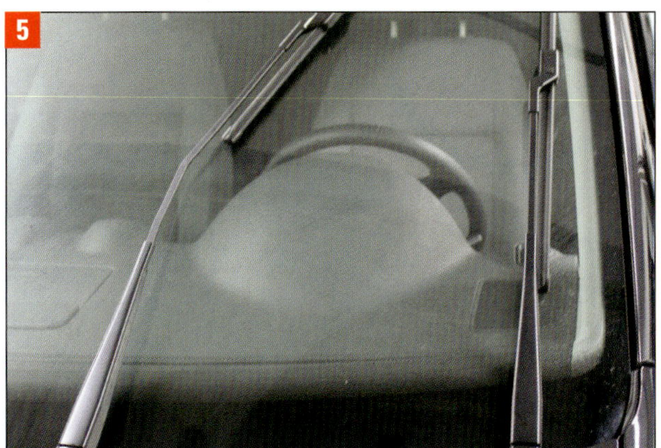

5

Unentbehrlich: Die Scheibenwischer, hier in der speziellen »Servicestellung«.

Relais und Sicherungen

Damit Sie die Elektrik Ihres Autos einfach, zuverlässig und sicher nutzen können, gibt es Schaltstellen, Leitungsstränge und Sicherheitsvorkehrungen. Die zahlreichen Schalter und Taster können auch schon mal Ursache für Störungen sein. Mit Multimeter kontrollieren, defekte Schalter auswechseln: Zündung und Verbraucher ausschalten, Zündschlüssel abziehen.

Schutz der Systeme

Verbraucher, die einen hohen Strom aufnehmen, werden durch Schaltrelais in Betrieb genommen. Erst über das Schließen des Schaltstromkreises wird von ihnen der Arbeitsstromkreis hergestellt. Für den Schutz der elektrischen Systeme sorgen Schmelzsicherungen. Wo sich Relaisträger und Sicherungshalter befinden, zeigen wir weiter hinten. Für Sie am wichtigsten: Sicherungen im Halter links unten in der Schalttafel (Bild unten).

Bauteilkennung und Kabelfarben

In den Stromlaufplänen haben alle Bauteile Kennbuchstaben in Kombination mit Zahlen. Die Kabel sind mit Farben gekennzeichnet, und die meisten Anschlüsse an den Mehrfachsteckern wie an den Relais sind nummeriert.

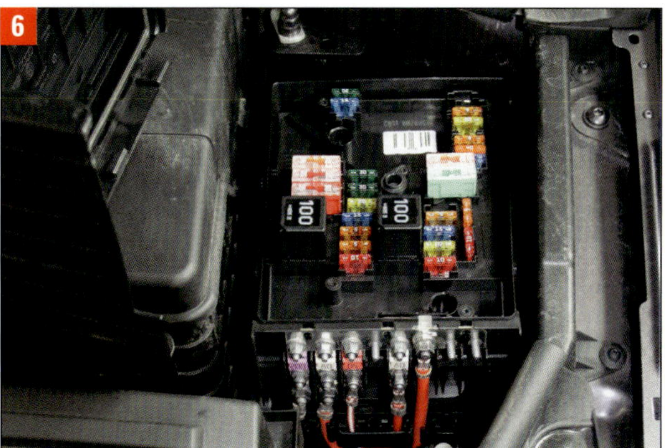

6

Schutz der Elektrik: Sicherungshalter neben der Batterie im Motorraum

Batterie: Sichtprüfung und richtige Behandlung

- **Sichtprüfung:** Zündung ausschalten, Zündschlüssel abziehen, Motorhaube öffnen. Die Batterie links im Motorraum hat eine flexible Hülle oder steckt in einem verriegelbaren Kunststoffkasten. Auf Schäden am Gehäuse untersuchen. Wenn Säure ausgelaufen ist: Stellen mit Säurewandler oder Seifenlauge reinigen. Undichte Batterien auswechseln!

- Sind die Batteriepole (Bild 1 Minuspol mit Klemme) beschädigt? Der nötige Kontakt der Klemmen muss unbedingt gewährleistet sein. Oxidkristalle an Batterieklemmen mit warmem Sodawasser abwaschen oder mit Säurewandler Neutralon behandeln.

- Die Batteriepolklemmen (Bild 1) müssen korrekt aufgesteckt und festgezogen sein, weil es sonst zu Leitungsbränden und Störungen kommen kann. Der Funktionszustand des Fahrzeugs ist dann in erheblichem Maße nicht mehr gewährleistet. Polklemmen gewaltfrei von Hand aufstecken, um das Gehäuse nicht zu beschädigen. Die Muttern (3, Bild 1) werden mit 6 Nm festgeschraubt.

- Die Batterie muss fest in ihrer Halterung (Bild 2) sitzen. Schraube (3) mit 20 Nm anziehen. Lockerer Sitz verkürzt durch Erschütterungen die Batterielebensdauer, kann zu Schäden an den Batterieplatten führen und stellt eine Gefährdung durch Explosions-Möglichkeit dar.

- **Batterie richtig behandeln:** Um lange Gebrauchstüchtigkeit zu gewährleisten, muss die Batterie sachgemäß geprüft, gewartet und gepflegt werden. Hinweise (Piktogramme) auf der Oberseite und in der Betriebsanleitung beachten!

- Reihenfolge beim Ab- und Anklemmen: Zuerst Minuspol, dann Pluspol abklemmen. Beim Anklemmen erst Plus-, dann Minusklemme (»Masseband«) aufstecken. Verpolung und Kurzschlüsse vermeiden!

- Wenn die Batterie längere Zeit im abgestellten Fahrzeug verbleibt, sollte der Minuspol abgeklemmt werden.

- Für die neue Batteriegeneration weist Volkswagen an: »Keine Etiketten entfernen und kein destilliertes Wasser auffüllen. Nur Sichtprüfungen vornehmen!«

- Nach Wiederanklemmen der Batterie Grundprogrammierung mit dem Werkstattsystem (VAS 505x) vornehmen. Einige Funktionen »lernt« das Elektrik-System auch wieder selbst.

Anmerkung: Mit »AGM« gekennzeichnete Blei-Säure-Akkus sind Vliesbatterien, wartungsfrei mit festem Elektrolyt. Dieser ist in einem Mikroglasvlies (»Absorbent Glas Material – AGM«) festgelegt. Die Batterie ist verschlossen und hat Ventile. Vliesbatterien stets durch Vliesbatterien ersetzen!

Polklemme: (1) Batterie, (2) Plusklemme, (3) Klemmenmutter, (4) flexible Abdeckung, (5) Minusleitung (»Masseband«).

Batterie-Halterung: (1) Batterie, (2) Klemmplatte, (3) Befestigungsschraube (M8x35; 20 Nm) der Klemmplatte.

Batterie: Säurestand, Ladezustand, magisches Auge

- **Magisches Auge:** Die Batterien (außer AGM-Akkus) sind mit »Magischem Auge« ausgestattet. Es erlaubt die Prüfung von Säurestand und Ladezustand. Klopfen Sie leicht auf das runde Glasfenster: Luftblasen lösen sich auf, die Farbanzeige wird genauer.

- Mehrere Farbanzeigen sind möglich, eine ist entscheidend: farblos oder gelb = Kritischer Säurestand, die Batterie muss erneuert werden. (Siehe dazu später ausführlich!)

- **Säureheber (Araeometer):** Wirkt die Batterie trotz richtigem Säurestand kraftlos, wird die Säuredichte in der Batteriezelle per Säureheber (Bild 1) geprüft. Dies entfällt bei wartungsfreien Vlies-Batterien im schwarzen Gehäuse mit dem Aufdruck »AGM« (früher auch: »VRLA«).

- Das Araeometer ist ein Messgerät zur Bestimmung der Dichte von Flüssigkeiten. Die übliche Ausführung zum Testen von Batteriesäure besteht aus einer Glaspipette, über deren Spitze (blauer Pfeil) Säure »gehoben« wird, in der dann das eigentliche Araeometer mit der Skala (roter Pfeil und Detailbild) im oberen Bereich aufschwimmt. Das auch als Senkwaage bezeichnete Gerät wird eingesetzt, um indirekt über die Säuredichte den Ladezustand offener Bleiakkus zu überprüfen. Das Prinzip: Zelle geladen = viel Säure, schwer; Zelle leer = wenig Säure, leicht (Bild 1).

- Zum Messen Batteriezellen-Stopfen herausdrehen (falls es keine Batterie ist, für die VW das Öffnen untersagt!). Pipettenkopf zusammendrücken, Pipettenspitze in die Batteriezelle einführen, Pipettenkopf freigeben und Säure einströmen lassen. An der Skala den Ladezustand ermitteln. Beispiel Bild 1: Laden ist erforderlich (»recharge«, roter Pfeil).

- **Batterietester:** Eine grobe Einschätzung des Ladezustands ist mit preisgünstigen Testern aus dem Zubehörhandel möglich. Solche Geräte verfügen über einen An-

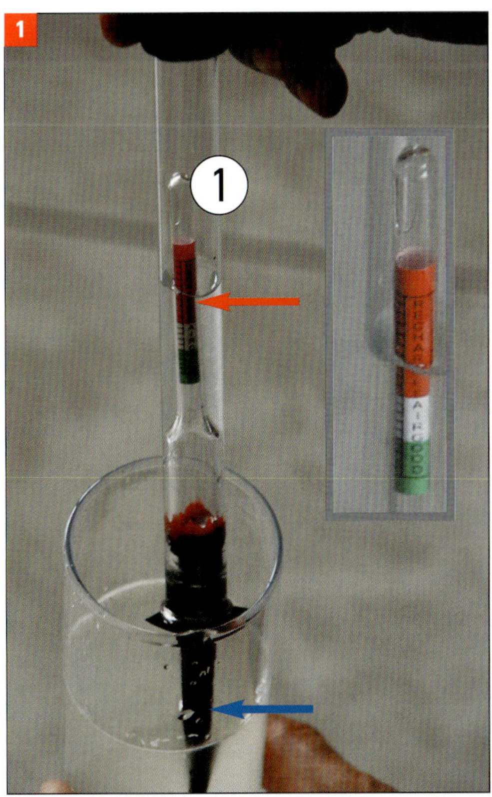

Säureheber: (1) Heber. Pfeile: blau = Spitze in der Säure, rot = Araeometerskala (siehe Detail).

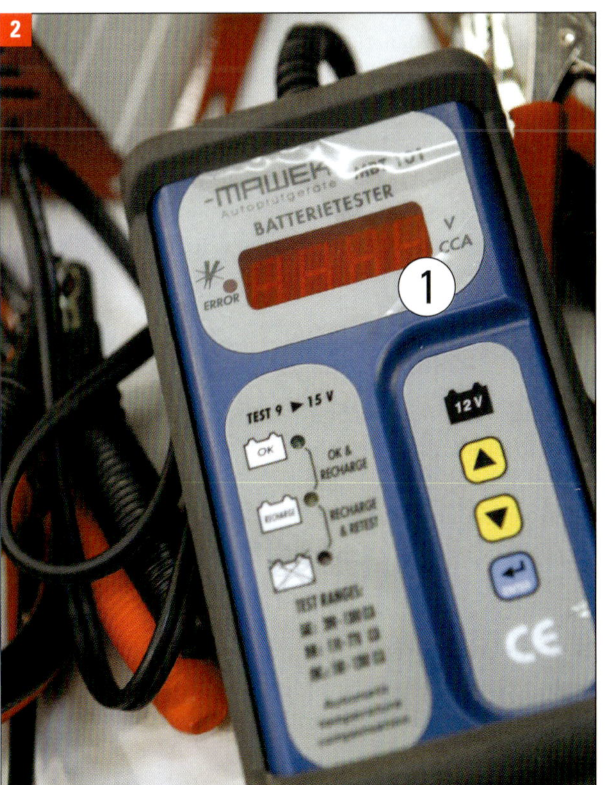

Batterie-Tester: Enthält Messtechnik und nicht lediglich Leuchtdioden. Individuell einzustellen, digitale Anzeige (1).

schlussstecker, der in die Buchse für den Zigarrenanzünder oder die 12 V-Steckdose passt. Elektrik einschalten, aber nicht den Motor, Licht für eine Minute ein- und dann wieder ausschalten. Leuchten LED in den grünen Sektoren, dann sollte der Ladezustand i. O. sein.

- Eine präzise Bestimmung des Ladezustandes ist mit einem Tester wie in Bild 2 (Seite 175) möglich (Fachmesse »Reed Exhibitions«). Solche Geräte enthalten Messtechnik, sind mit Klemmen anzuschließen und individuell einzustellen und zeigen das Messergebnis digital an. VW-Werkstätten verwenden Tester mit Drucker VAS 5097 A oder 6161.

- **Säurestand-Prüfung an Markierungen:** Den Säurestand von Batterien mit Verschlussstopfen können Sie von außen prüfen, wenn MIN- und MAX-Markierungen am Gehäuse vorhanden sind. Die Säure muss über die MIN-Markierung reichen (Oberkanten der Platten gut bedeckt), darf aber auch nicht über der MAX-Marke liegen.

- **Magisches Auge richtig nutzen:** Es muss zwischen Batterien unterschieden werden, die ein magisches Auge mit den lange Zeit üblich gewesenen drei oder die ein gleitend im Jahr 2009 eingeführtes magisches Auge mit nur noch zwei Farbanzeigen haben: »schwarz« und »farblos oder hellgelb« zur Information über den Säurestand.

- Alle magischen Augen informieren über den Säurestand, das dreifarbige auch über den Ladezustand der Batterie. Das magische Auge kann sich an unterschiedlichen Positionen befinden, aber stets nur an einer Batteriezelle. Seine Anzeige ist genau genommen nur für diese Zelle gültig. Exakte Beurteilung der gesamten Batterie erfordert Belastungsprüfung.

- Wenn eine Batterie nachgeladen wurde, also auch bei Aufladung während des Fahrbetriebs, können sich Luftblasen unter dem magischen Auge bilden, welche die Farbanzeige verfälschen. Daher leicht auf die Anzeige klopfen!

- Bei magischen Augen mit **drei Farbanzeigen** bedeutet:

– »grün« – Batterie ausreichend geladen;
– »schwarz« – Batterie teilentladen, Ladezustand < 65 % oder entladen;
– »farblos/hellgelb« – Batterie muss ersetzt werden.

- Bei magischen Augen mit **zwei Farbanzeigen** bedeutet:

– »schwarz« – Säurestand in Ordnung;
– »farblos/hellgelb« – Säurestand zu niedrig, Batterie muss ersetzt werden.

Achtung! Batterien, deren magisches Auge »farblos oder hellgelb« anzeigt, dürfen nicht geprüft, nicht geladen und nicht zur Starthilfe verwendet werden! Explosionsgefahr!

- **Fahrzeuge mit Start-Stopp-Anlage:** Ihre Batterien haben eine Minus-Polklemme (Masseleitung) mit Steuergerät für Batterieüberwachung (J367). Bei Nachladung oder Fremdstart müssen mit dem Ladekabel zuerst die Pluspole und dann die Karosserie-Masse-Schrauben verbunden werden. Direkte Aufladung am Minuspol überbrückt den Batteriesensor, wodurch die Batteriedaten während des Ladevorgangs nicht vom Sensor erfasst werden.

Batterie: Abklemmen, ausbauen, laden, prüfen

- **Besonderheiten beachten:** Bei bestimmten Modellen ist die Starterbatterie im Kofferraum unter dem Notrad in der Reserveradmulde verbaut. Wir beschreiben hier nur die allgemein übliche Situation mit Batterie links im Motorraum. Dieses Prinzip gilt auch für den Sonderfall (Kofferraum).

- **Batterie abklemmen:** Zündung aus, Zündschlüssel abziehen, Motorhaube öffnen. Mutter an der Minuspolklemme lösen, Polschuh der Masseleitung abziehen.

- **Batterie anklemmen:** umgekehrte Reihenfolge. Dabei kann die Einbaulage der Minuspolklemme vom Motor abhängen: 1-Uhr-Stellung meist bei TDI, quer zur Batteriekante bei kleineren TSI, parallel zur Batteriekante bei den stärkeren. Funktionen laut Bedienungsanleitung aktivieren. Fehlerspeicher aller Steuergeräte abfragen (Werkstattarbeit).

- **Batterie ausbauen.** Batterie wie beschrieben abklemmen. Mutter vom Plusanschluss an der E-Box neben der Batterie abschrauben. Schraube an der Klemmplatte abschrauben, Batterie herausheben.

- **Einbau:** Erst Plusleitung, dann Minusleitung anklemmen!

- **Laden:** Die Batterie kann ausgebaut werden, sie muss es aber nicht. VW rät dazu, die Batterie in eingebautem und

angeschlossenem Zustand zu laden. So wird der Ladestrom in die Kapazitätsrechnung eines eventuellen Steuergerätes für Batterieüberwachung mit Batteriesensor J367 einbezogen.

- Batterie-Mindesttemperatur 10 °C. Schnellladen nur im Ausnahmefall (z. B. bei Starthilfe). Wenn die Batterie im ausgebauten Zustand geladen wird, unbedingt beachten: Räume, in denen Batterien geladen werden, dürfen wegen des sich bildenden Gases nicht mit offenem Licht oder rauchend betreten werden. Funken beim An- oder Abklemmen könnten das Gas ebenfalls zur Explosion bringen. Stellen Sie auf jeden Fall Durchlüftung sicher!

- Zündung und Verbraucher abschalten. Mit dem Allround-Ladegerät VAS 5095 A für alle im Volkswagenkonzern verbauten 12 V-Akkus erfolgt das Laden ohne Strom- und Spannungsspitzen, was die Bordelektronik spürbar schont.

- Geladen werden kann aber mit allen vergleichbaren handelsüblichen Geräten. Wir demonstrieren in Bild 1 das Laden einer von VW verbauten Batterie (1) mit einem aktuell im Fachhandel erhältlichen modernen Gerät (2). Rote Ladeklemme (3) am Pluspol, Schwarze Ladeklemme (4) am Minuspol der Batterie anschließen.

- **Achtung:** Für Fahrzeuge mit Start/Stopp-Funktion und mit Steuergerät für Batterieüberwachung (J367) schreibt Volkswagen zur Vermeidung von Störungen vor, die schwarze Klemmzange nicht direkt am Minuspol, sondern an der Karosseriemasse (Pfeil in Bild 1) anzuklemmen!

- Ladegerät (im Beispielfall über 2 m Anschlusskabel) ans Netz, Motorhaube geöffnet lassen. Bei älteren Geräten war es erforderlich, den von der Batterie benötigten Ladestrom einzustellen. Moderne Geräte (in unserem Fall »Top Craft«) steuern den Ladevorgang mit Mikroprozessor in mehreren Lademodi und zeigen die Vorgangsdaten per LCD-Display an. Das Gerät bestimmt die Akku-Kapazität im Bereich von 1,2 Ah bis 120 Ah und stellt für die 12 V-Batterie einen Ladestrom von 3,8 A ein. Es verfügt über Wiederbelebungsmodus, Erhaltungsfunktion und Verpolungsschutz.

Batterie laden: (1) Batterie, (2) Ladegerät, (3) rot markierte Klemmzange an den Pluspol, (4) schwarz markierte Klemmzange an den Minuspol.

- **Belastungsprüfung:** Nach dem Laden erfolgt die Belastungsprüfung, die den Batteriezustand eindeutig definiert. Der »Praxistipp« zeigt Ihnen den Zusammenhang von Akku-Kapazität, Strom und Spannung.

PRAXISTIPP

Belastungsprüfung der Batterie

Eine Belastungsprüfung gibt Aufschluss über den Zustand der Batterie. Erforderlich ist dazu ein Batterieprüfgerät wie der VW-Tester 5097 A. Batterie-Temperatur mindestens 10 °C. Batterien mit farblosem oder hellgelbem magischem Auge nicht prüfen, Explosionsgefahr! Diese Batterien ersetzen. Zündung und Verbraucher ausschalten.

- Den Kälteprüfstrom nach den Angaben auf der Batterie in Ampere (A) nach DIN feststellen oder anhand von Tabellen zum Kälteprüfstrom den Einstellbereich des Batterietesters ermitteln.
- Kälteprüfstrom mit Wahlschalter, Messbereich (80 - 379 A bzw. 380 - 499 A) mit EIN/AUS-Funktionsschalter einstellen. Batterien mit einem Kälteprüfstrom über 499 A nach DIN (520, 580 oder 600 A) mit der Einstellung 499 A nach DIN prüfen. Rote Klemme »+« des Prüfgeräts an den Pluspol, schwarze Klemme »-« an den Minuspol der Batterie anschließen:

Batterie-kapazität	Kälteprüf-strom	Belastungs-strom	Mindest-spannung
36 Ah	175 A	100 A	10,4 V
40 - 49 Ah	220 A	200 A	9,2 V
50 - 60 Ah	265 - 280 A	200 A	9,4 V
61 - 80 Ah	300 - 380 A	300 A	9,0 V
81 - 110 Ah	380 - 500 A	300 A	9,5 V

- Bei einwandfreier Batterie sinkt die Spannung auf den Mindestwert, bei defekter oder schwach geladener Batterie sehr schnell unter den Mindestwert. Nach dem Test steigt die Spannung langsam wieder an. Falls die Batterie nachgeladen werden muss, danach erneut Belastungsprüfung. Wenn immer noch Nachladen nötig ist: Batterie auswechseln.

Anlasser (Starter)

Die Montagearbeiten laufen für die wesentlichen Arbeiten fast identisch ab. Auch die unterschiedlichen Getriebe verändern den Arbeitsablauf nur unwesentlich. Besonderheiten werden wir herausstellen.

Alle Motoren

- Die Batterie abklemmen und den Luftfilterkasten ausbauen.

TDI-Motoren

- Steckverbindung (1) trennen, Federbandschelle (2) mit einer geeigneten Zange für Federbandschellen -VAS 5024- lösen und den Unterdruckschlauch (3) abziehen (Bild unten).

- Die Befestigungsschraube des Luftfiltergehäuses herausschrauben, den Schlauch vom Luftfiltergehäuse abziehen und Luftfiltergehäuse und Schlauch entnehmen.

Alle Motoren

- Schutzkappe des Plusanschlusses des Anlassers vom Magnetschalter herunterschieben und die Steckverbindung entriegeln und trennen.

- Befestigungsmutter abschrauben und Plusleitung vom Anschlussgewinde des Magnetschalters abnehmen.

- Die Befestigungsmutter (1) des Leitungshalters (2) abschrauben.

- Die Geräuschdämpfung ausbauen, die Befestigungsmutter abschrauben und den Leitungshalter von den Befestigungsschrauben des Anlassers abnehmen.

- Dann zuerst die obere Befestigungsschraube des Anlassers, danach die untere Befestigungsschraube des Anlassers herausschrauben.

- Den Anlasser nach unten aus dem Fahrzeug herausnehmen.

Die Montage erfolgt sinngemäß in umgekehrter Reihenfolge.

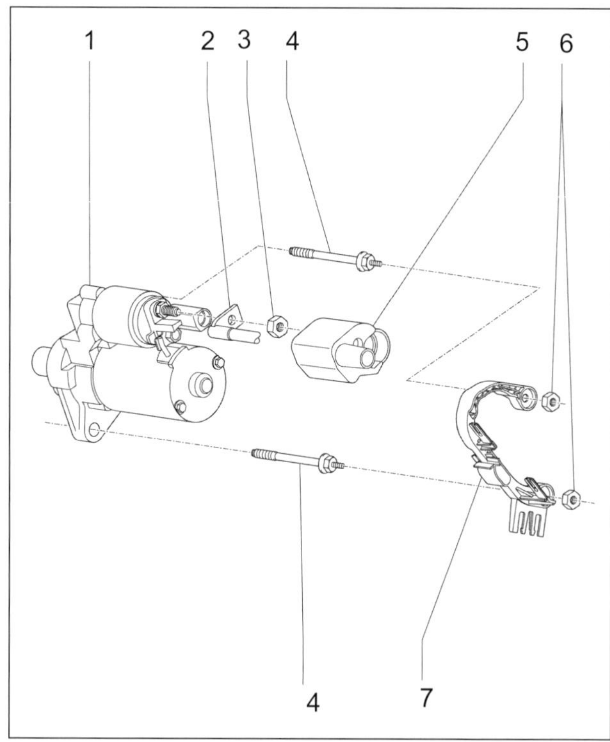

Montageübersicht Anlasser: 1 Anlasser, 2 Anschluss B+-Leitung, 3 Befestigungsmutter B+-, 4 Befestigungsschrauben, 5 Schutzkappe, 6 Befestigungsmuttern Leitungshalter, 7 Leitungshalter.

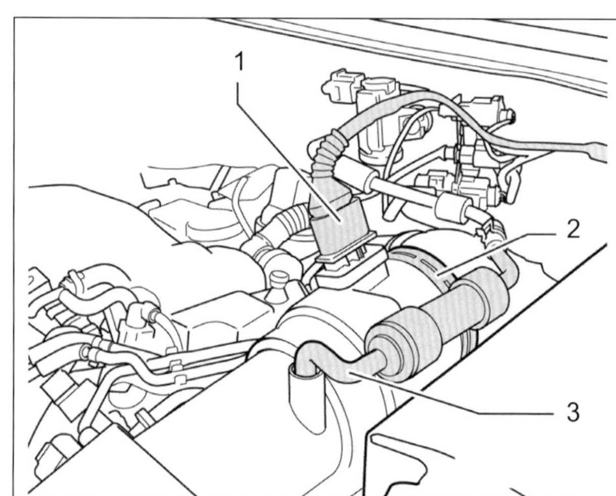

Montageübersicht TDI: 1 Steckverbindung, 2 Federbandschelle, 3 Unterdruckschlauch.

Start-Stopp-Anlage

Die Start-Stopp-Anlage dient der Verbrauchsreduzierung, indem der Motor in Standphasen automatisch abschaltet und beim Anfahrwunsch des Fahrers selbsttätig wieder startet. Die Aktivierung des Start-Stopp-Betriebes geschieht automatisch, sobald das Fahrzeug nach dem Anfahren für etwa vier Sekunden mit einer Geschwindigkeit von mindestens 3 km/h gefahren ist.

Beteiligte Bauteile an der Start-Stopp-Anlage

- Batterie
- Drehstromgenerator
- Spannungsregler
- Anlasser
- Bremslichtschalter
- Kupplungspedalschalter
- Taster für Start-Stopp-Betrieb
- Geber für Kühlmitteltemperatur
- Geber für Gaspedalstellung
- Geber für Getriebe-Neutralstellung
- Steuergerät für ABS mit EDS
- Steuergerät für Climatronic
- Steuergerät mit Anzeigeeinheit im Schalttafeleinsatz
- Steuergerät für Batterieüberwachung
- Zentralsteuergerät für Komfortsystem
- Steuergerät für Lenkhilfe
- Bordnetzsteuergerät
- Spannungsstabilisator
- Diagnose-Interface für Datenbus
- Motorsteuergerät
- Steuergerät für Parklenkassistent

Fehlererkennung und Fehleranzeige

Die Start-Stopp-Anlage als Funktion ist in der Software vom Motorsteuergerät untergebracht. Das Motorsteuergerät ist mit einer Eigendiagnose ausgestattet, die die Fehlersuche erleichtert.

Batterie-Nachladung oder Fremdstart an Fahrzeugen mit Start-Stopp-Anlage:

Bei Nachladung oder Fremdstart an Fahrzeugen mit Start-Stopp-Anlage Folgendes beachten: Mit Hilfe des Ladekabels zuerst die Pluspole verbinden; dann die Karosserie-Masse verbinden. Auf diese Weise wird sichergestellt, dass der Batteriesensor nicht überbrückt wird. Die direkte Aufladung der Batterie am Minuspol führt dazu, dass der Batteriesensor überbrückt wird und die Batteriedaten während des Ladevorgangs nicht vom Sensor erfasst werden. Die im Diagnoseinterface für Datenbus abgelegten Werte zum Batteriezustand würden dann nicht mehr mit den Werten der geladenen Batterie übereinstimmen.

Ersetzen der Batterie bei Fahrzeugen mit Start-Stopp-Anlage

Anstelle der üblichen Blei-Akkumulatoren kommt aufgrund ihrer höheren Zyklenfestigkeit bei Fahrzeugen mit Start-Stopp-Anlage ausschließlich eine Vliesbatterie als Starter-Batterie zum Einsatz. Achten Sie bei der Reparatur auf die korrekten Ersatzteilbezeichnungen in ETKA. Die für die Start-Stopp-Anlage angepassten Bauteile sind nicht extra gekennzeichnet und unterscheiden sich äußerlich nicht oder kaum von herkömmlichen Bauteilen.

Spannungsstabilisator

Der Spannungsstabilisator ist in der Schalttafel hinter dem Handschuhkasten montiert. Er hat die Aufgabe, die durch den Start-Stopp-Betrieb entstehenden hohen Spannungsschwankungen für das Bordnetz auf 12 Volt zu stabilisieren.

Auswirkungen bei Ausfall des Spannungsstabilisators

Ist der Spannungsstabilisator defekt, werden Geräte wie Radio, Radionavigation oder Telefon einen Reset durchführen, wenn die eigene Spannungsversorgung durch die Betätigung des Starters nicht ausreichend ist. Fallen im Start-Stopp-Betrieb die genannten elektrischen Verbraucher dadurch auf, dass sie mit jedem Motorstart einen Reset ausführen, weist dies auf einen defekten Spannungsstabilisator hin. Ein direkter Eintrag zu einer Fehlfunktion des Spannungsstabilisators, z. B. in den Fehlerspeicher des Diagnoseinterfaces oder Bordnetzsteuergerät, findet zurzeit nicht statt. Sind die Geräte Radio, Radionavigation und Telefon zusammen ausgefallen, prüfen Sie zuerst die Sicherung des Spannungsstabilisators.

Generator aus- und einbauen

Die Montagearbeiten für den Generator unterscheiden sich zwischen den einzelnen Modellen kaum. Auch hier werden wir die Besonderheiten hervorheben und die Beschreibung allgemeingültig belassen.

- Batterie abklemmen.

- Motorabdeckung oben demontieren.

TDI-Motor

- Bringen Sie den Schlossträger in die Servicestellung.

Alle Motoren

- Keilrippenriemen ausbauen und die obere Spannrolle wieder entspannen.

- Befestigungsschrauben (1) herausschrauben und den oberen Riemenspanner aus dem Fahrzeug nehmen.

- Die Steckverbindung des Klimakompressors entriegeln und trennen, dann die Befestigungsschrauben des Klimakompressors herausschrauben.

- Die dritte Befestigungsschraube herausschrauben und den Klimakompressor vom Halter abnehmen. Beim Abnehmen des Klimakompressors darauf achten, dass die beiden Zentrierhülsen in den übereinanderstehenden Gewindebohrungen des Halters verbleiben. Die Schläuche am Klimakompressor können angeschlossen bleiben. Den Klimakompressor (3) bis zum Wiedereinbau mit einem Bindedraht an geeigneter Stelle unter das Fahrzeug hängen. Darauf achten, dass die Schläuche (2) dabei nicht gezogen oder geknickt werden.

- Steckverbindung der »DF-Leitung« entriegeln und trennen.

- Schutzkappe für den Plusanschluss abhebeln, die Befestigungsmutter abschrauben und die darunterliegende B+-Leitung vom Anschlussgewinde des Generators abnehmen.

- Befestigungsmutter abschrauben und den Leitungshalter vom Generator abnehmen.

- Befestigungsschrauben des Generators (15) herausschrauben.

- Generator nach unten aus dem Fahrzeug nehmen.

Die Montage erfolgt sinngemäß in umgekehrter Reihenfolge. Beim Einbau bereits gelaufener Keilrippenriemen die beim Ausbau gekennzeichnete Laufrichtung beachten! Vor dem Einbau des Keilrippenriemens darauf achten, dass alle Aggregate (Generator, Klimakompressor, Flügelpumpe) festmontiert sind. Beim Auflegen des Riemens auf korrekten Sitz des Keilrippenriemens in den Riemenscheiben achten! Die Gewindebuchsen (A) etwa 4 mm in Pfeilrichtung aus dem Gehäuse des Generators heraustreiben.

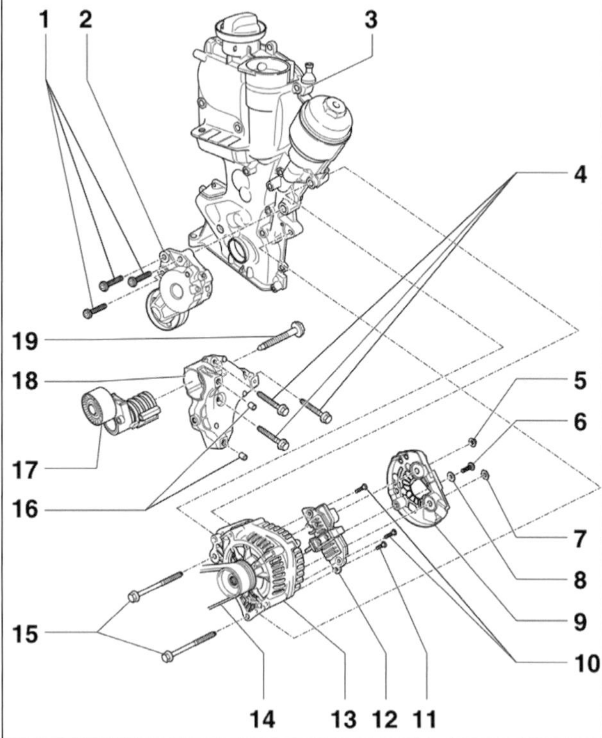

Montageübersicht Generator: 1 Innenvielzahnschraube, 2 obere Spannrolle, 3 Steuergehäuse, 4 Sechskantflanschschrauben, 5 Sechskantbundmutter, 6 Kreuzschlitzschraube, 7 Sechskantmutter, 8 Unterlegscheibe, 9 Schutzkappe, 10 Kreuzschlitzschrauben, 11 Kreuzschlitzschraube, 12 Spannungsregler, 13 Drehstromgenerator, 14 Keilrippenriemen, 15 Sechskantbundschrauben, 16 Zentierhülsen, 17 untere Spannrolle, 18 Halter, 19 Sechskantbundschraube.

Reparaturen am Generator

Generell ist es möglich, den Generator zu reparieren. Wie man schon an dem Schaubild gut sehen kann, besteht der Generator aus nicht allzu vielen Teilen. Die Zerlegbarkeit scheitert meist an unzureichendem Werkzeug. Beispielweise muss bei einigen Generatoren die Diodenplatte (der Gleichrichter) demontiert werden.

Da er angelötet ist und zudem recht dicke Drähte am Generator verbaut wurden, wird ein Lötgerät mit einer hohen Leistung notwendig.

Für die Demontage der Lager müssen passende Abzieher vorhanden sein, um den Anker und seine Welle nicht zu beschädigen. In den meisten Fällen sind die Kohlen des Reglers verschlissen. Bei einigen Generatoren sind diese einzeln, beziehungsweise mit dem Bürstenhalter lieferbar.

Entscheidend für einen sinnvollen Austausch der Kohlen ist der Zustand der Schleifringe des Ankers. Sind diese durch den langen Betrieb eingelaufen, werden die neuen Kohlen sehr schnell wieder verschleißen. Hier sollte dann auf einen Austauschgenerator zurückgegriffen werden.

Bei allen Arbeiten am Generator gelten die bekannten Hinweise: Nach Abklemmen des Massekabels den Minuspol der Batterie am besten mit Isolierband abkleben, Generator nicht bei angeschlossener Batterie ausbauen, beim Ausbau Radio-Codierung beachten, nach Wiedereinbau Fehlerspeicher auslesen. Fahrzeuggeneratoren und Anlasser sind Austauschteile: Ein defekter wird beim Kauf eines überholten oder neuen Teils in Zahlung genommen. Er muss aber noch vollständig, einigermaßen sauber und zusammengebaut sein.

Zerlegt kann Ihr Generator so aussehen: In wieweit sich diese Arbeit rechnet, hängt von Ihrer Austattung und ihrer fachlichen Erfahrung ab.

Generatorfreilauf

Betrachtet man die Riemenscheibe des Generators genauer, sieht man zuerst einen Kunststoffdeckel an der Seite, wo die Verschraubung sein müsste. Zieht man diesen ab, findet man keine Mutter, sondern einen Vielzahneinsatz. Steckt man einen Inbusschlüssel in die Aufnahme in der Generatorwelle, stellt man fest, dass der Generator in Drehrichtung frei drehbar ist. Gegen die Drehrichtung hingegen wird der Riementrieb mitbewegt. Die Antriebsscheibe beinhaltet einen Freilauf. Um den technischen Grund für diesen Aufwand zu verstehen, muss man sich die Funktion eines Verbrennungsmotors vorstellen. Gerade im Leerlauf läuft kein Motor richtig rund. Die Zündung verursacht bei jedem Arbeitstakt eine kurze aber kräftige Beschleunigung der Kurbelwelle und damit auch der durch sie angetriebenen Aggregate. Alle anderen Takte verzögern die Drehgeschwindigkeit des Motors. Hieraus ergeben sich Schwingungen, die durch Flattern des Flachriemens quittiert werden. Um diesem Effekt entgegenzuwirken, wird der Generator als das Gerät mit der größten Masse entkoppelt. Das vermindert die Schwingungen des Flachriemens sehr deutlich. Ein beschädigter Freilauf ist zumeist sicht- und hörbar. Der Antriebsriemen flattert und gelegentlich ist auch ein leichtes Schlagen hörbar.

Demontage des Generatorfreilaufs

- Entspannen Sie den automatischen Flachriemenspanner.
- Ziehen Sie den Kunststoffdeckel von der Antriebsscheibe des Generators ab.
- Stecken Sie den Freilaufvielzahn in den Freilauf ein.
- Führen Sie einen guten und genau gearbeiteten Inbusschlüssel in die Generatorwelle ein.
- Lösen Sie die Verschraubung, indem Sie die Generatorwelle gegen die Drehrichtung des Generators drehen, und halten den Freilauf mit dem Freilaufvielzahn fest.
- Schrauben Sie den Freilauf von der Generatorwelle ab.
- Montieren Sie den neuen Freilauf auf die Generatorwelle.
- Prüfen Sie den automatischen Riemenspanner. Sollten Sie Schäden an der Rolle oder an der Lagerung feststellen oder die Lagerung Geräusche von sich geben, tauschen Sie diese besser gleich mit aus.

Riemenscheibe ist nicht gleich Riemenscheibe: Ein Freilauf macht sie zum Schwingungsdämpfer.

Unter der Schutzkappe: Ein großer Vielzahn außen und ein kleiner Vielzahn in der Welle weisen auf den Freilauf hin. Hier ist Spezialwerkzeug gefragt!

Spannungsregler ausbauen

Der Spannungsregler mit Kontakt-Schleifkohlen (Kohlebürsten) ist an die Generatorrückseite geschraubt. Seine Abschirmkappe sieht bei den im Van verwendeten Spannungsregler-Typen Bosch (Bild 1) und Valeo etwas unterschiedlich aus. Ausbau und Prüfung zeigen wir am Bosch-Regler. Das Prinzip ist auf den von Valeo übertragbar.

- Generator ausbauen, B+ Leitung mit der 15-Nm-Mutter (schwarzer Pfeil in Bild 2) abschrauben.

- Muttern (rote Pfeile), Schraube (blauer Pfeil) nach Bilder 1 und 2 abschrauben, Kappe abnehmen. Die 2-Nm-Schrauben (Pfeile in Bild 3) herausschrauben und Regler abnehmen.

- Prüfen des Spannungsreglers: Bei etwaiger Fehlfunktion des Generators, bei Aussetzern usw. müssen die Schleifkohlen (Kohlebürsten) des Spannungsreglers überprüft werden. Sie dürfen eine minimale Länge »a« nicht unterschreiten.

- Dieses Verschleißmaß »a« (Bild 4) beträgt 5 mm bei 1 mm Toleranz zwischen beiden Kohlebürsten. Bei neuen Spannungsreglern sind die Bürsten 12 bis 15 mm lang. Im Bedarfsfall müssen die Kohlen erneuert oder der Regler ausgetauscht werden.

Der Einbau erfolgt sinngemäß umgekehrt. Die Kohlebürsten müssen korrekt auf den Schleifbahnen liegen.

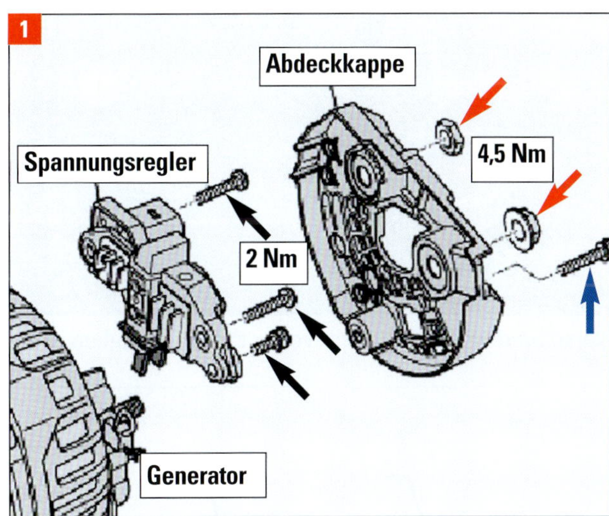

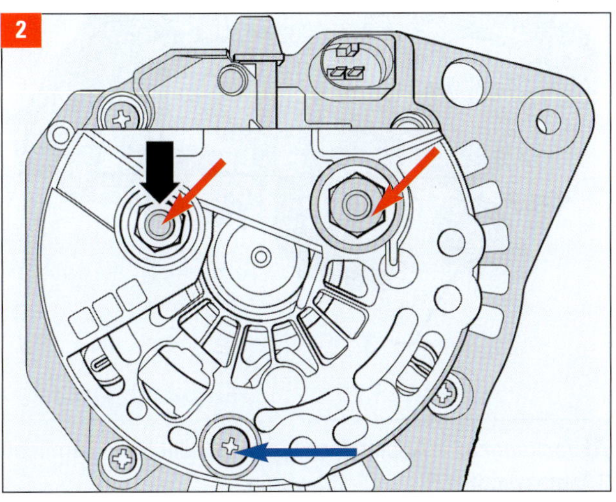

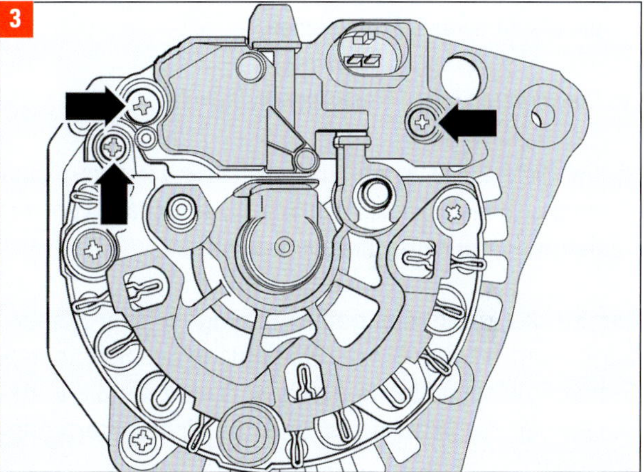

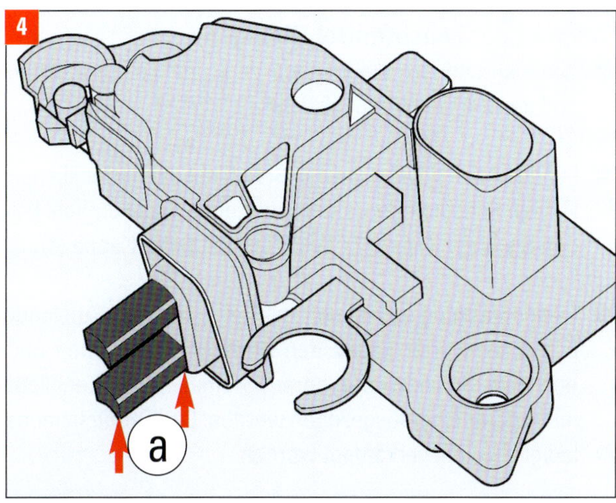

Kohlebürsten: In beiden Reglerfällen liegt die Verschleißgrenze der neu 12 mm langen Schleifkohlen bei a = 5 mm.

Scheinwerfer vorne

Die Montagearbeiten unterscheiden sich für die unterschiedlichen Scheinwerfertypen gar nicht.

Ausbau des Scheinwerfers (alle)

- Zündung und alle elektrischen Verbraucher ausschalten und den Zündschlüssel abziehen.
- Die Stoßfängerabdeckung vorn ausbauen.
- Steckverbindung an der Rückseite des Scheinwerfers entriegeln und trennen.
- Die insgesamt sechs Befestigungsschrauben (Pfeile) herausschrauben.
- Den angeclipsten Zug der Haubenentriegelung lösen und die Blechtraverse (1) abnehmen.
- Die vordere, untere Einstellschraube lösen.
- Die hintere Einstellschraube vor (links vor dem Sicherungskasten) lösen und den Scheinwerfer nach vorn aus dem Karosserieausschnitt herausnehmen.

Der Einbau erfolgt sinngemäß in umgekehrter Reihenfolge. Kontrollieren Sie die Einbaulage des Scheinwerfers auf gleichmäßige Spaltmaße. Prüfen Sie die Funktionen des Scheinwerfers und die Scheinwerfereinstellung.

Wechsel der Leuchtmittel (Halogen)

- Zündung und alle elektrischen Verbraucher ausschalten und den Zündschlüssel abziehen.
- Für das Abblendlicht und das Standlicht die Abdeckkappe (1) vom Scheinwerfergehäuse abziehen. Das Fernlicht finden Sie unter Kappe (2), das Blinklicht unter Kappe (4).
- Lampenfassung zusammen mit der Lampe für Abblendlichtscheinwerfer gegen den Uhrzeigersinn drehen und aus dem Scheinwerfer herausnehmen. Das Standlicht muss gerade herausgezogen werden. Das Fernlicht muss lediglich leicht verkantet werden.
- Die jeweilige Lampe gerade in (Pfeilrichtung) aus der Fassung herausziehen.

Die Montage erfolgt sinngemäß in umgekehrter Reihenfolge.

Beim Einbau einer Lampe nicht den Glaskolben berühren. Ihre Finger hinterlassen Fettspuren auf dem Glaskolben, die beim Einschalten der Lampe verdampfen und den Glaskolben trüben können. Die Funktion und Einstellung des Scheinwerfers im Anschluss überprüfen.

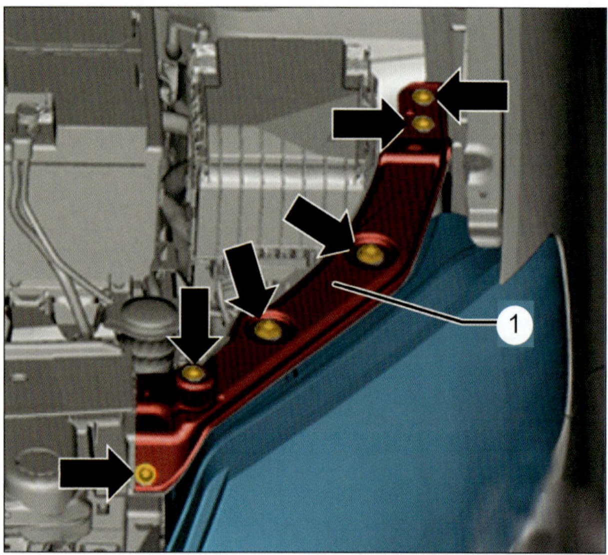

Verschraubungen: 1 Blechtraverse, Pfeile Schrauben.

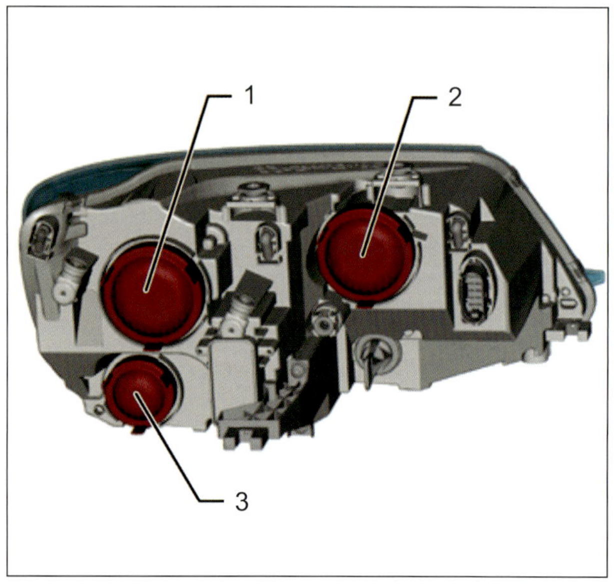

Abdeckungen: 1 Abblendlicht und Standlicht, 2 Fernlicht, 3 Tagfahrlicht, 4 Blinkleuchte vorne.

Rückleuchten

Ausbau der Rückleuchte außen

- Zündung und alle elektrischen Verbraucher ausschalten und den Zündschlüssel abziehen.

Linke Fahrzeugseite:
- Staufachdeckel öffnen und den Deckel abnehmen.

- Verschlussstopfen aufdrehen und abnehmen und die Befestigungsschraube dahinter losschrauben.

Rechte Fahrzeugseite:
- Die Blende in der rechten Kofferraumverkleidung herunterschieben und Befestigungsschraube losschrauben.

Fortsetzung beide Fahrzeugseiten:
- Das Schlussleuchtengehäuse, unter Berücksichtigung der angeschlossenen Leitungslängen, aus dem Karosserieausschnitt im Seitenteil herausnehmen.

- Die Primärverriegelung ziehen, die Steckverbindung entriegeln und trennen.

- Das Schlussleuchtengehäuse außen abnehmen.

Die Montage erfolgt sinngemäß in umgekehrter Reihenfolge.
Prüfen Sie grundsätzlich die Funktion der Lampen vor der endgültigen Montage.

Wechsel der Leuchtmittel

- Lampenträger der Schlussleuchte im Seitenteil ausbauen.

- Die Lampe für Brems- und Schlusslicht (3) bzw. die Lampe für Blinklicht (4) in die Fassung drücken, nach links drehen und nach oben aus dem Lampenträger herausziehen.

Der Einbau erfolgt sinngemäß in umgekehrter Reihenfolge.

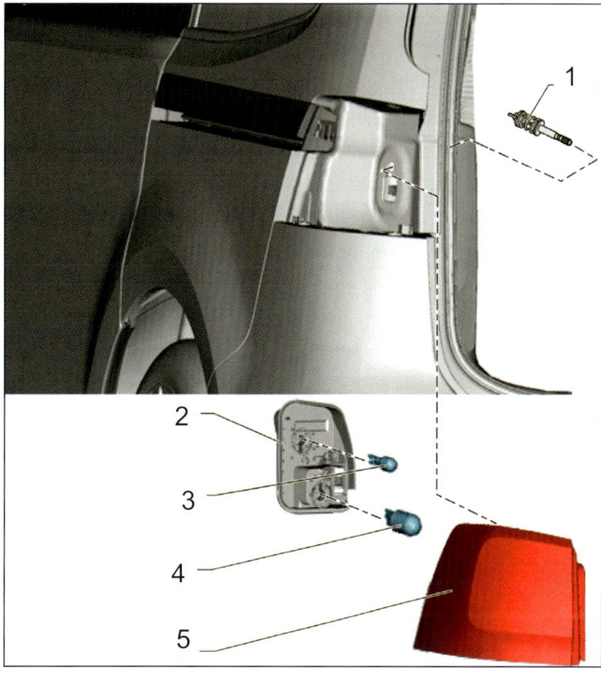

Montageübersicht Rückleuchte außen: 1 Befestigungsschraube, 2 Lampenträger, 3 Lampe für Brems- und Schlusslicht, 4 Lampe für Blinklicht, 5 Schlussleuchtengehäuse

Ausbau der Rückleuchte innen

- Zündung und alle elektrischen Verbraucher ausschalten und den Zündschlüssel abziehen.

- Servicedeckel aus der Verkleidung der Heckklappe im Bereich der jeweiligen Rücklampe ausclipsen.

- Primärverriegelung des Kabelsteckers ziehen und Steckverbindung entriegeln und trennen.

- Die drei Befestigungsmuttern (1) abschrauben und Schlussleuchtengehäuse nach oben aus dem Karosserieausschnitt in der Heckklappe nehmen.

Der Einbau erfolgt auch hier in umgekehrter Reihenfolge.

Wechsel der Leuchtmittel

- Servicedeckel aus der Verkleidung der Heckklappe im Bereich der jeweiligen Rücklampe ausclipsen.
- Die beiden Haltelaschen des Lampenträgers entriegeln und den Lampenträger (2) nach unten vom Schlussleuchtengehäuse abnehmen.
- Die Lampe für Schlusslicht (3) bzw. (4), die Lampe für die Nebelschlussleuchte (5) oder die Lampe für das Rückfahrlicht in die Fassung drücken, nach links drehen und nach oben aus dem Lampenträger herausziehen.

Der Einbau erfolgt sinngemäß in umgekehrter Reihenfolge.
Prüfen Sie grundsätzlich die Funktion der Lampen vor der endgültigen Montage.

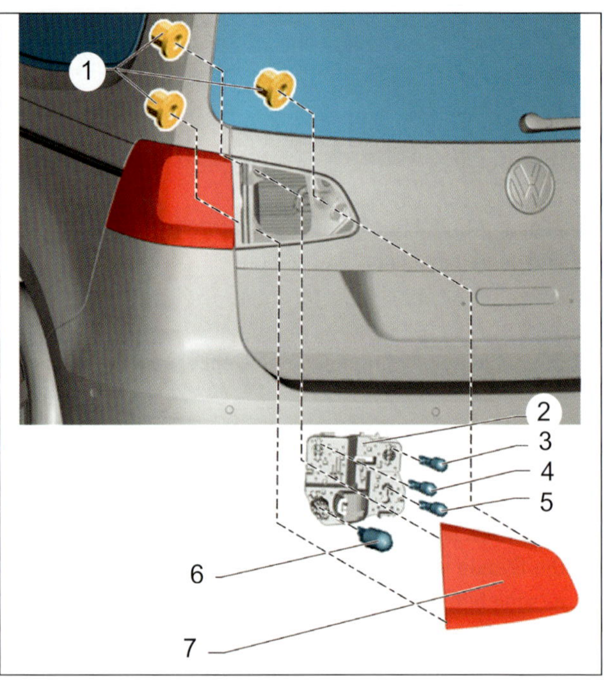

Montageübersicht Rückleuchte innen: 1 Befestigungsschraube, 2 Lampenträger, 3 Lampe für Schlusslicht, 4 Lampe für Schlusslicht, 5 Lampe für Nebelschlussleuchte, 6 Lampe für Rückfahrlicht, 7 Schlussleuchtengehäuse.

Kennzeichenleuchten

Ausbau und Lampenwechsel

- Zündung und alle elektrischen Verbraucher ausschalten und den Zündschlüssel abziehen.
- Kennzeichenleuchte (1) mit einem geeigneten Schraubendreher aus der Heckklappe heraushebeln (Pfeil).
- Steckverbindung (1) entriegeln und trennen und die Kennzeichenleuchte (2) abnehmen.
- Für den Glühlampenwechsel kann die Glühlampe jetzt aus dem Sockel herausgezogen werden.

Der Einbau erfolgt sinngemäß in umgekehrter Reihenfolge. Die Kennzeichenleuchte so in die Stoßfängerabdeckung einsetzen, dass die Steckverbindung zur rechten Fahrzeugseite zeigt. Kennzeichenleuchte sicher im Karosserieausschnitt verrasten. Prüfen Sie die Funktion der Kennzeichenleuchte.

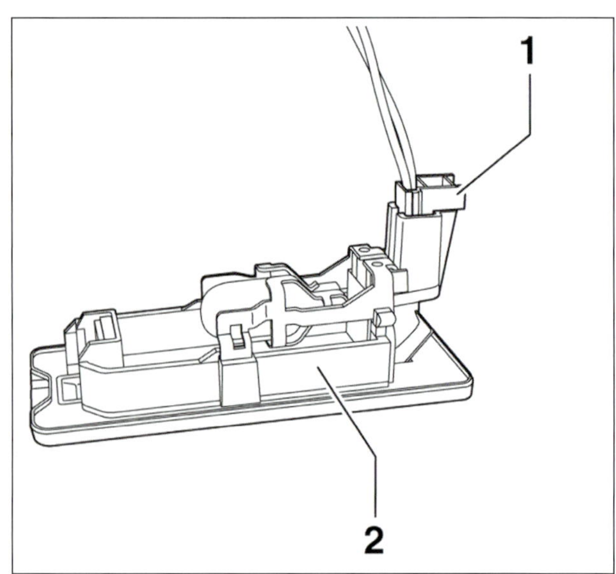

Montageübersicht Kennzeichenleuchte: 1 Kennzeichenleuchte, Pfeil Bewegungsrichtung der Haltelasche zum Lösen

Dritte Bremsleuchte

Ausbau der Bremsleuchte

In die Lampe für hochgesetztes Bremslicht ist die Spritzdüse der Heckscheibenwaschanlage integriert.

- Zündung und alle elektrischen Verbraucher ausschalten und den Zündschlüssel abziehen.
- Den Plastikkeil (T10039/1) (1) oben zwischen Lampe für hochgesetztes Bremslicht (M25) (2) und Heckklappe stecken.
- Durch Drücken des Montagekeils in (Pfeilrichtung) die Lampe für hochgesetztes Bremslicht (M25) entriegeln und, unter Berücksichtigung der angeschlossenen Leitungslängen, aus der Heckklappe herausnehmen.
- Die Schlauchsicherung (Pfeil) herausziehen und den Schlauchanschluss (1) von der Lampe für hochgesetztes Bremslicht (M25) abziehen.
- Steckverbindung (2) entriegeln und trennen und die Lampe für hochgesetztes Bremslicht (M25) abnehmen.

Der Einbau erfolgt sinngemäß in umgekehrter Reihenfolge.

- Beim Einbau der Lampe für hochgesetztes Bremslicht (M25) auf den richtigen Sitz der Dichtung achten. Die Dichtung darf keine Schlaufen werfen und nicht beschädigt sein.
- Die Schlauch- und Steckverbindungen aufstecken und verrasten.
- Die Bremsleuchte unten beginnend wieder in die Heckklappe einclipsen.
- Die Lampe für hochgesetztes Bremslicht (M25) und die Heckscheibenwaschanlage auf einwandfreie Funktion prüfen.

Werkstatttipp

PRAXISTIPP

Ausfall von LEDs in zusätzlichen Bremsleuchten:
Die Einzel-LEDs (Licht emittierende Dioden) in der zusätzlichen Bremsleuchte sind in Gruppen zu vier LEDs zusammengefasst und werden gruppenweise mit Strom versorgt. Die zusätzliche Bremsleuchte ist so aufgebaut, dass beim Ausfall einer LED-Gruppe weiterhin die gesetzlichen Bestimmungen erfüllt werden.

Fällt eine weitere LED-Gruppe aus, werden diese Bestimmungen laut Gesetzgeber nicht mehr erfüllt. Durch den Ausfall einer LED-Gruppe werden die intakten LEDs höher belastet, weshalb mit einem baldigen Ausfall weiterer LED-Gruppen zu rechnen ist. Sind mehr als vier Einzel-LEDs in der zusätzlichen Bremsleuchte ausgefallen, ist die zusätzliche Bremsleuchte zu ersetzen (Reparaturmaßnahme)

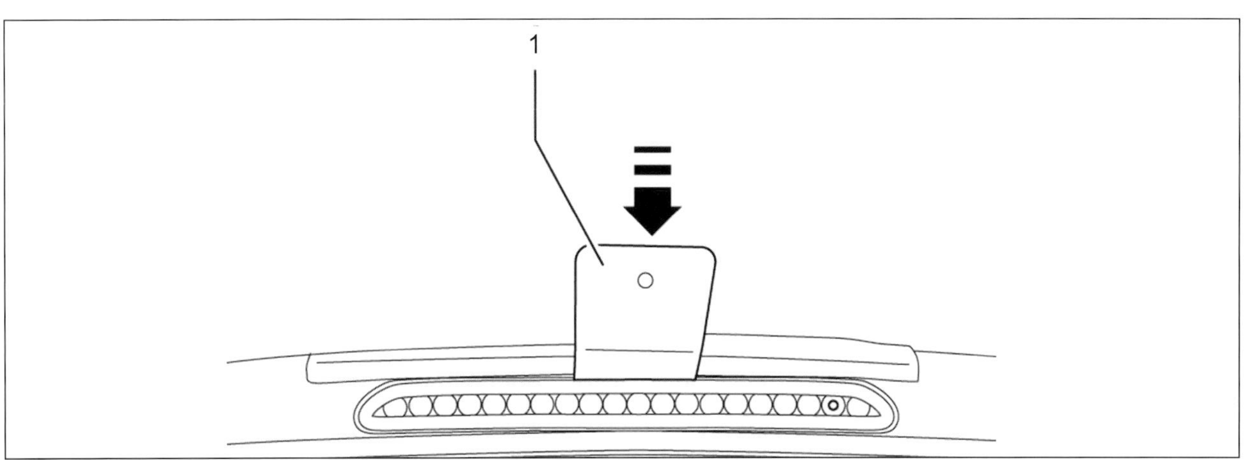

Demontage der 3. Bremsleuchte: 1 Demontagekeil gerade einschieben (Pfeil Bewegungsrichtung)

Blinkleuchte im Rückspiegel

Ausbau der Blinkleuchte

- Zündung und alle elektrischen Verbraucher ausschalten und den Zündschlüssel abziehen.
- Demontieren Sie das Spiegelglas.
- Clipsen Sie den dahinterliegenden Spiegelrahmen aus.
- Demontieren Sie das Montageteil (Verkleidung unten).
- Clipsen Sie die Lampe aus.

Der Einbau erfolgt sinngemäß in umgekehrter Reihenfolge.

Wechsel der Blinkleuchte

Die Lampe für Blinkleuchte im Außenspiegel Fahrerseite bzw. die Lampe für Blinkleuchte im Außenspiegel Beifahrerseite ist im Gehäuse des linken bzw. rechten Außenspiegels eingebaut. Das Ersetzen der LED-Leuchtmittel ist nicht vorgesehen und nicht möglich.

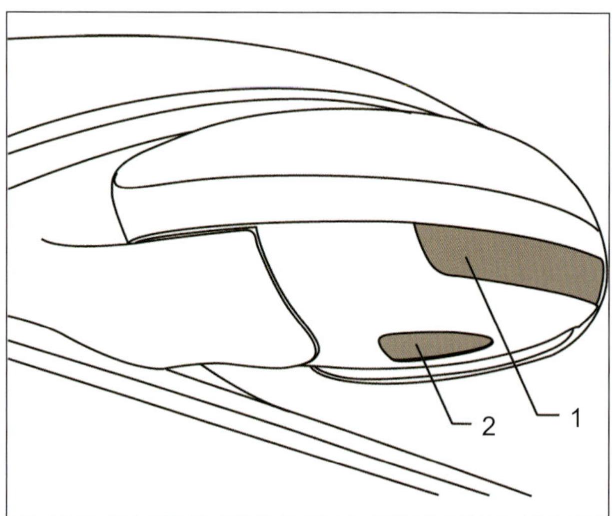

Spiegelbeleuchtung: 1 LED-Blinkleuchte, 2 Einstiegsleuchte im Rückspiegelgehäuse.

Einstiegsleuchte im Rückspiegel

Ausbau der Einstiegsleuchte

Im Fall einer Beschädigung der Streuscheibe muss die Einstiegsleuchte im Außenspiegel zusammen mit dem Gehäuseunterteil des Außenspiegels ersetzt werden.

- Zündung und alle elektrischen Verbraucher ausschalten und den Zündschlüssel abziehen.
- Demontieren Sie das Spiegelglas.
- Clipsen Sie den dahinterliegenden Spiegelrahmen aus.
- Demontieren Sie das Montageteil (Verkleidung unten).
- Fassung (1) durch Drehen in Pfeilrichtung entriegeln und zusammen mit der Glühlampe herausziehen.

Der Einbau erfolgt sinngemäß in umgekehrter Reihenfolge.

Wechsel der Glühlampe

Die Lampe für Einstiegsleuchte im Außenspiegel Fahrerseite bzw. die Lampe für Blinkleuchte im Außenspiegel Beifahrerseite ist im Gehäuse des linken bzw. rechten Außenspiegels eingebaut.

- Bauen Sie die Fassung der Glühlampe aus.
- Ziehen Sie die Glühlampe aus der Fassung heraus.

Der Einbau erfolgt sinngemäß in umgekehrter Reihenfolge.
Prüfen Sie nach der Montage die Funktionen der Beleuchtung des Außenspiegels und die Funktionen des Außenspiegels in den Verstellfunktionen.

Lichtanlage prüfen

Prüfung der Lichtanlage

Kontrollieren Sie mit einem Helfer regelmäßig die Funktion der Lampen und Leuchten. Kontrollieren Sie auch den Zustand hinsichtlich Beschädigungen und Verschmutzung.

- Schalten Sie die Zündung ein.
- Schalten Sie das Licht ein.
- Kontrollieren Sie Blinker, Standlicht, Tagfahrlicht, Nebelscheinwerfer, Aufblendlicht und Abblendlicht vorne.
- Kontrollieren Sie das Fahrlicht, die Kennzeichenleuchten, die drei Bremsleuchten das Rückfahrlicht, die Blinker und die Nebelschlussleuchte hinten.
- Ersetzen Sie defekte Leuchtmittel sofort. Verwenden Sie ausschließlich die vorgesehenen Leuchtmittel.

Einstellen der Scheinwerferhöhe

- Das Einstellen der Scheinwerfer sollte grundsätzlich nur im Zusammenspiel mit einem geeigneten Tester erfolgen. Gerade für die Xenonvarianten sollte bei jeder Demontage des Steuergerätes die Nullstellung des Servos neu erfasst werden.
- Bei dieser Gelegenheit sollten Sie auch den Fehlerspeicher für die Lichtanlage auslesen, abarbeiten und löschen (lassen).
- Ein Verdrehen der Einstellschrauben ohne Nullstellung kann eine Fehleinstellung des Scheinwerfers zur Folge haben.
- Nutzen Sie den Service Ihres Markenherstellers und lassen Sie Ihre Lichtanlage in der Regel kostenlos im Rahmen einer Frühjahrs- oder Herbstaktion prüfen.

Signalgeber prüfen, Signalhorn ausbauen

- Warnblinkanlage: Zündung aus, Druckschalter mit rot umrandetem Dreieck betätigen. Alle vier Blinklampen und Kontrollleuchte/Schalter leuchten im gleichen Rhythmus.
- Richtungsblinker: Zündung einschalten, Blinkerhebel drücken. Beide Blinker einer Fahrzeugseite müssen blinken, auch die Blinkerkontrolle in der Schalttafel.
- Bremsleuchten: Fahrzeug mit dem Heck zur Wand stellen, Bremspedal drücken: Wand muss rot aufleuchten oder ein Helfer gibt Bescheid. Funktionieren beide Lampen nicht: Sicherung und Bremslichtschalter prüfen.
- Lichthupe: Funktioniert die Lichthupe nicht, obwohl die Scheinwerfer brennen, zuerst prüfen, ob an den beiden roten Klemme-30-Kabeln zum Lenkstockschalter Spannung anliegt. Ist dies der Fall, dürfte der Lichtumschalter im Hebelschalter defekt sein.
- Signalhorn: Betätigen Sie die Druckplatte auf dem Lenkrad. Die Hupe muss ertönen.
- Signalhornausbau: Das Signalhorn (Doppeltonhorn hoch und tief) ist am linken Längsträger vorn verbaut. Nach Ausbau des Rahmens für Nebelscheinwerfer, bzw. Ausbau der Stoßfängerabdeckung bei Fahrzeugen ohne Nebelscheinwerfer, sind Steckverbindungen und Befestigungsschraube (20 Nm) zugänglich. Trennen, abschrauben und mit Halter herausnehmen. Wenn nötig oder gewünscht, Mutter (15 Nm) herausschrauben, Halter vom Horn abbauen.

Einbau in sinngemäß umgekehrter Reihenfolge. **Anmerkung:** Wegen der Steuergeräte muss bei Störungen und Fehleranzeigen oftmals auch der Fehlerspeicher ausgelesen werden (Werkstattsystem). Die elektronische Wegfahrsperre funktioniert nur online mit Download.

STÖRUNGSBEISTAND

Batterie und Generator

Störung	Was kann das sein?	Was muss ich tun?
A Rote Ladekontrolle brennt nicht beim Einschalten der Zündung	**1** Batterie leer	Mit Starthilfekabel starten oder Wagen anschleppen
	2 Batteriekabel gebrochen. Kabelklemmen lose oder oxidiert	Batteriekabel und -klemmen kontrollieren
	3 Kontrollleuchte defekt	ersetzen
	4 Kabelweg zwischen Zündschloss, Kontrollampe und Bordnetzsteuergerät unterbrochen	Stromweg mit Multimeter kontrollieren
	5 Schleifkohlen abgenutzt	Regler tauschen
	6 Spannungsregler defekt	Regler austauschen
	7 Generator schadhaft	Generator überholen oder austauschen
	8 Feuchtigkeit bildet einen isolierenden Schmierfilm zwischen den Schleifringen und Kohlen (z.B. nach Motorwäsche)	Lichtmaschine mit Druckluft ausblasen oder Schleifringe und Kohlen sauberreiben
B Ladekontrolle brennt oder glimmt bei laufendem Motor	**1** Keilrippenriemen lose bzw. ohne Spannung	Keilrippenriemenspannung kontrollieren
	2 Mangelnder Kontakt an Kabelanschlüssen der Lichtmaschine oder unterbrochene Kabel	Kabelanschlüsse und Kabel prüfen
C Batterieoberfläche feucht	**1** Zu viel eingefülltes destilliertes Wasser	Ausgasen lassen, keine Säure absaugen
	2 Batterieverschlüsse verstopft	Entlüftungslöcher säubern
	3 Spannungsregler defekt	austauschen
D Batterie gast stark	**1** Batterie Zellenschluss	Batterie ersetzen
	2 Ladespannung zu hoch	Lastmanagement prüfen, Fehlerspeicher auslesen (lassen)

Anlasser

	Störung	Was kann das sein?	Was muss ich tun?
A	**Beim Drehen des Zündschlüssels in Startstellung dreht der Anlasser zu lange oder gar nicht**	**1** Kontrolllampen brennen schwach oder verlöschen **1a** Batterie entladen **1b** Kabelanschlüsse lose oder oxidiert **1c** Batterie entladen	Mit Starthilfekabel starten, Auto anschieben/anschleppen, Kabel befestigen, Anschlüsse säubern, Anlasser überholen lassen oder austauschen
		2 Kontrolllampen brennen hell, Klicken aus Richtung Anlasser **2a** Kohlenbürsten bzw. deren Anschlüsse im Anlasser gelöst **2b** Kontakte im Magnetschalter verschmort **2c** Anlasserwicklung schadhaft	Anlasser überholen lassen oder austauschen
B	**Der Anlasser dreht, aber der Motor dreht nicht**	**1** Ritzel verschmutzt	Ritzel reinigen
		2 Einrückvorrichtung klemmt	Anlasser überholen lassen
		3 Verzahnung des Ritzels oder der Motorschwungscheibe beschädigt	Wagen bei eingelegtem Gang durch Helfer ein Stück vorschieben lassen. Erneut starten. Beschädigte Teile ersetzen
C	**Magnetschalter schaltet schnell ein und aus. Anlasser läuft nicht an**	**1** Batterie stark entladen, beim Einschalten des Magnetschalters fällt die Spannung ab und er schaltet wieder ab	Batterie laden
		2 Einrückvorrichtung klemmt	Anlasser überholen lassen
		3 Verzahnung des Ritzels oder der Motorschwungscheibe beschädigt	Wagen bei eingelegtem Gang durch Helfer ein Stück vorschieben lassen – Zündung aus! Erneut starten. Beschädigte Teile ersetzen
D	**Anlasser läuft weiter, obwohl der Zündschlüssel losgelassen wurde**	**1** Magentschalter hängt oder schaltet nicht ab	Zündung sofort abschalten, notfalls Batterie abklemmen. Magnetschalter reparieren oder Anlasser austauschen
		2 Zünd-/Anlassschalter defekt	Schalter ersetzen
E	**Ritzel spurt nach Anspringen des Motors nicht aus**	**1** Rückstellfeder des Einrückhebels lahm oder gebrochen	Motor abstellen, Anlasser austauschen

Hupe

STÖRUNGSBEISTAND

	Störung	Was kann das sein?	Was muss ich tun?
A	**Hupe tönt nicht**	**1** Sicherung defekt	Ersetzen
		2 Kabel vom Lenkrad zum Lenksäulensteuergerät unterbrochen	Kabelverlauf kontrollieren, Steckkontakte der Hupe blankkratzen
		3 Hupe defekt	Prüfen, ggf. ersetzen
		4 Relais defekt	Prüfen, ggf. ersetzen
B	**Hupe tönt dauernd**	**1** Kabel vom Hupenkontakt zum Steuergerät hat Masseschluss	Anschlüsse zum Lenksäulensteuergerät prüfen
		2 Hupe hat inneren Masseanschluss	Hupe ersetzen. Unterwegs Kabel von der Hupe abziehen

Bremslicht

STÖRUNGSBEISTAND

	Störung	Was kann das sein?	Was muss ich tun?
A	**Eine Bremsleuchte brennt nicht**	**1** Glühlampe durchgebrannt	Austauschen
		2 Masseverbindung unterbrochen. Brennen alle übrigen Lampen in derselben Heckleuchte?	Kabel kontrollieren
		3 Unterbrechung in der Zuleitung	Kabel kontrolllieren
B	**Beide bzw. alle drei Bremslichter brennen nicht**	**1** Sicherung defekt	Ersetzen
		2 Bremslichtschalter defekt	Überprüfen, ggf. ersetzen
		3 siehe A1 und Van	
C	**Bremslicht brennt dauernd**	**1** Kabel zum Bremslichtschalter haben direkten Kontakt	Kabel kontrollieren

Warnblink- und Blinkanlage

	Störung	Was kann das sein?	Was muss ich tun?
A	**Kontrolllampe für Richtungsblinker leuchtet in ganz kurzen Intervallen auf. Normaler Blinkrhythmus beim Warnblinken**	**1** Eine Glühlampe defekt oder ohne Kontakt	Auswechseln
B	**Blinkleuchten und Kontrollleuchte brennen bei Richtungs- und Warnblinken dauernd oder gar nicht**	**1** Blinkrelais defekt	Auswechseln
C	**Richtungsblinken funktioniert, aber kein Warnblinken**	**1** Sicherung defekt	Auswechseln
		2 Kabel vom Steckkontakt am Warnblinkschalter zur Sicherung bzw. Blinkerrelais unterbrochen	Durchgang kontrollieren, ggf. erneuern
		3 Warnblinkschalter defekt	Auswechseln
D	**Warnblinken funktioniert, aber kein Richtungsblinken**	**1** Kabel zwischen Blinkerschalter und Lenksäulensteuergerät unterbrochen	Durchgang kontrollieren, ggf. erneuern
		2 Blinkerschalter defekt	Auswechseln (lassen)
		3 Sicherung defekt	Ersetzen
E	**Kein Richtungs- und kein Warnblinken**	**1** Sicherung defekt	Auswechseln
		2 Warnblinkschalter defekt	Auswechseln
		3 Anschlüsse zum Lenksäulensteuergerät defekt	prüfen
F	**Kein Schalter der Hebel am Lenker funktioniert mehr**	**1** Anschlüsse zum Lensäulensteuergerät defekt	prüfen
		2 Lensäulensteuergerät defekt	Fehlerspeicher auslesen (lassen), Kabel und Anschlüsse prüfen
		3 CAN-Bus-Fehler	Fehlerspeicher auslesen (lassen), Pegel und Signalbild auf der Datenleitung prüfen

Antrieb: Motor und Öl, Kühlung und Getriebe

Der neue Van der Volkswagengruppe hat leistungsstarke und sparsame Motoren. Die Wartung der Triebwerke am Schmier- und am Kühlsystem sowie die Anbindung der Motoren ans Fahrwerk über das Getriebe sind Gegenstand dieses Kapitels

Die Motoren vom Sharan und Alhambra

Die fortschrittlichen Triebwerke der neuen Vans sind durchweg Direkteinspritzer: bei den Benzinern nach dem FSI-Prinzip mit Aufladung per Turbocharger und Kompressor, bei den Dieselmotoren mit Common-Rail-Technik und Abgasturbolader. Diese VW-Benziner werden mit »TSI« bezeichnet, die entsprechenden Diesel als »TDI«. Die sieben Triebwerke (drei Benzinmotoren in drei Leistungsstufen und zwei Hubraumklassen mit 1,4 l und 2,0 l sowie vier Dieselmotoren mit jeweils 2,0 l Hubraum und einer Leistungsabgabe von 100 kW bis 125 kW) mit denen die beiden Vans an den Start gingen, sind durchweg Neuentwicklungen der letzten Jahre. Alle Motoren weisen den Weg zu Verbrauchs- und Abgaswerten, die bis vor Kurzem für einen siebensitzigen Van noch undenkbar gewesen wären.

WISSENSWERTES

Das Viertaktprinzip

Bei den Touran-Motoren umfasst ein Arbeitszyklus des Kolbens im Zylinder vier Takte. Der Raum, den der Kolben im Zylinder durchmisst, ist der Hubraum. Hat der Kolben darin seinen höchsten Punkt erreicht, bleibt nur der Brennraum mit dem Kraftstoff-Luft-Gemisch. Hubraum plus Brennraum bilden den Zylinderraum. Das Verhältnis des Zylinderraums zum Brennraum gibt an, auf den wievielten Teil des Zylinderraums das Kraftstoff-Luft-Gemisch verdichtet wird:

Verdichtung bei den TSI-Motoren 10,0:1
Verdichtung bei den TDI-Motoren 16,5:1

Die vier Takte:

- Einspritzen: Der Kolben gleitet zum Unteren Totpunkt UT. Die Einlassventile öffnen, das Einspritzventil arbeitet, Luft und Kraftstoff strömen in den Zylinder.
- Verdichten: Der Kolben bewegt sich vom UT zum Oberen Totpunkt OT. Die Einlassventile schließen. Der Kolben verdichtet das eingeströmte Gemisch.
- Verbrennen: Kurz vor dem OT wird das Gemisch gezündet. Es verbrennt und drückt den Kolben zum UT. Sein Pleuel dreht die Kurbelwelle.
- Ausstoßen: Der Kolben geht nach oben. Die Auslassventile öffnen, die verbrannten Gase werden ins Abgassystem (und in den Turbolader) geschoben.

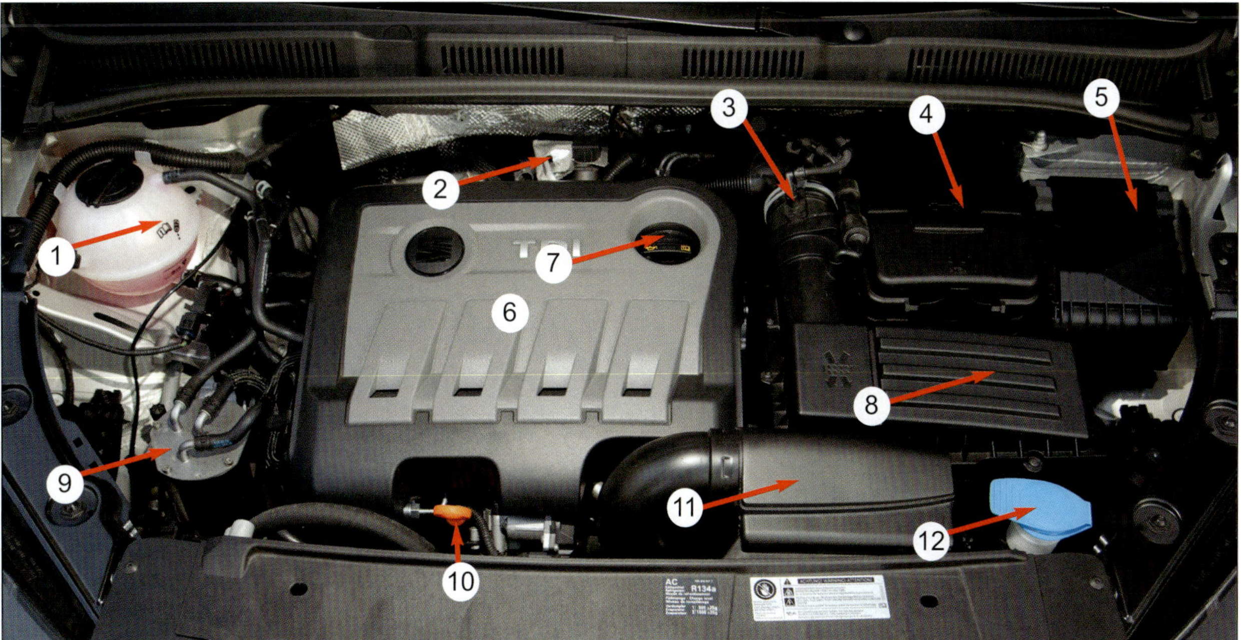

Motorraumübersicht beim 2,0 TDI: 1 Kühlwasserbehälter, 2 VTG Turbolader, 3 Luftmassenmesser, 4 Batteriekasten, 5 E-Box Motorraum, 6 Motorgeräuschdämmung, 7 Öleinfülldeckel, 8 Luftfilterkasten, 9 Kraftstofffilter, 10 Ölmessstab, 11 Geräuschdämpfer, 12 Scheibenwassereinfüllstutzen.

Gute Philosophie: das Downsizing

Das VW-Programm des »Downsizing«: Maximale Leistung bei minimalem Verbrauch wird vom 1,4 TSI als neue Grundmotorisierung eindrucksvoll vorgeführt. Er ist sparsamer als sein Vorgänger. Seine höchste Leistung erreicht er bereits bei 5800 1/min. Sein maximales Drehmoment von 240 Nm steht wie bei einem Turbodiesel zwischen 1500 und 4000 1/min zur Verfügung.

Starker Schub:

Doppelte Aufladung: Grundgerüst des 110-kW-TSI ist der 1390 cm³ große Vierzylinder (Bild 2). Seine Dynamik entspricht aufgrund der doppelten Aufladung der eines 2,5-Liter-Saugmotors. Bereits ab 1500 U/min entwickelt er sein maximales Drehmoment. Der sanft einsetzende und über weite Drehzahlen nicht nachlassende Schub, zuerst vom Kompressor entfacht und dann per Turbo angeheizt, ähnelt der Dynamik eines starken Turbodieselmotors.

Diesel-Antriebe:

Vier Hightech-TDI: Die Leistungswerte der TDI-Motoren entsprechen exakt denen der Vorgänger, doch es sind komplett neue, deutlich sparsamere, saubere und leisere Selbstzünder mit Common-Rail statt Pumpe-Düse-Einspritzung. Die starken TDI von 85 bis 125 kW sind 2,0-Liter-Motoren. Der Generationswechsel bringt Kraftstoffeinsparungen bis zu 1,2 l/100 km. Die TDI können zudem mit Blue Motion-Technology geordert werden. Der Durchschnittsverbrauch liegt bei etwa 4,8 l/100 km.

Schnell geschaltet mit DSG:

Für den 110 kW 1,4-l-TSI sowie für den 2,0-l-TSI mit 100-125 kW ist das Doppelkupplungsgetriebe (DSG) kombinierbar. Je nach Motordrehmoment erhält der Van ein 6-Gang- oder 7-Gang-DSG. Im Fall der zwei stärksten Motorversionen, den jeweils starken TDI- und TSI-Motoren, ist das DSG sogar serienmäßig.

Druckvoll, sparsam und sportlich: TDI-Motoren für die Vans der Konzerngruppe.

Kompakt, stark und weit entwickelt: TSI- und TFSI-Technologie bei Volkswagen und Seat.

Das Schmiersystem

Alle Stellen im Motor, an denen Metalle aufeinander gleiten, müssen ständig mit Öl versorgt werden: Kolben, Zylinderlaufbahnen, die Lager von Kurbelwelle und Nockenwelle. Kein Triebwerk hält mehr als einige Minuten ohne passende Schmierung durch. Ein Teil des Schmieröls wird vom Kreislauf abgezweigt und zur Kühlung u. a. des Kolbens direkt in dessen Inneres gespritzt.

Das Motoröl

Öl vermindert Reibung und Verschleiß und dichtet die engen Räume zwischen Kolben, Kolbenringen und Zylinderwand so fein ab, dass der hohe Druck bei der Verbrennung fast ohne Verluste auf die Kurbelwelle übertragen wird. Öl kühlt auch den Motor, zum Beispiel die Kolben in den Zylindern und die Lager von Kurbelwelle und Nockenwelle. Außerdem schützt es vor Rost, bindet Schmutzpartikel und einen Teil der Verbrennungsrückstände. Wichtige Kenngröße für Motoröl ist seine Viskosität. Sie ist das Maß für die Fließfähigkeit des Schmieröls. Im Winter muss ein Motoröl so dünnflüssig sein, dass es nach dem Kaltstart sofort alle Schmierstellen versorgt. Bei höheren Temperaturen ist dickflüssiges Öl gefragt, das den Schmierfilm nicht abreißen lässt. Im Sharan und Alhambra fließt ganzjährig fahrbares »Mehrbereichsöl« (Bilder 1/2). Die meisten Motoröle sind solche Öle aus Mineralöl und bis zu 20% Additiven. Diese Zusätze bewirken, dass sich das Öl den Temperaturen im Motor anpasst, dass der Viskositäts-Index steigt (»VI-Verbesserer«). Sie schützen das Öl vor Oxidation und verhindern das Aufschäumen bei hohen Drehzahlen. Die Additive verschleißen aber bei hohen Temperaturen und verlieren ihre Wirkung. Wasser, Kraftstoff und Verbrennungsrückstände setzen der Lebensdauer des Motoröls ebenfalls Grenzen. Rechtzeitiger Ölwechsel ist daher kein Luxus, sondern reine Notwendigkeit, wenn Ihr Motor reibungslos funktionieren soll.

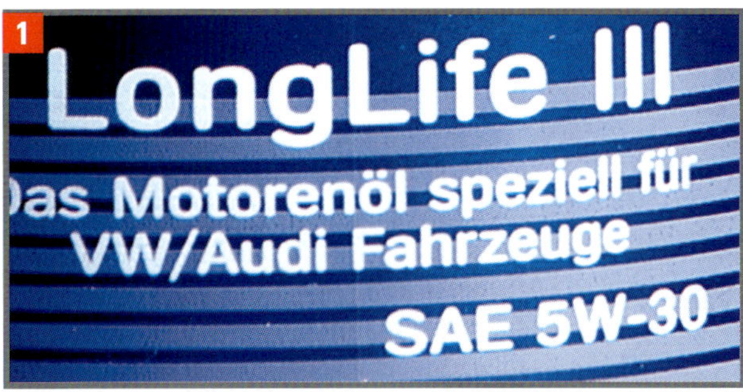

WISSENSWERTES – Normen für Motoröl

■ SAE-Klasse: Einstufung durch die Society of Automotive Engineers. Bezeichnet die Klasse der Viskosität, zum Beispiel SAE 5W-30 (unser Bild). Je kleiner die erste Zahl, umso dünner und bei Kälte besser fließend ist das Öl (W = Winter). Ein Öl mit 0W schmiert noch bei minus 30 Grad, bei 5W ist es gut bis minus 25 Grad, bei 15W bis minus 15 Grad. Je höher die zweite Zahl, umso besser widersteht das Öl hohen Temperaturen. Das von Volkswagen empfohlene Öl entspricht wie in Bild 2 der SAE 5W-30.

■ ACEA-Norm: Von der Association des Constructeurs Européen d'Automobiles im Jahre 1996 eingeführte europäische Ölnorm. Nach ACEA gibt es für Benziner die Gruppen A1 (Sprit sparendes Öl), A2 (gering belastetes Öl), Van (Hochleistungs-Öl). Für Diesel gilt eine Einteilung von B1 bis B4.

■ API-Norm: Vorschrift des American Petroleum Institute. Diese Spezifikation besteht aus den Buchstaben S bzw. G (Benziner) und C bzw. PD (Diesel) sowie einem weiteren Buchstaben bzw. einer Zahl. Je höher im Alphabet oder je größer die Zahl, umso besser ist die Qualität des Öls.

Der Ölkreislauf

Im Motorblock strömt das Öl durch ein System von Leitungen und feinen Bohrungen an die richtige Adresse. Dieses System bildet von der Ölwanne unten am Motor über die verschiedenen Stationen bis in die Wanne zurück einen Kreislauf mit der Ölpumpe im Zentrum.
Die Pumpe holt über die Saugleitung das Öl aus der Wanne. Im Hauptstrom sitzt der Ölfilter (Bild 3), der Verunreinigungen wie Ruß, Metallabrieb und Staub zurückhält. Vom Filter gelangt das Motoröl über Bohrungen im Zylinderblock zu den Schmierstellen der Kurbelwelle und zu den Pleueln. Von den Gleitlagern der Kurbelwelle wird das Öl in den Zylinderkopf, zu den Nockenwellenlagern und an andere sensible Stellen gedrückt. Rücklaufkanäle führen wieder in die Ölwanne.

Der Ölfilter

Bauform und Montage des Ölfilters unterscheiden sich je nach Motortyp, aber das Prinzip ist immer ähnlich dem im Bild für den 1.6 TDI gezeigten. Der Filter arbeitet nur so lange, bis er vom Schmutz zugesetzt ist. Deshalb Filtereinsatz (2) beim Ölwechsel tauschen!
Wenn er nicht rechtzeitig gewechselt wurde, tritt ein Überdruckventil in Aktion. Es öffnet, und das Motoröl umgeht den Filter. Damit ist zwar die Ölversorgung sichergestellt, doch ungefiltertes Motoröl bewirkt einen höheren Verschleiß an den Lagerstellen.
Durch die Mittelachse der Filterpatrone gelangt das gereinigte Öl direkt in den Hauptölkanal. Der Öldruckschalter dort signalisiert über die Kontrollleuchte im Schalttafeleinsatz und einen Warnton zu niedrigen Öldruck .

Der Öldruck

Denn damit die Schmierung bei jeder Belastung des Motors sicher gestellt ist, muss der Öldruck stimmen. Bei zu kaltem und sehr zähflüssigem Öl kann ein zu hoher Druck entstehen. Dann öffnet ein Überdruckventil eine Umgehungsleitung (Bypass) und leitet das Öl direkt auf die Saugseite der Ölpumpe zurück. Der Ölkreislauf bleibt in diesem Fall erhalten.

Problematisch ist zu niedriger Öldruck, der z. B. vorkommt, wenn Sie bei zu geringem Ölstand mit hohem Tempo durch eine Kurve fahren. Die Ölpumpe saugt dann Luft anstatt Öl aus der Ölwanne. Der Öldruck fällt abrupt ab, was zu schweren Lagerschäden führen kann. Wenn nach schnellen Autobahn- oder Passfahrten die Öldrucklampe im Leerlauf flackert, ist das ein Indiz dafür, dass der Öldruck durch zu heißes und damit dünnflüssiges Öl unter den normalen Wert gesunken ist, obgleich das Öl einen extra Kühler passiert (4).
Wenn die Kontrollleuchte beim Gasgeben wieder verlischt, ist alles in Ordnung. Wenn aber der Geber in der Ölwanne zu geringen Ölstand signalisiert, könnte Motorschaden drohen. Sofort anhalten, Motor abstellen, Öl auffüllen und prüfen, ob die Warnsignale damit ausgeschaltet sind. Sonst Werkstatt oder Selbsthilfe!

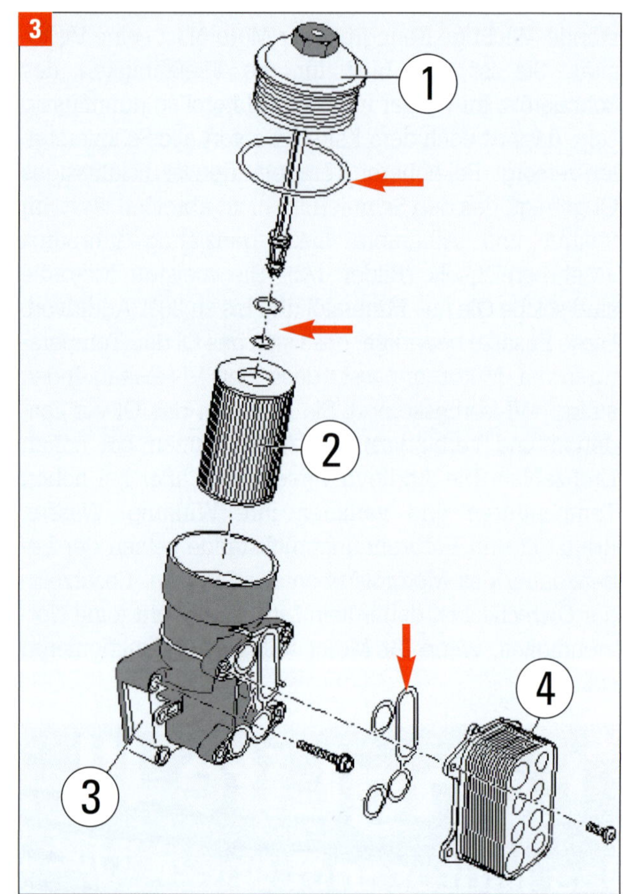

Ölfilter beim TDI: 1 Verschlussdeckel, 2 Filtereinsatz, 3 Ölfiltergehäuse, 4 Motorölkühler. Pfeile: Dichtung zwischen Filtergehäuse und Ölkühler, Dichtringe, (O-Ringe) zwischen Filtereinsatz und Deckel.

Ölstand prüfen

- Ölstand prüfen: Nach Betriebsanleitung des Fahrzeugs vorgehen. Ölstandskontrolle laut Faustregel nach jedem zweiten Tanken ist nicht verkehrt, aber bei den Van-Motoren kaum noch nötig. Auf jeden Fall ist Prüfen mit dem Peil- oder Messstab (Bilder 1 und 2) in regelmäßigen Abständen erforderlich für sicheres Fahren zwischen den Ölwechseln.

- Kontrolle bei mindestens 60 °C Öltemperatur (10 min Fahrt nach Kaltstart). Messstab ziehen (Vorsicht vor heißer Umgebung der Stabführung!). Stab flusenfrei abwischen, wieder einschieben, kurz warten, erneut herausziehen. Ölbedeckung an der Messspitze auswerten. Bild 2 zeigt Varianten der Messspitzen von Ölpeilstäben bei TDI-Motoren. Andere Ausführungen sind möglich. Es gilt:

A = Maximalstand, kein Öl nachfüllen.
B = Normalbereich, Nachfüllen nicht nötig, kann aber erfolgen bis höchstens zur Marke »A«.
C = Minimalstand, Öl muss nachgefüllt werden.

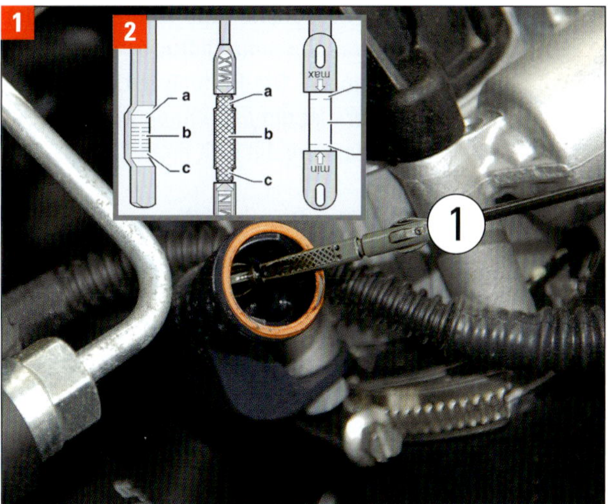

- Öl nachfüllen: mit Trichter in die Öleinfüllöffnung. Nur Motoröl nach Norm 504 00 / 507 00 verwenden, SAW 5W30; z. B. das bereits früher im Kapitel erwähnte Aral Super-Tronic LongLife III, eine Empfehlung von Volkswagen.

Öl und Filter wechseln

- Öl und Filter wechseln: Die Sharan/Alhambran-LongLife-Motoren gestatten Intervalle von zwei Jahren oder 30.000 Fahrkilometern, falls die Anzeige nicht früheren Service verlangt. Bei ausschließlichen Stadtfahrten macht früherer Wechsel in jedem Falle Sinn. Im Winterhalbjahr können schon sechs Monate (7000 bis 10.000 km) ausreichend sein.

- Das Altöl sollte abgesaugt werden, man kann es aber auch ablassen. Wenn ein Ölabsauggerät verfügbar ist (V.A.G 1782; Mietwerkstatt), können Sie den Ölwechsel in eigener Regie vornehmen. Das sollte Sie aber nicht dazu veranlassen, billiges Motoröl zu verwenden. Das ist für die hoch entwickelten und damit auch sehr anspruchsvollen Motoren der jüngsten Generation nicht zu empfehlen.

- Mit dem Ölwechsel ist immer auch der Ölfilterwechsel verbunden. Wir geben auf Seite XXX unter »Technische Daten« die Einfüllmengen mit und ohne Filterwechsel an. Der Ölfilter ist vorn am Motor nahe der Ölmessstabführung montiert (bei TDI obere Motorabdeckung abnehmen).

- Ölwechsel am betriebswarmen Motor. Entsorgungsvorschriften beachten. Am mit Ölkühler verschraubten Filtergehäuse den Verschlussdeckel mit Ringschlüssel (Steckschlüssel) SW 36 lösen und abschrauben.

- Den Filterwechsel vor dem Ölwechsel vornehmen: Durch das Herausnehmen des Filterelements wird ein Ventil geöffnet, und das Öl im Filtergehäuse fließt automatisch ins Kurbelgehäuse. Es kann dann abgelassen (Schraube unten an der Ölwanne) oder eben besser abgesaugt werden.

- Filtereinsatz herausnehmen. Der O-Ring vom Deckel muss ersetzt werden, dazu den neuen O-Ring leicht einölen. Einen neuen Filtereinsatz (Spezifikation laut Gehäuseaufdruck) einsetzen, Deckel wieder aufschrauben. Motoröl mit einem Absauggerät (bei VW Gerät 1782) absaugen.

- Öl der genannten Spezifikation und Menge einfüllen. Nach dem Filter- und Ölwechsel beim ersten Motorstart beachten: Solange die Kontrollleuchte für Öldruck leuchtet, nur Leerlauf! Bei Gasstößen kann der Turbolader beschädigt werden oder ganz ausfallen.

Öldruck prüfen

- Öldruck prüfen: Öldruckschalter aus Filterhalter oder Motorblock ausschrauben und Öldruckprüfer (z. B. V.A.G 1342) einschrauben. Die Prüfung mit einem »Eigenbau-Druckmesser« ist natürlich auch möglich. Die Vorgehensweise unterscheidet sich nicht.

- Schalter an den Prüfer schrauben. Bei mindestens 80 °C Öltemperatur und normalem Ölstand prüfen. Motor erst im Leerlauf, dann mit erhöhter Drehzahl laufen lassen. Nachstehende Richtwerte sollten gemessen werden.

- Wenn die Sollwerte bei der Prüfung nicht erreicht werden, muss auf Lagerschäden untersucht, der Ölfilterhalter mit Überdruckventil ersetzt oder die Ölpumpe ausgetauscht werden. Das sind dann Arbeiten für erfahrene Mechaniker oder für die Spezialisten in einer Fachwerkstatt.

Druckmesswerte als Daumenwert

Die angegebenen Druckwerte sollten bei der Messung nachvollzogen werden können. Beachten Sie nicht nur den Mindestdruck. Das Überschreiten des Höchstdrucks kann die Hydrostößel leicht aufdrücken.

Im Leerlauf	Mindestüberdruck 0,3...0,7 / 0,8 bar
Bei 2000/min	Mindestüberdruck 2,0 / 1,5 bar
Bei 2000/min	Mindestüberdruck nicht über 7,0 / 5,0 bar
Erste Zahl TSI-Motoren, zweite Zahl TDI-Motoren	

Anschluss am Motor: 1 Anzeige (Druckuhr), 2 Adapter im Eigenbau, 3 Öldruckschalter angeschlossen, 4 Anschluss des Öldruckschalters ist mit einem Adapter belegt

Einfache Oldruckschalterprüfung: Mit einem Druckminderer und einem Multimeter ist es möglich, die Schaltdrücke der Öldruckschalter zu prüfen.

Das Kühlsystem

Für die richtige Betriebstemperatur des Motors sorgt das Kühlsystem. In dem Kreislauf zirkuliert die in den Ausgleichsbehälter (Bild 1) eingefüllte Flüssigkeit aus Wasser und Kühlmittelzusatz. Das System besteht aus Kühler, Temperaturregler (Thermostat; Bild 2), Wasserleitungen und einem Netz kleiner Kanäle in Motorblock und Zylinder. Dieser Wassermantel führt die Verbrennungswärme über die Schläuche des Kühlsystems an den Kühler ab.

Der Kurzschlusskreislauf

Nach dem Kaltstart zirkuliert das Kühlmittel im kleinen Kühlkreislauf, der sich auf Motor und Heizung beschränkt. In diesem »Kurzschlusskreislauf« hält der Thermostat den Durchfluss zum Kühler geschlossen. Das Kühlmittel (Bild 3) gelangt auf direktem Weg zurück in den Motor. So erhitzt sich die Kühlflüssigkeit schneller und der Motor wird schneller warm. Der Kühler tritt erst in Aktion, wenn die Kühlflüssigkeit eine bestimmte Temperatur erreicht hat. Wenn dann der Thermostat öffnet, wird kaltes Wasser aus dem Kühler mit erwärmtem Wasser aus dem kleinen Kühlkreislauf vorgemischt.

Kühlung bei Betriebstemperatur

Solange die Wassertemperatur steigt, öffnet der mit dem Anschlussstutzen (roter Pfeil in Bild 2) in den Zylinderblock geschraubte Thermostat den Kaltwasserzufluss aus dem Kühler immer weiter und schließt den Kurzschlusskreislauf. Bei Betriebstemperatur zirkuliert die Kühlflüssigkeit vom unteren Kühlwasserschlauch zur Wasserpumpe (Kühlmittelpumpe), die sie in Motorblock und Zylinderkopf drückt. Der größte

Kühlmittel für den Touran: (1) Behälter, (2) Deckel mit Ventil, (3) Geberanschluss, (4) »Buch« = Bedienungsanleitung beachten und »G 12« = Kühlmittelzusatz-Spezifikation.

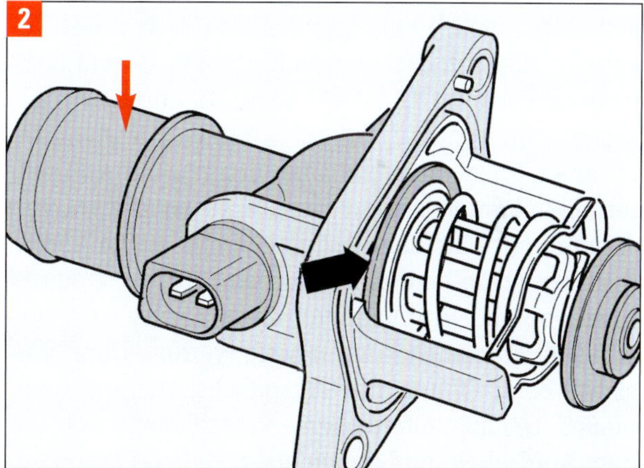

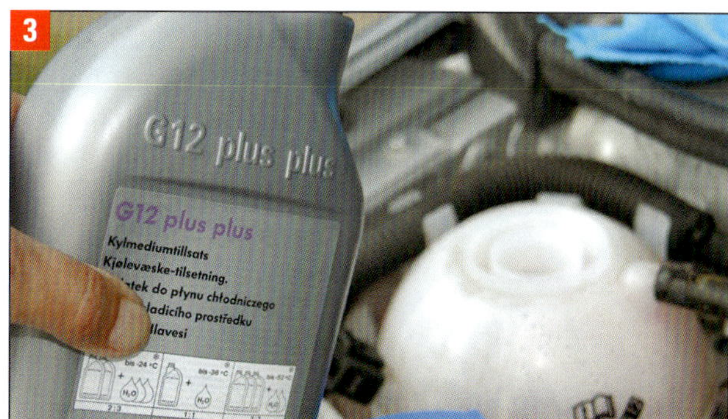

Bild 2 Thermostat: Der große Ventilteller (schwarzer Pfeil) muss mit gesamtem Umfang gegen den Flansch abdichten.
Bild 3 Kühlmittelzusatz: VW schreibt G12 plus plus vor.

Teil der Flüssigkeit läuft über den geöffneten Thermostat zum Kühler, der Rest zum Wärmetauscher der Heizung. Das im Kühler unten abfließende kalte Wasser zieht heißes Kühlmittel oben in den Kühler nach. Dort wird es durch die Kühlerlamellen abgekühlt. Sinkt während der Fahrt die Wassertemperatur unter die Soll-Betriebstemperatur, sperrt der Thermostat den Kühlerdurchfluss erneut, bis das Kühlmittel warm genug ist. Das Kühlsystem steht unter einem Überdruck von etwa 1,2 bis 1,5 bar bei Betriebstemperatur. Dadurch und durch den Einsatz von Kühlmittelzusätzen erhöht sich der Siedepunkt der Kühlflüssigkeit von 100 °C auf rund 135 °C. Die höhere Temperatur ermöglicht einen wirtschaftlicheren, Kraftstoff sparenden Motorbetrieb.

Der Kühlerventilator

Es kann bei langsamer Fahrt vorkommen, dass das Kühlmittel im System überhitzt wird. Dann muss der Kühlerventilator den Kühler zusätzlich kühlen. Bei 92 bis 97 °C Kühlmitteltemperatur wird die erste Stufe (halbe Drehzahl), bei 99 bis 105 °C die zweite Stufe mit voller Drehzahl geschaltet.

Arbeiten am Kühlsystem

Das Kühlmittel

Kühlflüssigkeit besteht aus Wasser und Kühlmittelzusatz. Bei dem Kühlmittelzusatz im VW-Konzern handelt es sich um das Kühlerfrost- und Korrosionsschutzmittel G 12 plus mit lila Färbung (Bild 3). Es soll stets nur G 12 lila nachgefüllt werden. Der Zusatz ist aber mit den älteren Mitteln G 11 und G 12 (rot) mischbar. G 12 ist als Lebensdauerfüllung geeignet und schützt optimal vor Frost, Korrosionsschäden, Kalkansatz und Überhitzung. Der Kühlmittelzusatz verliert seine Wirksamkeit nach etwa vier Jahren und sollte dann erneuert werden. Die Autohersteller schreiben einen turnusmäßigen Wechsel nicht vor, aber Auffüllen von Zusatz nach Ablassen einer Differenzmenge kann nötig werden. Dann Vorsicht: Beim Öffnen des Ausgleichsbehälters kann heißer Dampf entweichen. Verschlussdeckel vor dem Aufdrehen mit Lappen abdecken und erst dann vorsichtig öffnen! Zischen zeigt Druckabbau. Wichtig bei Arbeiten am Kühlsystem ist die richtige Befestigung der Kühlmittelschläuche. Es sollten immer die originalen Klemmschellen des Herstellers verwendet werden. Das geeignetste Werkzeug bei Entfernung und Befestigung ist eine Schlauchklemmenzange.

Frostschutz prüfen

Das Mittel sorgt auch für bessere Wärmeableitung. Deshalb soll das Kühlsystem unbedingt ganzjährig mit dem Mittel befüllt sein, mindestens 40% gemischt mit 60% Wasser. Das Mischungsverhältnis sollte immer einmal mit einem handelsüblichen Prüfgerät (Bild 4) oder ganz präzise mit einem Refraktometer kontrolliert werden. Der Zusatzanteil am Gemisch von mindestens 40% sichert Frostschutz bis -25 °C. Bis zu dieser Temperatur muss der Frostschutz gewährleistet sein, in Ländern mit arktischem Klima sogar bis -35 °C. Der Anteil soll 60% nicht übersteigen, weil sich bei zu viel Zusatz Frostschutz und Kühlwirkung wieder verschlechtern.

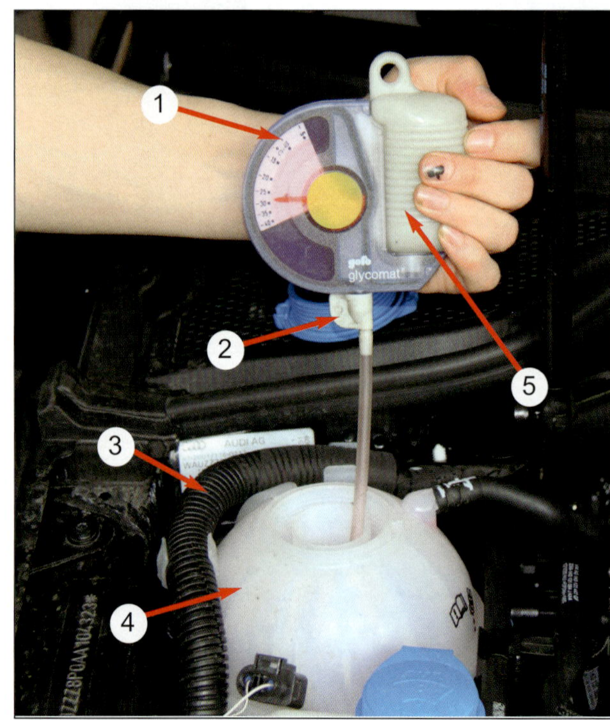

Frostschutz prüfen: 1 Anzeige Skala, 2 Hahn, 3 Entnahmeschlauch, 4 Ausgleichsbehälter, 5 Pumpball.

Frostschutzmittel: G12 in Rot und das »Normale« in Gelb.

- Starten Sie den Motor.
- Lassen Sie das Kühlsystem etwas abkühlen.
- Öffnen Sie vorsichtig den Deckel des Ausgleichsbehälters.
- Stecken Sie den Entnahmeschlauch (3) in den Ausgleichsbehälter (4) (siehe Bild auf S.210).
- Öffnen Sie den Hahn (2), drücken Sie den Pumpball (5) zusammen und saugen sie so viel Kühlmittel an, dass Sie keine Luftblase im Schauglas (1) sehen können.
- Lesen Sie auf der Skala (1) ab, bis wie viel °C Ihr Kühlmittel frostsicher ist.

Thermostat prüfen

Der Thermostat regelt die Temperatur des Kühlsystems, indem er den Zugang zum »großen Kühlkreislauf« freigibt oder langsam abregelt. Hier wird bestimmt, welche Wassermenge den Durchfluss zum Kühler schafft. Im Thermostat der alten Bauweise ist ein Wachselement verbaut, welches sich mit Zunahme der Temperatur ausgedehnt hat und dann das Ventil des Thermostaten entsprechend aufdrückte. Heute werden diese Regelfunktionen teilweise schon von angesteuerten Regelventilen übernommen. Diese Funktion ist deutlich schneller abzufragen und es kann leicht eine Systemüberwachung mit Kennfeldabgleich und auch entsprechende Fehlerspeicherablage realisiert werden.

- Bauen Sie den Thermostaten aus.
- Biegen Sie sich zwei Schweißdrähte so, dass Sie den Thermostat im Kochtopf zur Beobachtung aufhängen können.
- Füllen Sie den Kochtopf mit Wasser. Der Thermostat muss vollständig bedeckt sein.
- Positionieren Sie den Messsensor des Multimeters (5) so, dass Sie die Wassertemperatur am Thermostat erfassen können.
- Schalten Sie die Kochplatte (3) ein und beobachten Sie den Temperaturanstieg.
- Notieren Sie sich die Temperatur, an dem der Thermostat mit der Öffnung begonnen hat.
- Achten Sie darauf, dass sich der Thermostat ruckfrei öffnet. Ist das der Fall, muss er sofort ersetzt werden. Der Öffnungsringspalt muss auch gleichmäßig ausfallen. Eine ungleichmäßige Öffnung ist ein Hinweis auf Schäden am Thermostat.
- Die maximale Öffnung sollte bei etwa 95 °C erreicht sein.
- Nachdem der Thermostat seine maximale Öffnung erreicht hat, lassen Sie ihn abkühlen und beobachten hierbei das ruckfreie Schließen.

Thermostat prüfen: 1 Topf mit Wasser, 2 Thermostat mit Schweißdraht aufgehängt, 3 Kochplatte, 4 Schalter, 5 Multimeter mit Temperaturmessung.

Das Motormanagementsystem

Kraftstoffzufuhr und -dosierung, Herstellung des optimalen Kraftstoff-Luftgemischs, Arbeit des Turboladers und Abgaskontrolle werden von der Motorsteuerung bewerkstelligt. Das Motormanagement ist mit Kennfeldern für Gemischaufbereitung und Kraftstoffeinspritzung vorprogrammiert. Gesteuert werden Einspritzmenge und -beginn, Leerlaufdrehzahl, Abgasrückführung, Turbolader, Aufladung, Ladeluftkühlung und Ladedruck.

Bordcomputer und Diagnose

Im Alhambra und Sharan gibt es je nach Ausstattung bis zu 26 Steuergeräte. Unter der Wasserkastenabdeckung Mitte befindet sich als Bauteil »J 623« das Motorsteuergerät. Die TDI-Motoren werden von Bosch-Geräten Typ EDC, die TSI-Motoren von Simos 10.1 oder Bosch-Geräten der Motronic-Baureihe Version MED 17 gesteuert. Zur Funktionsdiagnose und Fehlerabfrage von Steuergeräten gibt es im Fahrzeug den nach internationaler Vorschrift unter der Schalttafel Fahrerseite angeordneten Steckanschluss (Bild 1a; »Diagnoseinterface«), der über Kabel mit dem mobilen Diagnosegerät verbunden wird. VW-Werkstätten verwenden Diagnosetester der Typen VAS 505x oder VAS 6150. Diese Werkstattsysteme sind so programmiert, dass die Einstellung »Fahrzeug – Eigendiagnose« und der Menüpunkt »Gateway – Verbauliste« angewählt werden. Dann folgt der Schritt »Steuergeräte mit hinterlegtem Fehlerspeichereintrag auslesen«. Relevante Fehler müssen schnell behoben werden. Freie typbezogene Tester wie der VCSD (VAG-Com) erreichen bis auf den Onlinesupport der Hersteller die gleichen Diagnosetiefen wie die originalen Werkstatttester. Hilfestellungen zur Fehlersuche werden gut sortiert in entsprechenden Foren ausgearbeitet.

Hier gilt grundsätzlich: Oft können durch eine Stunde surfen etliche Stunden Fehlersuche und Schrauben eingespart werden.

Einige Hersteller bieten Diagnosegeräte für den typenoffenen Einsatz an. Im Vergleichstest 2009 der Sachverständigenorganisation DEKRA wurde der kompakte Steuergeräte-Diagnosetester KTS 340 von Bosch Testsieger. Preisgünstig angeboten werden Kleingeräte von Bosch mit Zubehör und Anschlusskabel. Auch über Internet (www.TuningPro24.de) werden solche Produkte angeboten. Der springende Punkt ist aber natürlich eine Software, mit der die Datenspeicher des eigenen Fahrzeugs auslesbar sind.

Effiziente Systeme

Die elektronischen Systeme für das Motormanagement errechnen die bestmöglichen Werte für Kraftstoffaufbereitung und Verbrennung. Motorsteuergerät Kraftstoff-Hochdruckpumpe, Common-Rail mit Injektoren und die nötigen Sensoren bilden das Einspritzsystem (Bild 2), das den Einspritzvorgang optimiert und maßgeblich zu hoher Wirtschaftlichkeit und niedrigen Emissionen der Motoren beiträgt. Die Elektronik wertet in Echtzeit alle Sensordaten über die Kühlmittel-, Kraftstoff- und Ansauglufttemperatur sowie über die momentane Motordrehzahl, die Gaspedalstellung und über die angesaugte Luftmasse aus. Das ist Voraussetzung für Systeme wie elektronisches Gaspedal (E-Gas), automatische Geschwindigkeitsregelung (AGR) und Leerlauf-Regelung. Schließlich ermöglicht die Elektronik die On-Board-Diagnose sowie den Datenaustausch mit dem Steuergerät des Automatikgetriebes. Dies stellt sicher, dass der Motor im verbrauchsgünstigsten Bereich arbeitet, und gestattet ruckfreie Gangwechsel mit hoher Dynamik.

Steuergerät, CAN-System, Geber

Das Motorsteuergerät mit Funktions- und Überwachungsrechner ist gegen äußere Einflüsse in einem Metallgehäuse gekapselt. Es enthält vor Kurzschlüssen und Überlastung geschützte Endstufen, die genügend Leistung für direkten Anschluss der Stellglieder liefern. Zum Datenaustausch zwischen den elektronischen Komponenten dienen Daten-Bus-Systeme, bei denen sehr viele Daten parallel in einen einzigen Kabelstrang eingespeist werden. Für Kraftfahrzeuge wurde das Bussystem »CAN« konzipiert und international genormt. Die elektronischen Steuergeräte brauchen eine serielle Schnittstelle CAN, dann sind sie über die Datensammelschiene miteinander und auch mit dem Diagnoseanschluss zu verbinden. Das Steuergerät erfasst folgende Parameter:

Luftbeschaffenheit

Luftmassenmesser, Geber für Ansauglufttemperatur, Höhenmesser und Ladedrucksensor bestimmen präzise die Dichte der Umgebungsluft und den Druck für den Turbolader. Von der Luftdichte hängt der Anteil der für die Verbrennung entscheidenden Sauerstoffteilchen ab. Die Luftfüllung ist zusammen mit der Motortemperatur ein Berechnungsfaktor für Einspritzmenge und jeweiliges Motor-Drehmoment.

Motordrehzahl

Der Drehzahlgeber an der Kurbelwelle informiert über Motordrehzahl, genaue Stellung der Kurbelwelle und Stellung des Kolbens jedes einzelnen Zylinders. Dazu werden per Magnetfeld Impulse erzeugt, deren Anzahl pro Zeit ein Maß für die Drehzahl des Schwungrades ist.

Nockenwellenstellung

Der Nockenwellenpositionssensor (»Hallgeber«) gibt die Stellung der Nockenwelle an. Motordrehzahl und Nockenwellenstellung bestimmen Einspritzzeitpunkt und sequenzielle Einspritzung jedes Zylinders.

E-Gas und Drosselklappe

Zwei Geber für Gaspedalstellung sitzen als gemeinsames Modul direkt am Gaspedal. Das elektronische Gaspedal erfasst den »Fahrerwunsch« als eine Haupteingangsgröße für das Motorsteuergerät. Nach dieser Information wird vom Drosselklappensteller der Öffnungswinkel in Abhängigkeit vom Betriebszustand reguliert. Beim Beschleunigen kann die Klappe schon ganz geöffnet sein, obgleich das Gaspedal erst halb durchgetreten ist. Auch die Einflussnahme auf die Systeme des Fahrwerks (ABS, ESP) ist möglich. Falls z. B. der Fahrer zu viel Gas gibt, kann das Steuergerät so weit drosseln, bis kein Rad mehr durchdreht.

Fahrpedal- oder E-Gas-Sensor: Informationen an das Steuergerät über den Fahrerlastwunsch.

WISSENSWERTES

Das Duell von Diesel und Otto

Als Ende des 19. Jahrhunderts die Herren Rudolf Diesel und Nikolaus August Otto ihre Erfindungen zum Patent anmeldeten, konnten beide nicht ahnen, dass ihr Duell um das beste Motorenkonzept bis heute nicht entschieden sein wird. Lange Zeit galt der Benziner als das Maß der Dinge, war er doch auch schon rund 30 Jahre früher erfunden worden. Die schweren, robusten Diesel kamen zunächst nur bei Schiffen, Lastkraftwagen und Taxis zum Zuge, also überall dort, wo Temperament und Spitzenleistung kein Thema waren. Denn im Gegensatz zum Benziner, bei dem das Gemisch durch einen Funken fremdgezündet wird, braucht der hochverdichtete Diesel mehr Zeit, bis sich das Gemisch auf Grund des Druck- und Temperaturanstieges entzündet. Durch diesen so genannten Zündverzug kann der Diesel bis heute keine hohen Drehzahlen erreichen, bei maximal 5500 U/min ist Schluss. Kraft war dagegen schon immer vorhanden: Dieselkraftstoff hat mit 35,3 MJ/L nämlich einen höheren Energiegehalt als Benzin (32 MJ/L). Der spezifische Verbrauch pro kW war deshalb von Anfang an niedriger, das Drehmoment höher. Ab den 70er-Jahren machte der Turbolader den Dieseln zusätzlich Dampf. Das verfügbare Drehmoment hing bei hohem Luftüberschuss im Wesentlichen nur noch von der dazu eingespritzten Menge Diesel ab. Der Benziner ist dagegen in jedem Betriebszustand auf ein bestimmtes Gemisch (14,7 Teile Luft zu einem Teil Kraftstoff), abgesehen von den Benzindirekteinspritzern FSI, welche auch mit »Luftüberschuss« betrieben werden können, angewiesen. Alles andere verbrennt nur unvollständig. Das konnten erst die elektronisch gesteuerten Einspritzsysteme wirklich gut, die Anfang der 80er-Jahre zusammen mit dem geregelten Katalysator Einzug hielten. Die Diesel kamen erst später in den Genuss einer digitalen Motorsteuerung, dann aber zusammen mit der Hochdruck-Direkteinspritzung. Heute ist das Vorglühen eine Sache von Sekunden, Abgasrückführung und Rußfilter sorgen für eine weitgehend reine Weste. Aber: Das raue Laufgeräusch ist geblieben und längst nicht jedermanns Sache. Ebenfalls direkteinspritzende Benziner der neusten Generation versprechen weiteres Sparpotenzial und noch saubere Abgase. Die Technik von Diesel und Benziner wird dabei immer ähnlicher. Bereits heute laufen die ersten Diesotto-Motoren auf dem Prüfstand.

Der Luftmassenmesser (Bild 2)
Er befindet sich im Ansaugrohr zwischen Luftfilter und Drosselklappe und bestimmt die Menge der angesaugten Luft, die bekanntlich von Temperatur, Feuchtigkeit und Dichte abhängt. Im Gegensatz zum früher verwendeten mechanischen Luftmengenmesser, der lediglich das Volumen der durchgesetzten Luft im Ansaugtrakt bestimmen konnte, gibt der heute sowohl beim Diesel als auch beim Benziner verwendete Heißfilmluftmassenmesser viel präzisere Signale zur Einspritzregelung ab.

Motortemperaturfühler (Bild 3)
Der Motortemperatursensor sitzt im Kühlmittel-Kreislauf und gibt dessen Temperatur an das Steuergerät weiter. Der Ansauglufttemperatursensor befindet sich im Ansaugkanal und gibt die Temperatur der Ansaugluft an das Steuergerät weiter.

Der Saugrohrdrucksensor
Der Saugrohrdrucksensor liefert zusammen mit der Motordrehzahl eine der Hauptsteuergrößen für die Bestimmung der Einspritzgrundzeit. Er kann entweder im Saugrohr oder als Element der Motorsteuerung verbaut sein.

Drosselklappenpoti: hier noch mit echten erkennbaren Schleifbahnen!

Das Drosselklappenpotenziometer (Bild 1)
Die Stellung der Drosselklappe wird über diesen Sensor an die Motorsteuerung weitergegeben. Der Wert gibt an, wieweit die Drosselklappe tatsächlich angesteuert ist.

Der Klopfsensor
Ein Piezokeramik-Bauteil eingebaut in den Zylinderblock registriert die bei klopfender Verbrennung entstehende Schwingung und wandelt sie in elektrische Signale um. Die Motorsteuerung reguliert danach den Zündzeitpunkt.

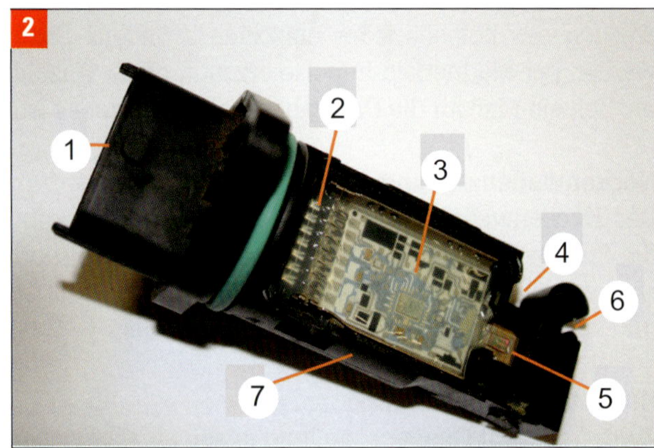

Luftmassenmesser geschnitten: 1 Anschluss, 2 Leitungen, 3 Platine, 4 Lufteinlass, 5 Sensorelelement, 6 Luftauslass, 7 Gehäuse.

Temperaturfühler: 1 Temperaturfühler, 2 Sicherungsklammer.

Motor und Gemischbildungssysteme

Ottos Motoren

Einspritzung und Zündung

Die Einspritzdüsen werden für jeden Zylinder einzeln angesteuert. Das bildet die ideale Grundlage für ein funktionales Gemischaufbereitungssystem. Die Betätigung der Einspritzventile erfolgt elektromechanisch, durch die Ansteuerung können die Einspritzzeit und damit auch die Einspritzmenge geregelt werden. Durch die verkürzten Wege im Saugrohr ist die Gefahr, dass sich bei kaltem Motor das Benzin an der Saugrohrwand niederschlägt, ebenfalls stark verringert. Auch die Zündanlage wird von diesem System komplett angesteuert. Jeder Zylinder hat seine eigene Zündspule, die auf der Zündkerze montiert ist. Verbrannte Verteilerkappen und Finger gehören bei diesen Zündanlagen endlich der Vergangenheit an. Die Ansteuerung durch das Steuergerät ermöglicht die Veränderung des Zündwinkels und des Zündzeitpunktes. Sogar eine Laufruheregelung für jeden einzelnen Takt des Motors wird nun möglich.

Die Einspritzdüsen

Das Steuergerät sorgt mit Hilfe eines elektrischen Impulses für das Öffnen der Einspritzdüsen. Die Öffnungsdauer, Art der Düsen und der anliegende Kraftstoffdruck entscheiden dann über die jeweils eingespritzte Kraftstoffmenge. In jedem Fall wird der Kraftstoff fein zerstäubt, um sich mit der Luft zu mischen.

Die Lambdasonde

Die Lambdasonde hat die Aufgabe den Luftanteil im Abgasstrom zu messen. Sie ist Bestandteil eines Regelkreises, der ständig die richtige Zusammensetzung des Luft-Kraftstoffgemisches sicherstellt. Das optimale Mischungsverhältnis der Luftmenge zu Kraftstoff, bei dem eine maximale Umsetzung der Schadstoffe im Katalysator erreicht wird, liegt bei Lambda=1. Es entspricht einem Anteil von Luft zu Kraftstoff im Verhältnis von etwa 14,5 : 1 (auch »stöchiometrisches Mittel« genannt). Änderungen dieser Zusammensetzung werden von der Lambdasonde, die im Abgasrohr sitzt, registriert und dienen dem Motormanagement zur Steuerung zahlreicher Funktionen. Übermäßige Abweichungen werden ebenfalls erkannt und gelten als erster Hinweis für mögliche Fehler. Das Funktionsprinzip der Lambdasonde beruht auf der Umwandlung des gemessenen Luft-Kraftstoffverhältnisses in elektrische Spannung. Dies ermöglicht ein gasundurchlässiger Keramikkörper, der von einer dünnen, mikroporösen Platinschicht ummantelt ist. Die Keramik erlaubt ab einer Temperatur von ca. 300 °C die Leitung von Sauerstoffionen. Der Unterschied an Sauerstoffanteilen im Abgasstrom zwischen Abgas- und Luftseite bewirkt dabei die Entstehung einer elektrischen Spannung. Der Regelwert nimmt bei Lambda=1 sprunghaft einen bestimmten Wert (z. B. 500 mV) an. Bei Abweichungen dieser Größe (z. B. zwischen 100 mV = mageres Gemisch und 800 mV = fettes Gemisch), leitet das Motorsteuergerät entsprechende Korrekturmaßnahmen ein.

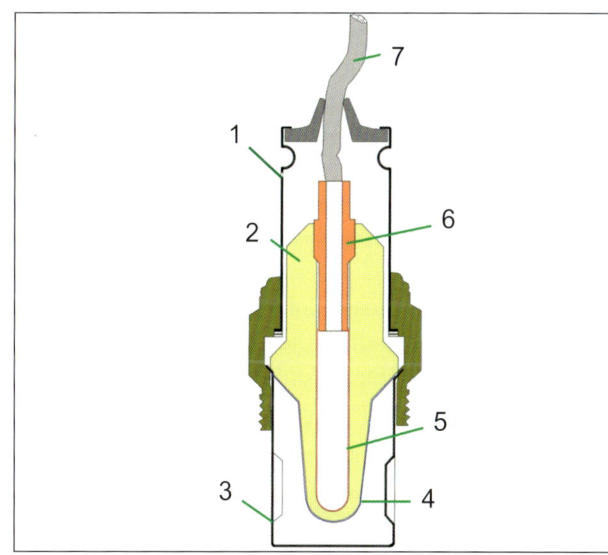

Aufbau der Lambdasonde: 1 Belüftung, 2 Sondenkeramik, 3 Schutzrohr, 4 Elektrode (-), 5 Elektrode (+), 6 Kontaktbuchse, 7 Anschlusskabel.

Kraftstoffdosierer für Benziner: Die Einspritzdüsen, hier mit der Schutzverpackung um den Anschluss oben und den Bohrungen unten.

Rudolfs Diesel hat Erfahrung

1989 startete die Erfolgsgeschichte der TDI-Motoren (Turbocharged Direct Injection = Turbodieseltechnik mit Direkteinspritzung): VW-Partner Audi stellte damals auf der IAA in Frankfurt den weltweit ersten Pkw-Dieselmotor mit Direkteinspritzung und elektronischer Regelung vor. In Serie zunächst im Audi 80 verbaut, sorgte der durchzugsstarke Turbodiesel auch oder vor allen Dingen seiner gesitteten Trinkmanieren wegen für Aufsehen bei der Fachpresse sowie den glücklichen Käufern. Der TDI-Erfolg ist mittlerweile auch im Rennsport unbestritten: Im Jahr 2006 sorgte ein TDI, abermals in einem Audi, für reichlich Aufsehen: als Sieger des ruhmreichen 24-Stundenrennens von Le Mans. Der Verbrauchsvorteil der 650 PS-Boliden kam hier voll zum Tragen. Durch längere Etappen auf der Strecke und damit weniger Boxenstopps gegenüber den Otto-Aggregaten der Konkurrenz bescherte der TDI-Audi auf dem Siegerpodium den ersten und dritten Platz. Sie als Van-TDI-Fahrer müssen wir damit aber zuletzt beeindrucken. Denn auch ohne Le Mans-Sieg wissen Sie die genannten Vorzüge Ihrer Motorisierung im täglichen Einsatz besser zu schätzen, als wir es in Worten ausdrücken könnten.

Die Elektronische Diesel Control (EDC)

Die Komplexität moderner Dieselmotoren stellt selbstverständlich auch Herausforderungen an die Steuerung des Verbrennungsvorgangs. Ebenso wie der Einspritz- und Zündvorgang beim Benziner wird auch die Selbstzündung des Dieselkraftstoffs heute von Sensoren, Aktoren und einem Steuergerät beeinflusst und gesteuert. Zusammengefasst sind all diese Aufgaben in der Elektronic Diesel Control, kurz EDC. Ihr Regelkreis verfolgt dabei das klassische Prinzip Eingabe – Verarbeitung – Ausgabe. Für die Eingabe, der Datenerfassung aller momentanen Stellgrößen des Motors, sind die Sensoren zuständig. Zu den wichtigsten zählen Temperatursensoren im Kühlmittelkreislauf, im Ansaugkanal oder auch an der Einspritzpumpe. Der Kurbelwellen-Drehzahlsensor erkennt die Stellung der Kurbelwelle, wodurch die Position der einzelnen Kolben errechnet wird. Auch beim Diesel misst ein Luftmassenmesser die Menge und Dichte der angesaugten Luft. Die Aufladung mittels Turbo macht auch einen Ladedrucksensor erforderlich. Der Fahrpedalsensor gibt den Fahrerwunsch an das Steuergerät weiter. Dieses verarbeitet die Daten und bedient dann die Stellglieder, wie beispielsweise das Ladedruck-Regelventil oder auch die Regelung der Abgasrückführung. Diese hat beim Diesel die Aufgabe, die Rohemissionen zu senken und arbeitet nur in bestimmten Lastzuständen. Das wichtigste Teil ist jedoch die Pumpe, deren elektronische Regelung über Einspritzzeitpunkt und Menge wacht. Die Regelung ist dabei so exakt, dass bei den PDE-Triebwerken während der kurzen Zeitdauer eines Taktspiels mehrere Einspritzintervalle möglich sind. Dadurch läuft ein Diesel wesentlich sanfter und umweltfreundlicher.

Kraftstoffdosierer für Diesel: 1 Injektoren, 2 Railrohr, 3 Hochdruckpumpe.

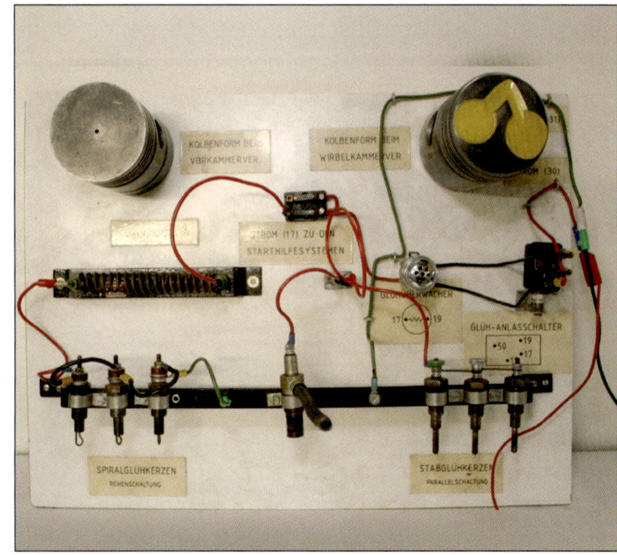

Historie in der Starthilfe: Die Technologie hat sich zwar weiterentwickelt, die Vorgehensweise hat sich aber nicht verändert.

Die Glühanlage

Da in der kalten Jahreszeit beim Startvorgang die Wärme der verdichteten Luft nicht zur Selbstzündung ausreicht, gibt es die Vorglühanlage. Sie heizt mittels einer Glühkerze den Brennraum auf Selbstzündungs-Temperatur auf. Die modernen 3-Phasen-Glühkerzen in Ihrem Van ermöglichen einen problemlosen Kaltstart genauso schnell wie beim Benziner, selbst bis -30 Grad Celsius Außentemperatur. Nach Einschalten der Zündung hat die Glühkerze in weniger als zwei Sekunden bereits eine Temperatur von 850 Grad Celsius erreicht, was allemal genügt, um einen sicheren Kaltstart zu ermöglichen. Danach werden während dem Warmlaufen (Phase 2) die Glühkerzen weitergeglüht. Dies hat gleich mehrere Vorteile: Zum einen werden die Emissionen um bis zu 40% reduziert – vollständige Verbrennung des Dieselkraftstoffs –, zum anderen wird das dieseltypische Nagelgeräusch in dieser Phase minimiert. Als erfreulicher Langzeiteffekt bleibt Ihr Dieselaggregat durch den ruhigeren Motorlauf geschont, was zur längeren Lebensdauer beiträgt.

Die Hochdruckeinspritzung

Doch wie konnte sich aus dem ehemals stinkig-blauqualmenden und vor allen Dingen trägen Dieselmotor das leistungsfähige und drehmomentstarke TDI-Sparwunder entwickeln? Hauptverantwortlich für diesen Fortschritt ist die Entwicklung der Hochdruck-Direkteinspritzung. Zunächst unter Verwendung einer zentralen Verteilereinspritzpumpe, die den Dieselkraftstoff allen Einspritzventilen zuteilt, und später mit der Pumpe-Düse-Technologie, bei der jeder Zylinder seine eigene Hochdruckpumpe in Form eines Dieselinjektors direkt am Zylinder sitzen hat. Damit wurden Einspritzdrücke von über 2000 bar möglich. Gegenüber dem Vorkammer- oder Wirbelkammerverfahren bietet die Direkteinspritzung einen deutlich gesteigerten Wirkungsgrad. Der im Brennraum als feiner Sprühnebel verteilte Dieselkraftstoff bietet ein viel größeres Angriffsvolumen zur Entflammung und kann dadurch optimaler ausgenutzt werden.

Das Verschleißteil Glühkerze

Durch die Verwendung einer Regelwendel, die vor Überhitzung schützt, ist die Glühkerze sehr standfest. Um die Funktion sicherzustellen, empfehlen wir Ihnen die Glühkerzen regelmäßig etwa alle 15.000 km zu prüfen. Ein Wechsel wird von VW alle 60.000 km vorgesehen, bei sehr stark beanspruchten Motoren, beispielsweise durch häufigen Hängerbetrieb oder in überwiegend heißen Temperaturregionen, kann der Wechsel aber auch schon nach 30.000 km notwendig sein. Lesen Sie dazu im Arbeitsabschnitt die Seiten »Zünd- und Glühkerzen tauschen«. In allen Dieselmotorvarianten des Vans wird dieselbe Glühkerze verwendet. Sie können zum Beispiel vom Glühkerzenhersteller Beru das Modell GN855 einsetzen. Beachten Sie unbedingt das Anzugsdrehmoment von 15 Nm bei der Montage, um Schäden an der Glühkerze und dem Einschraubgewinde zu vermeiden.

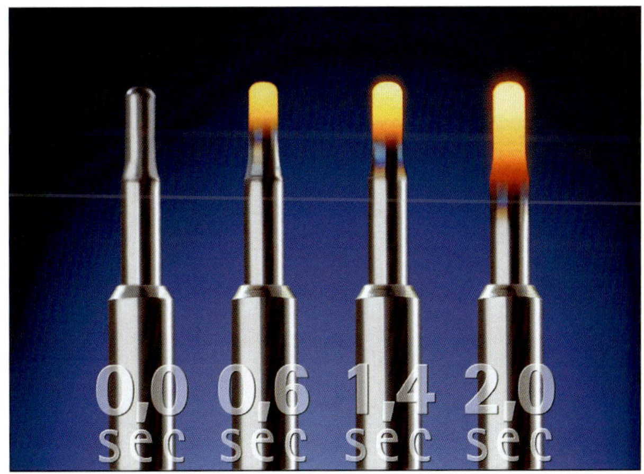

Zeitraffer: Bereits kurze Zeit nach der Ansteuerung durch das Vorglührelais erreicht die Glühstiftkerze eine Temperatur von 850 Grad Celsius.

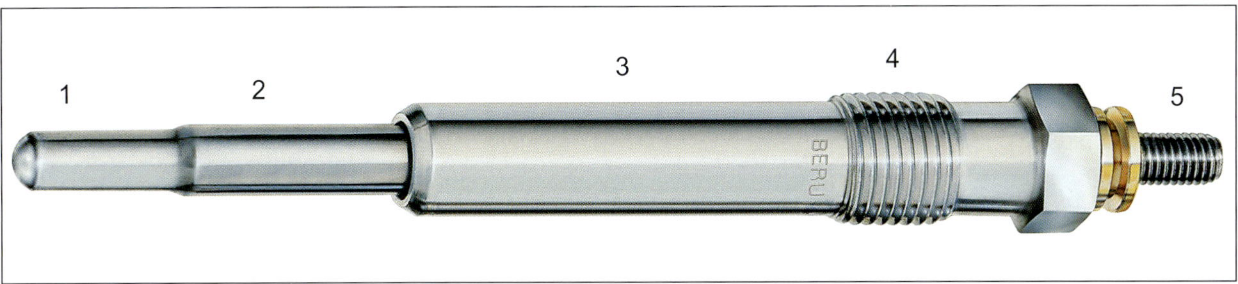

Aufbau einer Glühstiftkerze: (1) u. (2) Heiz- und Regelwendel (innerhalb des Glührohrs), (3) Kerzenkörper, (4) Einschraubgewinde, (5) Anschlussbolzen.

Motorraumverkleidung oben demontieren

Wer den Motorraum seines Vans begutachtet, sollte sich nicht blenden lassen: Über der eigentlichen Technik des Antriebsaggregates sitzen großflächige Kunststoffabdeckungen. Vom Motor selbst ist also so gut wie nichts zu sehen. Zwar sind der Luftfilter, der Ölmessstab sowie der Öleinfüllstutzen gut zu erreichen, um aber weiterführende Wartungstätigkeiten durchzuführen zu können muss die Plastikhaube im Motorraum runter.

Hinweis: Die unterschiedlichen Motoren weichen in der Befestigungsart ab. Einige Abdeckungen können einfach nach oben abgezogen werden. Die Übersicht (4) gibt Ihnen dazu einen Anhaltspunkt.

- Beim TDI: Mit einem flachen Schraubenzieher zuerst alle Stopfen heraushebeln (Bild 1), dann mit einer Ratsche und einer Verlängerung die Muttern lösen. Sind alle Muttern entfernt, lässt sich die Abdeckung leicht abnehmen.

- Beim Benziner: Die Pfeile (Bild 2) zeigen die Stopfen der Befestigungsschrauben für die Abdeckung an. Stopfen entfernen und Muttern herausschrauben, danach Haube nach oben abnehmen.

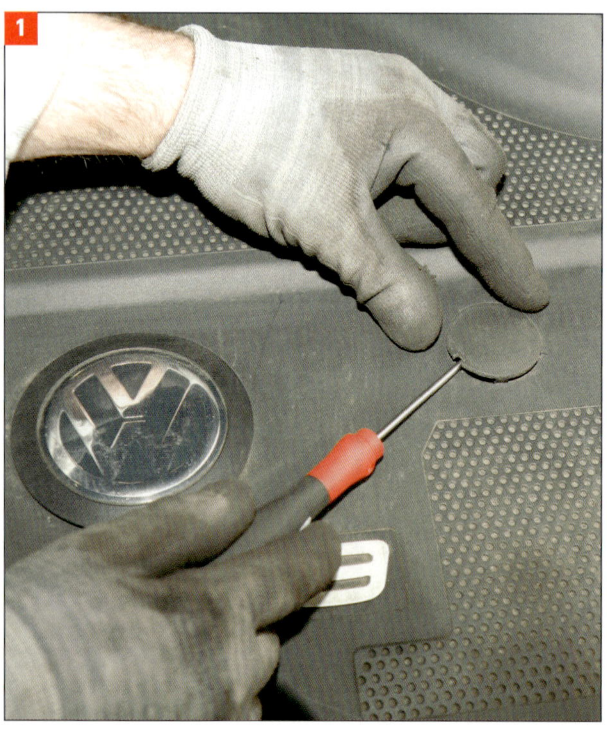

Deckelchen abnehmen: Die Verschraubungen sind darunter versteckt.

Kräftig ziehen: Die Abdeckung sitzt in Gummilagern auf Kunststoffkugeln.

Motorraumverkleidung unten demontieren

Grundsätzlich sind zwei Bautypen der Motorgeräuschdämmung unten verbaut. Diese unterscheiden sich zwar optisch in der Größe, die Arbeitsschritte für den Ausbau unterscheiden sich aber unwesentlich. Die Demontagearbeiten für die Motorraumabdeckung unten haben wir bereits unter dem Begriff »Geräuschdämmung und Unterbodenverkleidungen« beschrieben.

Keilrippenriemen prüfen

Der Keilrippenriemen im Van wird über eine automatische Spannvorrichtung nachgespannt. Sie müssen also hier keine Wartungsarbeit mehr investieren. Allerdings sollten Sie dennoch den Zustand des Riemens von Zeit zu Zeit begutachten. Sollte der Riemen unterwegs reißen, stehen Sie nämlich vor einem größeren Problem.

- Die Spannung und die Funktion der Spannrolle überprüfen Sie durch kräftiges Drücken, zum Beispiel mit dem Daumen gegen den Riemen. Gibt der Riemen nach und die Spannrolle schwenkt aus (und beim Loslassen wieder in die Ausgangsstellung zurück), dann sind die Spannung und die Spannrolle in Ordnung. Hängt der Riemen aber lose durch, ist die Spannrolle defekt.

- Kontrollieren Sie den Zustand des Keilrippenriemens (am besten von unten). Achten Sie besonders auf:

– Unterbaurisse (Anrisse, Kernbrüche, Querschnittbrüche)
– Lagentrennung (Deckschicht, Zugstränge)
– Ausbruch am Unterbau
– Ausfransen der Zugstränge
– Flankenverschleiß (Materialabtrag, Ausfransungen, Flankenverhärtung, Oberflächenrisse)
– Öl- und Fettspuren

- Um alle Stellen zu inspizieren, lassen Sie den Motor zwischendurch kurz laufen. Setzen Sie eine Markierung um sicher zu stellen, dass Sie nicht per Zufall die gleiche Stelle in Augenschein nehmen.

Keilrippenriemen aus- und einbauen

Das Auswechseln des Keilrippenriemens ist sehr aufwändig. Bei allen Motoren muss dazu die obere, bei den TDI auch die untere und seitliche Abdeckung (am Radlauf) ausgebaut werden.
Zusätzlich sollte bei den TDI-Motoren mit Verteilereinspritzpumpe das Ladeluftrohr hinter dem Ladeluftkühler ausgebaut werden. Zudem wird je nach Ausstattung die Umlenkung des Keilrippenriemens sehr aufwändig.
Die Riemenführung kann sich nicht nur in Abhängigkeit von Ausstattung und Motorisierung verändern. Im Zweifelsfall skizzieren Sie sich die Einbaulage auf einem Blatt Papier, bevor sie mit der Demontage beginnen.

Benötigtes Werkzeug und Materialien:
– Kombizange zum Lösen von Schlauchschellen (Verteilereinspritzpumpen TDI)
– Dorn (z. B. passender Schraubenzieher ca. 4,5 mm Durchmesser, Länge ca. 55 mm) zum Arretieren der Spannvorrichtung (Pumpe-Düse TDI)
– Ringschlüssel SW 16 (SDI/TDI)

Ausbau

- Motorabdeckung(en), wie unter »Motorabdeckung oben/unten ausbauen« beschrieben, entfernen.

- Bei allen TDI-Motoren die seitliche Verkleidung am Radhaus entfernen.

- Bei den TDI-Motoren AGR, AHF, ALH und ASV (Verteilereinspritzpumpe) zusätzlich das Ladeluftrohr zwischen Ladeluftkühler und Turbolader ausbauen. Dieses ist mit Schlauchschellen befestigt.

- Laufrichtung des Keilrippenriemens kennzeichnen.

- Im folgenden Arbeitsschritt die Spannrolle ausschwenken, um den Riemen zu lockern. Dazu gehen Sie bei den unterschiedlichen Motorvarianten folgendermaßen vor:

- Bei den SDI- und TDI-Motoren (2) mit Schraubenschlüssel Spannrolle in Pfeilrichtung schwenken.

- Bei den Pumpe-Düse-TDI-Motoren mit Schraubenschlüssel Spannrolle in Pfeilrichtung schwenken. Ist die Rolle ausgeschwenkt, kann sie zur leichteren Montage des Keilriemens mit einem passenden Dorn arretiert werden. Dorn dazu durch die Aussparung hindurch stecken.

- Beim 1,4-/1,6-Liter-Benziner schwenken Sie die Spannrolle an der Befestigungsschraube mittels eines Schrauben-/Ringschlüssels in Pfeilrichtung.

- Bei den 1,6-Liter-Motoren mit 100 und 102 PS sowie den 1,8- und 2,0-Liter-Motoren können Sie die Spannrolle mittels einem Schraubenschlüssel SW16 in Pfeilrichtung schwenken.

- Nehmen Sie nun den gelockerten Keilrippenriemen ab.

Ansicht TDI von unten.

Mit dem Ringschlüssel die Spannrolle wie dargestellt entspannen. Die Aussparung (A) dient zum Arretieren der Spannrolle, sobald sie ausgeschwenkt ist. Dazu benötigen Sie einen geeigneten Dorn (z. B. Bohrer).

Einbau

- Legen Sie den Keilrippenriemen zuerst über die Kurbelwellen-Riemenscheibe und dann über die Riemenscheiben der Nebenaggregate. Zuletzt den Riemen auf die Spannrolle schieben. 1,4- und 1,6-Liter-Benziner: Die Spannrolle wird vom Keilriemen weggedrückt, um diesen zu entspannen.

- Bei den Dieselmotoren ohne Klimaanlage Keilriemen beim Einbau zuletzt am Drehstromgenerator (Generatorrad befindet sich rechts neben der Spannrolle) auflegen.

- Bei den Dieselmotoren mit Klimaanlage Keilriemen beim Einbau zuletzt an der Umlenkrolle auflegen.

- Auf bündigen Sitz der Rippen in den Vertiefungen der Rollen achten.

- Je nach Bauart die Spannrolle wieder in die Ausgangsstellung zurückstellen.

- Motorraumabdeckungen (bei den entsprechenden Dieselmotoren auch Ladeluftrohr) wieder anbauen.

- Keilriemensitz überprüfen, dann Motor starten um den Keilriemenlauf zu überprüfen.

Mit dem Schlüssel wird die Spannrolle wie dargestellt entspannt.

Luftfilter

Bei allen Arbeiten am Luftfiltersystem muss genauestens darauf geachtet werden, dass keine Fremdstoffe in das Ansaugsystem gelangen können. Grundsätzlich sollten Sie das Gehäuse reinigen und wenn erforderlich auch mit einem Staubsauger aussaugen, um die krümeligen Reste vom letzten Herbst und andere Rückstände gründlich zu entfernen.

Demontage des Luftfiltereinsatzes

- Clipsen Sie die Steckverbindung zum Luftmassenmesser (3) ab.
- Drehen Sie die Schrauben (4) und (5) heraus.
- Nehmen Sie das Luftfilteroberteil nach oben ab.
- Nehmen Sie den Luftfilter heraus.

Der Einbau erfolgt in umgekehrter Reihenfolge.

Demontage des Luftfilterkastens

- Deckel für Luftführung abziehen, dazu seitliche Haltespangen entriegeln.
- Luftführung unten abclipsen, dazu Haltespangen (Pfeile) entriegeln. Luftführung unten mit Luftführungsschlauch abnehmen.
- Lösen Sie die Schraube (Pfeil A) und ziehen Sie das Luftfiltergehäuse nach oben aus der Befestigung.
- Bauen Sie das Luftfiltergehäuse zusammen mit dem Luftmassenmesser und Verbindungsrohr aus.

Der Einbau erfolgt in umgekehrter Reihenfolge.

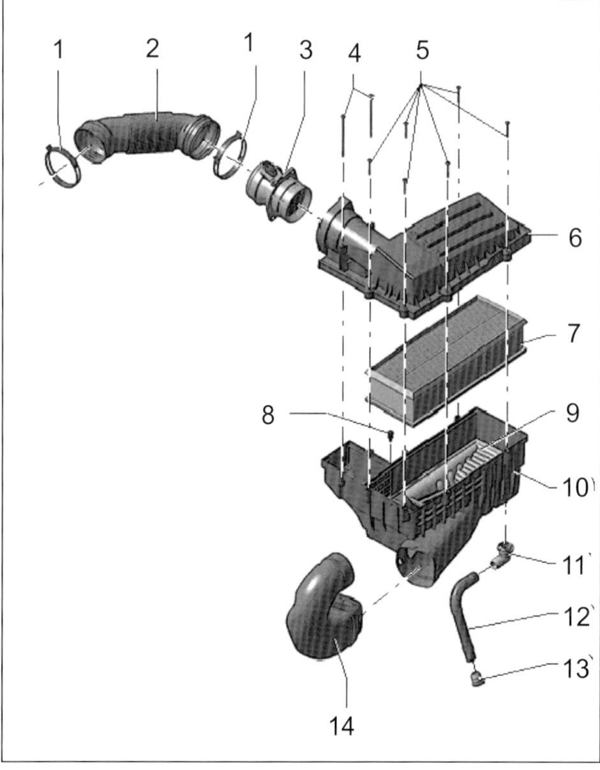

Montageübersicht: 1 Federbandschelle, 2 Luftführungsschlauch, 3 Luftmassenmesser, 4 Schrauben, 5 Schrauben, 6 Luftfilteroberteil, 7 Filtereinsatz, 8 Schraube, 9 Schneesieb, 10 Luftfilterunterteil, 11 Anschluss für den Wasserablaufschlauch, 12 Wasserablaufschlauch, 13 Flatterventil, 14 Ansaugluftführung.

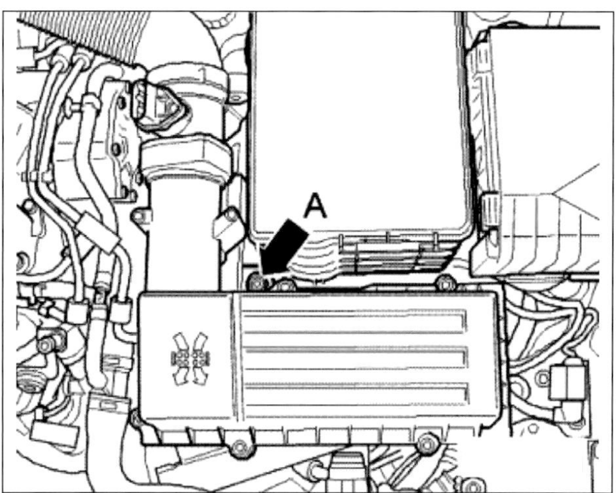

Befestigung des Luftfilterkastens: Bitte die Schraube »A« herausdrehen.

Kraftstofffilter

Kraftstofffilter wechseln, Diesel

- Fünf Befestigungsschrauben und Unterlagscheiben (A) mit dem Torxschraubendreher (T20) über Kreuz in mehreren Schritten herausdrehen (siehe Bild rechts).
- Deckel (B) vorsichtig nach oben abnehmen.
- O-Ring (E) entfernen und die Dichtfläche reinigen. Den neuen Dichtring vorsichtig in der Nut platzieren.
- Kraftstofffilter (C) herausnehmen, in den bereitgestellten Behälter abtropfen lassen und Kraftstofffiltergehäuse (D) reinigen.

Der Einbau erfolgt in umgekehrter Reihenfolge. Deckel ansetzen und Befestigungslöcher ausrichten. Fünf Schrauben (E) ansetzen und über Kreuz in drei Schritten eindrehen. Achten Sie hierbei besonders darauf, den Deckel nicht zu verkannten und den O-Ring nicht zu beschädigen.

Kraftstofffilter wechseln, Benziner

Beim Benziner finden Sie den Kraftstofffilter nicht im Motorraum, sondern direkt am Kraftstofftank (in Fahrtrichtung rechts an der Unterseite zum Motor hin). Der regelmäßige Wechsel des Benzinfilters ist in den Wartungsunterlagen von VW nicht vorgesehen. Ein verstopfter Filter kann aber Ursache bei unruhigem Motorlauf mit Zündaussetzern sein und sollte spätestens dann ersetzt werden.

- Federbandschellen (3 + 4) der Leitung und die Rohrschelle am Tank öffnen (2). Vorsicht: austretender Kraftstoff!
- Die Schraube (5) lösen und den Kraftstofffilter abnehmen.

Der Einbau erfolgt in umgekehrter Reihenfolge. Achten Sie beim Einbau auf genügend Abstand zwischen Schellenschloss (Schraube) und dem Kraftstoffbehälter.

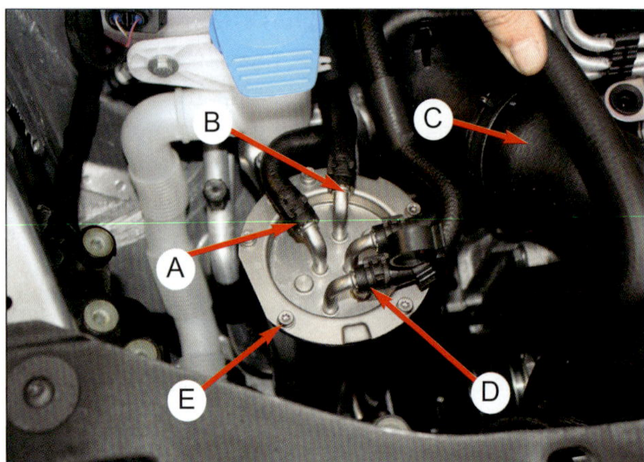

Anschlüsse und Einbaulage des Kraftstofffilters: (A) Vorlaufleitung vom Tank, (B) Rücklaufleitung zum Tank, (C) Vorlaufleitung zur Einspritzpumpe, (D) Rücklaufleitung von der Einspritzpumpe, (E) Verschraubungen.

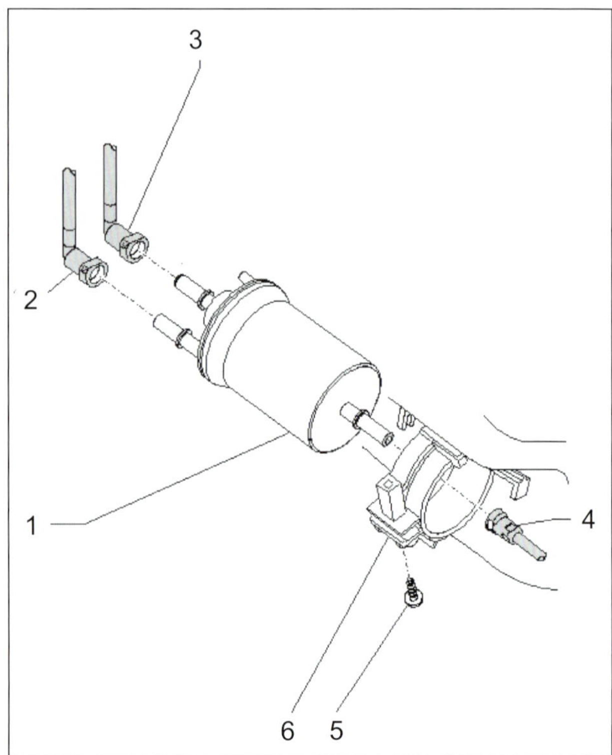

Montageübersicht: 1 Kraftstofffilter, 2 Kraftstoffvorlaufleitung (schwarz), 3 Kraftstoffrücklaufleitung (blau), 4 Kraftstoffleitung zum Motor (schwarz), 5 Schraube, 6 Halter für Kraftstofffilter.

Zünd- und Glühkerzen

Aus- und Einbau der Glühkerzen

- Schalten Sie die Zündung aus. Bauen Sie die Motorabdeckung aus.
- Öffnen Sie die Halteklammern (Pfeile) vom Leitungsstrang und ziehen Sie die elektrischen Steckverbindungen an den Glühstiftkerzen ab.
- Setzen Sie die Zange (3314) mit der Zangennut (Pfeil A) am Bund der Stützhülse (Pfeil B) an und ziehen Sie die Glühstiftkerzenstecker von den Glühstiftkerzen ab.
- Reinigen Sie den Glühstiftkerzenkanal im Zylinderkopf (es darf kein Schmutz in den Zylinder fallen).

Beispiel zum Reinigen des Bereiches der Glühkerzen am Zylinderkopf:

1. Groben Schmutz mit einem Staubsauger aussaugen.
2. Sprühen Sie einen Bremsenreiniger oder einen geeigneten Reiniger in den Glühstiftkerzenkanal, kurz einwirken lassen und mit Pressluft ausblasen.
3. Reinigen Sie anschließend den Glühstiftkerzenkanal mit einem Öl benetzten Lappen.

- Verwenden Sie zum Lösen der Glühstiftkerzen den Gelenkschlüssel SW 10.

Der Einbau erfolgt in umgekehrter Reihenfolge. Stecken Sie die Glühstiftkerzenstecker (1) wieder auf die Glühstiftkerzen auf. Auf festen Sitz der Glühstiftkerzenstecker achten.

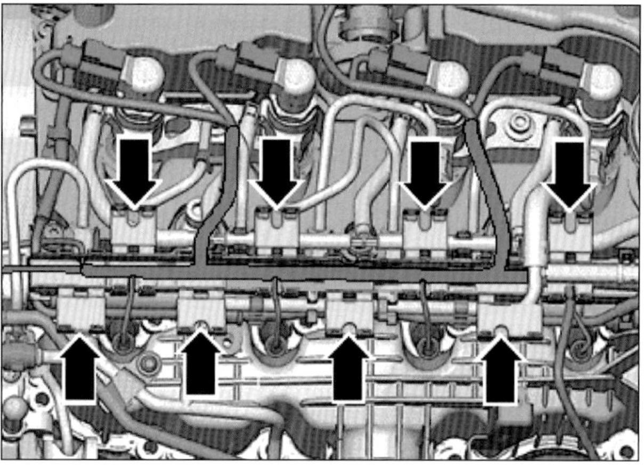

Halteklammern: Die Pfeile zeigen die Halteklammern für die Glühkerzenkabel am Zylinderkopf.

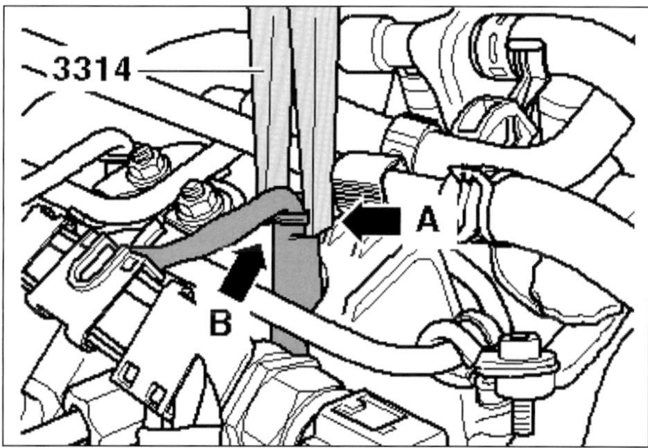

Abziehen des Anschlusskabels: Bitte die Zange in die Nuten des Steckers einsetzen.

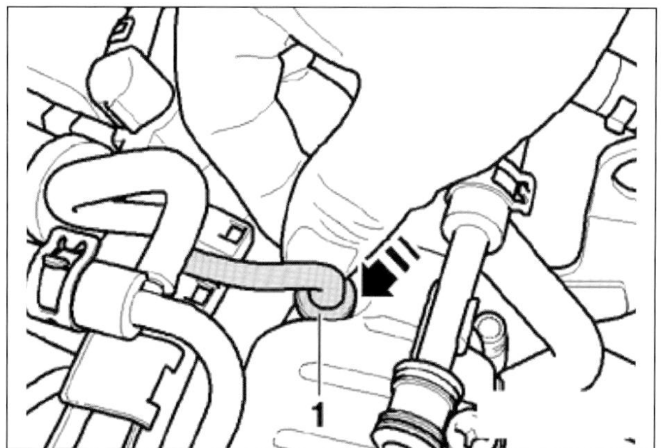

Aufdrücken des Anschlusskabels: Der Stecker rastet fühl- und oft auch hörbar ein.

Aus- und Einbau der Zündkerzen 1,8 l- und 2,0 l-Motor

Zündspulen mit Leistungsendstufen ausbauen:

- Schalten Sie die Zündung aus. Bauen Sie die Motorabdeckung aus.
- Ziehen Sie mit dem Abzieher (T40039) alle Zündspulen ca. 30 mm aus dem Zündkerzenschacht heraus.
- Stecker entriegeln und alle Stecker gleichzeitig von den Zündspulen ziehen (Pfeile).

Zündspulen mit Leistungsendstufen einbauen:

- Alle Zündspulen locker in den Zündkerzenschacht stecken.
- Zündspulen zu den Steckern ausrichten und alle Stecker gleichzeitig auf die Zündspulen stecken.
- Die Zündspulen (3) gleichmäßig mit der Hand auf die Zündkerzen drücken. Sie müssen spürbar einrasten.

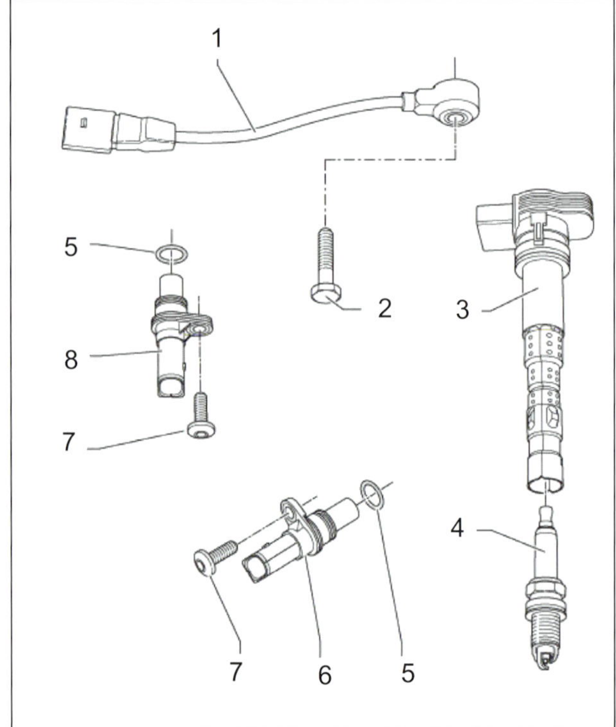

Bauteilübersicht Zündspulen und Zündkerzen: 1 Klopfsensor, 2 Schraube, 3 Zündspule mit Leistungsendstufe, 4 Zündkerze, 5 O-Ring, 6 Motordrehzahlgeber, 7 Schraube, 8 Hallgeber.

Alle zusammen: Es müssen immer alle Kabel gelöst und entfernt werden, um die Steckkontakte nicht zu beschädigen.

Abzieher für Zündkabel: Verwenden Sie den Abzieher T40039 oder einen vergleichbaren Abzieher für das Abziehen der Zündspulen.

Aus- und Einbau der Zündkerzen 1,4 l-Motor

Zündspulen mit Leistungsendstufen ausbauen:

- Schalten Sie die Zündung aus und bauen Sie die Motorabdeckung aus.
- Befestigungsschrauben (1) vom Anschlussstutzen für Kurbelgehäuseentlüftung und vom Rückschlagventil herausdrehen.
- Stecker (2) vom Umluftventil für Turbolader und den Schlauchstutzen (3) abziehen.
- Schlauch (4) vom Saugrohrstutzen abziehen.
- Setzen Sie den Abzieher (T10094 A) auf die Zündspule mit Leistungsendstufe (Pfeil) und ziehen Sie die Zündspule mit Leistungsendstufe etwas heraus.
- Setzen Sie das Montagewerkzeug (T10118) wie gezeigt an, lösen Sie vorsichtig die Steckerverriegelung und ziehen den Stecker ab.

Zündspulen mit Leistungsendstufen einbauen:

- Setzen Sie den Abzieher (T10094 A) auf die Zündspule mit Leistungsendstufe.
- Schieben Sie den Stecker auf die Zündspule mit Leistungsendstufe, bis er hörbar einrastet.
- Drücken Sie die Zündspule mit Leistungsendstufe in den Zylinderkopf.
- Gummitülle (1) in den Schlauch (2) schieben und den Schlauch (2) dann auf den Saugrohrstutzen (3) schieben.

Der weitere Einbau erfolgt in umgekehrter Reihenfolge zum Ausbau.

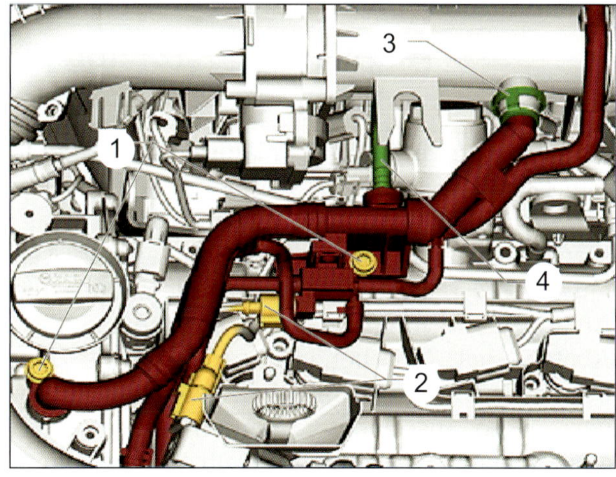

Kurbelgehäuseentlüftung: 1 Schraube, 2 Stecker, 3 Schlauchstutzen, 4 Schlauch.

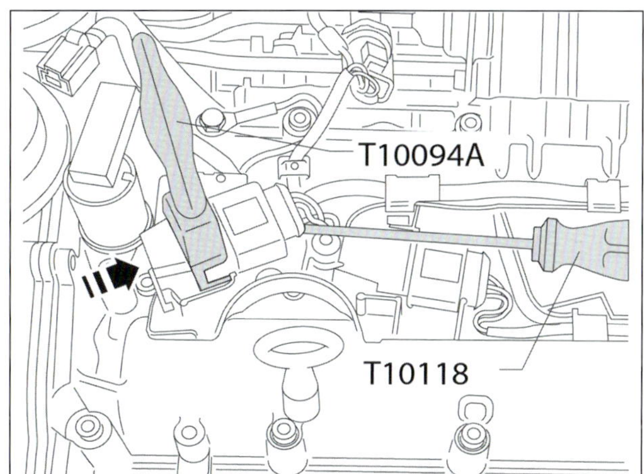

Spezialwerkzeuge: T10094A Montagewerkzeug Zündspulen, T10118 Spezialwerkzeug zur Steckerzungenöffnung.

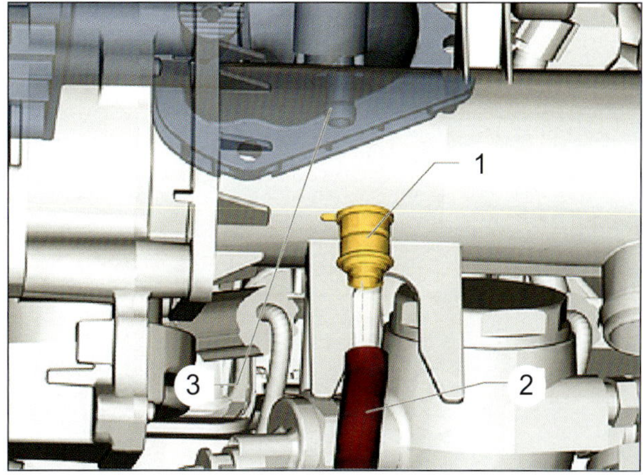

Verbindung: 1 Gummitülle, 2 Schlauch, 3 Saugrohrstutzen.

Abgasanlage trennen und spannungsfrei einrichten

Serienmäßig werden Schalldämpfer und Abgasrohr (Bild 1) als ein Teil eingebaut. Für den Reparaturfall werden sie aber einzeln mit einer Klemmschelle geliefert. Nach Montagearbeiten muss stets darauf geachtet werden, dass die Anlage nicht verspannt wird und ausreichend Abstand hat. Gegebenenfalls müssen die Doppelschelle gelöst sowie Schalldämpfer und Abgasrohr so ausgerichtet werden, dass überall ausreichend Abstand zum Aufbau vorhanden ist und die Aufhängungen (Pfeile, Bild 2) gleichmäßig belastet werden. Selbstsichernde Muttern (1) an der Tunnelbrücke (2) sind immer zu ersetzen.

■ **Anlage zur Reparatur trennen:** Verbindungsrohr an der Trennstelle (durch Eindrückung auf dem Abgasrohr gekennzeichnet) mit einer Karosseriesäge (z. B. V.A.G 1523 A) rechtwinklig trennen. Dabei Schutzbrille tragen. Die Reparaturdoppelschelle (Bild 3) beim Einbau an den seitlichen Markierungen positionieren.

■ Verschraubungen der Klemmhülse (Reparaturdoppelschelle) gleichmäßig anziehen, bei M 8 mit 25 Nm, bei M10 mit 40 Nm. Vor dem Anziehen Abgasanlage in kaltem Zustand spannungsfrei einrichten.

■ **Anlage spannungsfrei einrichten:** Der Motor muss kalt sein. Die hintere Abgasanlage (Bild 1) ist per Doppelschelle mit dem Abgasvorrohr verbunden.

■ Verschraubungen (rote Pfeile in Bild 3) lösen, Klemmhülse nach der Markierung am Abgasvorrohr ausrichten. Beachtet werden muss die Fahrtrichtung, die in den Bildern 3 und 4 von dem weißen Pfeil angegeben wird.

■ Verschraubungen wie in Bild 3. Das Einbaumaß für die Klemmhülse vorn (konventionelle Hülse mit zwei einzelnen Schellen wie in Bild 3) beträgt genau 5 mm für den Abstand zwischen Hülsenkante und Markierung am Vorrohr.

■ Achten Sie darauf, dass die Verschraubungen nicht über die Unterkante der Klemmhülse hinaus ragen dürfen. Die Verschraubungen stehen entsprechend leicht schräg.

■ Schalldämpfer so weit nach vorn in die Klemmhülse schieben, bis das Maß »b« zwischen Aufhängung/Karosserie und Aufhängung/Schalldämpfer 15 bis 17 mm (1.6 TDI) bzw. 3 bis 7 mm (andere Fälle) beträgt (Bild 4). Schalldämpfer waagerecht ausrichten. Schrauben festziehen: Einzelschellen 25 Nm, durchgehende Schelle 35 Nm.

■ **Neue Klemmhülsen:** VW führt gleitend Klemmhülsen mit durchgehender Schelle entsprechend Bild 1, Seite 203 ein. Bei ihnen beträgt das Einbaumaß »a« = 8,5 mm.

2.0 TDI: (1) Abgasrohr mit (2) Schalldämpfer, (3) Wärmeschutzbleche.

Bild 2: Aufhängungen und Tunnelbrücke.
Bild 3: Doppelschelle.
Bild 4: (b) = max. 15-17 mm.

Antrieb und Getriebe

In dieser Fahrzeugkategorie des Volkswagenkonzerns ergibt sich in den unterschiedlichen Modellvarianten fast die die gesamte Palette des Möglichen in Sachen Antrieb.

Bereits beim **Schaltgetriebe mit 6 Gängen**, das eine bessere Abstufung für eine optimale Motordrehzahl in den unterschiedlichen Fahrgeschwindigkeiten erlaubt, wird das elektronische **Schaltgetriebe DSG** angeboten. Dieses Getriebe erlaubt extrem schnelle und schlupfarme Schaltvorgänge, die sich auch automatisch ansteuern lassen. Ein Automatikgetriebe also, das wie ein Schaltgetriebe aufgebaut ist. Das markante Unterscheidungsmerkmal ist die so genannte Doppelkupplung. Diese erlaubt den folgenden zu schaltenden Gang schon mal einzulegen, ohne dass er eingekuppelt ist.

Hinzu kommt noch das **Allradsystem**. Es gibt über den Kardan Kraft auf das Achsgetriebe hinten. Elektronische Regelsysteme übernehmen den intelligenten Einsatz einiger Bremsanlageteile, um Sperrfunktionen zu realisieren.

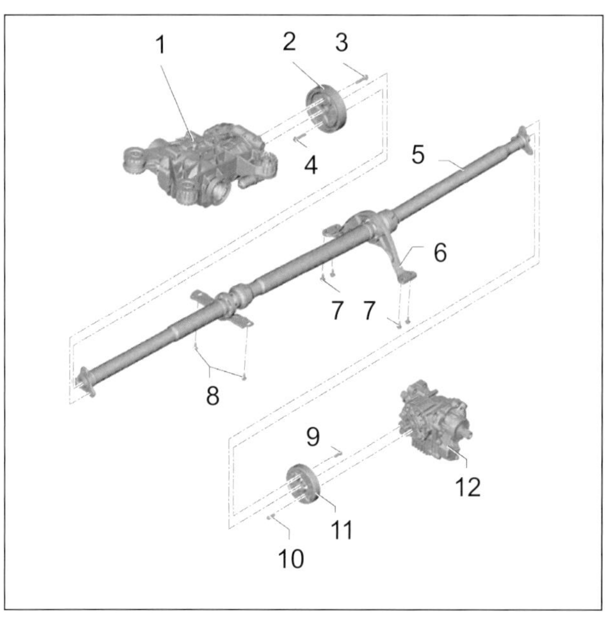

Allradgetriebe: 1 Achsantrieb hinten, 2 Gelenkscheibe mit Schwingungstilger, 3 Bundschraube mit Zwölfkant, 4 Schraube, 5 Kardanwelle, 6 Zwischenlager vorn, 7 bis 9 Schraube, 10 Bundschraube mit Zwölfkant, 11 Gelenkscheibe vorn, 12 Winkelgetriebe.

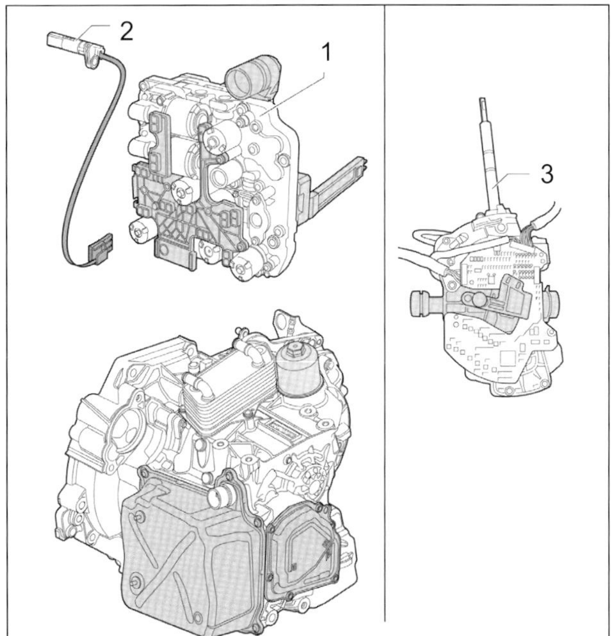

Merkmale am DSG: 1 Mechatronik für Doppelkupplungsgetriebe, 2 Geber für Getriebeeingangsdrehzahl, 3 Wählhebel.

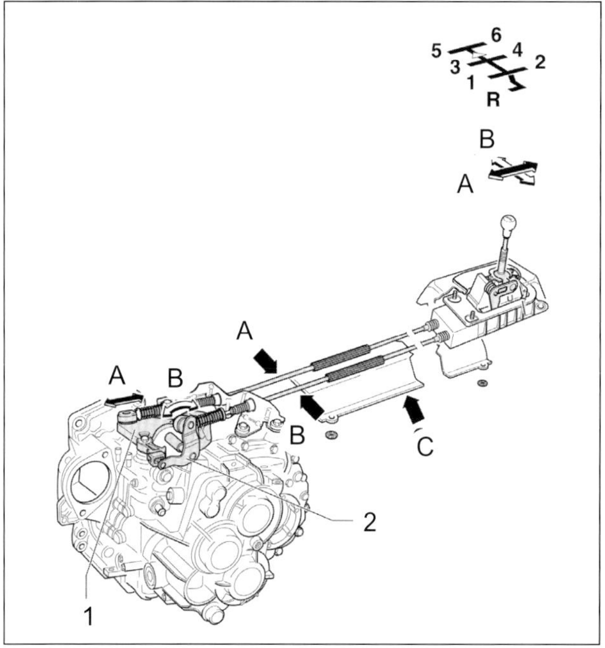

Schaltbetätigung 6-Ganggetriebe: A Schaltseilzug für Schaltbewegung, B Wählseilzug für Wählbewegung, C Wärmeschutzblech, 1 Getriebeschalthebel, 2 Umlenkhebel.

Turbolader und Kompressor

Arbeiten und Reparaturen am Ladesystem sollten ausschließlich in der Fachwerkstatt durchgeführt werden. Kleine Fehler wirken sich oft verheerend auf die Mechanik des Motors aus.
Einige Kontrollen verbleiben Ihnen dennoch.

Kontrollen am Aufladungssystem

- Verwenden Sie für die Sicherung der Schlauchverbindungen Schlauchschellen, die dem Serienstand entsprechen.
- Schlauchstutzen und Schläuche für Ladeluftsystem müssen unbeschädigt und dicht sein. Geringe Ölspuren können im Laufe der Betriebszeit schon auftreten. Erheblichem Ölverlust muss aber nachgegangen werden.
- Achten Sie auf die korrekte Lage der Anschlusskabel und Schläuche.
- Die Ölversorgung und der Ablauf müssen dicht sein.
- Kühlmittelpumpe und Anschlüsse für den Kompressor müssen dicht sein.
- Achten Sie auf die korrekte Befestigung der Abschirmbleche und der Geräuschdämmmatten.

VTG Abgasturbolader: 1 Rohr für Abgasrückführung, 2 Dichtung, 3 Schraube, 4 Ölvorlaufleitung, 5 Ölrücklaufleitung, 6 Dichtung, 7 Schraube, 8 Wärmeschutzblech, 9 Abgasturbolader, 10 Haltering, 11 O-Ring, 12 Pulsationsdämpfer, 13 Schraube, 14 Ansaugstutzen, 15 Schraube, 16 O-Ring, 17 Halter, 18 Schraube, 19 Wärmeschutzblech, 20 Dichtung, 21 Mutter, 22 Abgastemperaturgeber, 23 Schraube, 24 Stütze, 25 Schraube, 26 O-Ringe, 27 Hohlschraube, 28 O-Ringe, 29 Hohlschraube, 30 O-Ringe, 31 Mutter.

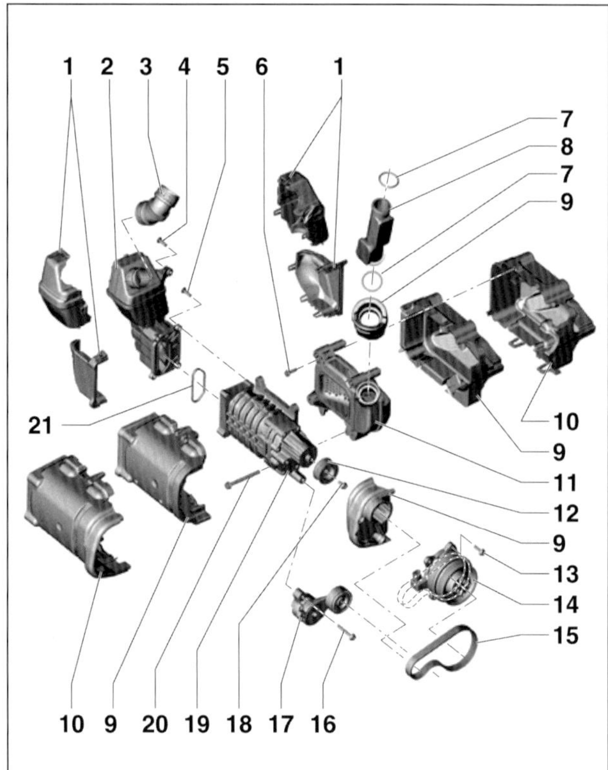

Kompressor: 1 Gehäuse mit Geräuschdämpfung, 2 Geräuschdämpfung für Ansaugluft, 3 Ansaugschlauch, 4 Schraube, 5 Schraube, 6 Schraube, 7 O-Ring, 8 Druckrohr, 9 Geräuschdämpfung, 10 Gehäuse, 11 Geräuschdämpfung, 12 Riemenscheibe, 13 Schraube, 14 Kühlmittelpumpe mit Magnetkupplung für Kompressor, 15 Keilrippenriemen, 16 Schraube, 17 Spannelement, 18 Schraube, 19 Kompressor, 20 Schraube

Motor

	Störung	Was kann das sein?	Was muss ich tun?
A	**Motor startet nicht, Anlasser dreht nicht**	**1** Die Wegfahrsperre bzw. die Anlasssicherung	Zu- und wieder aufschließen, Bremse getreten halten und Schalthebel auf Stellung N
		2 Batterie leer	Wenn die Scheinwerfer bei eingeschalteter Zündung nur schwach leuchten: Alle Verbraucher abschalten, Starthilfekabel benutzen und dann mindestens 20 Kilometer fahren
B	**Der Anlasser dreht, aber der Motor springt nicht an**	**1** Die häufigsten Ursachen sind: Kein Sprit und/oder kein Zündfunke. Das kann leider an sehr vielen Bauteilen liegen	Zuerst prüfen, ob noch Sprit und auch die richtige Sorte (Benzin oder Diesel) im Tank ist. Dann die Verkabelung im Motorraum auf Beschädigungen prüfen (Marderbiss?) Vorsicht! Zündung dabei unbedingt ausschalten!
C	**Motor läuft nach dem Start unrund**	**1** Benziner: ein Fehler in der Kraftstoffversorgung und/oder Zündanlage, Nebenluft durch undichte Schläuche	Zunächst eine Sichtkontrolle des Motorraums bei ausgeschalteter Zündung durchführen. Beschädigte Leitungen mit Isolierband notdürftig flicken. Mit einem Diagnosegerät den Fehlerspeicher auslesen lassen.
		2 Diesel: Falschbetankung oder defekte Glühkerzen	Vorsicht: Bei Falschbetankung nicht mehr weiterfahren, sonst kann die Hochdruckpumpe kollabieren
D	**Motor qualmt und stinkt aus dem Auspuff**	**1** Turbolader (blauer Rauch) oder Zylinderkopfdichtung (weißer Rauch) defekt	Ist der Turbolader defekt, besteht akute Gefahr: Bruchstücke wandern durch den Motor. Nicht mehr starten! Bei einer kaputten Kopfdichtung fehlt Wasser im Ausgleichsbehälter, auf jeden Fall auffüllen
		2 Diesel: Wenn der Motor warm gut läuft, sind es die Glühkerzen	Die Glühkerzen können Sie selber prüfen und ersetzen. Anleitung dazu finden Sie in diesem Kapitel
E	**Motor zieht nicht mehr richtig**	**1** Der Hauptverdächtige ist auch hier der Turbolader, besonders wenn der Motor im Leerlauf oder bei wenig Gas noch gut läuft	Beobachten Sie die Ladedruckanzeige (sofern vorhanden) und achten Sie auf ungewöhnliche Geräusche beim Beschleunigen. Eventuell entweicht Ladedruck. Ein blockierter Lader macht dagegen gar keine Geräusche mehr
		2 Luftmassenmesser defekt	Ladedruck prüfen und Fehlerspeicher auslesen
		3 AGR-Ventil prüfen	AGR-Ventil rüfen, Fehlerspeicher auslesen
F	**Hoher Verbrauch**	**1** Wahrscheinlich ist der Luftfilter stark verschmutzt	Luftfilter austauschen, die Anleitung dazu finden Sie in diesem Kapitel
G	**Motor wird zu langsam warm**	**1** Thermostat hängt	Sie können zunächst weiter fahren, der Thermostat sollte jedoch so bald wie möglich getauscht werden

Technische Daten – Praxis

Datenblätter nach Motor und Ausrüstung

Motordaten						
Bezeichnung	**1,4 l TFSI**	**2,0 l TFSI**	**2,0 l TDI**	**2,0 l TDI**	**2,0 l TDI**	**2,0 l TDI**
Leistung	**110 kW**	**147 kW**	**85 kW**	**100 kW**	**103 kW**	**125 kW**
Größtes Drehmoment	240 Nm	280 Nm	280 Nm	320 Nm	320 Nm	350 Nm
Anzahl der Zylinder	4	4	4	4	4	4
Hubraum	1390 ccm³	1984 ccm³	1968 ccm³	1968 ccm³	1968 ccm³	1968 ccm³
Kraftstoff	95 ROZ Super	95 ROZ Super	min. 51 CZ	min. 51 CZ	min. 51 CZ	min. 51 CZ
Gemischaufbereitung	Benzin-Diesel-Direkt-Einspritzung	Benzin-Direkt-Einspritzung	Commonrail Direkt-einspritzung	Commonrail Diesel-Direkt-einspritzung	Commonrail Diesel-Direkt-einspritzung	Commonrail Diesel-Direkt einspritzung
Aufladung	Kompressor/ VTG Turbolader	VTG Turbolader	VTG Turbolader	VTG Turbolader	VTG Turbolader	VTG Turbolader
Bauart Ventiltrieb	DOHC	DOHC	DOHC	DOHC	DOHC	DOHC
Standgeräusch	79 dB (A)	83 dB (A)	70 dB (A)	70 dB (A)	70 dB (A)	69 dB (A)
Fahrgeräusch	70 dB (A)	74 dB (A)	72 dB (A)	72 dB (A)	72 dB (A)	69 dB (A)
Fahrleistung						
Bezeichnung	**1,4 l TFSI**	**2,0 l TFSI**	**2,0 l TDI**	**2,0 l TDI**	**2,0 l TDI**	**2,0 l TDI**
Leistung	**110 kW**	**147 kW**	**85 kW**	**100 kW**	**103 kW**	**125 kW**
Höchstgeschwin-digkeit (6-Gang-Getriebe)	199 km/h	221 km/h	191 km/h	191 km/h	194 km/h	207 km/h
Höchstgeschwindig-keit (DSG-Getriebe)	197 km/h	219 km/h	191 km/h	190 km/h	191 km/h (auch 4Motion)	204 km/h
Beschleunigung 0-100 (6-Gang-Getriebe)	9,9 Sek.	8,3 Sek.	11,8 Sek.	11,2 Sek.	10,9 Sek. (11,4 4Motion)	9,5 Sek.
Beschleunigung 0-100 (DSG-Getriebe)	10,1 Sek.	8,5 Sek.	-	11,5 Sek.	11,2 Sek. (11,7 4Motion)	9,8 Sek.
Kraftstoffverbrauch						
Bezeichnung	**1,4 l TFSI**	**2,0 l TFSI**	**2,0 l TDI 140 PS DSG**	**2,0 l TDI 4Motion**	**2,0 l TDI 140 PS**	**2,0 l TDI 170 PS DSG**
Verbrauch innerorts	9,4 l/100 km	11,5 l/100 km	6,9 l/100 km	7,4 l/100 km	6,8 l/100 km	6,7 l/100 km
Verbrauch außerorts	6,6 l/100 km	6,6 l/100 km	5,0 l/100 km	5,2 l/100 km	4,8 l/100 km	5,4 l/100 km
Verbrauch kombiniert	7,6 l/100 km	8,4 l/100 km	5,7 l/100 km	6,0 l/100 km	5,5 l/100 km	5,9 l/100 km
CO2-Emissionen	167 g/km	196 g/km	149 g/km	158 g/km	143 g/km	154 g/km
Gewichte und Lasten						
Bezeichnung	**1,4 l TFSI**	**2,0 l TFSI**	**2,0 l TDI 140 PS DSG**	**2,0 l TDI 4Motion**	**2,0 l TDI 140 PS**	**2,0 l TDI 170 PS DSG**
Leergewicht*	1723 kg	1790 kg	1803 kg	1891 kg	1774 kg	1803 kg
Zulässiges Gesamtgewicht	2290 kg	2360 kg	2370 kg	2530 kg	2340 kg	2370 kg
Zuladung	642 kg	645 kg	642 kg	714 kg	641 kg	642 kg
Dachlast	100 kg	100 kg	100 kg	100 kg	100 kg	100 kg
Stützlast Anhängekupplung	100 kg	100 kg	100 kg	100 kg	100 kg	100 kg
Anhängelast gebremst**	2000 kg	2200 kg	2200 kg	2400 kg	2200 kg	2300 kg
Anhängelast ungebremst	750 kg	750 kg	750 kg	750 kg	750 kg	750 kg

** inkl.68 kg Fahrer und 90% gefülltem Tank, **bei 12% Steigung.*

Aussagen zu Drehmoment und Leistung

Eigentlich ist die Leistungsangabe in PS nicht mehr üblich und wurde nicht nur aufgrund der besseren Vergleichbarkeit gegen die Leistungsangabe in kW (Kilowatt = 1000 W) ersetzt. Tatsächlich gehören die PS aber zu den Stammtischgesprächen, wie der Hopfen zum Bier. Die Angaben in PS werden wahrscheinlich nicht nur aus alter Tradition als vorstellbarer Vergleichswert herangezogen.

Spricht man über die Eckdaten eines Fahrzeuges, wird recht häufig die Motorleistung als eines der wichtigsten Themen angesprochen. Kaum jemand schenkt dem Begriff »Drehmoment« Beachtung. Betrachtet man allerdings den Inhalt der Gespräche genauer, stellt sich oftmals heraus, dass mit der Leistung eben die »Power« gemeint ist und der Durchzug am Berg beschrieben wird.

Um zu verstehen, was Leistung eigentlich darstellt, muss zuerst klar werden, aus welchen Bestandteilen sich Leistung zusammensetzt.

Leistung und Arbeit

Nehmen wir an, Ihr Fahrzeug hat eine Panne und Sie schieben es nach Hause. Physikalisch gesehen bewegen Sie nun ein Gewicht über eine bestimmte Strecke. Um das Fahrzeug zu schieben, benötigen Sie Kraft. Genauer betrachtet verrichten Sie »Arbeit« um Ihr Fahrzeug nach Hause zu bewegen. Um allerdings eine Leistung benennen zu können, benötigen wir natürlich noch die Zeit, in der Sie das Fahrzeug nach Hause geschoben haben. Je schneller Sie mit Ihrem Fahrzeug zu Hause sind, umso größer war die erbrachte Leistung. Konnten Sie das Fahrzeug gar nicht bewegen, so ist die erbrachte Leistung zumindest aus physikalischer Sicht gleich null.

Arbeit = Bewegung des Fahrzeugs über eine Distanz
Leistung = Arbeit in einem Zeitraum

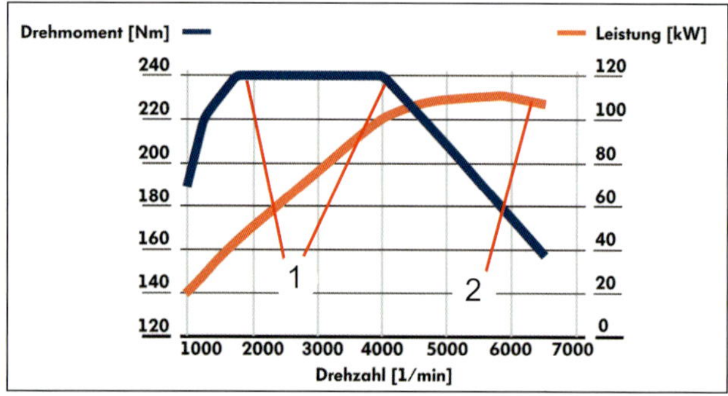

1,4 l TFSI, kräftiges Kerlchen mit elektronischer Abregelung: 1 höchstes Drehmoment mit geradem Verlauf signalisiert eine elektronische Kontrolle, 2 Höchstleistung mit 110 kW bei 5800 1/min.

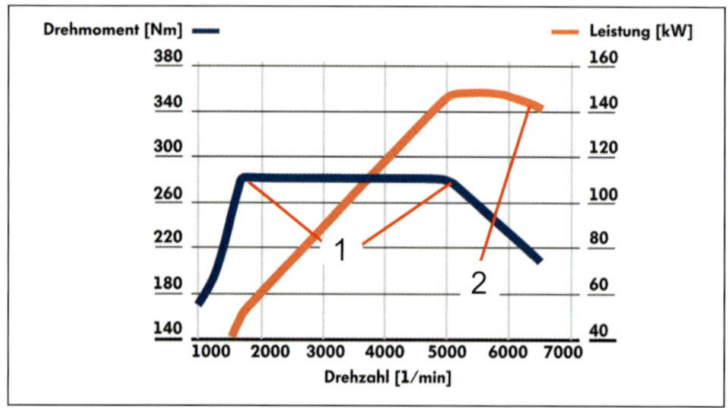

2,0 l TFSI, schubstark mit elektronischer Abregelung: 1 höchstes Drehmoment mit geradem Verlauf signalisiert eine elektronische Kontrolle, 2 Höchstleistung mit 147 kW bei 5100 1/min.

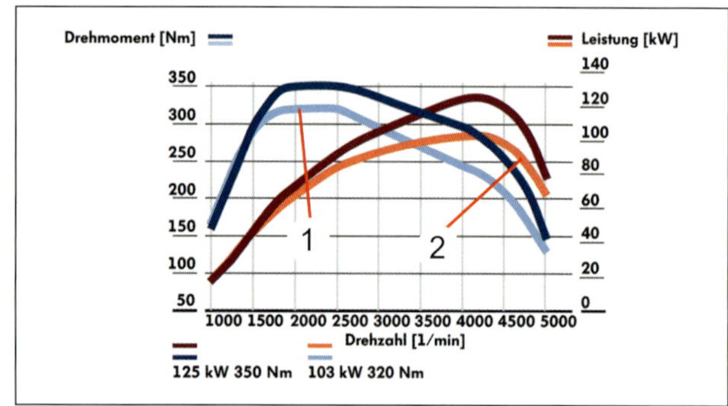

Auch für die TDI's ist der Einfluss der Lader klar erkennbar: 1 höchstes Drehmoment mit geradem Verlauf signalisiert eine elektronische Kontrolle, 2 Höchstleistung mit 147 kW bei 5100 1/min.

Wartungsdaten

Für Wartung und Pflege sind bestimmte Werte, Angaben und Informationen erforderlich. Sicherlich werden wir Ihnen nur diese Daten zur Verfügung stellen können, die bis zum Redaktionsschluss dieses Buches bekannt waren. Entsprechend sollten Sie sich über Ihr Fahrzeug während der Arbeit Notizen machen und eventuelle Veränderungen an der Grundausrüstung oder durch Umbauten im Tuningbereich neben diesen Daten festhalten. Das wird Ihnen die Arbeit zu einem späteren Zeitpunkt wesentlich erleichtern können.

Motoröl

Motor	Menge (Anforderung)	Bemerkung (mein Motoröl) (Viskosität)
1,4 l TFSI	50400 mit Longlife (Verpackungshinweis!)	
2,0 l TFSI	50200 ohne Longlife (Verpackungshinweis!)	
2,0 l TDI 85 kW 2,0 l TDI 100 kW 2,0 l TDI 103 kW 2,0 l TDI 125 kW	50700 mit Longlife (Verpackungshinweis!)	

Getriebeöl

	Menge (Anforderung)	Bemerkung (mein Getriebeöl)
Schaltgetriebe	ca. 2,3 Liter (nach Getriebetyp nachfragen!)	
DSG	ca. 5,2 Liter (DSG®-Öl)	
Achsöl vorn inkl. 4Motion	ca. 0,9 Liter (Achsöl -G 052 145-)	
Achsöl hinten nur 4Motion	(mit Fahrgestellnummer nachfragen!)	

Kühl und Frostschutzmittel

	Menge (Anforderung)	Bemerkung
Kühlsystem Motor (mit destilliertem Wasser)	ca. 8 Liter Füllmenge G 12 plus-plus (Mischen mit min. 40% Frostschutz)	
Klimaanlage	R134A (NUR IN DER FACHWERKSTATT!)	
Scheibenwaschanlage	Markenwaschkonzentrat	(Mischung nach Packungsangabe!)

Leuchtmittel

Glühlampen	Bezeichnung	Bemerkung
Halogen Fernlicht	Lampe H7 12V, 55W	
Halogen Abblendlicht	Lampe H7 12V, 55W	
Standlicht vorne	Lampe 12V, W5W	
Blinklicht vorne	Lampe 12V PSY 24W SV	
Bremslicht und Rücklicht	12V, P21W und 12V, W5W (Heckklappe)	
Blinklicht hinten	12V, PY21W	
Kennzeichenleuchte	12V, W5W	
Einstiegsleuchte am Spiegel	Glassockellampe 12 V, 5 W	
Tagfahrlicht	Lampe 12V, P21W	
Nebelscheinwerfer vorne	Lampe H8 12V, 35W	
Nebelschlussleuchte	Glassockellampe 12V, H21W	
Rückfahrlicht	Glühlampe 12V, W16W	

Wartungsplan

Wartung ist eine wichtige Komponente im Betrieb eines Fahrzeuges, wenn es um einen zuverlässigen Funktionsablauf geht. Vernachlässigte Arbeiten erhöhen nicht nur das Ausfallrisiko Ihres Fahrzeuges, sondern nehmen Ihnen die Möglichkeit mit kleinen Reparaturen teurere Schäden zu vermeiden.

Wartung nach Plan

Ihr soeben gekaufter Van hat gerade den» Übergabeservice« hinter sich und dürfte Ihnen zunächst keine größeren Wartungsarbeiten abverlangen. Vom festen Sitz der Batteriekabel über sämtliche Flüssigkeitsstände oder auch die Vollständigkeit der Bordliteratur bis hin zur Zeituhr wurde alles geprüft und richtiggestellt. Im späteren Fahrbetrieb werden dann in bestimmten Intervallen Ölwechsel und Inspektion fällig. Wie heute fast alle Hersteller unterscheidet auch Volkswagen schon seit zehn Jahren nach

- Inspektionsservice in festen Intervallen und
- LongLife-Service mit flexiblen Wartungsintervallen.

Wenn Wartung oder Ölwechsel erforderlich sind, erscheint eine entsprechende Anzeige auf dem Display. Das geschieht eine Minute lang nach Einschalten der Zündung und nach dem Anlassen des Motors.

Es gibt zwei verschiedene Anzeigen: »service OEL« für den Ölwechsel und »service INSP« für die fällige Inspektion. Nach dem Service muss die Intervallanzeige zurückgesetzt werden. In der Werkstatt geschieht das mit dem Diagnose- und Informationssystem VAS5051 oder 5052: Gerät am Diagnosesteckplatz (uInterface«) unter dem Lenkrad anschließen, die »Geführten Funktionen« einschalten, auf »Servicearbeiten« stellen und dem Programm folgen.

Feste Wartungsintervalle

Dabei setzt sich der Inspektionsservice aus Ölwechsel nach Service-Intervall-Anzeige bei maximaler Laufleistung von 15.000 km oder maximalem Zeitintervall von 12 Monaten sowie einer Inspektion nach Service-Intervall-Anzeige bei maximaler Fahrt von 30.000 km oder maximalem Zeitintervall von 24 Monaten zusammen. Bei erschwerten Betriebsbedingungen, wie überwiegenden Kurzstreckenfahrten oder staubigen Straßenverhältnissen, soll der Ölwechsel öfter vorgenommen werden. Die Inspektion soll nach der Intervallanzeige stattfinden, davon unabhängig aber alle 30.000 km.

WISSENSWERTES

Normen für Motoröl

- SAE-Klasse: Einstufung durch die Society of Automotive Engineers. Bezeichnet die Klasse der Viskosität, zum Beispiel SAE 5W-30 (unser Bild). Je kleiner die erste Zahl, umso dünner und bei Kälte besser fließend ist das Öl (W = Winter). Ein Öl mit 0W schmiert noch bei minus 30 Grad, bei 5W ist es gut bis minus 25 Grad, bei 15W bis minus 15 Grad. Je höher die zweite Zahl, umso besser widersteht das Öl hohen Temperaturen. Das von Volkswagen empfohlene Öl entspricht wie in Bild 2 der SAE 5W-30.

- ACEA-Norm: Von der Association des Constructeurs Européen d'Automobiles im Jahre 1996 eingeführte europäische Ölnorm. Nach ACEA gibt es für Benziner die Gruppen A1 (Sprit sparendes Öl), A2 (gering belastetes Öl), Van (Hochleistungs-Öl). Für Diesel gilt eine Einteilung von B1 bis B4.

- API-Norm: Vorschrift des American Petroleum Institute. Diese Spezifikation besteht aus den Buchstaben S bzw. G (Benziner) und C bzw. PD (Diesel) sowie einem weiteren Buchstaben bzw. einer Zahl. Je höher im Alphabet oder je größer die Zahl, umso besser ist die Qualität des Öls.

Longlife Service mit flexiblen Intervallen

Durch schonende Fahrweise und günstige Einsatzbedingungen kann das Intervall auf das Doppelte vergrößert werden. Das sind also maximal 30.000 km oder 24 Monate (Inspektion sogar 36 Monate). Bei extremer Fahrweise und beanspruchenden Einsatzbedingungen kann die Wartung allerdings auch bei Fahrzeugen mit LongLife-Service nach 15.000 km oder 12 Monaten fällig werden. Dazu erfolgen dann entsprechende Signale durch die Intervall-Anzeige der Instrumententafel (Display).
Lange Zeit galt für LongLife-Service-Turbodiesel der Motoröl-Standard nach Spezifikation VW 505.00 oder 505.01 und für die Ottomotoren VW 503 00. Inzwischen ist als Weiterentwicklung das Öl VW504/507.00 auf dem Markt. Wenn frühere, nicht dem LongLife-Standard entsprechende Öle verwendet werden (z. B. VW 500 00), gilt für das Fahrzeug der Service nach festen Intervallen. Die Anzeige muss dann auf 15.000 Kilometer/12 Monate programmiert werden, verlängertes Intervall ist nicht möglich. Zum Ölwechsel-Service gehören das Absaugen des Motoröls, wie wir es im Kapitel »Antrieb« unter »Das Schmiersystem« beschrieben haben, das Ersetzen des Ölfilters, das Auffüllen des neuen Öls und das Zurücksetzen der Service-Intervall-Anzeige. Nach VW/Seat-Anweisung gehört dazu auch stets das Prüfen der Bremsbelagdicke der Scheibenbremsen.

Umfang des Inspektionsservice

Wenn Sie die Wartungsarbeiten selbst erledigen, denken Sie bitte daran, in der Werkstatt die Abfrage des Fehlerspeichers der elektronischen Steuergeräte mit einem Werkstattsystem der VASx-Reihe vornehmen zu lassen. Die Kontrolle der Fehlerspeicher ist sinnvoll, weil manche Defekte im elektronischen System während der Fahrt nicht unbedingt auffallen, denn die Steuergeräte verfügen über Notlaufprogramme, die den Betrieb auch bei Ausfall beispielsweise eines Sensors garantieren sollen. Manche dieser Programme funktionieren so gut, dass der Fahrer einen Fehler gar nicht bemerken kann. Natürlich muss dennoch unbedingt die Reparatur erfolgen. Richten Sie sich bei Wartungen und Kontrollen nach dem Plan, wie ihn Volkswagen vorgibt:

Ständige Kontrollen

- Scheibenwaschwasser auffüllen. Scheibenwischer und Waschanlage prüfen.
- Standlicht, Abblend- und Fernlicht prüfen.
- Motorölstand prüfen.
- Kühlflüssigkeit prüfen und nachfüllen.
- Bremsen und Bremsflüssigkeit prüfen.
- Bremsleuchten, Blinker und Warnblinker sowie das Signalhorn (auch Lichthupe) prüfen.
- Reifendruck prüfen.

Alle 30.000 Kilometer oder einmal in 36/24 Monaten

- Beleuchtung über Fahrerinformationssystem prüfen.
- Zusätzlich Signalhorn und Kennzeichenbeleuchtung prüfen.
- Flüssigkeitsstand der Batterie prüfen, ggf. destilliertes Wasser auffüllen (nur Batterien ohne »magisches Auge«.
- Scheibenwisch- und Waschanlage auf Düseneinstellung und Funktion prüfen. Die Scheibenwischerblätter auf Beschädigung prüfen.
- Motorraum: Sichtprüfung auf Beschädigungen und Undichtigkeiten.
- Von unten: Sichtprüfung von Motor, Getriebe, Achsantrieb und Lenkung. Alle Gelenkschutzhüllen auf Beschädigung und Undichtigkeiten kontrollieren und im Zweifel nochmals in der Werkstatt prüfen lassen.
- Motoröl: Absaugen, Ölfilter ersetzen, neu befüllen.
- Dicke der Bremsbeläge prüfen.
- Bremsflüssigkeitsstand abhängig vom Belagverschleiß prüfen.
- Reifen (und, falls vorhanden, Reserverad): Zustand, Reifenlaufbild, Fülldruck und Profiltiefe prüfen. Wenn damit ausgestattet: Haltbarkeitsdatum des Reifenreparatur-Sets prüfen.
- Teile der Abgasregulierung in der Werkstatt kontrollieren lassen, besonders, falls das Fahrzeug wegen bestimmter Umstände (Arbeiten nach Unfall) dem TÜV vorgeführt werden muss.

Zusätzlich alle 60.000 Kilometer oder 60/48 Monate

- Staub- und Pollenfilter ersetzen.
- Innenraumbeleuchtung und Licht im Handschuhkasten prüfen.
- Motorhaubenfanghaken schmieren.
- Scheinwerfereinstellung prüfen.
- Unterboden auf Beschädigungen und lose Befestigungsteile prüfen.
- Gelenke an der Vorderachse: Dichtungsbeläge, Spiel und Befestigung prüfen.
- Bremsanlage auf Undichtigkeiten und Beschädigungen prüfen (Sichtprüfung).
- Frostschutz und Flüssigkeitsstand im Kühlsystem prüfen.
- Flüssigkeitsstand der Hydraulik prüfen.
- Wasserablauf im Wasserkasten prüfen.

Darauffolgende Wechselintervalle unbedingt einhalten

- Glühstift- und Zündkerzen alle 60.000 km oder 4 Jahre.
- Ölfilter des DSG alle 60.000 km.
- Staub- und Pollenfilter alle 30.000 km oder 2 Jahre.
- Bremsflüssigkeit entsprechend der regelmäßigen Wartungen nach Service-Tabelle, jedenfalls alle 2 Jahre.
- ATF (das Getriebeöl der automatischen DSG-Getriebe) zur Sicherheit alle 60.000 km (leichte Unterschiede 6- und 7-Gang)

Probefahrt zum Abschluss

In der Regel ist man durch die Alltagseinflüsse während der Fahrt eher von der Fahrzeugfunktion abgelenkt. Suchen Sie sich eine asphaltierte Strecke, an der Sie auch Bremsproben gefahrlos durchführen können. Achten Sie mal auf das Beschleunigungsverhalten und auch die Höchstgeschwindigkeit bei einem bestimmten Punkt Ihrer »Teststrecke«. Ein Leistungsverlust lässt sich so recht einfach erkennen.

- Nach den Wartungsarbeiten empfiehlt sich immer eine Probefahrt zur Kontrolle.
- Beim abschließenden Auslesen des Fehlerspeichers in der Werkstatt oder ggf. mit einem Ihnen verfügbaren Diagnose-System die Service-Intervall-Anzeige (SIA) zurücksetzen.

Zurücksetzen der SIA mit den Lenkradtasten

- Wählen Sie mit der Wippe am Scheibenwischerhebel das Menü »Einstellungen« oder mit den Tastern im Multifunktionslenkrad das Menü »Einstellungen«.
- Markieren Sie im Untermenü »Service« den Menüpunkt »Reset« und setzen Sie die Service-Intervall-Anzeige durch Drücken der OK-Taste (1) im Scheibenwischerhebel bzw. im Multifunktionslenkrad (5) zurück.
- Bestätigen Sie die darauf folgende Sicherheitsabfrage nochmals mit der OK-Taste.

Zurücksetzen der SIA mit den Bedientasten am Schalttafeleinsatz

- Halten Sie bei ausgeschalteter Zündung den Taster am Tacho gedrückt.
- Schalten Sie die Zündung ein und lassen Sie den Taster wieder los.
- Drücken Sie die Stelltaste für die Uhr einmal kurz.

Jahre oder	1	2	3	4	5	6	7	8	9	10	11	12	…	16	Bemerkung
Kilometer x 1000	**1**	**3**	**4**	**6**	**7**	**9**	**10**	**12**	**13**	**15**	**18**	**18**		**24**	
(was zuerst eintritt)	**5**	**0**	**5**	**0**	**5**	**0**	**5**	**0**	**5**	**0**	**0**	**0**		**0**	
Antrieb															
Abgasanlage Sichtprüfung durchführen				x				x				x	usw	x	
Motorölwechsel mit Filter durchführen	x	x	x	x	x	x	x	x	x	x	x	x	usw	x	
Diesel-Kraftstofffilter erneuern						x						x	usw	x	
Frostschutz und Kühlmittelstand prüfen	x	x	x	x	x	x	x	x	x	x	x	x	usw	x	
Sichtprüfung von Motor, Getriebe, Achsantrieb,				x				x					usw	x	
Sichtprüfung Kühler und Lüfter		x		x		x		x		x		x	usw	x	
Kupplung Funktion und Zustand prüfen		x		x		x		x		x		x	usw	x	
DSG-Getriebeöl und Filter erneuern				x				x				x	usw	x	
Automatic Getriebeöl prüfen				x				x				x	usw	x	
Luftfilter erneuern												x	usw		
Zündkerzen erneuern				x				x				x	usw	x	
Zündkerzen erneuern (2,0 l Turbo FSI)												x	usw		
Keilrippenriemenzustand prüfen				x				x				x	usw	x	
Zahnriemen für Nockenwellenantrieb prüfen								x				x	usw		
Zahnriemen für Nockenwellenantrieb erneuern								x					usw	x	nur Diesel
Zahnriemen für Nockenwellenantrieb erneuern												x	usw		2,0 l Benzin
Zahnriemenspannrolle erneuern														x	nur Diesel
Fahrwerk															
Sichtprüfung der Bremsanlage				x				x				x	usw	x	
Bremsflüssigkeitsstand prüfen	x	x	x	x	x	x	x	x	x	x	x	x	usw	x	
Bremsbelagdicke vorn und hinten prüfen	x	x	x	x	x	x	x	x	x	x	x	x	usw	x	
Bremsflüssigkeit erneuern		x		x		x		x		x			usw	x	
Reifendrucksensoren erneuern													usw	x	Diagnose-tester
Reifen: Zustand, Laufbild, Profiltiefe	x	x	x	x	x	x	x	x	x	x	x	x	usw	x	
Felgen und Radzierblenden auf Schäden prüfen	x	x	x	x	x	x	x	x	x	x	x	x	usw	x	Halterung
Reifenluftdruck incl. Reserverad prüfen	x	x	x	x	x	x	x	x	x	x	x	x	usw	x	
Pannenset erneuern				x				x				x	usw	x	falls vorhanden
Reifen-Kontrollanzeige Grundeinstellung durchführen				x				x				x	usw	x	wenn verbaut
Spurstangenköpfe prüfen				x				x				x	usw	x	
Achsgelenke prüfen				x				x				x	usw	x	
Radlager prüfen		x		x		x		x		x		x	usw	x	

Jahre oder	1	2	3	4	5	6	7	8	9	10	11	12	…	16	Bemerkung
Kilometer x 1000	**1**	**3**	**4**	**6**	**7**	**9**	**10**	**12**	**13**	**15**	**18**	**18**		**24**	
(was zuerst eintritt)	**5**	**0**	**5**	**0**	**5**	**0**	**5**	**0**	**5**	**0**	**0**	**0**		**0**	
Elektrik															
Batterie prüfen				x				x				x	usw	x	Auch Zweit batterie
Beleuchtungsanlage innen / außen prüfen				x				x				x	usw	x	s. Kap. Elektrik
Funkschlüsselbatterie erneuern		x		x		x		x		x		x	usw	x	
Fahrzeugsystemtest / Fehlerspeicher auslesen	x	x	x	x	x	x	x	x	x	x	x	x	usw	x	Diagnose-gerät
Karosserie															
Türfeststeller schmieren													usw		
Türgriff schmieren	x	x	x	x	x	x	x	x	x	x	x	x	usw		
Schiebedach prüfen Schienen reinigen /schmieren				x				x				x	usw		
Scheibenwisch-/Waschanlage und Scheinwerferreinigungsanlage Funktion und Einstellung prüfen				x				x				x	usw		
Scheibenreinigungskonzentrat auffüllen	x	x	x	x	x	x	x	x	x	x	x	x	usw		
Scheibenwischblätter auf Beschädigung und Ruhestellung prüfen				x				x				x	usw		
Unterbodenschutz und -verkleidungen prüfen				x				x				x	usw		
Sichtprüfung aller Bauteile (von unten / Motorraum / Türen / Deckel)				x				x				x	usw		
Scheinwerfereinstellung prüfen	x	x	x	x	x	x	x	x	x	x	x	x	usw		
Sicherheitsgurte und Schlösser prüfen		x		x		x		x		x		x	usw		
Pollenfilter erneuern		x		x		x		x		x		x	usw		
Warndreieck / Warnweste vorhanden		x		x		x		x		x		x	usw		
Erste-Hilfe-Ausrüstung Verfallsdatum / Vollständigkeit prüfen		x		x		x		x		x		x	usw		
Hauptuntersuchung / Abgasuntersuchung Fälligkeit prüfen	x	x	x	x	x	x	x	x	x	x	x	x	usw		
Probefahrt / Endkontrolle durchführen	x	x	x	x	x	x	x	x	x	x	x	x	usw		
Allgemeines															
Fahrzeug auf nötige Änderungs-/ Rückrufe prüfen	x	x	x	x	x	x	x	x	x	x	x		usw		
Service Intervall Anzeige zurücksetzen	x	x	x	x	x	x	x	x	x	x	x	x	usw		
Kundendienst schriftlich festhalten	x	x	x	x	x	x	x	x	x	x	x	x	usw		
Longlife Service	alle markierten Positionen abarbeiten														
Longlife Service Inspektion	Gesamten Wartungsplan abarbeiten, einschließlich der markierten Service Positionen